“十二五”普通高等教育本科国家级规划教材
普通高等教育“十一五”国家级规划教材
全国高等农林院校“十一五”规划教材

土壤污染与防治

第三版

洪坚平　主编

中国农业出版社

图书在版编目（CIP）数据

土壤污染与防治/洪坚平主编．—3 版．—北京：中国农业出版社，2011.2（2018.12重印）

普通高等教育“十一五”国家级规划教材　全国高等农林院校“十一五”规划教材

ISBN 978-7-109-15400-1

Ⅰ.①土…　Ⅱ.①洪…　Ⅲ.①土壤污染－污染防治－高等学校－教材　Ⅳ.①X53

中国版本图书馆 CIP 数据核字（2011）第 009921 号

中国农业出版社出版

（北京市朝阳区麦子店街 18 号楼）

（邮政编码 100125）

责任编辑　李国忠

北京通州皇家印刷厂印刷　　新华书店北京发行所发行

1996 年 5 月第 1 版　　2011 年 2 月第 3 版

2018 年12月第 3 版北京第 5 次印刷

开本：787mm×1092mm　1/16　　印张：18

字数：420 千字

定价：38.00 元

第三版编写人员

主　编　洪坚平（山西农业大学）

副主编　王　果（福建农业大学）

关连珠（沈阳农业大学）

樊文华（山西农业大学）

参　编　（按姓名笔画排序）

王改玲（山西农业大学）

代静玉（南京农业大学）

伍　钧（四川农业大学）

张　民（山东农业大学）

张乃明（云南农业大学）

曾清如（湖南农业大学）

谢文明（吉林农业大学）

窦　森（吉林农业大学）

审稿人　骆永明（中国科学院南京土壤研究所）

第二版编写人员

主　编　洪坚平（山西农业大学）

副主编　林大仪（山西农业大学）

王　果（福建农林大学）

关连珠（沈阳农业大学）

参　编　窦　森（吉林农业大学）

谢文明（吉林农业大学）

张　民（山东农业大学）

伍　钧（四川农业大学）

张乃明（云南农业大学）

曾清如（湖南农业大学）

代静玉（南京农业大学）

樊文华（山西农业大学）

审稿人　骆永明（中国科学院南京土壤研究所）

第一版编写人员

主　编　林成谷（山西农业大学）

副主编　王广寿（华南农业大学）

参　编　吴启堂（华南农业大学）

王志亚（山西农业大学）

杨振强（天津农学院）

主审人　顾方乔（天津农业环保监测科学研究所）

审稿人　赵景逵（山西农业大学）

第三版前言

21世纪人类继续面临人口、资源、环境与粮食的尖锐矛盾。人类赖以生存的土壤质量好坏对人类生命健康与安全和整个社会的稳定与发展具有战略性意义。我国的土壤污染与防治的情况不容乐观。重金属污染土壤，农药化肥过度施用使污染土壤的面积超过千万公顷，直接关系到农产品的安全。一些地区的土壤污染已经引起地下水污染，土壤污染已经成为限制我国农产品质量和社会经济可持续发展的重大障碍之一。耕地农田迫切需要保护，进行土壤污染防治与修复，成为当今资源环境科学的热点领域。

本教材是根据“十一五”国家级规划教材建设的精神进行第三次修订的。2005年出版的《土壤污染与防治》（第二版）经过全国多所院校的本科生、研究生的使用，反映良好，在广泛征求教材编写老师与使用院校老师学生的意见与建议后进行本次修订。

本书的编写老师来自国内农业高等院校，他们长期从事教学及科研工作，有着较为丰富的理论基础和实践经验，在本教材的修订过程中，参阅了大量教材、专著和其他文献，力求反映国内外在土壤污染与防治的理论、方法、科学研究的最新成果。在内容安排上既注重基础理论，又努力反映学科发展的前沿动态。

本书共十一章。编写分工是：第一章由洪坚平编写，第二章由张乃明编写，第三章由曾清如编写，第四章由窦森和谢文明编写，第五章由樊文华编写，第六章由伍钧编写，第七章由张乃明编写，第八章由代静玉编写，第九章由关连珠编写，第十章由王果编写，第十一章由王改玲编写。

本书在编写和出版过程中，承蒙骆永明研究员极大关怀，对全书进行了仔细的审阅修改，得到了编写老师所在院校领导和师生的关心与支持。中国农业出版社的领导和编辑始终给了极大的支持，并对全书的编写提出了很多宝贵的意见，并参与了修改，对此表示衷心的感谢。

本书可以作为农林高、中等院校、生产、科研单位的人员参考用书。

编写组

2010年12月

第二版前言

土壤是自然环境重要的组成部分，是人类赖以生存的、最重要的可再生自然资源和永恒的生产资料，是人类从事农业生产以达到自身生存繁衍和社会发展的重要物质基础。由于土壤形成过程极为缓慢，要形成 18～25cm 的耕层土壤估计需要 2 000～8 500 年之久，因此，土壤资源一旦受到污染和其他人为干扰而被破坏，则难以在很短的时间里恢复，从而对人类生存带来严重的威胁，因此欲使土壤能传万代、造福子孙而不毁于一旦，我们必须深刻理解保护土壤、防治土壤污染的重要性。

本教材是在 1988 年 12 月经全国高等农业院校教材指导委员会审批，1989 年由山西农业大学林成谷教授主编的“八五”规划教材《土壤污染与防治》的基础上，根据全国“十五”规划教材建设的精神修订的。

新版的《土壤污染与防治》继承了原教材理论联系生产实际的特色，将原书的章节重新组合编写成十一章。第一章由山西农业大学洪坚平编写，第二章由山东农业大学张民编写，第三章由湖南农业大学曾清如编写，第四章由吉林农业大学窦森和谢文明编写，第五章由山西农业大学樊文华编写，第六章由四川农业大学伍钧编写，第七章由云南农业大学张乃明编写，第八章由南京农业大学代静玉编写，第九章由沈阳农业大学关连珠编写，第十章由福建农林大学王果编写，第十一章由山西农业大学林大仪编写。

本书的参编者均长期从事土壤与环境科学的教学科研工作，他们不仅具有坚实的基础理论，而且在长期的科学研究工作中取得了大量的研究经验和科研成果。在编写时参考了大量近 10 年国内外在土壤污染与防治理论、方法、科学研究和教学研究方面的重要文献和最新成果。

新版的《土壤污染与防治》在内容和结构上做了大的调整，每章加入了本章摘要、思考题、主要参考文献，使其尽量满足 21 世纪教学科研的要求。

本书在编写过程中受到了骆永明研究员的关心和支持，并提出了宝贵而重要的修改意见。中国农业出版社从该书的编写至出版始终给予了极大的支持，对此表示衷心的感谢。

本书内容全面，资料丰富，结构合理，适合高等、中等院校环境类专业的学生及生产、科研单位的技术人员参考。

编写组

2005 年 3 月

第一版前言

由于工矿业三废的超标排放，农药化肥用量剧增，乡镇企业排放量的增加，污灌面积的扩大，土壤污染日益严重，不仅影响到农作物的生长发育，也影响林草植物的正常生长，特别是在粮食、果蔬、畜产品中农药和重金属的含量超标影响到人类的健康，成为生物环境恶化的重要威胁。目前对环境污染的注意和防治主要集中在大气和水体，而对土壤污染的隐蔽性、持久性、稳定性和危害性还认识不够。土壤遭受污染既恶化农业环境，又破坏土壤资源，降低土壤肥力，是影响人类生存和子孙后代的公害。为了引起社会对土壤污染的重视积极并采取相应的防治措施，同时也为土壤科学工作者和有关的科技人员提供关于土壤污染的来源，防治的理论和措施，改善农业环境的知识和技能，拓宽农业院校学生的知识面，更有效地为农业现代化作贡献，经1988年12月全国高等农业院校教材指导委员会第一次全体会议审批，决定由山西农业大学林成谷主编《土壤污染与防治》教材，纳入农科本科“八五”教材计划。

参加编写人员有华南农业大学王广寿教授、吴启堂副教授、天津农学院杨振强讲师、山西农业大学林成谷教授、王志亚副教授。

本书除绪言外分为七章，绪言中简要阐述土壤是自然环境的重要组成部分，由于土壤资源和能源的不合理开发利用以及工业三废的超标排放导致土壤的污染和恶化，同时介绍环境科学的概念和农业环境保护的政策和任务，防治土壤污染、保护土壤资源是当前不可忽视的环境问题。第一章扼要介绍环境科学的基础理论。环境科学是建立在研究环境与生物的关系及其生态学基础而发展起来的，环境与生物共同构成生态系统，通过生态系统中生产、消费和分解使物质和能量不断循环保持生态系统的平衡关系，为生物的生存发展创造出良好的生态环境。当环境污染超过生物的自净能力，以及生态平衡遭受破坏，特别是土壤受到污染以后，无论对农作物的产量、品质还是对人畜的健康和生命均将受到影响和威胁。生态学为保持和恢复生态平衡，创建适合生物生存发展的良好环境提供了理论基础。第二章介绍环境污染所发生的各种危害，简要介绍当今世界和我国环境污染的现状，污染物在人体中毒害的机制、转化和受害的各种症状。同时简要介绍主要污染物对农作物、畜牧业、水产及果林的危害情况。明确不保持良好的环境，不重视污染的防治将对人类带来无穷的后果。第三章主要介绍污染土壤的污染源、污染物及污染源对土壤污染的评价。扼要介绍主要污染物及其来源的工业污染源、农业污染源和交通运输，在工业污染源排放的污染物中重金属污染土壤所带来的危害最为严重，农业污染源主要介绍了化肥、农药、塑膜及污水灌溉，并对污灌进行了评价。为了掌握不同污染源对环境的危害程度，明确防治重点，有目的地分清缓急进行监测和治理，对污染源进行必要的评价。第四章系统介绍土壤的理化生物性状与污染物吸收、转化等的关系，重点介绍了主要重金属化合物、农药、化肥、除草剂及塑料制品在土壤中的转化和残留，为治理土壤污染提供理论及实践依据。第五章主要论述土壤资源的保护，土壤资源是人类赖以生存和发展的生产资料，保护土壤资源不受破坏是十分紧迫的问题。本章着重论述了土壤资源遭受破坏的现状，包括耕地减少，植被破坏，水土流失，草原退化，沙化严重，盐渍化有待控制，特别是污染面积日益扩大等都是使土壤资源遭受破坏有待积极治理的严重问题，合理利用保护土壤资源，珍惜每寸国土是当务之急。第六章重点介绍防治土壤污染的途径和措施。首先是控制三废的超标排放，积极进行污水处理，加强污灌的监测和管理，其次是控制和合理使用化肥农药，清除农用塑膜的残留，特别是要充分发挥土壤本身的净化作用，通过施用化学物质，施用有机肥，调整耕作制和耕作措施使污染物毒害得以减轻和消除。最后一章主要介绍土壤环境质量评价。扼要阐明环境质量的定量指标、污染物确定、污染等级划分及防治土壤污染、发展生产的意见。

根据我国当前土壤污染的现状和前景，本书内容及所涉范围可以基本上满足高等农业院校各类专业扩大知识面增加专业技能的要求，还可作为中等农校、有关生产单位和科研单位的参考用书。本书尽量争取做到能反映当前土壤污染的实际，但土壤污染涉及范围极为广泛，它不仅与农、林、牧、园艺、水产关系密切，而且是保健、卫生、医疗、食品、加工等部门极为关注的问题，有关研究工作正在大力开展，在收集和编写中肯定存在疏漏和错误，热忱希望读者及时指出，以便在教学实践中加以纠正。

本书在编写过程中得到有关院校党政领导的关怀和支持，并得到有关专家的帮助，使本书得以完成，特此表示谢意。

林成谷

1994年7月

目 录

第一章 绪 论

本章提要 本章介绍土壤污染概念、土壤污染与防治发展简史、土壤污染的现状和危害；详细阐述土壤污染与土壤生态系统关系，土壤污染防治与农业可持续发展，以及土壤污染与防治研究的内容与任务。

第一节 土壤污染概述

一、土壤圈与土壤污染

（一）土壤圈

围绕地球表面土壤组成的土壤圈处于地球各圈层的界面，是自然环境要素的中心环节，它处于水圈、大气圈、生物圈和岩石圈的中心位置，是地球各圈层（水、气和生物等）中最活跃、最富生命力的圈层之一，具有独特的功能和特性。土壤圈的特性包括：永恒的物质迁移与能量交换；最活跃与最丰富的生命力；“记忆块”与“基因库”；时空变异与限制性；资源的再生、利用与保护等。土壤圈的功能包括：支持与调节生物过程与养分循环（对生物圈）；影响大气组成，水平衡与释放温室气体（对气圈）；影响降水分配与平衡（对水圈）；影响土壤发生与地质循环（对岩石圈）等。土壤圈的作用在于通过土壤圈与其他圈层的物质交换影响全球变化，通过人为活动对土壤圈的强烈作用对人类生存及环境变化起重要影响。当今世界进行的“全球变化”及“全球土壤变化”研究，就是以土壤圈及地球各圈层间相互密切相关为出发点的。

土壤圈是地球系统的重要组成部分，既是地球系统的产物，又是地球系统的支持者；它支持和调节生物圈中的生物过程，提供植物生长的必要条件；它作为地球的皮肤，对岩石圈有一定的保护作用，而它的性质又受到岩石圈的影响。

《中国农业百科全书·土壤卷》指出：土壤是地球陆地表面能生长绿色植物的疏松层。其厚度以数厘米至 2～3m 不等。土壤与成土母质的本质区别在于它具有肥力，即具有不断地同时为植物生长提供并协调营养条件和环境条件的能力。

土壤是成土母质在一定水热条件和生物的作用下，经过一系列物理、化学和生物化学的作用而形成的。并随着时间的进展，形成土壤腐殖质和黏土矿物发育成层次分明的土壤剖面，变成具有肥力特性的自然体——土壤。从生态学的观点看，土壤是物质的分解者（主要是土壤微生物）的栖息场所，是物质循环的主要环节。土壤作为一种重要的自然资源，是人类赖以生存的基础；土壤作为作物载体，它的环境质量直接维系着农产品安全，对人民身体健康影响深远。从环境污染的观点看，土壤既是污染的场所，也是缓和和减少污染的场所。由于土壤承担着50%～90%的来自不同污染源的污染负荷，了解这些污染物在土壤中的迁移转化归宿及调控，对保证大气质量和水质量，对调控整体环境以及作物品质和人体健康至关重要。

（二）土壤污染

可以说，当土壤中含有害物质过多，超过土壤的自净能力时，就会引起土壤的组成、结构和功能发生变化，土壤微生物活动受到抑制，有害物质或其分解产物在土壤中逐渐积累，通过“土壤→植物→人体”，或通过“土壤→水→人体”间接被人体吸收，达到危害人体健康的程度，或者对生态系统造成危害，这就是土壤污染。

二、土壤污染与防治的兴起与发展

（一）土壤污染与防治的发展简史

20世纪50～60年代，是日本战后经济腾飞时期。当时，由于片面追求工业和经济的发展，加之当时对环境问题又缺乏应有的认识，在日本曾出现了一系列由于环境问题所导致的污染公害事件，因此，日本是世界上土壤污染发现最早，也是污染较为严重的国家之一。

1955年至20世纪70年代初，在日本富山县神通川流域曾出现过一种称为“痛痛病”的怪病。其症状表现为周身剧烈疼痛，甚至连呼吸都要忍受巨大的痛苦。后来的研究证实，这种“痛痛病”实际上是由镉污染引起的。其主要原因是由于当地居民长期食用被镉污染的大米“镉米”。这一公害事件先后导致81人死亡，直接受害者则人数更多，赔偿的经济损失也超过20多亿日元（1989年的价格），至今，还有人不断提出起诉和索赔的要求。

经历了日本土壤镉造成的“痛痛病”、1975年在东京地区频繁爆发大量六价铬污染土壤事件以及1977年著名的“拉夫运河污染事件”，使得日本和美国等国家开始认识到土壤污染的巨大危害，土壤污染与防治研究开始步入正轨。

国际上修复土壤污染技术的发展大致分为两个阶段。第一阶段，在欧洲和美国一般都采用化学、物理的方法来治理污染土壤，这种技术所需要的费用很昂贵，且效果不甚理想。现在，土壤污染治理技术已发展到第二个阶段，正在开发利用自然修复技术，这是一种比较经济的修复技术起到生物降解和形态的转化的作用。针对有机污染的技术，用植物、细菌和真菌联合加速有机物的降解；针对无机污染的技术，利用植物修复可以把一部分重金属从土壤中带走。还有一种方法，在土壤中加入一些化学物质，降低重金属的生物有效性。当然，对于重金属污染严重的土壤只能挖走或进行土壤的冲洗和清洁，这样的技术费用比较高。

我国土壤污染与防治研究经历了3个典型时期，20世纪70年代只研究了以农药为主的有机物造成的土壤污染、底泥重金属污染和污灌对农田系统带来的影响。80年代开始土壤背景值和环境容量研究工作，这个时期的研究成果得到系统化和理论化，为土壤质量评价及土壤污染控制奠定了基础。进入90年代，我国开始了土壤污染物迁移转化等动态规律的研究、土壤污染物相互关系的研究、土壤质量及土壤标准与土壤环境质量评价研究、农业土壤环境复合污染控制研究、非点源污染研究、土壤污染修复技术与生态修复的研究。

正如科技部973项目首席科学家、中国科学院南京土壤研究所土壤与环境生物修复研究中心主任骆永明研究员在第二届土壤污染和修复国际会议中介绍的，“我国经历了从简单的挖走→填埋→化学治理，到现在的生物治理，用植物吸收有毒重金属、用微生物降解土壤中的农药、石油及其他有机污染物，基本上和国际同步”。

中国科学院南京土壤研究所土壤与环境生物修复研究中心正在开展重金属、持久性有机物及其复合污染土壤的风险评估与基准，污染土壤的植物、微生物修复及环境友好材料的强化修复，土壤的自然修复机制及长江三角洲区域土壤环境质量变化及其预测等方面的研究，并取得了一定的成效。

（二）土壤污染的现状

2004年4月27日世界卫生组织发表的一份公告指出，空气、土、水及其他环境污染导致全球每年300万5岁以下的儿童死亡。原国际土壤修复专业委员会主席、英国洛桑研究所的Steve McGroth教授2004年11月第二届土壤污染和修复国际会议中介绍，从全球来看，土壤污染都在增加。有些污染物移动性很差，会停留在土壤中，并随着时间在不断积累，另外一类的污染物移动性很强，会在全球迁移，因此，土壤污染应是一个全球性的问题。

赵其国院士在《21世纪土壤科学展望》一文中介绍，世界水土流失面积已达总面积的16.8%，占总耕地面积的2.7%，每年还将有$7.0\times10^6hm^2$土地沙漠化，约$1.2\times10^5hm^2$土地发生次生盐渍化，占总面积10%的土地沼泽化，还有近$2\times10^8hm^2$土地被侵占；来自土壤的5种温室痕量气体也在不断增多，近百年来它们在温室效应中的贡献率分别是：CH_4占30%，O_2占8%，N_2O占80%，CO_2占20%，氟氯烃化合物占15%。

在我国人均粮食不足400kg，与此同时，每年还要减少耕地$4.7\times10^5\sim6.7\times10^5hm^2$；每年沙化面积达$1.33\times10^6hm^2$，草原退化面积占草原地区的1/4，次生潜育化面积占沼泽化总面积的1/5，次生盐渍化面积约占盐渍土总面积的1/6，水土流失面积近$1.5\times10^8hm^2$。随着工农业生产的发展，污染日益严重，每年废水排放量为$3.68\times10^{10}t$，烟尘排放量为1.445×10^7t，受污染的耕地面积约$6.7\times10^6hm^2$。酸雨对江南农业生产的影响也越来越严重，仅SO_2的危害，每年可达$2.7\times10^6hm^2$。农业污染特别是土壤环境污染问题已经越来越突出，并且对水环境质量和农产品质量构成明显的威胁。过去，土壤污染问题并没有像大气污染和水污染那样得到重视，据中国科学院南京土壤研究所的赵其国院士介绍，“土壤污染的课题到‘十五’期间，才被列入国家重大科技项目，与大气、水污染治理的研究相比滞后了十几年，而仅有的三四个项目经费也少得可怜”。可以说，土壤污染问题直到现在才引起人们的注视。

统计资料表明，1980年全国受“三废”污染的农田面积为$2.67\times10^6hm^2$，1988年为$6.70\times10^6hm^2$。1998年污染农田数量达$2.0\times10^7hm^2$，约占耕地总面积的1/5，造成经济损失2 000亿元，其中，由于重金属污染而引起的粮食减产达每年10×10^7t，直接经济损失达100多亿元。2000年由于重金属污染而造成的损失达320亿元，其中工业“三废”污染耕地$10\times10^7hm^2$。污水灌溉的农田面积已超过$3.3\times10^6hm^2$。另一方面，全国有$1.3\times10^7\sim1.6\times10^7hm^2$耕地受到农药的污染。除耕地污染之外，我国的工矿区、城市也存在土壤（或土地）污染问题。1988年我国受镉污染$1\times10^4hm^2$，每年生产的镉米0.5×10^4t；受汞污染的面积超过$3\times10^4hm^2$，每年的“汞米”约有2×10^8kg。我国受农药污染的土壤有$1.0\times10^7\sim1.5\times10^7hm^2$，受氟污染约有$7.0\times10^5hm^2$；全国现有$1\times10^8hm^2$耕地，约有$2.0\times10^7hm^2$受到不同物质，不同程度的污染，受污染的面积约占1/5，因污染损失的粮食有 1.165×10^7 t。

据农业部环保监测系统2000年对全国24个省、市的320个严重污染区 5.55×10^6 hm² 土壤调查发现，大田类农产品污染超标面积占污染区农田面积的20%，其中重金属占超标污染土壤和农作物的80%；2000年全国对 2.2×10^4 t 粮食调查发现，粮食中重金属Pb、Cd、Hg、As超标率占10%。可见，我国农产品质量的安全亟待加强。在北京、沈阳、广州、天津、南京、兰州和上海等许多重点地区，土壤及地下水污染已经导致癌症等疾病的发病率和死亡率比没有污染的对照区高数倍到10多倍。受农药和其他化学品污染的农田约 6.0×10^7 hm²。土壤环境质量直接关系到农产品的安全。由于土壤大面积污染，我国每年出产重金属污染的粮食多达 1.2×10^7 t；全国出产的主要农产品中，农药残留超标率高达16%～20%，问题非常严重。污水灌溉以及废弃物等对农田已造成大面积的土壤污染。如沈阳张士灌区用污水灌溉20多年后，污染耕地超过 2.5×10^7 hm²，造成了严重的镉污染，稻田含镉5～7mg/kg。天津近郊因污水灌溉导致 2.3×10^4 hm² 农田受到污染。广州近郊因为污水灌溉而污染农田2 700hm²，因施用含污染物的底泥造成1 333hm² 的土壤被污染，污染面积占郊区耕地面积的46%。

陈同斌研究员前后用了3年多的时间，对北京市全市的土壤和蔬菜进行了大规模的取样分析和研究，发现土壤污染问题已经比较严重，并且已经影响到蔬菜等农产品的质量。在2001年对北京市的公园土壤重金属污染做的一项调查，其结果更让人吃惊。被公认为城市中环境质量优良的公园存在着不容忽视的土壤重金属污染。而且公园建成的年代与土壤重金属污染的程度成一个指数关系。

潘根兴教授在2002年初对南京市各城区的土壤重金属污染进行调查。结果表明，污染很严重。超过70%的采样区域存在重金属污染，测出的最高铅含量超过900mg/kg，超过国家标准3倍以上。

据赵其国院士介绍，江苏省监测表明，小麦、大米和面粉中的铅检出率为88.1%，超标率为21.4%，农药残留超标70%，其中甲胺磷超标50%，甲拌磷超标30%，乐果超标10%。在南京，目前有 2.6×10^5 hm² 耕地，优质一等耕地所占比例已不到10%，40%的耕地只能说是勉强合格。秦淮河流域地区汞超标，沿江地区则镉污染超标。江心洲和八卦洲地区已不适合种植大米和蔬菜果品等农产品，应该以生态建设为主，可种植一些观赏性植物；而秦淮河流域，则不太适合继续种植大米等农产品。

据骆永明介绍，在2004年的一次检测表明，长江三角洲地区已经测出16种多环芳烃类物质，100多种多氯联苯，还有10余种其他毒性更强的持久性有机污染物。研究显示，这些地区土壤污染除了"常见"的农药等污染外，个别地区土壤出现的持久性有机污染物和有毒重金属污染，其结果令人吃惊和担忧。土壤污染的发展态势对我国耕地资源可持续利用和粮食安全提出了严峻的挑战。

近年来，我国在"三废"处理、污灌控制、低毒新农药应用等方面做出了显著的成绩，但是预计在近期内土壤污染问题，尤其是在城郊和乡镇企业密集区和化肥、农药用量较大的地区，土壤污染仍将呈逐渐加重的趋势。因此，国家有关管理部门对土壤污染问题严重性和治理工作的紧迫性应该予以高度的重视。毋庸置疑，进入WTO后，土壤污染将成为限制我国农产品国际贸易和社会经济可持续发展的重大障碍之一。

三、土壤污染的危害

（一）土壤污染危害的特点

1. 隐蔽性和滞后性 土壤污染具有隐蔽性和滞后性。大气污染、水污染和废弃物污染等问题一般都比较直观，通过感官就能发现。而土壤污染则不同，它往往要通过对土壤样品进行分析化验和农作物的残留检测，甚至通过研究对人畜健康状况的影响才能确定。因此，土壤污染从产生污染到出现问题通常会滞后较长的时间。例如，日本的“痛痛病”经过了10～20年之后才被人们所认识。

2. 累积性和地域性 污染物在土壤环境中并不像在水体和大气中那样容易扩散和稀释，因此容易不断积累而达到很高的浓度，从而使土壤环境污染具有很强的地域性特点。

3. 不可逆性和长期性 污染物进入土壤环境后，自身在土壤中迁移、转化，同时与复杂的土壤组成物质发生一系列吸附、置换、结合作用，其中许多为不可逆过程，污染物最终形成难溶化合物沉积在土壤中。多数有机化学污染物质需要一个较长的降解时间，如被某些重金属污染后的土壤可能需要100～200年的时间才能够逐渐恢复。所以，土壤一旦遭到污染，就极难恢复。例如，1966年冬至1977年春沈阳-抚顺污水灌溉区发生的污染，经过十余年的艰苦努力，采用了各种措施，才逐步恢复其部分生产力。

4. 周期长和难治理性 土壤污染很难治理。如果大气和水体受到污染，切断污染源之后通过稀释作用和自净化作用也有可能使污染问题不断逆转，但是积累在污染土壤中的难降解污染物则很难靠稀释作用和自净化作用来消除。土壤污染一旦发生，仅仅依靠切断污染源的方法则往往很难恢复，有时要靠换土、淋洗土壤等方法才能解决问题，其他治理技术可能见效较慢。因此，治理污染土壤通常成本较高，治理周期较长。

（二）土壤污染导致严重的直接经济损失

对于各种土壤污染造成的经济损失，目前尚缺乏系统的调查资料。据2006年7月18日全国土壤污染状况调查及污染防治专项工作视频会议报道，全国受污染的耕地约有$1.0\times10^{7}hm^{2}$，污水灌溉污染耕地$3.25\times10^{7}hm^{2}$，固体废弃物堆存占地和毁田$1.3\times10^{5}hm^{2}$，合计约占耕地总面积的1/10以上，其中多数集中在经济较发达的地区。据初步估算，全国每年重金属污染的粮食达$1.2\times10^{7}t$，造成的直接经济损失超过200亿元。

对于农药和有机物污染、放射性污染、病原菌污染等其他类型的土壤污染所导致的经济损失，目前尚难以估计。但是，这些类型的污染问题在我国确实存在，甚至也很严重。例如，我国天津蓟运河畔的农田，曾因引灌三氯乙醛污染的河水而导致数千公顷（数万亩）小麦受害。

（三）土壤污染导致作物产量和品质不断下降

土壤污染直接危害农作物的产量和质量。农作物基本都生长在土壤上，如果土壤被污染了，污染物就通过植物的吸收作用进入植物体内，并可长期累积富集，当含量达到一定数量时，就会影响作物的产量和品质。有研究表明，我国大多数城市近郊土壤都受到了不同程度的污染，有许多地方粮食、蔬菜和水果等食物中镉、铬、砷和铅等重金属含量超标或接近临界值。据报道，1992年全国有不少地区已经发展到生产“镉米”的程度，每年生产的“镉米”多达数万吨，仅沈阳某污灌区被污染的耕地已超过$2.5\times10^{7}hm^{2}$，致使粮食遭受严重的镉污染，稻米的含镉量高达 0.4～1.0mg/kg（这已经达到或超过诱发“痛痛病”的平均含镉浓度）。太湖地区水稻和蔬菜等农产品和饲料重金属污染严重，杭州复合污染区稻米镉和铅超标率分别达 92%和 28%，最高的镉含量超标 15 倍，出现严重的“镉米”现象，江西省某县多达 44%的耕地遭到污染，并形成 670hm^2 的“镉米”区。

东莞和顺德等地蔬菜重金属超标率达 31%，水稻超标率高达 83%，最高超标 91 倍。据调查，一些名特优农副产品中，有机磷检出率 100%，六六六检出率 95%，超标 2.4%。据全国 16 个省的检查结果，蔬菜和水果中农药总检出率为 20%～60%，总超标率为 20%～45%，曾引起人畜中毒死亡事件。据不完全统计，华南地区的中心城市自 1997～2001 年，共发生因蔬菜农药残留引发的食物中毒事件 28 起，中毒 415 人，个别地市高毒、高残留农药每年造成急性中毒 5～7 宗，受害人数约 300 人。2002 年，太湖全流域 15 种多氯联苯同系物检出率达 100%，滴滴涕和六六六超标率为 28%和 24%。

土壤污染除影响食物的卫生与质量外，也明显地影响农作物的其他品质。据中国农业科学院对某地 32 种主要蔬菜的调查，蔬菜硝酸盐含量比 20 世纪 80 年代初增加了 1～4 倍，其中有 17 种蔬菜硝酸盐含量超过欧盟提出的最低量标准；北京和上海等大中城市及华南地区蔬菜的硝酸盐污染超标现象十分普遍。据南京环保所报道，南京市的市售蔬菜几乎都受到一定程度的硝酸盐污染。其中，大白菜和青菜的硝酸盐污染最重，其次为菠菜，萝卜的污染较轻。有些地区污灌已经使得蔬菜的味道变差，易烂，甚至出现难闻的异味；农产品的储藏品质和加工品质也不能满足深加工的要求。据估计，土壤污染使我国农业粮食减产已超过 1.3×10^{6}t。兰州市农业区污染区内宏观生物效应明显，蔬菜叶片枯黄、卷缩，部分果树已死亡，羊齿脱落极为普遍，儿童龋齿率达 40%。2000 年对 23 个省（自治区、直辖市）的不完全统计，我国污染农田 4×10^{4}hm^2，造成农畜产品损失 2 489 t，直接经济损失达 2.2 亿元。

值得注意的是，东南沿海地区部分土壤也出现具有内分泌干扰作用的多环芳烃、多氯联苯、塑料增塑剂、农药甚至二噁英等复合污染高风险区，浓度高达数百微克每千克，土壤中强致癌物质苯并芘的超标率已达 3.5%～6.2%，蚕豆和蒜苗等蔬菜可食部分的毒害物质菲浓度高达 300μg/kg 以上，鱼、鸡和鸭等体内高含多氯联苯、多环芳烃及二等环境激素物质。上述农产品安全问题在全国其他一些地方也存在，说明我国土壤污染退化带来的食物安全问题已经到了相当严重的地步。

土壤污染造成农业损失主要可分成 3 类：①土壤污染物危害农作物的正常生长和发育，导致产量下降，但不影响品质；②农作物吸收土壤中的污染物质而使收获部分品质下降，但不影响产量；③不仅导致农作物产量下降，同时也使收获部分品质下降。这 3 种类型中，第 3 种情况较为多见。一般说来，植物的根部吸收累积量最大，茎部次之，果实及种子内最少，但是经过长时间的累积富集，其绝对含量还是很大。加之人类不仅食用农作物果实和种子，还食用某些农作物（蔬菜）的根和茎，所以其危害就可想而知了。土壤环境污染除影响农产品的卫生质量外，也明显地影响农作物的其他品质。

（四）土壤污染对生物体健康的危害

土壤污染对生物体的危害主要是指土壤中收容的有机废弃物或含毒废弃物过多，影响或超过了土壤的自净能力，从而在卫生学上和流行病学上产生了有害影响。

土壤污染影响人类的生存健康，污染物在被污染的土壤中迁移转化进而影响人体的健康，主要是通过气、水、土、植物、食物链途径；土壤动物和土壤微生物则直接从污染的土壤中吸收有害物质，这些有害物质通过土壤动物和土壤微生物参与食物链最终将进入人类食物链，所以土壤是污染物进入人体的食物链的主要环节。作为人类主要食物来源的粮食、蔬菜和畜牧产品都直接或间接来自土壤，污染物在土壤中的富集必然引起食物污染，危害人体的健康。土壤污染对人体健康的影响很复杂，大多是间接的长期慢性影响。

1. 重金属污染的影响　对人体健康的影响的研究表明，土壤和粮食污染与一些地区居民肝肿大之间有明显的关系。广西某矿区因污灌而使稻米的含镉浓度严重超标。当地居民长期食用这种“镉米”后已经开始出现腰酸背疼和骨节痛等“痛痛病”的症状。经过骨骼透视后确定，已经达到“痛痛病”的第三阶段。广州市某污灌区的癌症死亡率比对照区（清水灌溉区）高 10 多倍。沈阳某污灌区的癌症发病率比对照区（清水灌溉区）也高 10 多倍。其他城市也有类似的报道。

工业废水和生活污水如不加处理进行灌溉，土壤中积累的有害重金属的量和种类就会越来越多，通过食物链或污染饮用水进入人体，给人体健康造成危害。镉、铬、锰、镍等重金属还能在人体的不同部位引起癌症。而且重金属在土壤中不分解，即使不再受到污染仍然浓度较高。

在生产过磷酸钙工厂的周围，土壤中砷和氟的含量显著增高。砷中毒是我国常见的一种重金属中毒恶性事件。砷主要作用于人的皮肤和肺部，导致硬皮病、皮肤癌和肺癌。天然水中含微量的砷，若水中含砷量高，除地质因素外，主要是工业废水和农药所致。砷化物是有毒物质，可从呼吸道、食物或皮肤接触进入人体。砷化物能抑制酶的活性，干扰人体代谢过程，使中枢神经系统发生紊乱，导致毛细血管扩张，并有致癌的可能。砷还会诱发畸胎。2002 年 7 月，湖南衡阳县界牌镇发生了一起严重的群体砷中毒事件，100 余人急性砷中毒。其中有儿童还有孕妇。

铅是一种重要的神经毒物。低浓度的铅能损伤神经系统的许多功能，但主要是影响儿童的智力发育。正常人智商为 80～120。视觉活动反应时可以反映儿童中枢神经发育成熟及对事物反应速度的快慢。用这两项指标对不同血铅水平的儿童作测定，结果表明，随着儿童体内血铅浓度的增加，儿童的智商降低，也就是说，血铅浓度高的，智力发育差。血铅浓度小于 0.8μmol/L，儿童智商平均为 109，反应时为 0.58ms；而当血铅浓度大于 2.5μmol/L，智商就降到 72，反应时延长到 0.72ms。国外研究表明，土壤铅含量大于 100mg/kg 时，儿童血铅浓度大于 15μg/100mL。由于铅对儿童的强烈神经毒性且土壤铅已经成为儿童铅暴露的主要来源，而儿童的血铅含量与智商（IQ）显著相关，当血铅水平每增加 100μg/L，智商平均降低 1～3 分，儿童血铅浓度增加第一个 100μg/L 时其智商平均下降 11.7 个百分点，以后每增加 100μg/L，智商平均下降 5.5 个百分点。此外，儿童在发育早期严重铅中毒引起的智力和脑功能损伤是不可逆的。1977—1999 年对江苏、上海、开封、兰州、太原等省、市儿童血铅调查结果表明，平均有 38.8%的儿童血铅水平超过标准。目前，我国儿童血铅超标率为 10%～30%。我国有众多的铅锌矿，存在着巨大的环境铅污染源。我国蓄电池企业有近半数是铅锌蓄电池厂，相当一部分是乡镇企业，有些工厂生产很不规范，极易造成环境污染，淮河流域、渤黄海地区成百上千的小炼铅厂所造成铅、镉、汞、砷、锰的污染也相当严重。

汞毒害，表现为以下几个方面：①引起急性中毒。多数病例是由于短时间内大量吸入高浓度的汞蒸气几小时后引起，主要是急性间质性肺炎与细支气管炎。吸入浓度高与时间长者病情严重。②引起慢性中毒。施用含有机汞的农药后，农产品中有农药残毒，引起食用者慢性中毒，主要影响神经系统和生殖系统。或者是由于长期吸入金属汞蒸气引起，最先出现一般性神经症状，如轻度头昏头痛、健忘、多梦等植物神经系统紊乱现象。③有机汞影响人体内分泌和免疫功能，使人体抵抗力下降，以及肾脏受到损害。④汞沉积在土壤中，毒害动植物。

2. 有机污染物的影响 环境化学和环境生物毒理学的研究表明，有一些有机污染物在环境中降解过程缓慢，具有生物积累性，可通过食物链富集放大，而且毒性强，具有致癌、致畸和致突变作用，这类污染物被称为持久性有机污染物（POP）。2004年发现，20年前禁用的农药DDT成分在妇女母乳中还能检出。这些有机污染物具有亲脂性，残留在土壤中，可被蚯蚓吸收。小鸟和青蛙等动物再吃蚯蚓，使有机污染物通过食物链积累、放大，对人体健康十分有害。可见其持久残留的危害。这类化合物还对人体的内分泌系统有着潜在的威胁，导致男性的睾丸癌、精子数降低和生殖功能异常，还可引起新生儿性别比例失调，可导致女性的乳腺癌和青春期提前等，不仅对个体产生危害，而且对其后代造成永久性的影响。

城市污泥和污水中的主要有机污染物的多环芳烃（PAH，已成为美国、俄罗斯、日本及欧盟环境优先污染物）、农药、畜禽有机废弃物中的兽药残留等许多化学物质，随着废弃物的农业利用，成为新的土壤有机污染物。其中，对人体影响较大的兽药及药物添加剂主要是抗生素类。这类化学物质大量长期施入土壤后的环境效应和通过食物链对人体健康的影响还没有引起重视。

人类很可能在暴露于大量持久性有机污染物后产生多种多样的反应。例如，暴露于TCDD者，在生物化学和生理学方面会产生一些微妙的变化，如影响脂蛋白脂肪酶和低密度脂蛋白受体。二噁英类化学物质对机体代谢的影响主要体现在：高脂血症（高甘油三酯和高胆固醇）、进行性衰竭和细胞葡萄糖摄取减少。动物试验表明，暴露于持久性有机污染物对新陈代谢、发育和生殖功能等会产生潜在的有害影响。持久性有机污染物的人体暴露与癌症发病率之间存在着一定的联系。从平均摄入量来说，人类目前所承受二噁英类化合物暴露的背景毒性当量（toxic equivalency，TEQ）水平在3～6pg/（kg·d），因此人类暴露于持久性有机污染物的最大危险可能高达1×10^{-4}～1×10^{-3}（危险因子为1×10^{-6}，即100万名受暴露者中增加1例癌症）。

3. 土壤病原体污染的影响 土壤病原体包括肠道致病菌、肠道寄生虫（如蠕虫卵）、钩端螺旋体、炭疽杆菌、破伤风杆菌、肉毒杆菌、霉菌和病毒等。被病原体污染的土壤还能传播伤寒、副伤寒、痢疾、病毒性肝炎等传染病。土壤病原体主要来自人畜粪便、垃圾、生活污水和医院污水等。用未经无害化处理的人畜粪便、垃圾做肥料，或直接用生活污水灌溉农田，都会使土壤受到病原体的污染。这些病原体能在土壤中生存较长时间，如痢疾杆菌能在土壤中生存22～142d，结核杆菌能生存1年左右，蛔虫卵能生存315～420d，沙门氏菌能生存35～70d。当人体排出含有病原体的粪便后，通过施肥或污水灌溉而污染土壤。在这种土壤中种植的蔬菜瓜果受到污染，人生吃就会被感染；饮用污染水源也可引起疾病。例如，伤寒、痢疾等肠道传染病都可因土壤污染，通过食物或污染水源而引起疾病流行。人与受污染的土壤接触也会感染得病。

结核病人的痰液含有大量结核杆菌，如果随地吐痰，就会污染土壤，水分蒸发后，结核杆菌在干燥而细小的土壤颗粒上还能生存很长时间。这些带菌的土壤颗粒随风进入空气，人呼吸带菌的空气，就会感染结核病。

有些人畜共患的传染病或与动物有关的疾病的病原体，也可通过土壤传染给人。例如，患钩端螺旋体病的牛、羊、猪和马等，可通过粪尿中的病原体污染土壤。这些钩端螺旋体在中性或弱碱性的土壤中能存活几周，并可通过黏膜、伤口或被浸软的皮肤侵入人体，使人患病。炭疽杆菌芽孢在土壤中能存活几年甚至几十年；破伤风杆菌、气性坏疽杆菌和肉毒杆菌等病原体，也能形成芽孢，长期在土壤中生存。破伤风杆菌和气性坏疽杆菌来自感染的动物粪便，特别是马粪。人受外伤后，若伤口被泥土污染，特别是深的穿刺伤口，很容易感染破伤风或气性坏疽病。此外，被有机废弃物污染的土壤，是蚊、蝇滋生和鼠类繁殖的场所，而蚊、蝇和鼠类又是许多传染病的媒介。因此，被有机废弃物污染的土壤，在流行病学上被视为特别危险的物质。

4. 放射性物质污染的影响　放射性废弃物主要来自核爆炸的大气散落物，以及工业、科研和医疗机构产生的液体或固体放射性废弃物。它们释放出来的放射性物质进入土壤，能在土壤中积累，形成潜在的威胁。由核裂变产生的两个重要的长半衰期放射性元素是^{90}Sr（半衰期为28年）和^{137}Cs（半衰期为30年）。空气中的放射性^{90}Sr可被雨水带入土壤中。因此，土壤中含^{90}Sr的浓度常与当地降雨量成正比。此外，^{90}Sr还吸附于土壤的表层，经雨水冲刷也将随泥土流入水体。^{137}Cs在土壤中吸附得更为牢固。有些植物能积累^{137}Cs，因此，高浓度的放射性^{137}Cs，能随这些植物进入人体。当土壤被放射性物质污染后，便能引起中毒和诱发癌症。

土壤被放射性物质污染后，通过放射性衰变，能产生α射线、β射线和γ射线。这些射线能穿透人体组织，可使机体的一些组织细胞死亡。这些射线对机体既可造成外照射损伤，又可通过饮食或呼吸进入人体，造成人体内照射损伤，使受害者头昏、疲乏无力、脱发、白细胞减少或增多、发生癌变等。

（五）土壤污染危害生态环境

1. 土壤污染对水质的影响　土地受到污染后，重金属以及可溶性污染物等容易在水力作用下，被淋洗进入水体中，引起地下水污染和生态系统退化等其他次生生态环境问题；另一些悬浮物及其所吸持的污染物，可随地表径流迁移，造成地表水的污染。

农业面源是最为重要且分布最为广泛的面源污染。三峡大坝库区1990年的统计资料表明，90%的悬浮物来自农田径流，氮和磷大部分来源于农田径流。北方地区地下水污染严重。土壤污染不但直接表现于土壤生产力的下降，而且也通过以土壤为起点的土壤、植物、动物和人体之间的链，使某些微量和超微量的有害污染物在农产品中富集起来，其浓度可以成千上万倍地增加，从而会对植物和人类产生严重的危害。任意堆放的含毒废渣以及被农药等有毒化学物质污染的土壤，通过雨水的冲刷、携带和下渗，会污染水源。人、畜通过饮水和食物可引起中毒。

农药、肥料在降雨、灌溉条件下，在土壤中的迁移转化，导致水体污染和富营养化，成为水体污染的祸患：2005—2007年，全国农用化肥消费总量分别为$4.766\,2\times10^{7}$t（折纯，下同）、$4.927\,2\times10^{7}$t和5.1078×10^{7}t，约占世界用肥量的1/3，且呈逐年增加的态势。但是，我国肥料利用率与世界发达国家的肥料利用率有较大差距，其中，氮肥利用率要低20～30个百分点，磷肥和钾肥的利用率要低3～20个百分点。肥料利用率低，不仅增加了农业生产成本，加重了农业面源污染，而且增加了化肥用量，不利于节能减排。农田生态系统中，仅化肥氮的淋洗和径流损失量每年就约 1.74×10^6 t，长江、黄河和珠江每年输出的溶解态无机氮达 9.75×10^5 t，是造成近海赤潮的主要污染源。中国农业科学院土壤肥料研究所调查显示，全国已有 17 个省的氮肥平均施用量超过国际公认的上限 225kg/hm²。河南省农业厅土肥站一项调查表明，目前河南省每年施用的 3.0×10^6 t 化肥中，只有 1/3 被农作物吸收，其余 1/3 进入大气，1/3 沉留在土壤中，残留化肥已成为河南省巨大的污染暗流。

2. 土壤污染对大气质量的影响 土壤环境受到污染后，含污染物浓度较高的污染表土容易在风力的作用下进入到大气环境中，随风吹扬到远离污染源的地方，扩大了污染面，导致大气污染及生态系统退化等其他次生生态环境问题。例如，DDT 是持久性有机污染物的一种，它可在全球迁移循环，空气中的 DDT 一般从低纬度流入高纬度，然后沉积于土壤，或汇于江河水流。就土壤污染程度而言，北极和南极可能是全球最严重的地方。一个地方会通过空气、水把 DDT 污染带到它的“下游”，最近西藏也发现了 DDT 的输入，据估计来自邻近的印度。可见土壤污染又成为大气污染的来源。

表土的污染物质可能在风的作用下，作为扬尘进入大气环境中，而汞等重金属则直接以气态或甲基化形式进入大气环境，并进一步通过呼吸道进入人体。这一过程对人体健康的影响可能有些类似于食用受污染的食物。因此，美国、英国、德国、澳大利亚、瑞典和荷兰等国家的科学家已注意到，城市的土壤污染对人体健康也有直接影响。由于城市人口密度大，而城市的土壤污染问题又比较普遍，因此，国际上及我国对城市土壤污染问题开始予以高度重视，主要研究以土壤质量为目标的土壤污染发生机制、土壤质量安全调控和土壤净化功能。

另外，污染土壤的有机废弃物还容易腐败分解，散发出恶臭，污染空气。有机废弃物或有毒化学物质又能阻塞土壤孔隙，破坏土壤结构，影响土壤的自净能力；有时还能使土壤处于潮湿污秽状态，影响空气质量。

第二节　土壤污染防治与农业可持续发展

一、土壤生态系统与土壤污染

陆地生态系统包括地上和地下两个部分：地上部分生物（植物和动物等）与地下部分生物（土壤生物）。地下生态系统就是指地下部分中土壤和各种生物所组成的土壤生态系统。

中国科学院土壤研究所研究员朱永官解释为：“地下生态系统就是我们脚下这片土壤，土壤可以说是地球的皮肤，如果没有了这层皮肤的支撑和辅助，地上的植物就没有赖以生存的根源了。在我们地球的陆地生态系统中，地上部分生物与地下部分生物在群落和生态系统水平上是相互作用着的，并深刻影响着陆地生态系统的结构与功能。例如，在加拿大的森林生态系统遭到了破坏之后，他们的科学家想把它修复到原来的面貌，但怎么做也不成功，最后研究发现，是土壤的内部结构以及其中的微生物发生了变化，致使原有的陆地生态系统发生了改变。所以说，地下生态系统对整个地球环境的影响是很大的。”

长期以来，地上与地下两部分生态系统通常被分别研究，并且，对土壤生物多样性及其与植物群落相互作用的研究一直以来是生态学研究中的薄弱环节。土壤生态系统曾经是一个不被人们关注的角落。现在讲的生态学基本上是地上的，虽然世界上对生态系统的研究有上百年的历史，但对地下生态系统的研究才刚刚开始。进入 20 世纪 90 年代以后，对于隐藏在我们脚下这片土地中地下生态系统的研究，渐渐引起了世界科学界的关注。2004 年 6 月 11 日，国际著名刊物《科学》出版了专刊《土壤，最后的前沿》，以唤起各国政府及科学界对土壤生态研究的关注。

土壤中的生物包括了微生物、中型动物、大型动物和植物根。土壤中养分与微生物的变化对地球上的植物影响很大，从而间接或直接地影响人类的生存与发展。很多植物不但与土壤微生物相共生，植物自身对土壤环境也能有一定的改变作用。例如，在中国西南部种黄连，种过黄连后的土地 60 年内都不能再生长这种植物，就是因为黄连会自身分泌排斥自体的分泌物。但有的植物也会分泌对其他植物生长有影响的分泌物。

在过去的几十年中，全球生态系统受到了巨大的干扰，如生物入侵、土地利用方式改变、CO_2 含量升高引起气候变化、氮素沉降和其他污染物的增加等。目前，人类对这些扰动引起的长期生态效应并不了解。因为这些扰动主要是通过影响植物多样性（如植物群落结构、碳分配模式以及植物碳数量和质量）等因素而进一步影响土壤生物多样性。同时，土壤生物对植物多样性的变化产生反馈作用而影响地上生态系统的稳定性和生产力。要想理解这些扰动对全球生态系统功能的影响，就要对植物多样性与土壤生物多样性之间的关系具有深入的了解。

随着社会的发展和进步，人类对地球资源的开采与利用也对地下生态系统产生了影响。大面积的能源开采和化学物质的排放，使土壤发生了扰动，众多生物原有的生态位发生了变化，这些生物在平衡受到破坏的生态系统中要重新找到自己所处的位置，进行自我调节的过程。就拿生物入侵来说，很多原因是由于人类的活动破坏了土壤的稳定性，而入侵生物利用脆弱的生态系统来繁衍自己的种族。正是由于植物与土壤生物相互作用对生态系统功能影响的重要性，研究地下生物系统与地上生物系统的相互关系已引起世界科学界的关注。我国在这个领域的研究水平与国外相比还差很远。有研究表明，全球土壤生物群落的价值是 15420 亿美元，而在成千上万的地下微生物中，只有 1%～10%为人们所知。由此可见，对地下生态系统的研究任重而道远。

由于土壤是一个开放的系统，土壤系统以大气、水体和生物等自然因素和人类活动作为环境，与环境之间相互联系、相互作用，这种相互联系和相互作用是通过土壤系统与环境间的物质和能量的交换过程来实现的。物质和能量由环境向土壤系统输入，引起土壤系统状态的变化；由土壤系统向环境输出，引起环境状态的变化。在土壤污染发生中，人类从自然界获取资源和能源，经过加工、调配和消费，最终再以“三废”形式直接或通过大气、水体和生物向土壤系统排放。当输入的物质数量超过土壤容量和自净能力时，土壤系统中某些物质（污染物）就会破坏原来的平衡，引起土壤系统状态的变化，发生土壤污染。而污染的土壤系统向环境输出物质和能量，引起大气、水体和生物的污染，从而使环境发生变化，导致环境质量下降，造成环境污染。土壤受环境的影响，同时也影响着环境，而这种影响的性质、规模和程度，都是随着人类利用和改造自然的广度和深度而变化。例如，污染物以沉降方式通过大气进入土壤，或以污灌或施用污泥方式通过地表水进入土壤，造成土壤污染，而土壤中的污染物经挥发、渗透过程又重新进入大气和地下水中，造成大气和地下水的污染。这种循环周而复始，加上土壤污染自身就是环境污染，所以土壤污染引起并加速环境污染。

我国污染土壤的面积在迅速扩大，迫切需要修复、治理。污染土壤修复的研究已成为土壤学的学科前沿，深入开展污染土壤发生过程与调控、污染土壤修复的研究与应用研究，紧紧把握住污染土壤修复技术创新的方向，有利于我国农业污染的控制与治理以及生态安全。

然而，世界范围内至今仍然还没有完全成熟的污染土壤修复技术，更没有高效的处理工艺与设备。虽然，污染土壤修复的研究已成为国内外的热点科学问题和前沿领域，但是，现有的各种污染土壤修复技术，无论是化学修复，还是植物修复，甚至是微生物修复，都有一定的适用范围的限制，并存在或多或少的其他问题，其中有些甚至是难以克服的技术难点。要解决这些技术难点，走出目前研究的困境和误区，在生态安全的前提下从技术层面上进行整体意义上的创新和技术再造，就必须把防治土壤污染与土壤生态系统联系起来。中国科学院南京土壤研究所土壤与环境生物修复研究中心主任骆永明提出了土壤修复的方法，首先是发挥土壤自身功能，使污染物进行转化。只有这样才能把污染土壤修复技术应用到实际，才能对土壤资源进行保护和利用，污染土壤修复的科学研究和实际工作才能进入一个新的发展阶段。

二、防治土壤污染与农业可持续发展

1991 年在荷兰召开的国际农业与环境会议上，联合国粮农组织（FAO）把农业可持续发展确定为“采取某种使用和维护自然资源的方式，实行技术变革和体制改革，以确保当代人类及其后代对农产品的需求得到满足，这种可持续的农业能永续利用土地、水和动植物的遗传资源，是一种环境永不退化、技术上应用恰当、经济上能维持下去、社会能够接受的农业。

《中国 21 世纪议程》对中国农业可持续发展进一步明确为：保持农业生产率稳定增长，提高食物生产和保障食物安全，发展农村经济，增加农民收入，改变农村贫困落后状况，保护和改善农业生态环境，合理、可持续地利用自然资源，特别是生物资源和可再生资源，以满足逐年增长的国民经济发展和人民生活的需要。

从农业资源角度来理解，农业可持续发展就是充分开发、合理利用一切农业资源（包括农业自然资源和农业社会资源），合理地协调农业资源承载力和经济发展的关系，提高资源转化率，使农业资源在时间和空间上优化配置，达到农业资源可持续利用，使农产品能够不断满足当代人和后代人的需求。

面对巨大的人口压力，我国农业用地资源的开发已接近超强度利用，化肥农药的施用成为提高土地产出水平的重要途径。2002 年我国化肥使用量为 $4.339\,4\times10^7$ t，2005 年使用量为 $4.766\,2\times10^7$ t，2008 年达 $5.320\,51\times10^7$ t，我国农药（有效成分）施用量每年以 5%的速度递增，1995 年为 2.68×10^5 t，2004 年达 2.825×10^5 t，2010 年达 3.027×10^5 t。目前农业资源污染严重，生态环境日趋恶化，工业“三废”污染急剧向农村蔓延。化肥、农药和农用地膜等大量使用，带来了严重的农业面源污染，农田生态平衡失调，病虫害越治越多，农产品质量下降等问题也日益严重。乡镇企业的高速发展也对农业资源环境造成了严重污染。农药和化肥的超量使用，使得农药残留超标率和检出率很高，化肥的使用已使粮食增产出现了边际负效应，同时给土壤和水资源造成严重破坏。这样不仅污染了农业生态环境，造成资源恶化，严重影响了农业的可持续发展。

农业可持续发展关键在于保护农业自然资源和生态环境。农业可持续发展就是要把农业发展、农业资源合理开发利用和资源环境保护结合起来，尽可能减少农业发展对农业资源环境的破坏和污染，置农业发展于农业资源的良性循环之中。土壤污染控制关系到农业的可持续发展。

第三节 土壤污染与防治研究的内容与任务

一、无机污染物和放射性污染物等在土壤中迁移转化等动态规律的研究

土壤中外来重金属污染物、放射性污染物和酸雨污染的化学行为，以及在土壤中的持留、释放与运动的研究，以及重金属等污染物质在生物体富集规律的研究，为防治土壤重金属污染提供有重要的意义的依据，是土壤污染与防治的关键问题。

二、有机污染物在土壤中迁移转化等动态规律的研究

了解有机污染物中化肥在土壤中迁移转化等动态规律，对于控制因非点源污染所导致的湖泊与海洋的富营养化以及土壤淋滤导致的地下水的硝酸盐与亚硝酸盐的污染，有着重要的意义。对农药等其他有机污染物在土壤中的迁移转化以及降解、土壤的生产功能、调节功能、自净功能和载体功能与生态毒理的研究更为重要。

要特别注意的是，土壤复合污染的研究，因为这种污染可能是当今经济快速发展地区陆地表层环境污染的主要特征和发展趋势，成为我国经济支柱地区急需解决的现实环境问题之一。因此，开展这些地区土壤复合污染来源的成因分析、风险评估和生物修复等具有重要的科学意义和实际意义。

三、病原微生物的污染与防治

前文已述，土壤是微生物的大本营，许多传染病均可通过土壤传染。这些病原微生物在土壤中能存活几个星期，并可通过黏膜、伤口或被浸软的皮肤侵入人体，使人患病。此外，被有机废弃物污染的土壤，是蚊、蝇滋生和鼠类繁殖的场所，而蚊、蝇和鼠类又是许多传染病的媒介。因此，被病原微生物及有机废弃物污染的土壤，以及在土壤中转化等动态规律，在卫生医学上需加以重视、研究。

四、土壤环境背景值与土壤环境容量及质量评价研究

土壤环境背景值是监测区域环境变化、评价土壤污染和土壤环境影响的重要指标和基础资料。土壤环境容量是土地处理系统中对污水净化能力、指定处理单元的水负荷、灌水量、重金属化学容量等数值计算的依据。由于土壤环境质量标准确定与污染物质的种类形态有关，还与其他诸多因素（如土壤类型和土壤理化性质等）有关，因此需要了解土壤环境质量

标准，积极开展土壤环境质量评价研究，进行区域土壤污染风险评价与安全区划，控制土壤污染发生。

五、土壤污染的修复与利用技术的研究

近年来开发的污染土壤治理方法主要有物理法、化学法和生物修复技术。其中，生物修复技术具有成本低、处理效果好、环境影响小、无二次污染等优点，被认为最有发展前景。但是，由于污染物质的种类繁多、土壤生态系统的复杂性以及环境条件的千变万化，使得生物修复技术的应用受到极大的限制。往往在一个地点有效的修复技术在另一个地点不起作用。因此，这些影响因素的确定和消除成为决定生物修复技术效果的关键。目前，国外在生物修复技术的应用及影响因素方面开展了广泛的研究并取得了一些进展，我国在这方面的研究尚处于起步阶段。

（一）物理方法研究

1. 工程措施 土壤污染修复的工程措施主要包括客土、换土和深耕翻土等措施。通过客土、换土和深耕翻土，可以降低土壤中重金属的含量，减少重金属对土壤-植物系统产生的毒害，从而使农产品达到食品卫生标准。

2. 物理化学修复

（1）*电动修复* 电动修复是通过电流的作用，在电场的作用下，土壤中的重金属（如Pb、Cd、Cr、Zn等）的离子和其他一些无机离子以电渗透和电迁移的方式向电极运输，然后进行集中收集处理。

（2）*电热修复* 电热修复是利用高频电压产生电磁波，产生热能，对土壤进行加热，使污染物从土壤颗粒内解吸出来，加快一些易挥发性重金属汞从土壤中分离，从而达到修复的目的。目前，用于淋洗土壤的淋洗液包括有机酸、无机酸、碱、盐和螯合剂等。其中EDTA可明显降低土壤对铜的吸收率，吸收率与解吸率与加入的EDTA量的对数呈显著负相关。土壤淋洗以柱淋洗或堆积淋洗更为实际和经济，这对该修复技术的商业化具有一定的促进作用。

（3）*土壤淋洗* 土壤淋洗是利用淋洗液把土壤固相中的重金属转移到土壤液相中去，再把富含重金属的废水进一步回收处理的土壤修复方法。该方法的技术关键是寻找一种既能提取各种形态的重金属，又不破坏土壤结构的淋洗液。

（二）生物修复的研究

生物修复技术实际上就是利用自然修复技术，利用土壤中的生物进行污染土壤的复合修复。生物修复的研究包括以下内容。

1. 微生物修复技术研究 由于自然的生物修复过程一般较慢，难于实际应用，因而生物修复技术是在人为促进条件下的工程化生物修复，利用土壤中天然的微生物资源或人为投加目的菌株，甚至用构建的特异降解功能菌投加到各污染土壤中，用植物、细菌和真菌联合加速有机物的降解。降解过程可以通过改变土壤理化条件（温度、湿度、pH、通气及营养添加等）来完成，去除土壤中各种有毒有害的有机污染物，也可以利用微生物降低土壤中重金属的毒性。微生物可以吸附积累重金属；微生物可以改变根际微环境，从而提高植物对重金属的吸收、挥发或固定效率，可将滞留的污染物快速降解和转化成无害的物质，使土壤恢

复其天然功能。目前，微生物修复技术方法主要有原位修复技术、异位修复技术和原位-异位修复技术3种。

2. 植物修复技术研究　针对无机污染物，利用植物修复可以把一部分重金属从土壤中带走，这是一种利用某些植物的自然生长特性或育种技术培育具有所需特性的植物来修复重金属污染土壤的技术，可分为植物提取、植物挥发和植物稳定3种类型。例如，可以利用某些具有超积累功能的植物吸收一些重金属污染物，如生长在矿区的植物东南景天可以吸附大量的锌、镉、铅，蜈蚣草可以吸附砷。这些植物品种可作为观赏植物、园林造景植物或纤维作物，避开了食物链，且一般在旱作条件下进行种植。为了提高富集效果，常施用EDTA等活化剂，以活化被有机物螯合的金属元素供植物吸收。

（三）化学修复措施研究

利用经济有效的石灰、沸石、碳酸钙、磷酸盐、硅酸盐等不同改良剂，通过对重金属的吸附、氧化还原、颉颃或沉淀作用，可降低重金属的生物有效性。

（四）农业生态修复研究

农业生态修复主要包括两个方面：①农艺修复措施，包括改变耕作制度、调整作物品种、种植不进入食物链的植物、选择能降低土壤重金属污染的化肥、增施能够固定重金属的有机肥等措施，提高土壤环境容量，降低土壤重金属污染；②生态修复，通过调节诸如土壤水分、土壤养分、土壤pH和土壤氧化还原状况及气温、湿度等生态因子，选择抗污染农作物品种；将污染的土壤改为非农业用地等，实现对污染物所处环境介质的调控。

◆ 思考题

1. 简述我国土壤污染与防治的发展史以及现状。
2. 可从哪几方面理解土壤污染对人类的危害？
3. 怎样理解土壤污染的防治与农业可持续发展的关系？
4. 土壤污染防治的内容、任务与措施各是什么？

◆ 主要参考文献

陈怀满．1996．土壤—植物系统中的重金属污染［M］．北京：科学出版社．

陈怀满．2004．我国土壤环境保护的研究进展——面向农业与环境的土壤科学·综述篇［M］．北京：科学出版社．

陈晶中，陈杰，谢学俭，等．2003．土壤污染及其环境效应［J］．土壤，35（4）：298-303．

崔德杰，张玉龙．2004．土壤重金属污染现状与修复技术研究进展［J］．土壤通报，35（3）：366-370．

国家环境保护总局．2001．2000年中国环境状况公报［J］．环境保护（7）：3-9．

黄喆．土壤污染与防治．中国环境生态网．2004年6月14日．

林强．2004．我国的土壤污染现状及其防治对策［J］．福建水土保持（3）．

骆水明．2004．长三角土壤污染现象日益严峻，有毒物质污染初步显现［J］．中国环境报，9．

骆永明，等著．2009．土壤环境与生态安全［M］．北京：科学出版社．

骆永明，滕应，李清波，等．2005．长江三角洲地区土壤环境质量与修复研究Ⅰ．典型污染区农田土壤中多氯代二苯并二噁英/呋喃（PCDD/Fs）组成和污染的初步研究［J］．土壤学报，42（4）：570-576．

骆永明，滕应．2006．我国土壤污染退化状况及防治对策［J］．土壤（05）：505-508．

骆永明，滕应，李志博，等．2006．长江三角洲地区土壤环境质量与修复研究Ⅱ．典型污染区农田生态系统中二噁英/呋喃（PCDD/F）的生物积累及其健康风险［J］. 土壤学报，43（4）：563-569.
史海娃，宋卫国，赵志辉.2008. 我国农业土壤污染现状及其成因［J］. 上海农业学报，24（2）：122-125.
孙铁珩，宋玉芳.2002. 土壤污染的生态毒理诊断［J］. 环境科学学报，11（3）：132-135.
温志良，莫大伦.2000. 土壤污染研究现状与趋势［J］. 重庆环境科学，22（3）：55-57.
张高萍. 第二届土壤污染和修复国际会议综述. 中国科技网.2004年11月18日.
赵其国.1998. 土壤与环境问题国际研究概况及其发展趋向——参加第16届国际土壤学会专题综述［J］. 土壤，30（6）：281-290.
赵其国.2003. 赵其国院士谈：净土洁食问题［J］. 科学时报，06：19.
赵其国.2004. 土壤资源大地母亲——必须高度重视我国土壤资源的保护、建设与可持续利用问题［J］. 土壤，36（4）：337-339.
中国科学院地学部.2003. 东南沿海经济快速发展地区环境污染及其治理对策［J］. 地球科学进展，18（4）：493-496.
中国农业百科全书总编辑委员会土壤卷编辑委员会.1996. 中国农业百科全书·土壤卷［M］. 北京：中国农业出版社.
周启星，宋玉芳.2004. 污染土壤修复原理与方法［M］. 北京：科学出版社.
朱荫湄，周启星.1999. 土壤污染与我国农业环境保护的现状、理论和展望［J］. 土壤通报（30）.

第二章　土壤污染

本章提要　本章阐述土壤污染、土壤环境背景值、土壤的自净作用和环境容量的概念；介绍土壤污染物的种类和土壤污染源；根据土壤环境主要污染物的来源和土壤环境污染的途径，论述土壤环境污染的发生类型；阐明土壤的物质组成、基本理化性质和土壤生物活性等土壤性状与污染物转化的关系。

农业生态环境中，土壤是连接自然环境中无机界与有机界、生物界与非生物界的重要枢纽。在正常情况下，物质和能量在环境和土壤之间不断进行交换、转化、迁移和积累，处于一定的动态平衡状态中，不会发生土壤环境的污染。但是，如果人类的各种活动产生的污染物质，通过各种途径输入土壤，其数量和速度超过了土壤的自净作用的速度，打破了土壤环境中的自然动态平衡，会导致土壤酸化、板结，土质变坏；或者阻碍或抑制土壤微生物的区系组成与生命活动，土壤酶活性降低，引起土壤营养物质的转化和能量活动受阻；并因污染物的迁移转化，会引起作物减产，农产品质量降低，通过食物链进一步影响鱼类和野生动物、畜禽的生长发育和人类健康。

人类的生存，一方面受环境的制约，另一方面又在不断地影响和改变着环境。人类通过生产活动从自然界取得各种自然资源和能源，最终再以“三废”形式排入环境，使环境遭受污染。工业“三废”中的污染物质直接或间接通过大气、水体和生物向土壤输入；为了提高农产品的产量，过多地施用化肥、农药，以及污灌、施用污泥和垃圾等，都可能使土壤遭受污染。由于土壤的组成、结构、功能、特性以及在自然生态系统中的特殊地位和作用，使土壤污染比大气污染、水体污染要复杂得多。对大气污染和水体污染的研究绝不能代替对土壤污染的研究。

研究土壤污染及其防治的重要意义在于，土壤-植物系统具有转化、储存太阳能为生物化学能的功能，但当它一旦通过不同途径被污染，它的生物生产量就会受到影响，严重者将丧失生产力，而且难以治理。再者，土壤中积累的污染物质可以向大气、水体和生物体内迁移，降低农副产品的生物学质量，直接或间接地危害人类的健康。

土壤污染的影响直接涉及人类的各种主要食物来源，与人类的生活和健康的关系极为密切。因此，研究土壤污染的发生，污染物在土壤中的迁移、转化、降解、残留，以及研究土壤污染的控制和消除，对保护人类环境来说具有十分重要的意义。

第一节　土壤污染概述

一、土壤污染的概念

对土壤污染的概念有不同的看法。第一种看法认为，由人类的活动向土壤添加有害物质，此时土壤即受到了污染。此定义的关键是存在有可鉴别的人为添加污染物，可视为“绝对性”定义。另一种是以特定的参照数据来加以判断的，以土壤背景值加二倍标准差为临界值，如超过此值，则认为该土壤已被污染，可视为“相对性”定义。第三种定义是不但要看含量的增加，还要看后果，即当加入土壤的污染物超过土壤的自净能力，或污染物在土壤中积累量超过土壤基准量，而给生态系统造成了危害，此时才能被称为污染，这也可视为“相对性”定义。显然，在现阶段采用第三种定义更具有实际意义。

土壤污染不但直接表现于土壤生产力的下降，而且也通过以土壤为起点的土壤、植物、动物及人体之间的链，使某些微量和超微量的有害污染物富集起来，其浓度可以成千上万倍地增加，从而会对植物和人类产生严重的危害。

土壤污染还能危害其他环境要素。例如，土壤中可溶性污染物可被淋洗到地下水，致使地下水污染；而悬浮物及其所吸持的污染物，可随地表径流迁移，造成地表水的污染。风又可将污染土壤吹扬到远离污染源的地方，扩大污染面。所以，土壤污染又成为水污染和大气污染的来源。

土壤既是污染物的载体，又是污染物的天然净化场所。进入土壤的污染物，能与土壤物质和土壤生物发生极其复杂的反应，包括物理的、化学的和生物的反应。在这一系列反应中，有些污染物在土壤中蓄积起来，有些被转化而降低或消除了活度和毒性，特别是微生物的降解作用可使某些有机污染物最终从土壤中消失。所以，土壤是净化水质和截留各种固体废物的天然净化剂。

但量变有时会导致质变，当污染物进入量超过土壤的这种天然净化能力时，则导致土壤的污染，有时甚至达到极为严重的程度。尤其是对于重金属元素和一些人工合成的有机农药等产品，土壤尚不能发挥其天然净化功能。

目前土壤污染的定义各异，但归结其共同点，可以说，土壤污染就是人为因素有意或无意地将对人类本身和其他生命体有害的物质施加到土壤中，使其某种成分的含量超过土壤自净能力或者明显高于土壤环境基准或土壤环境标准，并引起土壤环境质量恶化的现象。

全国科学技术名词审定委员会给出的定义为：土壤污染（soil pollution）是指对人类及动、植物有害的化学物质经人类活动进入土壤，其积累数量和速度超过土壤净化速度的现象。

《中国农业百科全书·土壤卷》给出的定义为：土壤污染（soil pollution）是指人为活动将对人类本身和其他生命体有害的物质施加到土壤中，致使某种有害成分的含量明显高于土壤原有含量，而引起土壤环境质量恶化的现象。

二、土壤污染的过程

土壤环境中污染物的输入和积累与土壤环境的自净作用是两个相反而又同时进行的对立

统一的过程，在正常情况下，两者处于一定的动态平衡状态。在这种平衡状态下，土壤环境是不会发生污染的。但是，如果人类的各种活动产生的污染物质，通过各种途径输入土壤(包括施入土壤的肥料和农药)，其数量和速度超过土壤环境的自净作用的速度，打破污染物在土壤环境中的自然动态平衡，使污染物的积累过程占据优势，可导致土壤环境正常功能的失调和土壤质量的下降；或者土壤生态发生明显变异，导致土壤微生物区系（种类、数量和活性）的变化，土壤酶活性的降低；同时，由于土壤环境中污染物的迁移转化，引起大气、水体和生物的污染，并通过食物链，最终影响到人类的健康，这种现象属于土壤环境污染。因此，当土壤环境中所含污染物的数量超过土壤自净能力或当污染物在土壤环境中的积累量超过土壤环境基准或土壤环境标准时，即为土壤环境污染。

土壤污染的过程有其自身的特点。首先，从土壤污染本身的特点看，土壤污染具有渐进性、长期性、隐蔽性和复杂性的特点。它对动物和人体的危害往往通过农作物包括粮食、蔬菜、水果或牧草，即通过食物链逐级积累危害，人们往往身处其害而不知所害，不像大气污染、水体污染易被人直接觉察。20 世纪 60 年代，曾轰动一时的、发生在日本富山市的“镉米”事件，绝不是孤立的、局部的公害事例，而是给人类的一个深刻教训。

其次，从土壤污染的原因看，土壤污染与造成土壤退化的其他类型不同。土壤沙化（沙漠化）、土水流失、土壤盐渍化和次生盐渍化、土壤潜育化等是由于人为因素和自然因素共同作用的结果。而土壤污染除极少数突发性自然灾害（如火山爆发）外，主要是人类活动造成的。随着人类社会对土地要求的不断扩展，人类在开发、利用土壤，向土壤高强度索取的同时，向土壤排放的废弃物（污染物）的种类和数量也日益增加。当今人类活动的范围和强度可与自然的作用相比较，有的甚至比后者更大。土壤污染就是人类谋求自身经济发展的副产品。

再从土壤污染与其他环境要素污染的关系看，在地球自然系统中，大气、水体和土壤等自然地理要素的联系是一种自然过程，是相互影响，互相制约的。土壤污染绝不是孤立的，它受大气污染和水体污染的影响。土壤是各种污染物的最终聚集地。据报道，大气和水体中污染物的 90%以上，最终沉积在土壤中。反过来，污染土壤也将导致空气或水体的污染，例如，过量施用氮素肥料的土壤，可能因硝态氮（$NO_3^- - N$）随渗滤水进入地下水，引起地下水中的硝态氮超标，而水稻土痕量气体（CH_4、NO_x）的释放，被认为是造成温室效应气体的主要来源之一。

第二节　土壤污染与自净

一、土壤环境背景值

土壤环境背景值是指未受或少受人类活动（特别是人为污染）影响的土壤环境本身的化学元素组成及其含量。它是诸成土因素综合作用下成土过程的产物，所以实质上是各自然成土因素（包括时间因素）的函数。由于成土环境条件仍在继续不断地发展和演变，特别是人类社会的不断发展，科学技术和生产水平不断提高，人类对自然环境的影响不断地增强和扩展，目前已难于找到绝对不受人类活动影响的土壤。因此，现在所获得的土壤环境背景值也只能是尽可能不受或少受人类活动影响的数值。因而所谓土壤环境背景值只是代表土壤环境发展中一个历史阶段的、相对意义上的数值，是并非确定不变的数值。

土壤环境背景值的研究大约始于20世纪70年代，它是随着环境污染的出现而发展起来的。美国、英国、加拿大和日本等国已做了较大规模的研究。例如，美国在1975年就提出了美国大陆岩石、沉积物、土壤、植物及蔬菜的元素化学背景值；Mills（1975）和Frank（1976）分别列出了加拿大曼尼巴省和安大略省土壤中若干元素的背景值；日本（1978）报告了水稻土元素的背景值。我国在20世纪70年代后期也开始了土壤环境背景值的研究工作，先后开展了北京、南京、广州、重庆以及华北平原、东北平原、松辽平原、黄淮海平原、西北黄土、西南红黄壤等的土壤和农作物的背景值研究，同时还开展了土壤环境背景值的应用及环境容量的同步研究，这是我国土壤背景值研究有别于其他国家的主要方面。

研究土壤环境背景值具有重要的实践意义：①土壤环境背景值是土壤环境质量评价，特别是土壤污染综合评价的基本依据。例如，评价土壤环境质量、划分质量等级或评价土壤是否已发生污染、划分污染等级，均必须以区域土壤环境背景值作为对比的基础和评价的标准，并用于判断土壤环境质量状况和污染程度，以制定防治土壤污染的措施，以及进而作为土壤环境质量预测和调控的基本依据。②土壤环境背景值是研究和确定土壤环境容量，制定土壤环境标准的基本数据。③土壤环境背景值也是研究污染元素的单质和化合物在土壤环境中的化学行为的依据，因污染物进入土壤环境之后的组成、数量、形态和分布变化，都需要与环境背景值比较才能加以分析和判断。④在土地利用及其规划，研究土壤生态、施肥、污水灌溉、种植业规划，提高农、林、牧、副业生产水平和产品质量，进行食品卫生、环境医学研究时，土壤环境背景值也是重要的参比数据。

总之，土壤环境背景值不仅是土壤环境学，也是环境科学基础研究之一，是区域土壤环境质量评价，土壤污染态势预测预报，土壤环境容量计算，土壤环境质量基准或标准的确定，土壤环境中的物质迁移、转化研究，以及制定国民经济发展规划等多方面工作的基础数据。

二、土壤自净作用

土壤的自净作用是指在自然因素作用下，通过土壤自身的作用，使污染物在土壤环境中的数量、浓度或形态发生变化，活性、毒性降低的过程。土壤环境都有一定的缓冲作用和强大的自然净化作用，土壤的自净作用对维持土壤生态平衡起重要的作用。正是由于土壤具有这种特殊功能，少量有机污染物进入土壤后，经生物化学降解可降低其活性变为无毒物质；进入土壤的重金属元素通过吸附、沉淀、配合、氧化还原等化学作用可变为不溶性化合物，使得某些重金属元素暂时退出生物循环，脱离食物链。按其作用机理的不同，可将土壤自净作用划分为物理净化作用、物理化学净化作用、化学净化作用和生物净化作用等4个方面。

（一）物理净化作用

土壤是一个多相的疏松多孔体，犹如天然的大过滤器。固相中的各类胶态物质——土壤胶体又具有很强的表面吸附能力。因而，进入土壤中的难溶性固体污染物可被土壤机械阻留；可溶性污染物可被土壤水分稀释，减少毒性，或被土壤固相表面吸附（指物理吸附），但也可能随水迁移至地表水或地下水层，特别是那些呈负吸附的污染物（如硝酸盐、亚硝酸盐），以及呈中性分子态和阴离子形态存在的某些农药等，随水迁移的可能性更大；某些污染物可挥发或转化成气态物质在土壤孔隙中迁移、扩散，以至迁移入大气。这些净化作用都是一些物理过程，因此，统称为物理净化作用。

但是，物理净化作用只能使污染物在土壤中的浓度降低，而不能从整个自然环境中消除，其实质只是污染物的迁移。某些有机污染物可通过挥发、扩散方式进入大气。挥发和扩散主要决定于蒸气压、浓度梯度和温度。土壤中的农药向大气的迁移，是大气中农药污染的重要来源。水迁移则与土壤颗粒组成、吸附容量密切相关，如果污染物大量迁移入地表水或地下水层，将造成水源的污染。同时，难溶性固体污染物在土壤中被机械阻留，是污染物在土壤中的累积过程，产生潜在的威胁。

（二）物理化学净化作用

所谓土壤环境的物理化学净化作用，是指污染物的阳、阴离子与土壤胶体上原来吸附的阳、阴离子之间的离子交换吸附作用。此种净化作用为可逆的离子交换反应，且服从质量作用定律（同时，此种净化作用也是土壤环境缓冲作用的重要机制）。其净化能力的大小可用土壤阳离子交换量或阴离子交换量的大小来衡量。污染物的阳、阴离子被交换吸附到土壤胶体上，降低了土壤溶液中这些离子的浓（活）度，相对减轻了有害离子对植物生长的不利影响。由于一般土壤中带负电荷的胶体较多，因此，一般土壤对阳离子或带正电荷的污染物的净化能力较强。当污水中污染物离子浓度不大时，经过土壤的物理化学净化以后，就能得到很好的净化效果。增加土壤中胶体的含量，特别是有机胶体的含量，可以提高土壤的物理化学净化能力。此外，土壤 pH 增大，有利于对污染物的阳离子进行净化；相反，则有利于对污染物阴离子进行净化。对于不同的阳、阴离子，其相对交换能力大的，被土壤物理化学净化的可能性也就较大。但是，物理化学净化作用也只能使污染物在土壤溶液中的离子浓（活）度降低，相对地减轻危害，而并没有从根本上将污染物从土壤环境中消除。如果利用城市污水灌溉，只是污染物从水体迁移入土体，对水体起到了很好的净化作用。然而经交换吸附到土壤胶体上的污染物离子，还可以被其他相对交换能力更大的，或浓度较大的离子交换下来，重新转移到土壤溶液中去，又恢复原来的毒性、活性。所以说，物理化学净化作用只是暂时性的、不稳定的。同时，对土壤本身来说，物理化学净化过程则是污染物在土壤环境中的积累过程，将产生严重的潜在威胁。

（三）化学净化作用

污染物进入土壤以后，可能发生一系列的化学反应，例如，凝聚与沉淀反应、氧化还原反应、络合-螯合反应、酸碱中和反应、同晶置换反应、水解、分解和化合反应，或者发生由太阳辐射能和紫外线等能流而引起的光化学降解作用等。通过这些化学反应，或者使污染物转化成难溶性、难解离性物质，使危害程度和毒性降低；或者分解为无毒物或营养物质，这些净化作用统称为化学净化作用。酸碱反应和氧化还原反应在土壤自净过程中也起着主要作用，许多重金属在碱性土壤中容易沉淀；在还原条件下，大部分重金属离子能与 S^{2-} 离子形成难溶性硫化物沉淀，从而降低污染物的毒性。

土壤环境的化学净化作用反应机理很复杂，影响因素也较多，不同的污染物有着不同的反应过程。那些性质稳定的化合物，如多氯联苯、稠环芳烃、有机氯农药以及塑料、橡胶等合成材料，则难以在土壤中被化学净化。重金属在土壤中只能发生凝聚沉淀反应、氧化还原反应、络合-螯合反应、同晶置换反应，而不能被降解。当然，发生上述反应后，重金属在土壤环境中的迁移方向可能发生改变。例如，富里酸一般可与重金属形成可溶性的螯合物，在土壤中随水迁移的可能性增大。

（四）生物化学净化作用

有机污染物在微生物及其酶作用下，通过生物降解，被分解为简单的无机物而消散的过程称为生物化学净化作用。土壤生物（土壤微生物和土壤动物）对污染物的吸收、降解、分解和转化过程与作物对污染物的生物性吸收、迁移和转化是土壤环境系统中两个最重要的物质与能量的迁移转化过程，也是土壤的最重要的净化功能。土壤的净化作用的强弱取决于生物净化作用，而生物净化作用的大小又决定于土壤生物和作物的生物学特性。从净化机理看，生物化学净化是真正的净化。但不同化学结构的物质，在土壤中的降解历程不同。污染物在土壤中的半衰期长短差别悬殊，其中有的降解中间产物的毒性可能比母体更大。

土壤中的微生物种类繁多，各种有机污染物在不同条件下的分解形式是多种多样的。主要有氧化还原反应、水解、脱烃、脱卤、芳环羟基化和异构化、环破裂等过程，并最终转变为对生物无毒性的残留物和CO_2。一些无机污染物也可在土壤微生物的参与下发生一系列化学变化，以降低活性和毒性。但是，微生物不但不能净化重金属，而且有可能使重金属在土体中富集，这是重金属成为土壤环境的最危险污染物的根本原因。

土壤环境中的污染物质，被生长在土壤中的植物所吸收、降解，并随茎、叶、种子而离开土壤；或者为土壤中的蚯蚓等软体动物所食用；污水中的病原菌被某些微生物所吞食等，都属于土壤环境的生物净化作用。因此，选育栽培对某种污染物吸收、降解能力特别强的植物，或应用具有特殊功能的微生物及其他生物体，也是提高土壤环境生物净化能力的重要措施。

总之，土壤的自净作用是各种化学过程共同作用、互相影响的结果，其过程互相交错，其强度的总和构成了土壤环境容量的基础。尽管土壤环境具有上述多种净化作用，而且也可通过多种措施来提高土壤环境的净化能力。但是，土壤自净能力是有一定限度的，这就涉及土壤环境容量问题。

三、土壤环境容量

环境容量是环境的基本属性和特征。通过对它的研究不但在理论上可以促进环境地学（环境地质学、环境地球化学、土壤环境学和污染气象学等）、环境化学、环境工程和生态学等多学科的交叉与渗透，而且在实践中可作为制定环境标准、污染物排放标准、污泥施用与污水灌溉量与浓度标准，以及区域污染物的控制与管理的重要依据，并对工农业合理布局和发展规模做出判断，以利于区域环境资源的综合开发利用和环境管理规划的制定，达到既发展经济，又能发挥环境自净能力，保证区域环境系统处于良性循环状态的目的。

（一）环境容量

环境容量是指在一定条件下，环境对污染物的最大容纳量。它最早来源于国际人口生态学界给予世界人口容量所下的定义："世界对于人类的容量，是在不损害生物圈或不耗尽可合理利用的不可更新资源的条件下，世界资源在长期稳定状态的基础上供养人口数量的大小"。随着环境污染问题的日益扩展和日趋严重，为防止和控制环境污染问题，提出了环境容量的概念。环境学者曾从不同角度给环境容量以多种定义，如有人认为："环境容量是指某环境单元所允许承纳的污染物质的最大数量”，同时指出“它是一个变量，包括两个组成部分：基本环境容量（或称为差值容量）和变动环境容量（或称为同化容量）。前者可通过拟定的环境标准减去环境本底值求得，后者是该环境的自净能力。”

过去对污染物的控制，多按一定的容许浓度标准加以限制，但这种标准只限制了其排放容许浓度，而没有限制其排放数量。因此，污染源排放的污染物浓度虽未超过控制标准，但排放量若过大，仍会造成环境的严重污染。故在环境污染控制与管理中，除需控制污染物排放的容许浓度外，还要把排放的总量限制在一定数量内。因而有关学者将环境容量定义为：“在人类生存和自然生态不至于受害的前提下，某一环境单元（或要素）所能容纳污染物的最大负荷量。”

由上可知，确定环境容量的关键是如何拟定环境容纳污染物的最大容许量，其前提条件是人与生态环境不至于受害。

（二）土壤环境容量

所谓土壤环境容量，则可从上述环境容量的定义延伸为：“系指土壤环境单元所容许承纳的污染物质的最大数量或负荷量。”由定义可知，土壤环境容量实际上是土壤污染起始值和最大负荷值之间的差值。若以土壤环境标准作为土壤环境容量的最大允许极限值，则该土壤的环境容量的计算值，便是土壤环境标准值减去背景值（或本底值），即上述土壤环境的基本容量。但在尚未制定土壤环境标准的情况下，环境学工作者往往通过土壤环境污染的生态效应试验研究，以拟定土壤环境所允许容纳污染物的最大限值——土壤的环境基准含量，这个量值（即土壤环境基准减去土壤背景值），有的称之为土壤环境的静容量，相当于土壤环境的基本容量。

土壤环境的静容量虽然反映了污染物生态效应所容许的最大容纳量，但尚未考虑和顾及土壤环境的自净作用与缓冲性能，也即外源污染物进入土壤后的累积过程中，还要受土壤的环境地球化学背景与迁移转化过程的影响和制约，如污染物的输入与输出、吸附与解吸、固定与溶解、累积与降解等，这些过程都处在动态变化中，其结果都能影响污染物在土壤环境中的最大容纳量。因而目前的环境学界认为，土壤环境容量应是静容量加上这部分土壤的净化量，方是土壤的全部环境容量或土壤的动容量。

土壤环境容量的研究，正朝着强调其环境系统与生态系统效应的更为综合的方向发展。据其最新进展，将土壤环境容量定义为：“一定土壤环境单元，在一定时限内，遵循环境质量标准，既维持土壤生态系统的正常结构与功能，保证农产品的生物学产量与质量，也不使环境系统污染时，土壤环境所能容纳污染物的最大负荷量。”

研究土壤环境容量的目的，首先是控制进入土壤的污染物数量。因此，它可以在土壤质量评价、制定“三废”农田排放标准、灌溉水质标准、污泥施用标准、微量元素累积施用量等方面发挥作用。土壤环境容量充分体现了区域环境特征，是实现污染物总量控制的重要基础。在此基础上人们可以经济合理地制定污染物总量控制规划，也可充分利用土壤环境的纳污能力。

土壤环境背景值与土壤环境容量的研究是土壤环境现状及其演变研究的重要内容。对土壤环境现状的研究十分重要，因为这是检验过去和预测未来土壤环境演化的基础资料，也是判断土壤中化学物质的行为与环境质量的必要的基础数据，它包括土壤、植物的元素背景值、有机化合物的类型与含量、动物区系、微生物种群及活性等生物多样性资料，以及对外源污染物的负载容量等。应在原始资料大量积累的基础上，建立土壤环境资料的数据库，以保证研究资料的系统性、完整性、准确性和可比性，并在此基础上，使其发展成一个实用的、具有数据检索、环境质量模拟和评价、环境规划和决策辅助功能的国家土壤环境信息系统，从而使土壤环境管理工作逐步科学化、程序化和规范化。

第三节　土壤污染物种类及污染源

通过各种途径输入土壤环境中的物质种类十分繁多，有的是有益的，有的是有害的；有的在少量时是有益的，而在多量时是有害的；有的虽无益，但也无害。输入土壤环境中的足以影响土壤环境正常功能，降低作物产量和生物学质量，有害于人体健康的那些物质，统称为土壤环境污染物质。其中主要是指城乡工矿企业所排放的对人体、生物体有害的“三废”物质，以及化学农药、病原微生物等。土壤环境主要污染物质见表 2-1。

表 2-1　土壤环境主要污染物质

污染物种类			主要来源
无机污染物	重金属	汞（Hg）	制烧碱、汞化物生产等工业废水和污泥、含汞农药、汞蒸气
		镉（Cd）	冶炼、电镀、染料等工业废水、污泥和废气、肥料杂质
		铜（Cu）	冶炼、铜制品生产等废水、废渣和污泥、含铜农药
		锌（Zn）	冶炼、镀锌、纺织等工业废水和污泥、废渣、含锌农药、磷肥
		铅（Pb）	颜料、冶炼等工业废水、汽油防爆燃烧排气、农药
		铬（Cr）	冶炼、电镀、制革、印染等工业废水和污泥
		镍（Ni）	冶炼、电镀、炼油、染料等工业废水和污泥
		砷（As）	硫酸、化肥、农药、医药、玻璃等工业废水、废气、农药
		硒（Se）	电子、电器、油漆、墨水等工业的排放物
	放射性元素	铯（^{137}Cs）	原子能、核动力、同位素生产等工业废水、废渣，核爆炸
		锶（^{90}Sr）	原子能、核动力、同位素生产等工业废水、废渣，核爆炸
	其他	氟（F）	冶炼、氟硅酸钠、磷酸和磷肥等工业废水、废气，肥料
		盐、碱	纸浆、纤维、化学等工业废水
		酸	硫酸、石油化工、酸洗、电镀等工业废水、大气酸沉降
有机污染物	有机农药		农药生产和施用
	酚		炼焦、炼油、合成苯酚、橡胶、化肥、农药等工业废水
	氰化物		电镀、冶金、印染等工业废水，肥料
	苯并（a）芘		石油、炼焦等工业废水、废气
	石油		石油开采、炼油、输油管道漏油
	有机洗涤剂		城市污水、机械工业污水
	有害微生物		厩肥、城市污水、污泥、垃圾
	多氯联苯类		人工合成品及生产工业废气、废水
	有机悬浮物及含氮物质		城市污水、食品、纤维、纸浆业废水

一、无机污染物

污染土壤环境的无机物，主要有重金属（汞、镉、铅、铬、铜、锌、镍，以及类金属砷、硒等）、放射性元素（^{137}Cs、^{90}Sr 等）、氟、酸、碱、盐等。其中，尤以重金属和放射性物质的污染危害最为严重，因为这些污染物都是具有潜在威胁的，而且一旦污染了土壤，就难以彻底消除，并较易被植物吸收，通过食物链而进入人体，危及人类的健康。

二、有机污染物

污染土壤环境的有机物，主要有人工合成的有机农药、酚类物质、氰化物、石油、稠环芳烃、洗涤剂，以及有害微生物、高浓度耗氧有机物等。其中，有机氯农药、有机汞制剂、稠环芳烃等性质稳定不易分解的有机物，在土壤环境中易累积，造成污染危害。

三、固体废弃物与放射性污染物

固体废弃物来源于工业废渣、污泥、城市（医院）垃圾等。城市生活污水处理厂的污泥，可作为肥料使用。但如混入含有害物质的工业废水或工业废水处理厂的污泥，放入农田，势必造成土壤污染。一些城市历来都把大量垃圾施入农田，由于垃圾中含有大量的煤灰、砖瓦碎块、玻璃、塑料甚至重金属等，如长期施用，土壤的理化性质逐步遭到破坏，重金属等有害成分积累增多。

放射性污染物对人畜产生放射病，能致畸、致突变、致癌。随着原子能工业的发展，核技术在工业、农业、医学广泛应用，核泄漏甚至核战争的潜在威胁，使放射性污染物对土壤环境的污染受到人们的关注。土壤中含有天然存在的放射性核素，如^{40}K、^{87}Rb 和^{14}C 等。放射性核裂变尘埃产生的^{90}Sr 和^{137}Cs 在土壤中有很大的稳定性，半衰期分别为 28 年和 30 年。磷、钾矿往往含放射性核素，它们可随化肥进入土壤，通过食物链被人体摄取。磷矿石中主要有铀、钍和镭等天然放射性元素。实验测得其总 α 放射强度平均为 1.554Bq/g（4.2×10^{-11} Ci/g），成品磷肥的总 α 放射强度平均为 3.219Bq/g（8.7×10^{-11} Ci/g）。对全国 22 个矿的磷矿石测定结果表明，含^{238}U 0.13～1 000μg/g，多数为 10～154μg/g，最高含量为 0.12%。我国食品标准规定，^{238}U 和^{226}Ra 的限制浓度为 100μg/kg，相当于^{238}U 2.516Bq/kg（68×10^{-12} Ci/kg）和^{226}Ra 2.59Bq/kg（70×10^{-12} Ci/kg）。钾盐矿中放射性核素主要是^{40}K，其半衰期为 1.26×10^{9} 年，主要辐射 γ 射线和 β 射线。

四、土壤环境污染源

由表 2-1 可知，土壤环境污染物的来源极其广泛，这是与土壤环境在生物圈中所处的特殊地位和功能密切相关联的。①人类把土壤作为农业生产的劳动对象和获得生命能源的生产基地。为了提高农产品的数量和质量，每年都不可避免地要将大量的化肥、有机肥和化学农药施入土壤，从而带入某些重金属、病原微生物、农药本身及其分解残留物。同时，还有许多污染物随农田灌溉用水输入土壤。利用未经任何处理的，或虽经处理而未达标排放的城市生活污水和工矿企业废水直接灌溉农田，是土壤有毒物质的重要来源。②土壤历来就是作为废物（生活垃圾、工矿业废渣、污泥、污水等）的堆放、处置与处理场所，使大量有机和无机污染物随之进入土壤，这是造成土壤环境污染的重要途径和污染来源。③由于土壤环境是个开放系统，土壤与其他环境要素之间不断地进行着物质与能量的交换，因此大气、水体或生物体中污染物质的迁移转化，从而进入土壤，使土壤环境随之遭受二次污染，这也是土壤环境污染的重要来源。例如，工矿企业所排放的气体污染物，先污染了大气，而可在重力作用下，或随雨、雪降落于土壤中。以上这几类污染是由人类活动产生的，统称人为污染源。根据人为污染物的来源不同，又可大致分为工业污染源、农业污染源和生活污染源。

工业污染源就是指工矿企业排放的废水、废气和废渣（即“三废”)。一般直接由工业“三废”引起的土壤环境污染仅限于工业区周围数十千米范围内，属点源污染。点源污染指有固定排放点的污染源，这种污染形式具有排污点位集中、污染范围呈局部性等特征。工业“三废”引起的大面积土壤污染往往是间接的，并经长期作用使污染物在土壤环境中积累而造成的。例如，将废渣、污泥等作为肥料施入农田；或由于大气、水体污染所引起的土壤环境二次污染等。

农业污染源主要是指由于农业生产本身的需要而施入土壤的化学农药、化肥和有机肥，以及残留于土壤中的农用地膜等，一般属于面源污染。面源污染（non-point source pollution，NPS）是相对于点源污染而言，指溶解的和固体的污染物从非特定的地点，在降水（或融雪）冲刷作用下，通过径流过程而汇入受纳水体（包括河流、湖泊、水库和海湾等）并引起水体的富营养化或其他形式的污染。美国《清洁水法修正案》对面源污染的定义为：污染物以广域的、分散的、微量的形式进入地表或地下水体。这里的微量是指污染物的浓度通常较点源污染低，但面源污染污染的总负荷却是非常巨大的。面源污染与区域的降水过程密切相关，与点源污染相比，有以下几个显著特点：①形成的随机性。因为面源污染主要受水文循环过程（主要为降水和降水形成的径流过程）的影响和支配，还与土壤结构、农作物类型、气候、地质地貌等密切相关。由于降水的随机性，因而降雨径流具有随机性，由此决定了面源污染的产生必然有随机性。②影响的滞后性。农药和化肥的施用对农田造成的影响通常在使用后较长一段时间后才会表现出来。农田中的农药和化肥使用造成的污染，在很大程度上与降水和径流立即发生密切相关，同时也与农药和化肥的施用量有关。施肥后立即降雨，造成的面源污染将会十分严重。此外，农药和化肥在农田存在时间长短也将决定面源污染形成滞后性的长短。通常，一次农药和化肥的使用所造成的面源污染将是长期的。③影响因子的复杂性。影响面源污染的因子复杂多样，以农业面源污染为例，农药和化肥的施用是面源污染的主要来源，但不同的施用量，在不同的农作物类型、作物生长季节、施用方式、土壤性质和降雨条件下，所产生面源污染的途径和产生量是不同的。④存在的广泛性。随着科技的进步和经济的发展，人工合成的许多影响自然环境质量的化学物质逐年增多，在地球表层广泛分布，随着径流进入水体的污物遍地可见，所产生的对生态环境的影响将深远和广泛。

生活污染源指人类生活产生的污染物发生源，如生活废水、生活垃圾等，其中城市和人口密集的居住区是人类消费活动集中地，是主要的生活污染源。

第四节 土壤污染类型

根据土壤环境主要污染物的来源和土壤环境污染的途径，我们可把土壤污染的类型归纳为水质污染型、大气污染型、固体废弃物污染型、农业污染型和综（复）合污染型几种。

一、水质污染型

水质污染型的污染源主要是工业废水、城市生活污水和受污染的地面水体。据报道，在日本曾由受污染的地面水体所造成的土壤污染占土壤污染总面积的80%，而且绝大多数是由污灌所造成的。

利用经过预处理的城市生活污水或某些工业废水进行农田灌溉，如果使用得当，一般可有增产效果，因为这些污水中含有许多植物生长所需要的营养物质。同时，节省了灌溉用水，并且使污水得到了土壤的净化，减少了治理污水的费用等。但因为城市生活污水和工矿企业废水中还含有许多有毒、有害的物质，成分相当复杂。若这些污水、废水直接输入农田，可造成土壤环境的严重污染。

经由水体污染所造成的土壤环境污染，其分布特点是：由于污染物质大多以污水灌溉形式从地表进入土体，所以污染物一般集中于土壤表层。但是，随着污灌时间的延续，某些污染物质可随水自上部向土体下部迁移，以至达到地下水层。这是土壤环境污染的最主要发生类型。它的特点是沿已被污染的河流或干渠呈树枝状或呈片状分布。

二、大气污染型

大气污染型的土壤环境污染物质来自被污染的大气。经由大气的污染而引起的土壤环境污染，主要表现在以下几个方面。

①工业或民用煤的燃烧所排放出的废气中含有大量的酸性气体，如SO_2、NO_2等；汽车尾气中的铅化合物、NO_x等，经降雨、降尘而输入土壤。

②工业废气中的粒状浮游物质（包括飘尘），如含铅、镉、锌、铁、锰等的微粒，经降尘而落入土壤。

③炼铝厂、磷肥厂、砖瓦窑厂、氰化物生产厂等排放的含氟废气，一方面可直接影响周围农作物，另一方面可造成土壤的氟污染。

④原子能工业、核武器的大气层试验，产生的放射性物质，随降雨降尘而进入土壤，对土壤环境产生放射性污染。

经由大气的污染所造成的土壤环境污染，其特点是以大气污染源为中心呈椭圆状或条带状分布，长轴沿主风向伸长。其污染面积和扩散距离，取决于污染物质的性质、排放量以及排放形式。例如，西欧和中欧工业区采用高烟囱排放，SO_2等酸性物质可扩散到北欧斯堪的那维亚半岛，使该地区土壤酸化。而汽车尾气是低空排放，只对公路两旁的土壤产生污染危害。

大气污染型土壤的污染物质主要集中于土壤表层（0～5cm），耕作土壤则集中于耕层

(0～20cm)。

三、固体废弃物污染型

固体废弃物系指被丢弃的固体状物质和泥状物质，包括工矿业废渣、污泥和城市垃圾等。在土壤表面堆放或处理、处置固体废物、废渣，不仅占用大量耕地，而且可通过大气扩散或降水淋滤，使周围地区的土壤受到污染，所以称为固体废弃物污染型。其污染特征属点源性质，主要是造成土壤环境的重金属污染，以及油类、病原菌和某些有毒有害有机物的污染。

四、农业污染型

所谓农业污染型是指由于农业生产的需要而不断地施用化肥、农药、城市垃圾堆肥、厩肥和污泥等所引起的土壤环境污染。其中主要污染物质是化学农药和污泥中的重金属。而化肥既是植物生长发育必需营养物质的供给源，又是日益增长的环境污染因子。

农业污染型的土壤污染轻重与污染物质的种类、主要成分以及施药、施肥制度等有关。污染物质主要集中于表层或耕层，其分布比较广泛，属面源污染。

五、综（复）合污染型

必须指出，土壤环境污染的发生往往是多源性质的。对于同一区域受污染的土壤，其污染源可能同时来自受污染的地面、水体和大气，或同时遭受重金属、固体废弃物以及农药、化肥等的污染。因此，土壤环境的污染往往是综（复）合污染型的。但对于一个地区或区域的土壤来说，可能是以某一污染类型或某两种污染类型为主。

第五节　土壤性状与污染物的转化

一、土壤组成与污染物毒性

污染物进入土壤后，与各种土壤组分发生物理的、化学的和生物的反应，主要包括吸附解吸、沉淀溶解、络合解络、同化矿化、降解转化等过程。这些过程与土壤污染物的有效浓度（毒性）和状态（水溶态、交换态为主）有紧密关系。一般认为，土壤中某污染物的水溶态或交换态有效浓度越大，其对生物的毒性较大，而专性吸附态、氧化物态或矿物固定态含量越高，则其毒性越小。

（一）黏粒矿物对污染物毒性的影响

土壤中的黏粒矿物如层状铝硅酸盐和氧化物显著影响污染物吸附解吸行为及其毒性，铝硅酸盐可吸附重金属和离子态有机农药，氧化物可吸附氟、铝、砷和铬等含氧酸根（尤其是专性吸附），这些都对污染物可起到固定或暂时失活的减毒效应。氧化物对重金属的专性吸附与氧化物的交换量无关。专性吸附可显著降低重金属的生物毒性。重金属浓度低时，专性吸附量的比例较大。表 2-2 是不同土壤组分对重金属选择吸附和专性吸附的顺序。

表 2-2　土壤成分对重金属选择吸附和专性吸附排序

土壤成分	选择吸附和专性吸附排序
黏　粒	$Cr^{3+}>Cu^{2+}>Zn^{2+}\geqslant Cd^{2+}>Na^{+}$
土　壤	$Pb^{2+}>Cu^{2+}>Cd^{2+}>Zn^{2+}>Ca^{2+}$
泥炭土和灰化土	$Pb^{2+}>Cu^{2+}>Zn^{2+}\geqslant Cd^{2+}$
针铁矿	$Cu^{2+}>Pb^{2+}>Zn^{2+}>Co^{2+}>Cd^{2+}$
氧化铁凝胶	$Pb^{2+}>Cu^{2+}>Zn^{2+}>Ni^{2+}>Cd^{2+}>Co^{2+}>Sr^{2+}$
氧化铝凝胶	$Cu^{2+}>Pb^{2+}>Zn^{2+}>Ni^{2+}>Co^{2+}>Cd^{2+}>Sr^{2+}$
土壤有机物	$Fe^{2+}>Pb^{2+}>Ni^{2+}>Co^{2+}>Mn^{2+}>Zn^{2+}$
富里酸（pH 3.5）	$Cu^{2+}>Fe^{2+}>Ni^{2+}>Pb^{2+}>Co^{2+}>Ca^{2+}>Zn^{2+}>Mn^{2+}>Mg^{2+}$
富里酸（pH 5.0）	$Cu^{2+}>Pb^{2+}>Fe^{2+}>Ni^{2+}>Mn^{2+}=Co^{2+}>Ca^{2+}>Zn^{2+}>Mg^{2+}$
胡敏酸（pH 4）	$Zn^{2+}>Cu^{2+}>Pb^{2+}>Mn^{2+}>Fe^{3+}$
胡敏酸（pH 5）	$Zn^{2+}>Cu^{2+}>Pb^{2+}>Mn^{2+}>Fe^{3+}$
胡敏酸（pH 6）	$Zn^{2+}>Cu^{2+}>Pb^{2+}>Fe^{3+}>Mn^{2+}$
胡敏酸（pH 7）	$Zn^{2+}>Cu^{2+}>Pb^{2+}>Fe^{3+}>Mn^{2+}$
胡敏酸（pH 8）	$Pb^{2+}>Zn^{2+}>Fe^{3+}>Cu^{2+}\geqslant Mn^{2+}$
胡敏酸（pH 9）	$Zn^{2+}>Pb^{2+}>Fe^{3+}>Cu^{2+}\geqslant Mn^{2+}$
胡敏酸（pH 10）	$Zn^{2+}>Fe^{3+}>Cu^{2+}>Pb^{2+}\geqslant Mn^{2+}$

土壤铁、铝氧化物是 F^- 的主要吸附剂。氧化物胶体表面与中心金属离子配位的碱性最强的 A 型羟基（$—OH_2^{-0.5}$或水合基$—OH_2^{+0.5}$），可与 F^- 发生配位交换反应，从而降低氟的毒性。氧化物对 F^- 的最高吸附量是 SO_4^{2-} 或 Cl^- 的 3 倍，也高于其他阴离子（如 PO_4^{3-}、AsO^{3-}、$Cr_2O_7^{2-}$ 等）。在吸附平衡溶液含 F^- 浓度相同时，Al（OH）^{3} 胶体吸附氟量和比埃洛石和高岭石分别高出数十甚至数百倍，这是红黄壤中氟毒低，残留态氟容易富集累积的原因。

Cu^{2+} 被黏粒矿物吸附的顺序为高岭石＞伊利石＞蒙脱石。这是因为铜通过与硅酸盐表面的六配位被专性吸附，与矿物表面羟基群及 pH 有关，而不直接决定于黏土矿物的阳离子交换量（CEC），但与盐基饱和度关系密切。不同类型矿物和氧化物对铜的吸附结合强度决定着土壤中被吸附铜的解吸难易（毒性）。用 1mol/L NH_4Ac 或螯合剂作为解吸剂，发现吸附在蒙脱石上的 98%Cu^{2+} 能较快解吸，而专性吸附于铁、铝、锰氧化物上的 Cu^{2+} “惰性”极强，在一般条件下难以被置换，相当一部分 Cu^{2+} 不能被同价阳离子所交换，只有通过强烈的化学反应才能被活化而释放出来。

黏粒矿物类型不同，影响土壤对农药的吸附。农药被黏粒吸附后，其毒性大大降低。土壤对农药的吸附作用不仅影响农药的迁移，而且还减缓化学分解和生物降解速度，因而吸附量大时，其残留量也高。表 2-3 是不同类型黏粒矿物和 pH 对一些除草剂吸附的影响。

表 2-3 不同类型黏粒矿物和土壤 pH 对某些除草剂吸附量的影响

化合物	用量 (mg/hm^2)	在溶液中的浓度（mg/kg）				吸附的比例（%）		
		黏土 \ pH	5.5	6.5	7.3	5.5	6.5	7.3
DNC	4	伊利石	0.07	0.19	6.70	99.0	97.0	0
		高岭石	2.50	6.70	6.70	63.0	0	0
		蒙脱石	0.06	0.18	6.70	99.1	97.0	0
		伊利石	0.02	0.05	1.70	99.0	97.0	0
2,4-滴	4	伊利石	0.05	0.09	1.70	97.0	95.0	0
2,4,5-滴	4	蒙脱石	1.70	1.70	1.70	0	0	0
灭草隆	1	伊利石	0.07	0.07	0.08	96.0	96.0	95.0
敌草隆	1	蒙脱石	0.03	0.03	0.03	98.0	98.0	98.0
trietazine（三嗪）	1	伊利石	0.01	0.02	0.04	99.6	99.6	99.0
西玛津	1.5	高岭石	0.07	0.14	0.14	97.0	97.0	95.0

（二）有机质对污染物毒性的影响

土壤中有机质组分对污染物毒性的影响可通过静电吸附和络合（螯合）作用来实现。土壤有机质、富里酸、胡敏酸对重金属吸附的顺序见表 2-2。土壤有机质与重金属的吸附主要通过其含氧功能基进行的。羧基和酚羟基是两种腐殖酸的主要含量功能基，分别占功能基总量的 50%和 30%，成为腐殖质-金属络合物的主要配位基。

在两价离子中，Cu^{2+} 与富里酸形成的络合物的稳定常数最大，是 Zn^{2+} 的 3 倍多。一些两价离子与富里酸形成的络合物的稳定常数在 pH 3.5 时为：Cu^{2+}（5.78）>Fe^{2+}（5.06）>Ni^{2+}（3.47）>Pb^{2+}（3.09）>Co^{2+}（2.20）>Ca^{2+}（2.04）>Zn^{2+}（1.73）>Mn^{2+}（1.47）>Mg^{2+}（1.23）；在 pH 5.0 时为：Cu^{2+}（8.69）>Pb^{2+}（6.13）>Fe^{2+}（5.77）>Ni^{2+}（4.14）>Mn^{2+}（3.78）>Co^{2+}（3.69）>Ca^{2+}（2.92）>Zn^{2+}（2.34）>Mg^{2+}（2.09）。当土壤 pH 上升时，生成的络合物稳定性增加。

胡敏酸和富里酸可以与金属离子形成可溶性的和不可溶性的络合（螯合）物，主要取决于饱和度。富里酸金属离子络合物比胡敏酸金属络合物的溶解度大，这里因为前者酸度大且分子质量较低。金属离子也以种种方式影响腐殖质的溶解特性。当胡敏酸和富里酸溶于水中时，其—COOH 发生解离，由于带电基团的排斥作用，分子处于伸展状态，当外源金属离子进入时，电荷减少，分子收缩凝聚，导致溶解度降低。金属离子也能将胡敏酸和富里酸分子桥接起来成为长链状结构化合物。金属胡敏酸络合物在低金属/胡敏酸比例下，是水溶性的。但当链状结构增加，本身自由的—COOH 因金属离子 M^{2+} 的桥合作用而变为中性时，会发生沉淀，并受土壤中离子强度、pH 和胡敏酸浓度等因素影响。

（三）有机质对农药等有机污染物的固定作用

土壤有机质对农药等有机污染物有很强的亲和力，对有机污染物在土壤中的生物活性、残留、生物降解、迁移和蒸发等过程有重要的影响。土壤有机质是固定农药的最重要的土壤组分，其对农药的固定与腐殖物质官能团的数量、类型和空间排列密切相关，也与农药本身的性质有关。一般认为，极性有机污染物可以通过离子交换和质子化、氢键、范德华力、配位体交换、阳离子桥和水桥等各种不同机理与土壤有机质结合。而非极性有机污染物，可以通过分配机理与之结合。腐殖物质分子中既有极性亲水基团，也有非极性疏水基团。

可溶性腐殖质能增加农药从土壤向地下水的迁移，富里酸有较低的分子质量和较高酸度，比胡敏酸更可溶，能更有效地促使农药和其他有机物质的迁移。腐殖物质还能作为还原剂而改变农药的结构，这种改变因腐殖物质中羧基、酚羟基、醇羟基、杂环和半醌等的存在而加强。一些有毒有机化合物与腐殖物质结合后，可使其毒性降低或消失。

二、土壤酸碱性与污染物转化和毒性

土壤酸碱性通过影响组分和污染物的电荷特性、沉淀溶解、吸附解吸和络合解络平衡来改变污染物的毒性，土壤酸碱性还通过土壤微生物的活性来改变污染物的毒性。

土壤溶液中的大多数金属元素（包括重金属）在酸性条件下以游离态或水化离子态存在，毒性较大；而在中性和碱性条件下易生成难溶性氢氧化物沉淀，毒性大为降低。

金属离子可与 OH^- 等阴离子生成沉淀，可用溶度积常数（K_{sp}）来估测。常见的金属离子与一些阴离子的溶度积常数见表 2-4。土壤酸碱性对阴阳离子浓度有影响，pH 升高导致 OH^- 上升，使重金属离子的毒性（活度）大为降低。

表 2-4 某些重金属沉淀的溶度积常数（pK_{sp}，18～25℃）

（引自中南矿冶学院分析化学研究室等，1984）

	Cd	Co	Cr	Cu	Hg	Ni	Pb	Zn
AsO_4^{3-}	32.66	28.12	20.11	35.12		25.51	35.39	26.97
CN^-	8.0			19.49	39.3（1价）	22.5		12.59
CO_3^{2-}	11.28	9.98		9.63	16.05（1价）	6.87	13.13	10.84
CrO_4^{2-}	4.11			5.44	8.7（1价）		13.75	
$Fe(CN)_6^{4-}$	17.38	14.74		15.89		14.89	18.02	15.68
O^{2-}				14.7（1价）	25.4		65.5（4价）	53.96
OH^-（新）	13.55	14.8	30.2	19.89		14.7	14.93	16.5
OH^-（陈）	14.4	15.7				17.2		16.92
S^{2-}	26.10	20.4（α）		35.2	52.4（红）	18.5（α）	27.9	23.8（α）
		24.7（β）		47.6（1价）	51.8（黑）	24.0（β）	26.6	21.6（β）
PO_4^{3-}	32.6	34.7	17.0	36.9		30.3		32.04
HPO_4^{2-}		6.7			12.4		9.90	

注：未说明价数者为金属正常价态（Cr 为 3 价，其他为 2 价）。

pH 对土壤中金属离子的水解及其产物的组成和电荷有极大的影响。在 pH<7.7 的溶液中，锌主要以 Zn^{2+} 存在；在 pH>7.7 时，以 $ZnOH^+$ 为主；在 pH>9.11 时，则以电中性的 Zn（OH)$_2$ 为主。在土壤 pH 范围内，Zn（OH)$_3^-$ 和 Zn（OH)$_4^{2-}$ 不会成为土壤溶液中的主要络离子。对 Pb 来说，当 pH<8.0 时，溶液中以 Pb^{2+} 和 Pb（OH)$^+$ 占优势，其他形态的铅如 Pb（OH)$_3^-$、Pb（OH)$_2$、Pb（OH)$_2^{4-}$ 较少。对 Cu 而言，当 pH<6.9 时溶液中主要是 Cu^{2+}，pH>6.9 时主要是 Cu（OH)$_2$，而 Cu（OH)$_3^-$、Cu（OH)$_4^{2-}$ 和 $Cu_2(OH)_2^{2+}$ 在土壤条件下一般不重要。

pH 对有机污染物（如有机农药）在土壤中的积累、转化、降解的影响主要表现在：①土壤 pH 不同，土壤微生物群落不同，影响土壤微生物对有机污染物的降解作用，这种生物降解途径主要包括生物氧化和还原反应中的脱氯、脱氯化氢、脱烷基化、芳香环或杂环破裂反应等；②通过改变污染物和土壤组分的电荷特性，改变两者的吸附、络合和沉淀等特性，导致污染物有效度的改变。

土壤酸碱性对土壤微生物的活性、对矿物质和有机质分解起重要作用。它可通过对土壤中进行的各项化学反应的干预作用而影响组分和污染物的电荷特性，沉淀溶解、吸附解吸和配位解离平衡等，从而改变污染物的毒性。同时，土壤酸碱性还通过土壤微生物的活性来改变污染物的毒性。

土壤酸碱性也显著影响含氧酸根阴离子（如铬、砷）在土壤溶液中的形态，影响它们的吸附和沉淀等特性。在中性和碱性条件下，Cr（Ⅲ）可被沉淀为 Cr（OH)$_3$。在碱性条件下，由于 OH^- 的交换能力大，能使土壤中可溶性砷的比例显著增加，从而增加砷的生物毒性。

此外，有机污染物在土壤中的积累、转化和降解也受到土壤酸碱性的影响。例如，有机氯农药在酸性条件下性质稳定，不易降解，只有在强碱性条件下才能加速代谢。又如，持久性有机污染物五氯酚（PCP），在中性及碱性土壤环境中呈离子态，移动性大，易随水流失；而在酸性条件下呈分子态，易为土壤吸附而降解半衰期增加。有机磷和氨基甲酸酯农药大部分在碱性环境中易于水解，但地亚农则更易于发生酸性水解反应。

三、土壤氧化还原状况与污染物转化和毒性

土壤氧化还原状况（E_h）是一个综合性指标，主要决定于土体内水气比例。但土壤中的微生物活动、易分解有机质含量、易氧化和易还原的无机物质的含量、植物根系的代谢作用及土壤 pH 等与 E_h 关系密切，对污染物毒性有显著影响。

（一）有机污染物

热带、亚热带地区间歇性阵雨和干湿交替对厌氧、好氧细菌的增殖均有利，比单纯的还原或氧化条件更有利于有机农药分子的降解，特别是有环状结构的农药，如 DDT 的开环反应、地亚农的代谢产物嘧啶环的裂解等需要氧的参与。

有机氯农药大多在还原环境下才能加速代谢。例如，六六六（六氯环己烷）在旱地土壤中分解很慢，在蜡状芽孢杆菌参与下，经脱氯反应后快速代谢为五氯环己烷中间体，后者再脱去氯化氢后生成四氯环己烯和少量氯苯类代谢物。分解 DDT 适宜的 E_h 为 0～－250mV；艾氏剂只有在 E_h<－120mV 时才快速降解。

（二）重金属

土壤中大多数重金属污染元素是亲硫元素，在农田厌氧还原条件下易生成难溶性硫化

物，降低毒性和危害。土壤中低价硫 S^{2-} 来源于有机质的厌氧分解与硫酸盐的还原反应，水田土壤 E_h 低于－150mV 时，S^{2-} 生成量可达 20mg/100g 土。当土壤转为氧化状态（如落干或改旱）时，难溶硫化物逐渐转化成易溶硫酸盐，其生物毒性增强。

黏质土上添加 Cd、P 和 Zn 的情况下淹水 5～8 周后，可能存在 CdS。在土壤含 Cd 量相同的同类土壤，若水稻在全期淹水种植，即使土壤含 Cd 100mg/kg，糙米中 Cd 浓度也不到 1mg/kg（Cd 食品卫生标准）；但若在幼穗形成前后此水稻田落水搁田，则糙米含 Cd 量可高达 5mg/kg。这是因为在土壤淹水条件下，土壤中 Cd 溶出量下降与 E_h 下降同时发生。Cd 的毒性降低是因为生成硫化镉的缘故。

土壤中硫化物的形成，也能影响铜的溶度，氧化还原度（pe＋pH）＞14.89 时，Cu^{2+} 受土壤胶体上吸附的铜所控制。pe＋pH 每降低一个单位，Cu^{2+} 活度增加 1 个 lg 单位。在 pe＋pH 为 11.5～4.73，磁铁矿控制铁的活度，pe＋pH 每降低一个单位，$lgCu^{2+}$ 就降低 2/3lg单位，而 $lgCu^{+}$ 则增加 1/3lg 单位。

砷可以－3、0、＋3 和＋5 这 4 种价态存在。其中 3 价砷比 5 价砷的毒性大几倍，甚至几十倍。在土壤溶液中，＋3 和＋5 价态砷对氧化还原状况相当敏感，根据 Nernst 方程

$$E_h = E_0 + RT/nF\ (\lg [\text{氧化态}]/[\text{还原态}] - m\text{pH})$$

因此，在酸性条件下，在 25℃时，As（Ⅴ）和 As（Ⅲ）互相转化的临界 E_h 可用下式估算。

$$E_h = 0.059 + 0.029\,51\lg [H_3AsO_4]/[HAsO_2] - 0.059\ \text{pH}$$

由上式可以看出，土壤氧化还原状况（E_h）不但决定于砷的标准氧化还原电位 E_0，而且还与 pH 和不同价态砷的浓度比有关。

热力学方法研究含砷矿物在土壤中的稳定性结果表明，在通气良好和碱性土壤中，$Ca_3(AsO_4)_2$ 是最稳定的含砷矿物，其次是 $Mn_3(AsO_4)_2$，后者在碱性和酸性环境中都可能形成。在还原性（pe＋pH＜8）和酸性（pH＜6）壤中，As（Ⅲ）氧化物和砷硫化物是稳定的。在还原性（pe＋pH＜8）溶液中，As（Ⅲ）离子丰富存在。砷气 AsH_3 只有在土壤溶液酸性很强，氧化还原电位极低时才产生。

土壤矿物质对 As（Ⅲ）的氧化作用见表 2－5。土壤中的 δ－MnO_2 对 As（Ⅲ）有一定的氧化能力。δ－MnO_2 对 As（Ⅲ）的氧化反应在开始 1h 内反应速率较快，以后反应速率较慢，并符合以下方程：

$$\ln [\text{As（Ⅲ）}] = -K^t + C$$

式中，K 为反应速率常数；C 是常数。土壤中 As（Ⅲ）被氧化为 As（Ⅴ）表明其毒性显著降低。浙江农业大学在绍兴青紫泥水稻田砷污染防治措施的研究结果表明，淹水处理在幼穗分化期时，紫云英处理的土壤氧化还原电位（E_{h7}，即 pH 7 时的 E_h）最低，只有－54mV，土壤水溶性总砷最高，且其中 As（Ⅲ）占 90.1%。水稻植株平均高度仅 35.7cm，比对照的 36.5cm 低 2.2%左右。加入氧化铁、二氧化锰的处理，土壤水溶性总砷比对照下降了 25%左右，As（Ⅲ）也从对照的 39.5%下降到 7%左右，水稻后期平均高度为 46.4cm，比对照高 26%左右。这显然：①外加的铁、锰使土壤固定、吸附砷的能力增强，水溶性砷就减少；②E_{h7} 不同造成 As（Ⅲ）含量不同，对水稻生长影响不同。说明土壤氧化还原电位高和加入铁锰物质有利于消除水稻砷害。

表 2-5 土壤物质对 As（Ⅲ）的氧化

处 理	平衡溶液中 As（Ⅴ）(mg/kg)
0.05g 氧化铁＋35mL100 mg/kg As（Ⅲ）	0.0
0.05g 氧化铝＋35mL100 mg/kgAs（Ⅲ）	0.0
0.05g 氧化锰＋35mL100 mg/kgAs（Ⅲ）	54.3
0.05g 碳酸钙＋35mL100 mg/kgAs（Ⅲ）	0.0
0.05g 高岭石＋35mL100 mg/kgAs（Ⅲ）	0.0
0.05g 蒙脱石＋35mL100 mg/kgAs（Ⅲ）	0.0
0.05g 蛭石＋35mL100 mg/kgAs（Ⅲ）	0.0
0.05g 青紫泥＋35mL100 mg/kgAs（Ⅲ）	10.4
100（mg/kg）As（Ⅲ）溶液储存 4 个月	0.0

注：处理条件为：pH 7.0，25℃，平衡时间 12h，水/土壤物质＝700。

铬也是变价元素，6 价铬毒性大于 3 价铬。土壤氧化还原状况对土壤铬的转化和毒性有很大影响。铬在土壤中通常以 4 种化学形态存在，两种 3 价铬离子（Cr^{3+}、CrO_2^-）和两种 6 价离子（$Cr_2O_7^{2-}$、CrO_4^{2-}）。它们在土壤中迁移转化主要受土壤 pH 和氧化还原电位的制约，也受土壤有机质含量、无机胶体组成和土壤质地等的影响。3 价铬和 6 价铬在适当土壤环境下可相互转化：

$$2Cr^{3+}+7H_2O = Cr_2O_7^{2-}+14H^+ +6e^-$$

由上式，根据 Nernst 方程式可得

$$E_h=E_0+0.059/6\lg[H^+]^{14}$$

据此可从不同土壤 pH 来估算 3 价铬和 6 价铬转变的土壤临界氧化还原电位 E_h。根据计算结果，当土壤 pH 分别为 3、4、5、6、7、8、9、10 和 11 时，E_h 分别为 920mV、779mV、640mV、504mV、366mV、352mV、273mV、194mV 和 116mV。

四、土壤质地和土体构型与污染物迁移和转化

土壤质地的差异，形成不同的土壤结构和通透性状，因而对环境污染物的截留、迁移和转化产生不同的效应。黏质土类，颗粒细小，含黏粒多，比表面积大，黏重，大孔隙少，通气透水性差，能把水中的悬浮物阻留在土壤表层。由于黏土类富含黏粒，土壤物理性吸附、化学吸附及离子交换作用强，具有较强保肥、保水性能，同时也把进入土壤中污染物质的有机离子和无机分子离子吸附到土粒表面保存起来，增加了污染物转移的难度。

土壤黏粒以 2∶1 型的蒙脱土为主的土壤吸附量大，被吸附的重金属呈较稳定状态。例如，表 2-6 表明，＜0.001mm 的黏粒含量从 13.4％到 56.4％，土壤汞的数量比从 1 增加到 2.72；而麦粒中汞的含量随土壤黏粒增加而减少，麦粒中 Hg 含量的比值从 1.0 下降到 0.65 和痕量。

表 2-6　矿物黏粒的数量和 Hg 的含量与迁移

（引自白瑛和张祖锡，1988）

土壤号	<0.001mm 黏粒含量（%）	Hg 含量相对值	
		土壤 Hg	麦粒 Hg
1	13.4	1.00	1.00
2	28.4	1.90	0.95
3	34.5	2.60	0.65
4	56.4	2.72	痕量

初步研究表明，进入土壤的砷污染物，因土壤质地不同，转化的砷的类型不同，对生物的毒性也不同。土壤质地愈细，黏粒愈多，转变成 5 价的铁锰氧化物所被包被砷 O-As 的数量愈多，转化成水溶性砷 H_2O-As 愈少，而 3 价的 O-As 的转化率与黏粒含量关系不大。

在黏土中加入砂粒，相对减少黏粒含量，增加土壤通气孔隙，可以减少对污染物的分子吸附，提高淋溶的强度，促进污染物的转移。但因此可能引起的地下水污染。砂质土类，黏粒含量少，砂粒含量占优势，通气性、透水性强，分子吸附、化学吸附及交换作用弱，对进入土壤中的污染物吸附能力弱，保存的少，同时由于通气孔隙大，污染物容易随水淋溶、迁移。因此，砂质土类的优点是污染物容易从土壤表层淋溶至下层，减轻表土污染物的数量和危害；缺点是有可能进一步污染地下水，造成二次污染。研究结果表明，对同一施氮量，砂土类土壤淋失的氮素，远远大于壤质和黏质土类。因此，砂土类，若常年施入氮肥，土壤深层会发生氮素（主要是硝酸盐）的累积，引起地下水污染。壤土，其性质介于黏土和砂土之间，其性状差异取决于壤土中砂、黏粒含量比例，黏粒含量多，性质偏于黏土类，砂粒含量多则偏于砂土类。

土体构型又称为剖面构造。由上土层和下土层的固相骨架垒合在一起，把上层和下层作为一个整体来看，就是土体构型或剖面构造。它是质地、结构和孔度剖面造成的，其中主要是质地剖面所构成。土壤质地的层次组合主要是成土过程和母质沉积过程所致，而人为的影响甚少。土壤质地在剖面上分布不同，形成不同的土体构型，因而引起通气性、透水性差异。

自然土壤中淋溶土类的淀积层和农业土壤犁底层，由于黏粒、淀积物质多或犁底挤压，土层紧实，通透性弱，成为表层淋溶物质的接纳层，阻隔了可溶性及非可溶物质下移；在污染区，还会造成土壤污染物的富集。打破土壤黏土隔层和犁底层，可以增加土壤通透性，改善土壤水渗透强度和污染物质向下部移动的条件。

五、土壤生物活性与污染物转化

生物（包括植物、动物和微生物）是土壤环境形成过程中最活跃，起决定性作用的因素：①植物利用太阳能、水分、二氧化碳进行光合作用，并吸收矿质营养元素构成机体，死亡后回归大地，直接被分解转化，变成简单的可被植物利用的氮、磷、钾等矿质营养元素；或形成比较复杂的难以分解的有机质，成为土壤结构的胶结物质腐殖质，腐殖质再被进一步分解亦可变成简单的物质，供植物吸收利用。②由于植物对营养元素的选择性吸收特性，通过庞大的根系使分散于土壤下部的营养元素相对集中累积到上部。③动物和植物残体形成的腐殖质与土粒结合形成良好的土壤结构，协调了土壤环境中的水、肥、气、热条件。因此，母质中有了生物参与活动，才具有供应与协调植物营养的能力，并不断提高供应水平。

土壤动物作为生态系统物质循环中的重要分解者，在生态系统中起着重要的作用，一方面积极同化各种有用物质以建造其自身，另一方面又将其排泄产物归还到环境中不断地改造环境。它们同环境因子间存在相对稳定、密不可分的关系。土壤中数量庞大的各类动物，在消化、搬动动植物体过程中，起到拌和土壤和分解有机质的作用，能促进土壤形成，提高土壤环境质量。进化论者达尔文曾精辟地阐明了蚯蚓对土壤的影响，蚯蚓生长量大，一条蚯蚓一生中可吃进大量的有机质和矿物质并有相应的排泄物，形成团粒状结构；蚯蚓的机械翻动土壤，增加了土壤通气、透水性能，可改善土壤的物理性质。

微生物在土壤环境形成过程中起了重要的、决定性作用。这是因为土壤微生物分解有机质，释放营养元素；与此同时合成腐殖质，提高土壤的有机-无机胶体含量，改善土壤物理化学性质；固氮微生物能固定大气中游离的氮素；化能细菌能分解、释放矿物中元素，丰富土壤环境养分含量。

土壤微生物是污染物的"清洁工"。土壤微生物参与污染物的转化，在土壤自净过程及减轻污染物危害方面起着重要作用。例如，氨化细菌对污水、污泥中的蛋白质、含氮化合物的降解、转化作用，可以较快地消除蛋白质腐烂过程产生的污秽气味。微生物对农药的降解可使土壤对农药进行彻底的净化。

土壤微生物学研究已成为环境土壤学的活跃领域。其中，根际微域中土壤微生物种群及活性的变化、污染物的根际效应及根际污染物快速微生物代谢消解等的研究尤为突出。根际是指植物根系活动的影响在物理、化学和生物学性质上不同于土体的动态微域，它是植物-土壤-微生物与环境交互作用的场所。有别于一般土体，根际中根分泌物提供的特定碳源及能源使根际微生物数量和活性明显增加，一般为非根际土壤的 5～20 倍，最高可达 100 倍。而且，植物根的类型（直根、丛根、须根）、年龄、不同植物的根（例如有瘤或无瘤）、根毛的多少等，都可影响根际微生物对特定有机污染物的降解速率。例如，有研究发现^{14}C-PCP（五氯苯酚）在有冰草生长的土壤中的消失速度是无植物区的 3.5 倍；阿特拉津在植物根区土壤中的半衰期较无植物对照土壤缩短约 75%；多种作物的根际都能提高 TCE（三氯乙烯）的降解。此外，根际微域中土壤 pH、E_h、湿度、养分状况及酶活性也是植物存在的影响参数。根向根际中分泌的低分子有机酸（如乙酸、草酸、丙酸、丁酸等）可与 Hg、Cr、Pb、Cu、Zn 等元素的离子进行配位反应，由此导致土壤中此类重金属生物毒性的增加或减少。

根与土壤理化性质的不断变化，导致土壤结构和微生物环境也随之变化，从而使污染物的滞留与消解不同于非根际的一般土体。因此，根际效应主动营造的土壤根际微生物种群及活性的变化，成为土壤重金属及有机农药等污染物根际快速消解的可能机理，并由此促使相关研究者对其进行深入探索，由此推动了环境土壤学、环境微生物等相关学科的不断发展。

综上所述，土壤环境中的生物体系是土壤环境的重要组成成分和物质能量转化的重要因素。土壤生物是土壤形成、养分转化、物质迁移、污染物的降解、转化、固定的重要参与者，主宰着土壤环境物理化学和生物化学过程、特征和结果，土壤生物的活性在很大程度上影响着污染物在土壤中的转化、降解和归宿。

◆ 思考题

1. 叙述土壤污染的定义，举例说明土壤污染的特点与危害。

2. 什么是土壤环境背景值？研究土壤环境背景值的意义是什么？

3. 什么是土壤的自净作用？举例说明土壤在环境中的作用与地位。

4. 叙述土壤污染物的种类和土壤污染类型。

5. 举例说明土壤矿物质组成和有机质含量对土壤污染物毒性的影响。

6. 叙述土壤基本理化性状和土壤生物活性与土壤污染物转化的关系。

◆ 主要参考文献

白瑛，张祖锡．1988. 灌溉水污染及其效应［M］．北京：北京农业大学出版社．

陈维新．1993. 农业环境保护［M］．北京：农业出版社．

陈怀满．2002. 土壤中化学物质的行为与环境质量［M］．北京：科学出版社．

陈怀满．1996. 土壤-植物系统中的重金属污染［M］．北京：科学出版社．

戴树桂．1997. 环境化学［M］．北京：高等教育出版社．

何遂源，金云云，何方．2001. 环境化学［M］．3 版．上海：华东理工大学出版社．

黄昌勇．2000. 土壤学［M］．北京：中国农业出版社．

黄昌勇，谢正苗，徐建民．1997. 土壤化学研究与应用［M］．北京：中国环境科学出版社．

李天杰．1998. 土壤环境学［M］．北京：高等教育出版社．

李学垣．2001. 土壤化学［M］．北京：高等教育出版社．

刘培桐，王华东，薛纪渝．1995. 环境科学概论［M］．2 版．北京：高等教育出版社．

全国科学技术名词审定委员会，土壤学名词审定委员会．1998. 土壤学名词［M］．北京：科学出版社．

中国农业百科全书总编辑委员会土壤卷编辑委员会．1996. 中国农业百科全书·土壤卷［M］．北京：农业出版社．

夏家淇．1996. 土壤环境质量标准详解［M］．北京：中国环境科学出版社．

夏立江，王宏康．2001. 土壤污染及其防治［M］．上海：华东理工地大学出版社．

夏增禄．1992. 中国土壤环境容量［M］．北京：地震出版社．

杨景辉．1995. 土壤污染与防治［M］．北京：科学出版社．

中国环境监测总站．1990. 中国土壤元素背景值［M］．北京：中国环境科学出版社．

朱祖祥．1983. 土壤学［M］．北京：农业出版社．

左玉辉．2002. 环境学［M］．北京：高等教育出版社．

第三章 无机污染物对土壤的污染

本章提要 本章在介绍重金属污染特征、重金属的存在形态和迁移转化过程的基础上，对土壤中几种主要的重金属（Hg、Cd、Pb、Cr和As）及有害元素（F、Se和B）及CN^-的污染来源、在土壤中的行为及其生物效应进行系统和全面的阐述。此外，简要介绍土壤放射性污染及稀土污染与应用的概况。

第一节 土壤重金属污染

一、重金属污染物概述

（一）重金属污染特征

关于重金属的定义现在有两种观点。一是把相对密度大于4.0的金属称为重金属，在元素周期表上大约有60种元素属于重金属；也有人把相对密度大于5.0的金属称为重金属，这样大约可列出45种元素为重金属。另一种说法是把周期表中原子序数大于钙（20）者，即从钪（21）起均称为重金属。在环境污染方面所说的重金属实际上主要是指汞、镉、铅、铬和类金属砷等生物毒性显著的元素，俗称“五毒”元素。其中，Hg^{2+}对生物的毒性最强，通常浓度在1μg/g时，就能抑制许多细菌的繁殖。其次是镉、铅、铬和类金属砷。

环境污染中重金属污染主要来自下面几个方面：金属矿山的开采、金属冶炼厂、金属加工和金属化合物制造、大量施用金属的企业和部门、汽车尾气排出铅、肥料和农药带入的砷、铅、锡等。

重金属的污染特点可以归纳为以下几点。

1. 形态多变 大多数重金属元素处于元素周期表中的过渡区，多有变价，有较高的化学活性，能参与多种反应和过程。随环境的E_h、pH、配位体不同，常有不同的价态、化合态和结合态，还有金属有机化合物，而且形态不同，重金属的稳定性和毒性也不同。有些重金属（如有机砷和有机汞）或蒸气态金属或化合物（如汞和砷化氢）而挥发到大气中影响人体健康。

2. 易积累 重金属容易在生物体内积累，各种生物对重金属都有较大的富集能力，其富集系数有时可高达几十倍至几十万倍。因此，即使微量重金属的存在也可能构成污染。有研究表明，若海水中含汞0.000 1mg/L，经浮游生物富集为0.001～0.002mg/kg，食浮游生物的小鱼富集到0.2～0.5mg/kg，最后大鱼吃小鱼富集到1～5mg/kg，最终浓缩了10 000～50 000倍。污染物经过食物链的放大作用，逐级在较高级的生物体内成千万倍地富集起来，然后通过食物进入人体，在人体的某些器官中积累起来造成慢性中毒，影响人体健康。

3. 重金属不能被降解而消除　尽管重金属能参与各种物理化学过程，如中和、沉淀、氧化还原、吸附、絮凝、凝聚等过程，但只能从一种形态转化为另一种形态，从甲地迁移到乙地，从浓度高的变成浓度低的等，无法将重金属从环境中彻底消除。

（二）土壤中重金属形态、迁移转化过程及影响因素

1. 土壤中重金属存在的形态　由于土壤环境物质组成复杂，且重金属化合物化学性质各异，土壤中重金属也是多种形态存在。不同形态重金属的迁移转化过程不同，而且其生理活性和毒性均有差异。目前广泛使用的重金属形态分级方法是加拿大学者 Tcssicr 等于 1979 年提出的，他们根据不同浸提剂连续提取土壤的情况，将重金属形态分为：①水溶态，以去离子水提取；②交换态或吸附交换态，以 1mol/L $MgCl_2$ 溶液为提取剂；③碳酸盐结合态，以 1mol/L NaAc-HAc（pH5.0）缓冲溶液为浸提剂；④铁锰氧化物结合态，以 0.04mol/L $NH_2OH\cdot HCl$ 溶液为浸提剂；⑤有机结合态，以 0.02mol/L $HNO_3+30\%H_2O_2$ 溶液为浸提剂；⑥残留态，以 $HClO_4$-HF 消化。各种形态的重金属之间随着土壤或外界环境条件的改变可相互转化，并保持着动态平衡。其中，以水溶态和交换态重金属的迁移转化能力最高，其活性、毒性和对植物的有效性也最大；而残留态重金属的迁移转化能力、活性和毒性最小；其他形态的重金属介于其间。

2. 土壤中重金属污染物的主要迁移转化过程　重金属在土壤中的物理过程、物理化学过程、化学过程和生物过程是影响其迁移转化的主要因素。物理迁移系指土壤溶液中的重金属离子或络合离子，或吸附于土壤矿物颗粒表面进行水迁移的过程，包括随土壤固体颗粒受风力作用进行机械搬运的风力迁移作用。物理化学过程则主要指土壤中重金属的吸附和解吸作用，或吸附交换作用，也包括专性吸附作用。土壤中存在大量的无机、有机胶体，这些胶体对重金属的吸附能力强弱不一，如蒙脱石对重金属的吸附顺序为：$Pb^{2+}>Cu^{2+}>Ca^{2+}>Ba^{2+}>Mg^{2+}>Hg^{2+}$；高岭石对重金属的吸附顺序为：$Hg^{2+}>Cu^{2+}>Pb^{2+}$。化学过程则主要指重金属在土壤中的氧化、还原、中和及沉淀反应等。生物过程则包括动植物和微生物对土壤重金属的吸收及转化。

土壤中重金属的化学迁移，即重金属的溶解和沉淀作用，实际上是重金属难溶电解质在土壤固相与液相之间的离子多相平衡。需根据溶度积一般原理，结合土壤环境介质 pH 和 E_h 等的变化，研究和了解它们的一般迁移规律，从而对其进行控制。另外，受水特别是酸雨的淋溶或地表径流作用，一些重金属进入地表水和地下水，影响水生生物。

3. 影响因素　影响土壤吸附的因素有土壤胶体的种类、形态、pH、重金属离子的亲和力大小等。如不同矿物胶体对 Cu^{2+} 的吸附能力分别为：氧化锰（68 300）＞氧化铁（8 010）＞海络石（810）＞伊利石（530）＞蒙脱石（370）＞高岭石（120）＞（括号内数字为最高吸附量，单位为 $\mu g/g$）。重金属离子在土壤溶液中的浓度，在很大程度上取决于吸附作用。

土壤有机质对重金属的作用较复杂，一方面土壤有机质既可与重金属进行络合、螯合反应；另一方面重金属也可为有机胶体所吸附。一般当重金属离子浓度较低时，以络合、螯合作用为主；而在高浓度时，则以吸附交换作用为主。实际上，土壤有机胶体对重金属离子的吸附交换作用和络合、螯合作用是同时存在的。

二、汞 污 染

(一) 环境中的汞

汞是一种毒性较大的有色金属，其相对密度为 13.546（20℃时），俗称水银，在常温下是银白色发光的液体，汞是室温下唯一的液体金属。汞的熔点低，为-38.87℃；在 356.95℃沸腾。在 20℃时，汞蒸气压是 0.413 3Pa（0.003 1mmHg），因此具有较大的挥发性。

汞是比较稳定的金属，在室温下不能被空气氧化，加热至沸腾才慢慢与氧作用生成氧化汞。汞在自然界以金属汞、无机汞和有机汞的形式存在，有机汞的毒性比金属汞、无机汞的毒性大。地壳中的汞 99%以上处于分散状态，只有大约 1%的汞集中于汞矿物中。地壳中的汞主要有 3 种存在形式：硫化物形式、游离态金属汞、以类质同象形式存在于其他矿物中的汞。含汞矿物主要有辰砂（HgS）及多晶体黑辰砂（HgS），还有硫汞锑矿（$HgS \cdot 2Sb_2S_3$）及黑黝铜矿［$3(CuHg)S \cdot Sb_2S_3$］等。除汞矿物以外，一些普通矿物与脉石中也含有微量汞。

世界土壤汞含量的平均值是 0.03～0.1mg/kg，范围值 0.03～0.3mg/kg；我国土壤汞的背景值为 0.040mg/kg，范围值为 0.006～0.272mg/kg。贵州汞矿物周围的土壤含汞量为 9.6～155.0mg/kg。这些含汞量高的地区，大多是汞矿区。

我国东南部地区的土壤汞背景值高，而西部、西北部汞含量较低，东北部稍高于西北部但低于东南部。也就是说，区域分异总的趋势为东南部＞东北部＞西部、西北部。石灰土、水稻土的汞背景含量最高，石灰土偏高是受石灰岩土风化特性的影响所造成的；而水稻土偏高主要是由于长期化肥、农药的施用及灌溉等农业生产活动，可将一部分汞带入土壤中。汞与土壤有机质的亲和能力较强，土壤有机质表现为对汞元素的富集。因此，土壤有机质含量高的土壤，其汞背景含量一般也较高，棕色针叶林土有机质含量高于灰色森林土，造成前者汞背景含量要高于后者；褐土的有机质含量较低，其汞背景值也较低。

汞在岩石圈、水圈、大气圈和土壤圈之间不断进行迁移转化，构成一个大循环（图 3-1）。

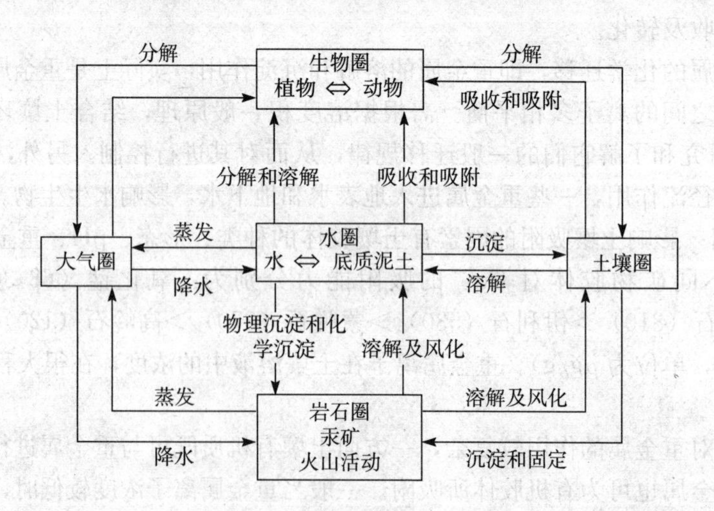

图 3-1　汞的生物地球化学循环

含汞岩石和矿物的物理化学风化是环境中汞的主要来源，此外还有大量汞通过火山爆发、间隙喷泉、地热流及采矿、冶炼和工农业生产等人为活动进入生态环境。地球大气汞丰度为 0.001～0.1$\mu g/m^3$，没有明显受汞污染地区大气系统中总汞丰度一般在 1～10ng/m^3。由于汞蒸发性很强，近工矿区大气系统中含汞丰度明显增加。我国天然河、湖水含汞量为 1.0$\mu g/L$ 以下，但受汞污染水含汞量较高，如我国蓟运河、第二松花江和锦州湾海域汞污染比较严重。在化工厂附近排污口蓟运河水总汞超标 24 倍，下游平均超标 4 倍。第二松花江流域在距化工厂排污口下游处总汞在 2.3$\mu g/L$ 以上。锦州湾五里河下游河水汞含量超标 33～410 倍。由于人为活动频繁，使得进入生态环境的汞有所增加。

（二）汞在土壤中的形态及迁移转化

土壤中的汞按其化学形态可分为金属汞、无机化合态汞和有机化合态汞。土壤中金属汞的含量甚微，但很活泼。由于能以零价状态存在，汞在土壤中可以挥发，而且随着土壤温度的升高，其挥发速度加快。无机化合态汞有 $Hg(OH)_2$、$Hg(OH)_3^-$、$HgCl_2$、$HgCl_3^-$、$HgCl_4^{2-}$、$HgSO_4$、$HgHPO_4$、HgO 和 HgS 等。其中 $Hg(OH)_3^-$、$HgCl_2$、$HgCl_3^-$、$HgCl_4^{2-}$ 具有较高的溶解度，易随水迁移，溶解度较低的无机态汞化合物植物难以吸收。有机化合态分为有机汞（如甲基汞和乙基汞等）和有机络合汞（富里酸结合态汞和胡敏酸结合态汞），植物能吸收有机汞，有机络合汞较难被植物吸收利用。土壤中的甲基汞毒性大，易被植物吸收，通过食物链在生物体逐级浓集。

汞进入土壤后大部分能迅速被土壤中的黏土矿物和有机质吸附固定。土壤中吸附的汞一般累积在表层，其含量随土壤的深度增加而递减。这与表层土中有机质多，汞与有机质结合成螯合物后不易向下层移动有关。

影响土壤中汞的迁移的主要因素是土壤有机质含量、氧化还原条件和 pH 等。一价汞和二价汞离子之间可发生化学转化，$2Hg^+ = Hg^{2+} + Hg^0$，通过这个反应无机汞和有机汞都可以转化为金属汞。当土壤处于还原条件时，二价汞可以被还原成零价的金属汞。而有机汞在有还原的有机物的参与下，也能变成金属汞。无机汞在某些微生物的作用下，或有甲基维生素 B_{12} 那样的化合物存在下，土壤中无机汞可转变为甲基汞或乙基汞化合物，使土壤汞的可给量增大。在氧化条件下，汞以稳定形态存在，使土壤汞的可给量降低，迁移能力减弱。在酸性环境中，土壤系统中汞的溶解度增大，因而加速了汞在土壤中的迁移。而在偏碱性环境中，由于汞的溶解度降低，土壤中汞不易发生迁移而在原地沉积。除了上述因素外，土壤类型对汞的挥发有明显的影响，汞的损失率是砂土＞壤土＞黏土。土壤的汞迁移转化过程见图 3-2。

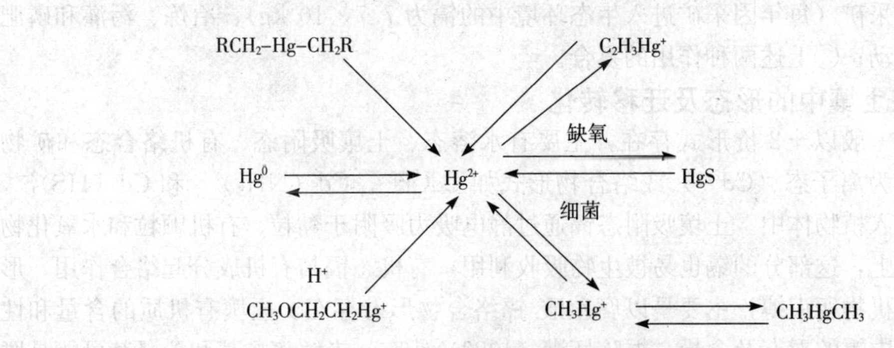

图 3-2　土壤系统中汞形态的相互转化

（三）土壤汞的生物效应

汞的毒性以有机汞化合物毒性最大。人体可通过呼吸道、消化道或皮肤这样的途径吸收汞及其化合物。在水生食物链中，低等动物靠直接同化作用而同时摄取和浓集无机的和烷基化的汞化合物，较高的营养级依靠摄食这些动物体，形成生物放大，鱼类的浓缩因子为5 000～100 000，当人食用这些积累有汞的鱼以后，可在人体内引起慢性中毒。汞中毒以甲基汞致病最严重。甲基汞有较高的化学稳定性，极易被肠道黏膜吸收，当摄入量超过排出量时，就会在体内积累。甲基汞一旦进入脑组织，降解是非常缓慢的，甲基汞可引起神经系统的损伤及运动的失调等，严重时疯狂痉挛致死。甲基汞还能通过胎盘对胎儿产生较大的毒性。无机汞盐引起的急性中毒，主要表现为急性胃肠炎症状，如恶心、呕吐、上腹疼痛及腹痛、腹泻等。慢性中毒主要表现为多梦、失眠、易兴奋等，还有手指震颤。

植物受汞毒害后表现为植株矮化，根系发育不良，生长发育受到影响。受汞蒸气毒害的植物，叶片、茎和花瓣等可变成棕色或黑色，严重时还能使叶片和幼蕾脱落。对大多数植物来讲，其体内汞背景含量为0.01～0.2mg/kg。而在汞矿附近生长的植物，含汞量可高达0.5～3.5mg/kg。一般来说，针叶植物吸收累积的汞大于落叶植物。植物的不同部位对汞的累积量也不同。汞在植物各部位的分布是根＞茎、叶＞子实。蔬菜作物是根菜＞叶菜＞果菜。这种差异主要与不同植物的生理功能有关。

三、镉污染

（一）环境中的镉

镉有8个稳定同位素，其中以^{112}Cd和^{114}Cd为最常见。纯镉为蓝至白色金属，在自然界中不存在，而通常存在于锌矿、铅锌矿和铅铜锌矿中，其含量通常与锌含量有关。这是因为镉与锌有相类似的电子结构和离子势，使得镉与锌的地球化学行为相类似。

由于镉为分散元素，在岩浆作用中没有发生任何富集，因此在地壳中是以痕量元素形式出现的，其丰度甚微。一般来说，镉的地壳丰度（平均含量）为0.2mg/kg。各种火成岩中平均含镉量为0.18mg/kg，很少有大于1mg/kg的情况。主要的含镉矿物是硫镉矿、方硫镉矿、镉氧化物和菱镉矿，各种闪锌矿中含镉量范围达到500～18 500mg/kg。

土壤中镉浓度很高主要可能有3种成因：①自然地球化学的运动，包括火山喷发、岩熔和单质镉的自然浓集作用，它常常导致土壤镉的高背景（常常在1.0mg/kg以上）；②人类生产活动，包括采矿（每年因采矿进入生态环境中的镉为7.7×10^6kg）、冶炼、污灌和磷肥施用等工农业活动；③上述两种作用的复合。

（二）镉在土壤中的形态及迁移转化

镉在土壤中一般以＋2价形式存在，主要有水溶态、土壤吸附态、有机络合态和矿物态。水溶态主要为离子态（Cd^{2+}）或络合物形式如$CdCl_4^{2-}$、$Cd(NH_3)_4^{2+}$和$Cd(HS)_4^{2-}$，这部分镉极易进入植物体中。土壤吸附态镉通过静电吸力吸附于黏粒、有机颗粒和水氧化物可交换负电荷点上，这部分的镉也易被生物吸收利用。有机态镉与有机成分起络合作用，形成螯合物或被有机物所束缚，主要是以腐殖酸-镉络合物形态存在。土壤有机质的含量和性质都会影响土壤中镉的形态及含量。据陈怀满（1983）研究，未解离羧基和酚羟基可能是腐殖酸-镉的主要结合位，该络合物的稳定性随腐殖酸芳构化程度增加而增加。土壤中矿物态

镉主要有 $Cd_3(PO_4)_2$ 和 CdS。土壤中磷酸盐的浓度控制着土壤中镉磷酸矿物的形成及其溶解度，当土壤中 SO_4^{2-} 的浓度为 10^{-3} mol/L 时、pe＋pH＜4.74 时能够形成 CdS。Cd 的溶解度也与其他硫化物的存在有关。土壤中吸附态镉是植物主要的有效态，其活度大约为 10^{-7} mol/L；在 pH＞7.5 时，取决 CO_3^{2-} 浓度，其镉的活度为 $CdCO_3$ 所控制。在 CO_2 的浓度为 304Pa 时，每增加 1 个 pH 单位，则 Cd^{2+} 的活度将降低 99%。

土壤镉形态受 pH、E_h、有机质和阳离子交换量等因子所制约。其中，pH 是影响土壤中镉迁移和转化的很重要因子。在酸性环境中，土壤中镉的溶解度增大，从而加速镉在土壤中的迁移和转化；相反，在偏碱性环境中，由于镉的溶解度减小，土壤中的镉不易发生迁移而在原地淀积。进入土壤中的镉可缓慢转化为不溶态或植物非有效态镉（图 3-3）。

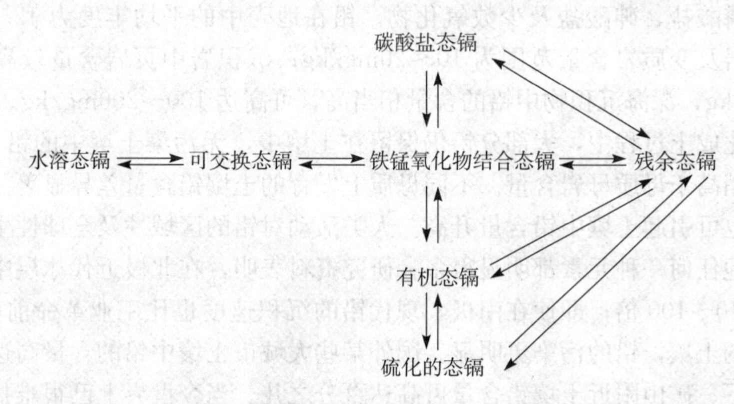

图 3-3　土壤系统中汞形态的相互转化

土壤中的镉主要累积于土壤表层，很少向下迁移。在沈阳张士灌区土壤中，经污灌进入土壤的镉 56.33%累积于表层。当然，累积于土壤表层的镉由于降水的作用，可溶态部分随水流动很可能发生水平的迁移，产生次生污染。

（三）土壤镉的生物效应

在人体中的镉都是在出生后由外界环境摄取而累积于体内的。长期食用受镉污染地区中生长的大米会引起慢性中毒，从而损害人体健康，20 世纪 60 年代在日本富山县发现的“痛痛病”，就是震惊世界的金属镉污染的典型事例。镉对人体健康的影响，表现在抑制许多酶的活性，使人体体重减轻；刺激胃肠系统，致使食欲不振，导致食物摄入量（日食量）下降；影响骨的钙质代谢，使骨质软化、变形或骨折；累积于肾脏、肝脏和动脉中，导致尿蛋白症、糖尿病和水肿病；导致骨癌、直肠癌、食管癌和胃肠癌；使睾丸坏死，影响性的正常功能；造成流产、新生儿残疾和死亡；导致贫血症或高血压的发生。关于镉污染对一般动物的危害，用含 Cd0.01mg/kg 和 0.05mg/kg 的水饲养 10cm 长的鲤鱼，分别经过 50d 和 30d 后，发现鲤鱼有脊椎变曲的现象，而养在含铜、锌和铅等水中的鲤鱼就没有这种现象。进一步用 X 射线检查变形鱼脊椎骨，发现有空洞现象。而用含镉的饲料喂养白鼠，它们体内钙的排泄量大于摄取量，有的甚至超过 30%，且形成类似人类“痛痛病”的症状。说明镉的危害主要是由于对动物骨骼中钙的置换，造成骨脱钙，使得骨质变形及软化。

土壤镉与其他元素（锌、铅和铜等）相比，以更低浓度对植物产生毒害作用。水稻生长受阻时，植物组织中镉的临界浓度约为 10mg/kg。大麦镉的临界组织浓度为 14～16mg/kg。谷类作物镉的毒害症状一般类似于缺铁的萎黄病（chlorosis）。除萎黄病外，植物受镉毒害还表现为枯斑（necrosis）、萎蔫（wilting）、叶片产生红棕色斑块和茎生长受阻。

四、铅污染

（一）环境中的铅

铅（Pb）是一种蓝色或银灰色的软金属，属于亲硫元素，也具有亲氧性。在行星形成以前已存在，故其在地壳中的含量是个恒定值。其丰度随时间而不断升高。铅及其化合物在常温下不易氧化，而 PbO_2 只有在极强的氧化环境中存在。

在自然界很少发现纯金属铅，除多以硫化物形式（如 PbS，$5PbS\cdot2Pb_2S_2$ 等）存在外，还有硫酸盐、磷酸盐、砷酸盐及少数氧化物。铅在地壳中的平均丰度为 12.5mg/kg。主要岩类中，火成岩及变质岩含量范围为 10～20mg/kg；沉积岩中页岩含量较高，磷灰岩含量可超过 100mg/kg，深海沉积物中铅的含量相当高，可高达 100～200mg/kg。

岩石在风化成土过程中，大部分铅仍保留在土壤中，无污染土壤中的铅来自成土母质，土壤铅含量都稍高于母质母岩含量。不同母质上发育的土壤铅含量差异显著。

人类活动也可引起土壤中铅含量升高。人类活动对铅的区域性及全球性生物地球化学循环的影响比其他任何一种元素都明显得多。研究资料表明，在北极近代冰层中铅的含量比史前期的含量高 10～100 倍；即使在南极，现代铅的沉积速度也比工业革命前高 2～5 倍。特别是工业城市的土壤，铅的污染更明显。国外某些大城市土壤中铅的含量高达 5 000mg/kg，而在一些冶炼厂、矿山附近土壤铅含量可高达百分之几。当今世界上已很难找到土壤中铅含量免受人类活动影响的“净土”。为和土壤成土过程中保留在土壤中的母质原生铅相区别，对于通过尘埃沉降及各种污染途径进入土壤中的铅称为土壤中的外源铅。

土壤中的原生铅和外源铅均参加生物地球化学循环。图 3-4 表示了铅在生物地球化学循环中的主要路径。由图 3-4 可以看出，大气传输和沉降是土壤外源铅的主要传输途径。

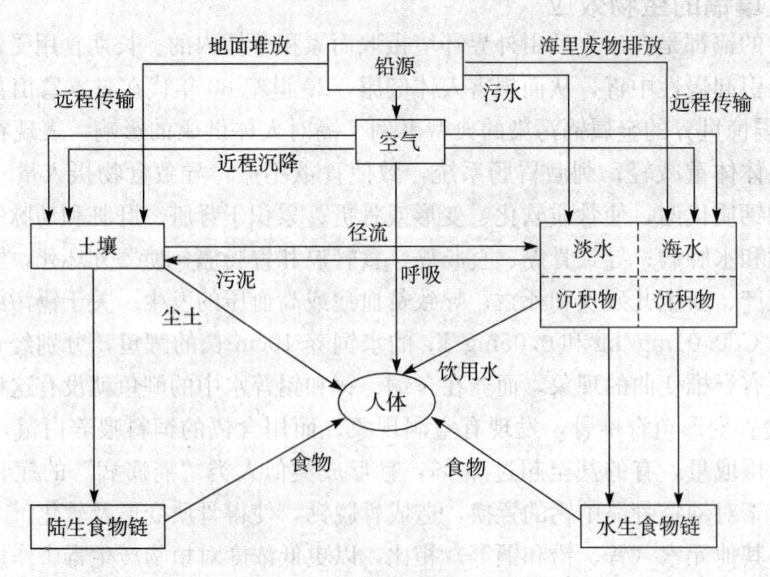

图 3-4 铅的生物地球化学循环

空气中铅通过远程传输和近程沉降进入土壤，远比自然来源要高 1～2 个数量级，而汽油、废油燃烧排放在人为来源中要占 1/2 以上，路旁土壤中铅含量和车流量呈显著正相关。汽车尾气对土壤的铅污染不亚于污灌区，在人口密集的城市，高车流量汽车尾气危害更为严重。

金属冶炼厂高烟囱排放高浓度的铅尘可形成区域性土壤严重污染，即使在进行了现代排放控制的冶炼厂，也可在下风向较远地方观测到土壤铅含量升高。据报道，在离某冶炼厂中心 2km 外，空气中铅含量仍超过国家空气质量标准允许含量的 15 倍；在距冶炼厂 1km 外的土壤中铅含量达 100～2 890mg/kg，为 50km 外对照区土壤铅含量的 2～47 倍。

污水灌溉是外源铅进入土壤的另一主要途径。不合理的污水灌溉可形成大面积土壤污染，我国污灌土地面积已近 6.7×10^5 hm^2（1 000 万亩）。表 3-1 为湖南某污灌区的土壤铅污染情况，该灌区利用矿区污水灌溉已达 20 年之久，污染严重区土壤铅含量比背景区高出 100 多倍。

表 3-1 湖南某污灌区土壤铅含量（mg/kg）

区 号	土壤铅含量范围	平均含量
1	1 728～3 674	3 612
2	1 263～1 650	1 349
3	100～862	480
4	710～1 200	1 025
背景区	19～28.5	23.4

（二）土壤铅的形态及迁移转化

土壤中的无机铅多以二价态难溶化合物存在，如 $Pb(OH)_2$、$PbCO_3$ 和 $Pb_3(PO_4)_2$，而水溶性铅含量极低。这是由于土壤阴离子 PO_4^{3-}、CO_3^{2-}、OH^- 等可与 Pb^{2+} 形成溶解度很小的正盐、复盐及碱式盐。黏土矿物对铅进行阳离子交换性吸附和直接通过共价键或配位键将铅结合于固体表面。土壤有机质的—SH、—NH_2 基团可与 Pb^{2+} 形成稳定的络合物。被化学吸附的铅很难解吸，植物不易吸收。土壤溶液中的铅除无机铅外，还含有少量可多至 4 个 Pb-C 链的有机铅，主要来源于沉降在土壤中的未充分燃烧的汽油添加剂（铅的烷基化合物）。

成土母质在风化过程中，因富集铅的矿物（如钾长石及火成岩、变质岩的云母等）大多抗风化能力较强，铅不易释放出来，风化残留铅多存在于土壤黏土部分。土壤中铅的形态、可提取性、溶解度、矿物平衡、吸附和解吸行为等受多种因素的影响。红壤和黄棕壤种植水稻后，土中铅的各分级形态有一定差别，在红壤和黄棕壤中的形态均以铁锰氧化态占的比例最高。红壤中有机结合态最低。红壤的交换态和碳酸盐态均比黄棕壤高得多，而残留态比黄棕壤中低得多。这种不同主要是土壤性质差异造成的。土壤中铅的化合物溶解度均较低，且在迁移过程中，因受多种因素影响，铅在土壤中的迁移能力很差。

由于铅在土壤中迁移能力弱，沉积在土壤中的外源铅大都停留在土壤表层，随深度增加而急剧降低，在 20cm 以下就趋于自然水平。铅在污染土壤表层的水平分布随污染方式而异。污灌区入水口处土壤铅含量最高，随水流方向含量逐降，等浓度线密度在入水口附近最大，随流经距离而很快变小。在公路两侧受汽车尾气影响的铅污染土地，沿公路两侧呈带形分布，土壤铅含量由高而低，在离公路 200～300m 即接近自然本底水平。

(三) 土壤铅的生物效应

我国对冶炼厂、电瓶厂有铅接触史的工人调查表明，工人吸收铅后表现出记忆衰退、容易疲劳、头昏、睡眠障碍等症状；铅中毒可引起动脉高血压和肾功能不全的并发症；小剂量的铅吸收产生精神障碍，血铅>35μg/100mL 时，神经传输速度减慢；在铅摄入量很高时，临床表现为贫血症，这被用做对接触铅的职业工人体检的一项监测指标。普遍认为，儿童和胎儿对铅最敏感，受害最严重，铅对儿童的智力发育产生不良影响。在某冶炼厂附近，血铅在 40～80μg/100mL 范围的儿童智商减少 4～5 个点。牙齿铅含量高的儿童，学习心不在焉，容易冲动，天赋差；还可能出现一系列精神运动障碍，如左右定向问题、语言抽象表达能力差等。这可能与小儿的代谢和排泄功能未完善，血脑屏障成熟较晚，中枢神经相对脆弱，以及铅在儿童胃肠道较易吸收等有关。

铅对作物的影响表现在作物的产量和质量上。低浓度的铅可对某些植物表现出刺激作用，而高浓度的铅除在作物可食部分产生残毒外，还表现为幼苗萎缩、生长缓慢、产量下降甚至绝收。在利用作物生态效应研究土壤重金属最大允许含量时，一般采用产量降低 10%或可食部分超过食品卫生标准时土壤铅的含量作为依据。

不同作物对铅的吸收和受影响程度也不同。作物对 Pb 的抗性相对顺序为小麦>水稻>大豆。大豆无论在对铅的吸收还是在铅对生长和产量的影响上均比其他作物敏感。试验表明，大豆减产 10%时，土壤铅含量为 240mg/kg，而土壤铅含量达到 1 000mg/kg 时对水稻生长和产量均无明显影响，小麦在土壤铅大于 3 000mg/kg 时生长和产量仍然正常。不同土壤的铅临界值不一样，草甸棕壤大豆减产 10%对应土壤铅为 500mg/kg，红壤性水稻土铅含量 700mg/kg 时水稻减产 10%，而母质为千枚岩的水稻土，水稻减产 10%的土壤铅含量大于 1 051mg/kg。

作物吸收的铅 90%以上滞留在根部，其顺序为根>茎、叶>子实，呈由下向上骤减趋势，反映出铅在土壤中对植物的有效性及移动能力均低。作物对铅的吸收量与加入铅的量及作物种类均有关。作物对外源铅的吸收量大都低于 0.3%，99.7%以上的外源铅仍残留在土壤内。蔬菜对铅的吸收累积作用很强，污灌蔬菜盆栽模拟试验表明，可食部分平均累积量的次序为：白菜>萝卜>莴苣。叶菜类含铅量最高，土壤铅增加 1mg/kg 时，白菜心叶含铅增加 0.26mg/kg，比谷类作物高 2～3 个数量级。

五、铬污染

(一) 环境中的铬

自然界不存在铬（Cr）的单质，铬通常与二氧化硅、氧化铁、氧化镁等结合。地壳中所有的岩石中均有铬的存在，其含量比钴、锌、铜、钼、铅、镍和镉都要高，但铬的矿物不超过 10 种，分为氧化物、氢氧化物、硫化物和硅酸盐等几大类，主要有铬铁矿 $Fe[Cr_2O_4]$、铬铅矿 $Pb[CrO_4]$、黄钾铬石 $K_2[CrO_4]$、钙铬石 $Ca[CrO_4]$、磷铬铜矿 $Pb_2Cu[CrO_4](PO_4)(OH)$、锌铬铅矿 $Pb_5Zn[CrO_4]_3(SiO_4)F_2$。铬酸盐矿物具有鲜明的颜色，$Cr^{2+}$ 一般为紫色，Cr^{3+} 为绿色，Cr^{6+} 呈浅蓝色，硬度一般为 2～3，相对密度一般为 2～3，含铅铬盐相对密度可达 5.5～6.5。

世界范围内土壤铬的背景值为 70mg/kg，含量范围为 5～1 500mg/kg。我国土壤铬元素背景值为 57.3mg/kg，变幅为 17.4～118.8mg/kg。土壤中铬的含量取决于母质及生物、气候、土壤有机质含量等条件。各类成土母质是土壤铬的主要来源，也影响土壤中铬含量高低。母岩中铬含量，在火成岩中是超基性岩＞基性岩＞中性岩＞酸性岩，土壤中铬含量的分布也大致有相同的趋势。对发育在不同母岩上的土壤进行的测定结果表明：蛇纹岩上发育的土壤含铬高达 3 000mg/kg，橄榄岩发育的土壤含铬 300mg/kg，花岗片麻岩发育的土壤含铬 200mg/kg，石英云母片岩发育的土壤含铬 150mg/kg，花岗岩发育的土壤含铬仅 5mg/kg。

（二）铬的形态及迁移转化

铬是一种变价元素，在通常土壤 pH 和 E_h 的范围内，Cr 的最重要的氧化态是 Cr（Ⅲ）和 Cr（Ⅵ），而 Cr（Ⅲ）又是最稳定的形态。水溶液中 Cr（Ⅲ）的形态包括 Cr^{3+}、$Cr(OH)^{2+}$、$Cr(OH)_3^0$ 和 $Cr(OH)_4^-$，在 pH＜3.6 时以 Cr^{3+} 为主，而在 pH＞11.5 时则以 $Cr(OH)_4^-$ 为主。在微酸性至碱性范围内，Cr（Ⅲ）以无定形 $Cr(OH)_3$ 沉淀态存在，而当存在 Fe^{3+} 时，则形成（Fe，Cr）$(OH)_3$ 固体。Cr（Ⅵ）在水溶液中的形态主要为 $HCrO_4^-$、CrO_4^{2-} 和 $Cr_2O_7^{2-}$，在 pH＞6.5 时以 CrO_4^{2-} 为主，而在 pH＜6.5 时则以 $HCrO_4^-$ 为主，在酸性条件并存在高浓度 Cr（Ⅵ）时可形成 $Cr_2O_7^{2-}$。在 pH8～9 的碱土和氧化能力较强的新鲜土壤中，六价铬多以 CrO_4^{2-} 离子态存在。六价铬有很强的活性，其化合物可以随水自由移动，并有更大的毒性。

土壤中铬的迁移转化非常复杂，既有不同价态的相互转化，也有水-土介质中的迁移。Cr（Ⅲ）进入土壤体系后主要有 3 个转化过程：①Cr（Ⅲ）与羟基形成氢氧化物沉淀，K_{sp} 为 6.7×10^{-31}；②土壤胶体和有机质对 Cr（Ⅲ）吸附、络合；③Cr（Ⅲ）被土壤中的氧化锰等氧化为 Cr（Ⅳ）。

在土壤溶液中，当 pH＞4 时，Cr（Ⅲ）溶解度明显降低；pH＝5.5 时，铬开始沉淀。在土壤中，大部分有机质参与铬复合物的形成，氢氧化铁和氢氧化铝也是铬的良好吸附体。土壤对 Cr（Ⅲ）的吸附还与黏土矿物的类型有关，蒙脱石对 Cr（Ⅲ）的吸附能力最强，高岭石最弱。在硅酸铝氧八面体中，由于 Cr 与 Al 与原子的半径非常接近（Cr 原子的半径为 0.006 5nm，Al 原子的半径为 0.005 7nm），因此，黏土矿物中 Cr^{3+} 的吸附是由 Al^{3+} 的同晶体取代造成的，在水云母类的蛭石和黑云母中也有类似现象。在好氧条件下，Cr（Ⅲ）容易被氧化成 Cr（Ⅵ），在中性和酸性溶液中 MnO_2 对 Cr（Ⅲ）的氧化速度相近。在 pH 6.8～8.5 时，三价铬转化为六价铬的反应为

$$2Cr(OH)_2^+ + 1.5O_2 + H_2O \longrightarrow 2CrO_4^{2-} + 6H^+$$

不同形态的 Cr（Ⅲ）在土壤中被氧化的能力是有差别的，有机络合 Cr（Ⅲ）易于被氧化。随着 pH 的增高，Cr（Ⅲ）被氧化的能力降低；Cr（Ⅲ）的浓度增加，土壤中 Cr（Ⅵ）形成的数量减少。

在一定条件下，土壤中的 Cr（Ⅵ）和 Cr（Ⅲ）可相互转化。Cr（Ⅵ）进入土壤体系后主要发生以下几个转化过程：土壤胶体吸附 Cr（Ⅵ），使之从溶液转入土壤固体表面；Cr（Ⅵ）与土壤组分反应，形成难溶物；Cr（Ⅵ）被土壤有机质还原成 Cr（Ⅵ）。Cr（Ⅵ）在土壤中的还原受土壤有机质含量、pH 等的影响。在土壤有机质等还原物质的作用下，Cr（Ⅵ）很容易被还原成 Cr（Ⅲ），且随 pH 的升高，有机质对 Cr（Ⅵ）的还原作用增强。土壤对 Cr（Ⅵ）吸附量大小的顺序是：红壤＞黄棕壤＞黑土＞塿土。黏土矿物对 Cr（Ⅵ）的吸附能力的大小为：三水铝石＞针铁矿＞二氧化锰＞高岭石＞蒙脱石。土壤吸附量随 pH、

有机质含量的增高而减少。阴离子对 Cr（Ⅵ）的吸附存在着竞争作用有较大影响，影响大小顺序为：HPO_4^{2-}、$H_2PO_4^-$＞WO_4^{2-}＞SO_4^{2-}＞Cl^-、NO_3^-。氧化铁和氢氧化铁的存在使 Cr（Ⅵ）迁移能力减弱。

土壤与底泥中的铬可分为交换态铬、酸溶态铬和碱溶态铬，土壤中铬主要以酸溶态和残渣态铬存在。土壤中大部分铬与矿物牢固结合，因而土壤中水溶性铬含量非常低，一般难以测出；交换态铬（1mol/L NH_4Ac 提取）含量也很低，一般＜0.5mg/kg，约为总铬的 0.5%。pH 对土壤中铬的形态有明显的影响，pH 较低时，水溶性和交换性铬浓度显著增加。在吸附或吸附-沉淀区域内（pH4～6）吸附的铬较易被提取出来；而在稳定沉淀区域（pH＞6），Cr（Ⅲ）容易形成稳定沉淀态，难以被 H_2O 和 NH_4Ac 所提取，所以在高 pH 的条件下，残渣态铬量也有所增加。

（三）铬对人体及生态环境的影响

人体缺乏铬会抑制胰岛素的活性，影响胰岛素正常的生理功能，使糖和脂肪的代谢受阻，导致糖耐量因子受损和胰岛素的敏感性退化，扰乱蛋白质的代谢，造成角膜损伤、血糖过多和糖尿病、心血管病等。据研究，人体对铬的适当摄量为 0.06～0.26mg/d。美国和欧洲许多国家糖尿病患都甚多，动脉硬化病也较亚洲、非洲、拉丁美洲为多，其主要原因就是铬缺乏。

铬的毒性主要是 Cr（Ⅵ）引起的。Cr（Ⅵ）的毒性主要表现在引起呼吸道疾病、肠胃道病和皮肤损伤等。此外，Cr（Ⅵ）还有致癌作用。Cr（Ⅲ）对鱼的毒性表现为当鱼受到 Cr（Ⅲ）刺激时，分泌出大量黏液与 Cr（Ⅲ）黏合，从而减少这些离子通过皮肤的扩散；腮部分泌的黏液与 Cr（Ⅲ）混凝，危害腮组织，从而干扰呼吸功能，使鱼窒息而死。

过量铬会抑制作物生长，铬对植物的危害主要发生在根部，高浓度的铬不仅本身产生危害，而且会干扰植物对其他必需元素的吸收和运输。Cr（Ⅵ）能干扰植物中的铁代谢，产生失绿病。植物铬中毒的直观症状是根部功能受抑，生长缓慢，叶卷曲、退色。不同作物铬的耐受能力不同，对高浓度 Cr（Ⅲ）耐受能力较强的有水稻、大麦、玉米、大豆和燕麦；对高浓度 Cr（Ⅵ）耐受性强的有水稻和大麦。但低浓度的铬能刺激作物的生长，如在土壤中加 5mg/kg 的铬可提高葡萄的产量，施用醋酸铬对胡萝卜、大麦、扁豆、黄瓜和小麦的生长都有益。

铬对土壤生化代谢有影响，可抑制土壤纤维素的分解。当 Cr（Ⅵ）含量为 5mg/kg 时，将抑制分解率的 36%；当含量大于 40mg/kg 时，纤维素分解在短时间内将全部受到抑制。Cr（Ⅵ）可明显地抑制土壤的呼吸作用。呼吸峰随 Cr（Ⅵ）含量增高而降低，Cr（Ⅵ）大于 100mg/kg 时，短时间内将不出现明显的呼吸峰。Cr（Ⅵ）能抑制土壤中磷酸酯酶等的活性，从而影响氮、磷的转化；影响硝化作用和氨化作用，当 Cr（Ⅵ）含量为 40mg/kg 时，硝化作用几乎全部受到抑制。

六、砷污染

（一）环境中的砷

砷是变价元素，在一般土壤环境中砷往往以 As^{3+} 和 As^{5+} 两种价态为主存在。砷的熔点为 817℃，相对密度为 5.78，是一种准金属，其理化性质和环境行为与重金属多有相似之处。地壳中含砷量为 1.5～2mg/kg。世界土壤中砷含量为 0.1～40mg/kg，平均含量为 6mg/kg。我国土壤砷元素环境背景值为 9.6mg/kg，含量范围为 2.5～33.5mg/kg，最高含量达 626mg/kg。东部和东南部的土类（如砖红壤和赤红壤等）砷元素环境背景值含量较低，而分布在西部的灰钙土、灰褐土、褐土、绵土、黑垆土和绿潮土等砷元素环境背景值较高。这种分布特点与生物及气候因素有关。我国东部和东南部气候一般湿润多雨，东南部降水量尤其大，土壤风化程度深，淋溶作用强。砷元素及其化合物在这样湿润的条件下易转化为可溶形态，易于流失。我国西部地区各土壤类型的形成条件为干旱少雨气候，风化过程和成土过程均弱，土壤湿度小，砷元素及其化合物难以转化迁移，大多沉积于土体之中，故砷元素环境背景值较高。土壤砷高背景值异常除发生在自然的原生环境之外，由于近代砷化物在农业上广泛应用，特别是作为除莠剂和除虫剂大量用于农田、林、果园、苗圃和草地，使不少地区土壤残留了大量砷元素而受到污染。往往比自然条件下土壤含有的砷高数倍、数十倍，甚至高数百倍。

砷在地质大循环基础上进行的土壤→植物→动物→土壤间的循环，是砷的生物学小循环，实质是砷的生物土壤化学过程。生物对砷的富集作用极为显著。一般砷主要分布在土壤剖面中的 A 层，且往往与腐殖质的含量成正相关。在一些转化过程中，如亚砷酸盐氧化成砷酸盐，有机体的存在能起催化作用，促进转化过程的发生。而在另一些变化中，如甲基化作用，只有在有机体存在时才可以发生。由于生物对砷的蓄积、迁移和转化过程发挥了积极作用，使分散在地壳中的砷，通过含砷矿物岩石的风化，逐渐转移、富集到地壳表层的土壤中，促进砷参与土壤的物理、化学和生物学过程，使无机砷与有机砷得以相互联结，土壤成为无机砷与有机砷相互转化的纽带，推动了砷的生物学循环。

含砷矿物可分为三大类：①硫化物，如 AsS（雄黄）、As_2S_2（雌黄）和硫砷铁矿（FeAsS，即毒砂）；②氧化物及含氧酸砷矿物，含砷量最高，如 As_2O_3（砒霜，即白砷矿）、$Fe_2(AsO_4)(OH)_3 \cdot 5H_2O$（毒铁石）和 $Ca_4(AsO_4)_2 \cdot H_2O$（毒石）；③金属砷化物，如 SbBiAs（砷锑铋矿）和 $NiFeAs_2$（砷铁镍矿）等。

地壳中各种岩石矿物砷是土壤砷的主要天然来源。砷在主要造岩矿物中的分布，一般决定于砷离子的替代形式：As^{3+} 和 As^{5+} 替代 Al^{3+}，As^{3+} 替代 Fe^{3+} 和 Ti^{4+}，As^{5+} 替代 Si^{4+}，如 As^{3+} 和 As^{5+} 可按离子半径大小分别或同时进入斜长石构造中替代四面体位置的 Si^{4+} 或 Al^{3+}，或由 As^{3+} 替代八面体中的 Al^{3+}，说明不少矿物中均含有砷。一般岩石中砷的平均含量较相近，而页岩中含量较高，均值达 13.0mg/kg。而煤的含砷量最为突出，烟煤含量砷 82mg/kg，褐煤含砷 34mg/kg，我国湖南的煤中含砷 12.5～34.4mg/kg。

人类活动，尤其是工农业生产中含砷废弃物的排放和砷化物的应用，是土壤砷的另一重要来源。

砷化物大量用于多种工业部门中，例如，冶金工业中，砷化物作为添加剂；制革工业中，用大量砷化物作为脱毛剂；木材工业中，用砷酸钠、砷酸锌、铬砷砷酸合剂等作为木材防腐剂；玻璃工业中，用砷化物脱色；颜料工业中，用砷化物生产巴黎绿 [$Cu(CH_3COOH)_2 \cdot 3Cu(AsO_2)_3$]。这些工业企业在生产中将排放大量的砷，进入土壤，污染环境。

含砷农药的使用，是砷可能直接或间接大量进入土壤的途径。据美国调查，未施过含砷农药的土壤，含砷量极少超过 10mg/kg；而重复施用含砷农药的土壤，砷含量可高达

2 000mg/kg 以上。

煤含砷量一般较高，燃煤可向大气中排放大量的砷。例如，以烟雾闻名的伦敦，其大气中的砷含量为 0.04～0.14$\mu g/m^3$，布拉格上空为 0.56$\mu g/m^3$，在炼钢厂周围上空为 1.4$\mu g/m^3$，热电站附近大气砷浓度甚至高达 20$\mu g/m^3$，大气中的砷相当部分将最终进入土壤。

（二）土壤中砷的形态和迁移转化

土壤中砷的形态，可分为水溶态、离子吸附或结合态、有机结合态和气态。

一般土壤中水溶性砷极少。不同土类，吸附态砷的含量差别很大，主要由于土壤吸附态砷深受 pH 与 E_h 条件变化影响。当土壤 E_h 降低，pH 升高，砷的可溶性显著增大。

砷的离子吸附或结合态是被土壤吸附并与铁、铝、钙等离子结合成复杂的难溶性砷化物，这部分砷为非水溶性，其中以固定态砷为主，而交换态砷较少。用磷酸盐、柠檬酸盐及其各种浸出剂，浸提吸附于土壤中的砷，发现被吸附的砷中，约有 1/3 处于交换态，其余为固定态，即为铁铝氧化物或钙化物的复合物。在我国土壤类型中，一般在钙质土壤中与钙结合的砷占优势，在酸性土中与铁铝结合的砷占优势。铁型砷（Fe-As）的含量比铝型砷（Al-As）含量高，其中氢氧化铁对砷的吸附力为氢氧化铝的 2 倍以上。有人发现，砖红壤性灰壤表土对砷的吸附主要决定于很细小的铁氧化物颗粒，但锰氧化物，尤其是比表面积较大的一些锰氧化物对砷也有吸附和氧化的能力。砷在土壤中的运动与磷相似，特别是在酸性土壤中，吸附固定的砷和磷都强烈地转化为铁和铝的结合态。但磷的吸附量比砷大，磷置换砷的能力较强，磷对铝的亲和力也比砷大。因此，一般土壤中磷比砷更易被土壤吸附，磷的吸附由于土壤胶体的铁和铝引起，而砷主要由于铁吸附。

在一般的 pH 和 E_h 范围内，砷主要以 As^{3+} 和 As^{5+} 存在。水溶性砷多为 AsO_4^{3-}、$HAsO_4^{2-}$、$H_2AsO_4^-$、AsO_3^{3-} 和 $H_2AsO_3^-$ 等阴离子形式。其含量常低于 1mg/kg，只占总砷含量的 5%～10%。在旱地土壤或干土中以砷酸为主，而水淹没状态下，随着 E_h 的降低，亚砷酸盐增加。据研究，在氧化体系中（pH＜8），则以亚砷酸（$HAsO_2$）占优势。砷酸在水中的溶解速度和溶解度均比亚砷酸大，更易被土壤吸附。当砷酸与亚砷酸共存时，亚砷酸多存于土壤溶液中，而土壤中的砷由于在氧化状态下多变为砷酸，被土壤固定，使其在土壤固相中增加。水田加氧化铁能显著减少溶液中的砷，其原因一方面是由于砷和氧化铁结合为难溶态，另一方面则由于使亚砷酸氧化为砷酸而被土壤吸附。在水稻栽培试验中，E_h 在 50mV 以下时，砷的毒害表现显著。因此认为，一般水田土壤在 100mV 左右就有存在亚砷酸的可能性。除土壤 E_h 变化以外，土壤中砷酸和亚砷酸的相互转化还与微生物的活动有关。有人将 *Bacillus ursenoxydans* 接种在含有 1%亚砷酸的培养基中培养，能把亚砷酸氧化成砷酸。

在大多数土壤中，砷主要以无机态存在，但在某些森林土壤中，无机砷仅占总砷的 30%～40%，说明有相当多的砷是有机结合态的，许多土壤可能存在甲基胂。有人研究发现砷酸盐是最主要的含砷成分，但大多数土壤样品含有二甲基次胂酸盐（水稻土有 4～69$\mu g/kg$，旱地或果园土有 2～7$\mu g/kg$）和一甲基胂酸盐（水稻土有 5～88$\mu g/kg$，旱地或果园土壤在 7$\mu g/kg$ 以下）。

土壤中的砷移动较差，土壤黏粒含量愈高，砷的移动速度愈低，有人研究二甲基砷酸钠通过供试土壤表层移动的速度，在壤质砂土中最快，在细砂壤土中最慢。

(三) 土壤砷的生物效应

砷主要通过食物和饮水进入人体和动物。高浓度 As^{3+} 可使中枢神经系统和末梢神经系统功能紊乱，形成多发性神经炎，其症状是肢体感觉异常，有麻木、刺激痛、灼痛、压痛感，进而表现为肌无力、行走困难、运动失调。As^{3+} 还可使细管及外围小血管麻痹，急性中毒还可使血管扩张、血压下降、腹腔内脏充血、水肿，可使心脏扩张，引起充血性心衰，并致畸、致突变或致癌。As^{3+} 还可以与 Se^{4+} 一样取代蛋白质中的硫，从而引起体内硫代谢障碍，使含有大量硫的角质素的结构异常，其症状是掌跖部皮肤增厚、角化过度、皮肤代谢障碍、毛发脱落。砷的生化作用及其毒性，主要由于砷与酶蛋白质中的巯基（—SH）、胱氨酸、半胱氨酸含硫的氨基（—NH）有很强的亲和力，其中，As^{3+} 的亲和力最大，而 As^{5+} 较小，所以 As^{3+} 的毒性也最大。

砷是植物强烈吸收累积的元素。As^{3+} 的易迁移性、活性和毒性都远高于 As^{5+}。砷对植物的毒害主要是阻碍植物体内水分和养分的输送，砷酸盐含量达 1mg/L 时，水稻减产一半；含量达 10mg/L 时，水稻生长不良，不抽穗。植物发生砷害的症状，最初叶片卷起或枯萎，然后是根部发展受阻，植株生长显著地受到抑制，进一步根及叶的组织破坏，植株枯死。砷害症状不仅仅决定于砷的数量，而且随不同植物而异。多年生植物中，桃树砷害症状是茎叶边缘或叶脉间呈褐色，以至红色斑点，不久，斑点部分枯死，叶缘呈锯齿状出现空穴，最后落叶；柑橘树砷害是叶脉黄化；苹果若从树皮发生急性砷害，树皮或木质部变色，叶片产生斑点。水稻砷害症状是抑制茎叶分蘖，植株矮化，叶色浓绿，根系发育不良，根呈褐色，抽穗迟，不成熟。小麦的砷害症状类似于水稻，但比水稻的抗砷能力大得多。扁豆的砷害症状是叶边缘组织坏疽，根软弱而带红色，砷浓度高时，粗根呈暗红色，组织破坏。

适量砷可以促进植物生长。据盆栽试验，施砷 5～10mg/kg，水稻生长良好。有人施用适量的 $Ca_3(AsO_4)_2$ 使小麦、玉米、棉花、大豆增产。施用 $Pb_3(AsO_4)_2$ 可降低果实酸度，提高品质。适量砷还可刺激马铃薯、豌豆和萝卜的生长。

第二节　土壤非金属的污染

一、氟污染

(一) 环境中的氟

环境污染中氟的常见存在形式有：HF（氟化氢）、SiF_4（四氟化硅）、H_2SiF_6（氟硅酸）、CaF_2（氟化钙）、MgF_2（氟镁石）、$AlF_6 \cdot H_2O$（氟铝石）、Na_3AlF_6（冰晶石）和 $Ca_{10}(PO_4)_6F_2$（氟磷灰石）等。氟化物的重要特征是，在酸性环境中与钛、锆和铝等多价阳离子形成络合物，而在碱性环境中多呈离子状态。

不同区域的土壤组成，取决于母岩、母质、成土条件和土壤类型，因而各区域土壤氟背景值有明显的差异。我国西北地区氟背景含量一般较高，主要是由于气候干旱少雨，风化、淋溶程度较弱，氟不易迁移。苏打盐化氟富集区，其水溶性氟可高达 17mg/kg，一般也在 10mg/kg 以上。另外，在北部沿海的滨海盐渍土地区高氟地下水区，土壤含氟高是由海水氟进入引起的。

华南和东南沿海的铁铝土区、黑龙江东部山区的硅铝土区及天山山地的硅铝土带的土壤氟背景值低，是由于土壤淋溶作用强，酸度大，土壤氟容易迁移淋失。由此可见，我国氟元素土壤背景值的区域分布，除受母岩和母质的影响外，主要受气候因素及有关的土壤理化性质和氟本身的化学地理行为作用的影响，大致从西北向东南，土壤含氟量呈现由高至低的梯度变化趋势。这种分布趋势正好与降水量由东南向西北内陆逐渐减少的规律相关，说明气候影响的重要性。

自然界中氟的主要来源为天然源。岩石经过风化以后，特别是在一些潮湿的气候条件下，常使包含于岩石中的氟溶解并转移到土壤中，所以土壤中氟元素主要来源于地壳的岩石圈。成土母质的差异导致了地球表面不同区域的不同类型土壤含氟量的地域差异。

同时，火山喷发和大气中氟的沉降，也是土壤中氟的天然来源。火山喷发时，埋藏在地壳深处的氟化物，被剧烈地喷射出来，一部分含氟的气体和尘埃随巨大的喷流腾入高空，经重力作用沉降或随降水，重新回到地表，其中一部分直接进入土壤；含氟的大块碎屑物质，则直接大量地累积在火山附近地区，掺入或掩盖原来的表土，后又经过风化，将其固定的氟释放出来。

大气中的氟沉降，也成为土壤氟的一个重要来源，火山喷发物中的气态物质、工厂排出的废气、海水蒸发和挥发性氟化物的挥发以及飞扬的地面尘土等，都是大气压中氟的来源。进入大气的氟，多以气溶胶状态存在于空气中，且不断地进行扩散作用，从而与大气中的其他各物质组分充分混合，或由于本身的重力作用沉降，或由于降水过程被淋洗，回到地表，进入土壤。

土壤中的氟，除了天然的来源外，人类各种生产活动中排放的含氟废弃物，也成了土壤中氟的来源。在农业生产中，磷肥的施用和含氟农药（如氟化钠、氟硅酸钠等）的施用，成为土壤氟人为来源的主要因素。在工业生产中，例如，采矿、化工、冶金、陶瓷、水泥、石油、砖瓦、钢铁、磷肥等生产过程，排放出大量的氟气体、液体和废渣，也将直接或间接进入土壤。一个年产 1.0×10^6t 铁矿的烧结厂，每年产生的氟废物量达 960t；一个年产 1.0×10^5t 的电解铝厂，每天向大气排 5.5t 氟化物。这些都是土壤中氟的人工来源。

岩石圈中的氟元素，经风化作用后，进入土壤圈、水圈和生物圈，参与其中的各种变化过程，最终又通过沉积作用，固结成岩（图 3－5）。这种变化过程不断进行，从而完成由岩石→土壤→水→沉积岩的地质大循环。在土圈与生物圈中，氟元素又经历如下的生物小循环过程：土壤→植物（动物）→土壤。其中土壤是氟自然循环的中心环节，是连接无机态和有机态的纽带。火山活动加剧了循环速度和强度，这是因为火山喷发物氟含量高，多为活性最强的 HF 和 SiF_4 气体，一般氟化氢占气体的10%，甚至达 30%，并且波及范围广，持续影响时间长。生物在氟的循环中发挥了巨大作用。氟从地壳深处的含氟矿物，经火山活动等过程逐渐转移到地壳表层，经风化作用成为成土母质。在成土过程中，不断转移到土壤中，而生长在土壤上的植物，经过生命活动，使氟从分散到集中，最终以各种形态富集在土壤表

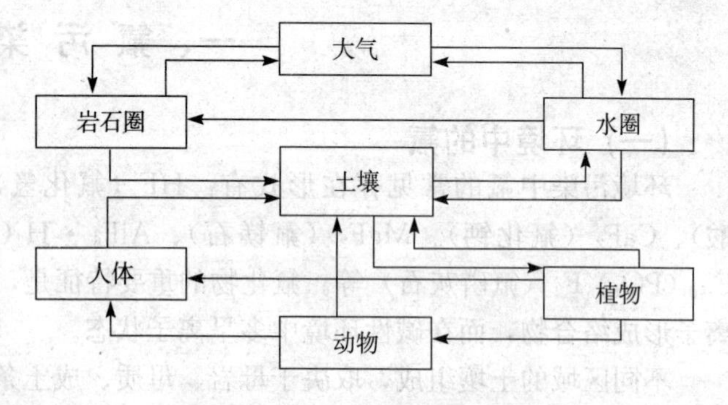

图 3－5　氟的生物地球化学循环

层。同时生物通过自身的生命活动，将土壤中含有的氟化物转化为简单氟化物，使其进入江河、湖泊、海洋等水体，而后大部分又为生物吸收，进入氟的再循环过程。由此来看，生物既是土壤氟富集的参与者，又为其自身对氟的重新利用和氟的再循环创造了条件。

局部富氟地区，可分为两类，一类与当地有较高的含氟背景值并同时具备氟富集和活化的环境地球化学条件有关，另一类是工业（如冶炼工业、化肥工业等）“三废”造成的局部高氟地区。

（二）土壤中氟的形态及其迁移转化

土壤中氟的存在形态极为复杂，主要包括：水溶态氟、吸附态的氟离子、分子，固体的氟化物、氟矿石颗粒等。对于高度发育的土壤而言，吸附态的氟占较大的比重。由大气环境而来的氟有水溶性的化合物，也含有氟的粉尘微粒，还有氟硅酸、氢氟酸。由地表径流和地下水带进土壤环境中的氟主要为可溶性的氟化物，同时还有由活的生命有机体死亡分解后释放出来的氟以氟化物的形式进入土壤。

水溶态氟主要包括 F^-、HF_2^-、$H_2F_4^{2-}$、$H_3F_4^-$、AlF_6^{3-}、FeF_6^{3-} 等。土壤水溶性氟与地下水氟污染有直接关系。在 pH6.5～8.5 范围内，土壤 pH 每上升 0.5 单位，水溶性氟增加 0.4～0.5mg/kg。氟离子在土壤中，易被土壤黏土矿物和其他一些有机-无机复合胶体吸附。对 F^- 的吸附是通过和黏土矿物上的 OH^- 的交换而实现的；对金属-氟络合阳离子（如 AlF^{2+}、AlF_2^+）是通过与带负电荷的土壤中的交换而吸附。一般而言，在热带亚热带红壤、黄壤等酸性、富铝化土壤中，由于存在着大量的游离的 Al^{3+}，氟阴离子会发生以下配位反应：

$$Al^{3+}+F^- \longrightarrow AlF^{2+} \qquad (\lg K^0=6.98)$$

$$Al^{3+}+2F^- \longrightarrow AlF_2^+ \qquad (\lg K^0=12.60)$$

$$Al^{3+}+3F^- \longrightarrow AlF_3^0 \qquad (\lg K^0=12.65)$$

$$Al^{3+}+4F^- \longrightarrow AlF_4^- \qquad (\lg K^0=19.03)$$

$$Al^{3+}+5F^- \longrightarrow AlF_5^{2-} \qquad (\lg K^0=23.45)$$

$$Al^{3+}+6F^- \longrightarrow AlF_6^{3-} \qquad (\lg K^0=26.61)$$

这时土壤吸附的氟主要是金属-氟络合阴离子。而在干旱和半干旱地区的石灰性土壤、盐碱土，吸附的氟主要是氟阴离子。吸附态的氟在土壤中活性不高，易在土壤中积累。但如果淋溶作用强烈，也能被淋失。以氟化物的形式存在于土壤中的氟，有些是易溶的，另一些则是难溶性的。易溶性的氟化物进入土壤溶液后，又与土壤溶液中的其他成分形成某种络合物或络合离子。在湿润地带和地下水位较高的地区，土壤溶液中氟化物含量较高，但是，当土壤溶液中的氟化物达到绝对饱和时，以氟盐的形式淀积于土壤中。土壤可溶性氟的存在形态与土壤 pH、Ca^{2+} 及 Al^{3+} 的存在均有密切关系。

土壤中另一部分难溶性的氟化物多以矿物微粒形式存在于土壤之中，并成为土壤的组成部分。一般以氟化钙（CaF_2）作为土壤中难溶性氟化物的代表形态，不同的土壤 pH 和土壤中有些相关元素的存在，对难溶性氟化物的影响较大。在热带和亚热带富铝化作用强烈的酸性土壤中，一方面 CaF_2 在酸析作用下，溶解度大大提高；另一方面，土壤溶液中存在大量的 Al^{3+} 会很快和 F^- 形成络合物而随水迁移，同时，如果土壤中有大量的 Ca^{2+} 存在，则土壤中的氟被积累下来。

土壤中简单氟化物及其与 Al、Si、Fe、Ca、Mg 等形成的络合物的迁移能力大小排序为：$ZnF_2 \cdot H_2O > AlF_3 > CuF_3 > PbF_2 > SnF_2 > MgF_2$；$CuSiF_6 > NaF > Na_2SiF_6 > K_2SiF_6 >$

$Na_3(AlF_6)>Ca_5(PO_4)_3F>BaSiF_6$，这些氟化物，部分进入湖泊，最终进入海洋。

（三）土壤氟的生物效应

氟是人体必需的元素，适量的氟可以促进牙齿和骨骼的钙化，缺氟易发生龋齿和骨质变形病症，如齿、骨质松脆（易发生髋骨骨折）。但是，当机体摄入氟超过 4mg/d 时，就会导致氟的积蓄中毒，主要表现为：骨质发生病变，骨质破坏、堆积，骨质软化，骨外膜赘骨增生，韧带钙化，骨质疏松，随之而来的肌肉萎缩，肢体变形。另外，氟化物抑制酶系统，使心脏功能下降，末梢血管扩张，造成急性心脏循环功能衰减，最后死亡。

牛、马、驴等牲畜受到氟的毒害之后关节肿大、变形，扫蹄，跛行，爬窝，骨质松脆，易骨折；奶牛表现为产奶量低。不同品种的动物对氟具有不同的抗性，家畜对氟敏感的有：牛、绵羊和山羊。进入动物体内的氟约 95%分布在牙齿、骨骼、羽毛、毛和角中，较少量分布于肌肉和神经组织中。

土壤中氟含量过多，会对植物产生危害，轻则抑制生长发育，重则出现明显毒害病症，具体表现为干物质积累量少，产量降低，分蘖少，成穗率低，光合组织受损伤，出现叶间坏死，叶色变为红褐色。向土壤中施 H_2SiF_6，小苍兰杂交种沿着叶缘和在叶尖出现坏死区域，施含 F 1.0%～1.6%的磷肥亦出现类似症状。氟对植物生长的效应决定于供给氟化物的形态和剂量。在施氟使土壤含氟达到 10mg/kg 时，CaF_2 对豌豆、燕麦、大麦、马铃薯和萝卜的产量无负效应或正效应。但在施氟使土壤含氟达到 100mg/kg 时，CaF_2 是有毒的。对氟敏感的植物有唐菖蒲和葡萄等。

氟对植物体的致病机理主要表现为：氟进入植物体之后，通过导管向叶缘和叶尖转移并积累。进入叶片的氟与组织内的钙发生反应，生成难溶性的氟化钙等物质而沉淀，这些氟物质达到一定量时，就会干扰酶的作用，阻碍代谢机能，破坏叶绿体和原生质，引起质壁分离和细胞萎缩，最后失水而干枯。

二、硒 污 染

（一）环境中的硒

硒在地壳中处于分散状态，在岩浆的主要结晶过程中，硒未发生富集。硒绝大部分都分散到硫化物的矿物中，主要有方硒锌矿（ZnSeS）、方硒钴矿（Co_3Se_4）、硒铜铁矿（$CuFeSe_2$）、硒铜银矿（$Cu_2Se\cdot Ag_2Se$）、硒碲铜矿（CuTeSe）、氧硒矿（SeO_4）等。在矿物中，硒元素与其他元素相结合可形成简单的硒化物（阴离子呈 Se^{2-}）、复杂的硒化物（阴离子呈 Se_2^{2-}）和硒盐（硒与半金属元素结合成络阴离子团，再与金属离子结合）3 种类型。硒很容易进入硫化物的结晶格架，只有在硫化物含量明显降低的情况下，才较稀少地形成硒的独立矿物。最富含硒的矿物是镍、钴、铜的某些硫化物和铅、铋的某些硫盐，含硒较少的是磁黄铁矿和闪锌矿。硒与同族元素硫的理化性质非常相似，二者的地球化学参数接近，完全呈非金属性，二者形成广泛的类质同象关系。

土壤中的硒主要来源于各种岩石矿物。地壳上几乎所有的物质中均含有一定量的硒，其丰度为 0.05～0.09mg/kg，岩石圈的平均含量为 0.14mg/kg。各母质类型中，以火山喷发物和石灰岩母质的土壤硒背景值最高；风沙母质土壤硒背景值最低，主要由于风沙中沙粒含硒矿物少，又难以风化释放，吸附作用微弱，故硒含量最低。沉积岩类型中，以石灰岩土壤的硒背景值最高，紫色砂岩的土壤最低；而各种火成岩土壤硒背景值则很相近。各母质、母岩类型土壤硒的背景值，以松散母质类型的土壤最高，其次为沉积岩，火成岩类最低。在火山喷发活动的产物中硒是典型元素，在一定的条件下能达到极高的含量。如里巴利岛的火山硫中含硒达18%，有时高达90.5%。另外，由于有机质作为还原剂易于将硒自循环水中析出，因此一般煤中硒含量很高，如我国恩施地区的石煤平均含硒329mg/kg。

人类活动，特别是工业生产中废物的排放，也是土壤硒的重要来源。向大气排放的硒大部分来自燃煤动力工业，其次为玻璃工业和矿石焙烧工业，主要由于煤和碳质页岩中含硒一般较高。大气中的硒大部分降落在工业城市附近的土壤中，因此工业燃煤是土壤中硒的主要间接来源。

我国东南沿海及长江以南的水稻土、红壤、黄壤、赤红壤和石灰土含硒量较高。北方黄土高原及其毗邻地区的风沙土、绵土、黑垆土、栗钙土和灰钙土含硒量较低。总的趋势是：东南地区各土类硒元素背景值较高，西北地区各主要土类硒元素背景值较低，形成从东北到西南地区连续的一条低硒土壤背景值带。土壤硒的含量明显受地带性因素影响，处在低纬地带的红壤、赤红壤，往往是高温、高湿气候，风化强烈，黏土矿物主要为高岭石和氧化铁、氧化铝，对硒的吸持力较强，故红壤、赤红壤硒背景值最高；而处于中纬度和高纬度地带的各土壤类型，因热量、雨量渐减，风化作用减弱，高岭石逐渐减少，蛭石和蒙脱石逐渐增加，而二者吸附硒的能力小，故这两个土类硒背景值低。

硒自固结的岩石圈经风化作用释放，绝大部分首先参与土壤中的各种过程，再进入生物圈、大气圈和水圈；部分硒最终进入海洋中，沉积固结成岩而进入岩石→土壤→岩石的地质大循环。而硒在此基础上也进行了土壤→植物→动物间的循环，其中生物发挥了巨大的作用。首先，硒从地壳深处的含硒矿物，逐渐转移到地壳表层的土壤之中，并从无机硒向有机硒转化，最终以各种形态的硒富集在土壤表层。其次，硒从土壤向其他自然体迁移转化的过程，土壤微生物将土壤中生物有机残体和腐殖质的含硒有机化合物和部分无机硒，部分转化为气态硒逸入大气，部分转化为水溶性硒进入江、河、湖、海等水体，而大部分又为生物吸收进入硒的再循环。可见，生物既是土壤硒富集的主要参与者，又为其本身对硒的重新利用和硒的再循环创造了条件。

（二）硒在土壤中的形态和迁移转化

土壤中硒有多种价态，包括单质态硒、硒化物、亚硒酸盐、硒酸盐、有机态硒和挥发态硒等。硒的化合形态对人的毒性最强，其中以亚硒酸盐最大，其次为硒酸盐，单质硒毒性最小。一般来说，单质硒在土壤中含量极低，很不活泼，不溶于水，植物难以吸收。而土壤中的亚硒酸盐和硒酸盐，经细菌、真菌等微生物和藻类的还原作用也可形成单质态硒。硒化物大多难溶于水，是普遍存在于半干旱地区土壤中的形态，由于其难溶于水，植物难以吸收。硒酸盐是硒的最高氧化态化合物，可溶于水，能被植物吸收。通常在干旱、通气或在碱性条件下，土壤水溶性硒多为硒酸盐形态，而在中性、酸性土壤中，硒酸盐则很少。亚硒酸盐是土壤中硒的主要形态，约占40%以上，也是植物吸收土壤无机硒的主要形态。有机态硒化物在土壤硒中占有相当大的比例，主要来自生物体的分解产物及其合成物，是土壤有效硒的主要来源。其中，与胡敏酸络合的硒为不溶态，植物难以吸收；与富里酸络合的硒为可溶态，易为植物吸收。挥发态硒是指土壤微生物将部分无机硒和有机硒转化成气态烷基硒化物挥发而散失到大气中的硒。例如，在嫌气条件下，土壤微生物可将单质硒、亚硒酸盐、硒酸盐和硒胱氨酸转化为硒化氢，碱性条件和有碳源加入可促进气态二甲基硒化物的生成。总之，土壤中硒的各种形态在一定条件下可相互转化，从而改变土壤中硒的运动速度和方向，影响其有效性。

铁、铝、锰的氧化物及其矿物是控制我国酸性土壤硒的主要因子，钙、镁、钾的化合物及其矿物是控制碱性土壤非闭蓄性硒的主导因子，而闭蓄性硒则主要由铁、铝、锰的氧化物及其相应矿物所控制。黏土矿物中，特别是高岭石、水铝矿和氧化铁、氧化铝吸持硒的能力强，各黏土矿物吸持硒的能力，一般是氧化铁＞高岭石＞蛭石＞蒙脱石。氧化铁不仅通过表面的交换反应吸附 SeO_3^{2-}，同时 SeO_3^{2-} 还与黏土矿物分解的铁形成复合物发生沉淀反应，因而氧化铁吸持硒的能力最强。土壤有机质与土壤硒在数量上关系密切，一般土壤有机质含量高，土壤中的全硒也高，但有机质与有效硒的关系则决定于有机质分解的程度，如有机质未完全分解，可降低土壤硒的有效性。土壤的某些化学性质和组成也影响土壤中硒元素迁移转化。磷和硅不仅以络合阴离子的形式参与土壤硒的固定和影响植物对硒的吸收利用，并且以化合物或矿物的形式参与硒的循环。我国低硒带土壤中可利用态的硒主要为钙、镁、钾等的化合物或其矿物所控制。当土壤溶液呈酸性到中性时，土壤硒的有效性低，随土壤 pH 增加，硒的有效性也提高。土壤 E_h 也影响土壤硒的价态变化，在氧化条件下，单质硒或硒化物可被氧为 SeO_3^{2-} 或 SeO_4^{2-}，而有机态硒分解后产生的 H_2Se 也可经氧化而成 SeO_3^{2-} 或 SeO_4^{2-}，从而提高土壤硒的有效性；在还原条件下，嫌气微生物可使氧化态的硒还原为硒化物，使硒的有效性降低。

（三）土壤硒的生物效应

硒是人体和动物必需的营养元素，一旦缺乏容易使人体引起病症。但硒的作用范围很窄，过量的硒易引起中毒。我国规定饮用水及地面水中硒含量不得超过 0.010mg/L，动物饲料中含量不得超过 3mg/kg。在土壤硒高背景值区，人体吸收硒过量而中毒的现象较为常见。我国湖北恩施地区曾发生硒中毒，以青壮年发病最多，病情最重的村庄发病率达 83%，中毒症状是脱发、脱甲，部分病人出现皮肤症状，重病区少数病人出现神经症状，可能还有牙齿损害。硒中毒流行高峰期，估计每人每日摄入硒达 30mg，高峰年后病区调查，每人每日摄入量 3.2～6.0mg，平均 4.09mg。土壤低硒背景值区，如我国从东北到西南的低硒土壤带，广泛发生克山病，其主要症状有心脏扩大、心功能失代偿、心源性休克或心力衰竭、心律失常、心动过速或过缓，其特点是发病急，死亡率高。同时，在这一低硒土壤带内，还伴有大骨节病，其症状表现为四肢关节对称性增粗、变形、屈伸困难和四肢肌肉萎缩，严重者可出现短指（趾）、短肢畸形，导致终生残废。人体摄入硒的数量，主要决定于食物的含硒量，土壤硒背景值高、发生硒中毒区，粮食、蔬菜中的含硒量远高于正常区；土壤硒背景值低、发生硒缺乏区，粮食、蔬菜中的含硒量则明显低于正常区。

马、牛、羊和猪等牲畜吸收硒过多，会出现食欲不振、停止生长、蹄变畸形、体毛脱落和关节发炎等症状，如治理不及时，终至死亡。发生急性中毒时，出现中枢神经系统损伤的各种症状，最后麻痹而死。而动物吸收硒过少则会发生发育不良，一般多发生在幼龄家畜，常见症状是四肢僵硬，肌肉无力，不愿走动或不能站立；有心肌营养不良现象，可出现突然死亡；生病的牛犊可突然发生精神沉郁和突然死亡；时间较长的可出现呼吸困难、呕吐和腹泻，还可能出现麻痹和轻瘫。

土壤中的硒一般是植物体中硒的主要来源，一般植物体的硒含量通常为 0.02～1mg/kg，但在土壤硒高背景区，植物一般含硒在 2mg/kg 以上，少数植物硒含量很高，如黄芪属植物，可积累硒到数千毫克每千克。而在土壤硒低背景区，一般植物含硒量在 0.05mg/kg

以下，国外一些地区牧草中硒含量只有 0.02mg/kg 或更低。外源硒对植物生长抑制或毒害作用很强，如盆栽试验中，播种前施 0.2～10mg/kg 的硒（硒酸钠）于土壤中，最低剂量的硒对小麦、豌豆、芥菜都表现毒害；施 5mg/kg 的硒，豇豆生长就受抑制，产量减少。

三、氰化物污染

(一) 环境中的氰化物

氰化物可区分为简单氰化物和络合氰化物。常见简单氰化物有氰化钾、氰化钠和氰化氢等。其中，氰化钠（NaCN）和氰化钾（KCN）均为白色结晶，其在湿润的空气中可以与二氧化碳作用。氰化钠和氰化钾都极易溶于水，使水呈碱性，并释出氰化氢。氰化氢（HCN）为无色气体或液体，沸点 26.1℃，极易挥发，具有苦杏仁味。当溶液中 $pH<8$ 时，氰化氢大量解离。

络合氰化物有 $[Zn(CN)_4]^{2-}$、$[Cd(CN)_4]^{2-}$、$[Ag(CN)_2]^{-}$、$[Ni(CN)_4]^{2-}$、$[Cu(CN)_4]^{2-}$、$[Co(CN)_6]^{3-}$、$[Fe(CN)_6]^{3-}$ 和 $[Fe(CN)_6]^{4-}$ 等，它们的毒性比简单氰化物小，但不同的络合氰化物在环境中的稳定性不尽相同，且受 pH、气温和光照等因素影响而离解为毒性强的简单氰化物。例如，在 pH5 左右，温度接近 40℃时，锌氰络合物可以完全离解成 CN^-。曾有报道，即使较为稳定的铁氰络合物，在阳光曝晒下，亦可离解而释放出简单氰化物。

环境中氰化物往往是人类活动所引起。其主要来源于工业企业排放含氰废水（如电镀废水、焦炉和高炉的煤气洗涤与冷却水、某些选矿废水和化工废水、有机玻璃制造业的废水、农药等工业的废水），常见的污染来源列于表 3-2。

表 3-2 含氰化物的一些主要工业污染源

污染源	并存污染物	备注
有色选矿、冶炼	黄药、各种金属离子、硫化物、硫化氢等	加入氰化物作为抑制剂及分离剂，钼、铅、锌矿浮选排水含氰化物 4～10mg/L，黄金选矿厂废液可含氰化物达数千毫克每升
铁合金淬火	我国淬火剂为大量氰化钾与亚硝酸钠，国外使用氰化物加碳酸钠和氯化钠	间断性排放冲击性高浓度氰化物，有时可达 80～120mg/L
电镀淋洗排水、电解作业、金属着色	不同类型车间含有不同金属（铜、锌、铬、镍、银、金等）、酸、碳酸盐、有机物、电解产生过氧化氢	可能有铜、锌氰络合物协同效应的毒性，含氰化物在 25～500mg/L
炼焦厂、煤气厂、火力发电、水幕除尘废水	焦油、酚、甲醛、二甲苯等有机物以及硫化物、碳酸盐、亚硫酸盐等和少量金属离子	炼焦厂废水含硫氰酸盐 500mg/L 左右，水幕除尘含氰化物 30mg/L 左右，含大量碳酸盐的废水不能用氢氧化钠固定，而要用氢氧化钙
化工化肥、制药厂维生素、咖啡因车间、农药厂杀虫剂车间	酚类、各种有机物	
照相制版、电影洗片厂	铁氰络合物、海波、亚硫酸盐、米吐尔等	在阳光照射的明沟中，铁氰化物将分解为氰化物
石油化工、塑料纤维素，合成有机玻璃等	硫化物、甲醛、油脂、肼、亚硝酸盐、各种有机物	每生产 1t 丙烯腈，排出废水含 110～120kg 氰化物，每生产 1t 乙腈排出 50～100kg 氰化物

（二）氰化物的形态及迁移转化

氰化物在环境中的稳定性变化很大，取决于其化学形态、浓度、温度及其他化学成分的特性。当环境呈酸性，且充分曝气时，大部分氢氰酸呈气态转入大气中。

氰离子与溶液中二氧化碳作用，可生成气态氢氰酸：$CN^- + CO_2 + H_2O \longrightarrow HCN\uparrow + HCO_3^-$，这部分占90%；另一部分在微生物的参与下，氧化分解生成铵离子与碳酸根，这种自净能力只占10%。且这种氧化过程，需要pH>7，并与氧气、温度等因素有关。

在较高温度和光照的条件下，亚铁氰物可分解生成氢氰酸。先是亚铁氰化物被氧化成高铁氰化物，然后再转化为氢氧化铁和可溶性的单纯氰化物与氢氰酸的混合物，反应式为

$$4Fe(CN)_6^{4-} + O_2 + 2H_2O = 4Fe(CN)_6^{3-} + 4OH^-$$

$$4Fe(CN)_6^{3-} + 12H_2O = 4Fe(OH)_3\downarrow + 12HCN + 12CN^-$$

总反应式为

$$4Fe(CN)_6^{4-} + O_2 + 10H_2O = 4Fe(OH)_3\downarrow + 8HCN + 16CN^-$$

实验表明，当起始的亚铁氰化物的浓度为56mg/L时，单纯氰化物可达0.4mg/L，这个数字超出了允许的水平，从而意味着含铁氰化物在某些条件下，也可能造成毒害。

微生物可以从氰中取得碳、氮养料，有的微生物甚至以它作为唯一的碳源和氮源。分解氰化物的微生物有：诺卡氏菌、腐皮镰霉、木霉和假单胞菌等。

氰化物的分解机理为：

$$HCN \xrightarrow[\text{（甲酰胺）}]{H_2O} HCONH_2 \xrightarrow{H_2O} HCOOH + NH_3$$

$$HCOOH \xrightarrow{\text{（进一步氧化）}} CO_2$$

（三）氰化物的生物效应

氰化物进入胃内，可解离成氢氰酸，迅速吸收到血液中。在血液中，氢氰酸可以立即直接与红细胞中的细胞色素氧化酶相结合，阻碍其细胞色素氧化酶Fe^{3+}被还原为Fe^{2+}，因而使生物体内的氧化还原反应不能进行，造成细胞窒息、组织缺氧。

由于中枢神经系统对缺氧特别敏感，也由于氰化物在类脂中的溶解度比较大，所以中枢神经系统首先受到危害，尤其是呼吸中枢更为敏感。呼吸衰竭乃是氰化物急性中毒致死的主要原因。氰化物慢性中毒的现象极为罕见，发生慢性中毒的病人有头痛、呕吐、头晕和甲状腺肿大等症状。长期接触，则发生帕金森氏综合征，这是由于病人的神经系统受损所致。

氰化物对鱼类有很大的毒性，表3-3所列为从各种资料中汇集的对鱼类的急性毒性报告。

影响氰化物对鱼类的毒性作用的因素包括鱼种、鱼龄、水温、溶液氧、pH和中毒时间长短等。

当使用含氰量很高的水灌田时（有的含氰可高达每升数十乃至数百毫克），其对农作物的生长及收成没有明显的不良影响，但灌区的农作物含氰量却增加。虽然未超过有关粮食中氰化物所规定标准，如果人们长期食用这种含氰的粮食和蔬菜，会引起慢性氰化物中毒。

表 3-3　氰化物对鱼类急性毒性试验结果

鱼的种类	观察指标	氰化物浓度（mg/L）	鱼的种类	观察指标	氰化物浓度（mg/L）
鲢	安全浓度	0.32	鲦	最小致死量（4d）	0.2
鲫和草鱼	致死量	0.15～0.2	河鳟	死亡（5～6d）	0.05
鲫	最小致死量	0.2	鳟	死亡（5d）	0.05
鲃	半数致死量	0.39	虹鳟	中毒（翻肚，3d）	0.07
白扬鱼	最小致死量（4d）	0.06	大翻车鱼	存活（4d）	0.40

四、硼 污 染

（一）环境中的硼

土壤中的硼主要来自成土母质、母岩。火成岩中，从超基性岩、基性岩到中性岩和酸性岩，硼的含量不断增加。由于硼及其化合物的可溶性，海水容易富集硼，故海相沉积物中含硼较多，其形成的岩石硼含量可高达 500mg/kg 或更高。页岩中的硼以钙镁的硼酸盐或铁铝的化合物等形态存在，与电气石相比，易于溶解，对植物的有效性较高。石灰岩中硼含量较低，且还随岩石形成时代变新而降低。我国土壤硼背景值为 1.0～768.6mg/kg，一般为 9.9～151.3mg/kg。缺硼土壤主要分布在东部地区，发育于花岗岩和其他酸性火成岩、片麻岩和砂岩等成土母质的砖红壤、赤红壤、黄壤及四川成都平原广泛分布的紫色土，不论是全硼还是水溶态硼含量都偏低。黄土和黄河冲积物发育的土壤，包括绵土、 土、潮土全硼含量中等，但所含的硼主要存在于电气石中，不容易风化释出，故水溶态硼含量较低。

农田施用硼肥是土壤硼增加的人为来源。最常用的硼肥是硼砂（含硼 11%）、四硼酸钠（含硼 14%）和硼酸（含硼 17%）。城市污泥使用是土壤硼的另一来源。由于硼酸和过硼酸盐具有缓冲、软化和漂白作用，因此被广泛应用于洗涤剂等制造业，这些硼最终会进入废水和污泥中。硼通常有向污泥中富集的趋势，然而当污泥施入土壤时，硼一般不会在植物组织中大量累积。

煤类农用是土壤中硼的又一来源。煤中富含硼，一般为 50mg/kg，褐煤可高达 500mg/kg。煤燃烧后形成的煤渣、飞灰和烟中有高浓度的硼，其平均浓度克拉克值大于 100，丰度为 10～600mg/kg。因此，飞灰农用既可改良土壤结构，又可提供各种养分。

硼参与地质大循环。矿物风化释出的硼最初以硼酸或硼酸盐的形态进入土壤，部分为土壤动物和微生物吸收，成为其有机体的结构成分。部分则为土壤铁铝氧化物、黏土矿物和有机质吸附固定，或者与硼离子的沉淀剂钙镁离子形成低溶解度的硼酸钙镁。还有部分随含有硫酸盐或氯化物的河水流入海洋。

（二）土壤中硼的形态和迁移转化

土壤中硼分为水溶态硼、有机态硼、吸附态硼和矿物晶格态硼 4 部分。水溶态硼包括土壤溶液中的硼酸和各种可溶于水的硼酸盐，如 BO_2^-、$B_4O_7^{2-}$、BO_3^- 和 B $(OH)_4^-$，平均含量为 0.1～2mg/kg，一般占土壤全硼的 0.1%～5%，因土壤类型而异，干旱和半干旱地区土壤水溶态硼高达 20mg/kg，占全硼的 5%～16%，在高盐化地区的土壤甚至可达 80%。含硼矿物风化后，硼以硼酸根阴离子 $H_2BO_3^-$ 或未游离的硼酸分子 $B(OH)_3$ 进入土壤溶液。盐土的水溶态硼含量很高，占全硼的比例也大。而湿润多雨地区水溶态硼含量较低，占土壤全硼的比例也小。硼酸在土壤中、土壤溶液中的活性受几种竞争反应的暂时性平衡所控制，这些反应包括表面交换、专性键合、晶格渗透、沉淀反应和硼复合体的形成。在酸性土壤溶液中，硼的主要形态是 $B(OH)_3$，其次为 $B(OH)_4^-$。$H_2BO_3^-$ 和 $B_4O_7^{2-}$ 只存在于 pH>7 的土壤溶液中。在 pH>9.2 的碱性土壤，硼以 $B(OH)_4^-$ 为主。水溶态硼含量与 pH、有机质和质地等有关。当 pH 升高时，水溶态硼减少，但是，干旱地区的土壤，特别是盐碱土，尽管 pH 较高，但是由于雨量少，淋溶作用弱，水溶态硼往往很高。

土壤有机质络合或吸附的硼量随土壤有机质同步增长，硼对 α-羟基脂肪酸和芳香族化合物的邻位二羟基衍生物具有亲和力，有机质结合硼量与其二醇基密切相关。硼可与糖（如微生物分解土壤多糖产物、甘露醇及多元醇）结合成稳定的化合物，也可与有机酸络合成含有 2 个羟基的化合物，经微生物分解这种形态的硼后，方能为植物吸收利用。可见，微生物对有机态硼的有效化起着十分重要的作用。

吸附态硼系指黏土矿物、铁铝氧化物和有机质表面吸附或共沉淀的硼。土壤对硼吸附的机理包括以下几种：阴离子交换、硼酸与氧化物共沉淀、硼酸离子或分子的吸附、与有机质络合。土壤吸附硼的主要位置有：无定形和晶形氧化物（如三水铝石）、黏土矿物（特别是云母类物质）、氢氧化镁和有机质。对层状硅酸盐而言，硼的吸附主要归功于其表面包被的氧化物而不是 Si-O 键或 Al-O 键。对于纯黏土矿物，硼的吸附发生在黏粒破损的边缘而不是层面。

土壤中的黏土矿物或多或少含有硼，如云母、伊利石和海洛石的含硼量为 100～200mg/kg，蒙脱石和高岭石含硼量为 21～35mg/kg。硼能够替代黏土矿物晶格中的 Al^{3+} 或 Si^{4+} 而进入硅酸盐矿物，因此土壤中含有许多种含硼硅酸盐矿物，其中最重要的当算电气石和斧石。但是由于硼与铝离子半径间的差异较大，因此当硼替代铝后，硅酸盐矿物不如原来的矿物稳定。硅酸盐晶格中的硼不易释放出来，是植物无效态硼，此种硼在土壤中占有很大比例。

土壤中硼的可给性与土壤 pH 有关。在 pH 3～5 时氢氧化铝吸硼量显著提高，pH 9～11 时明显下降，pH 6～9 时逐渐降低，在 pH 6～7 时达到峰值。这种变化规律主要是由于固相表面的 OH^- 量随 pH 变化所致。低 pH 时，固体表面质子程度低，吸硼量较少。随着 pH 升高，质子化程度不断提高，而此时 OH^- 浓度仍然较低，故吸硼量迅速增加。有机质最大吸硼量出现在 pH 6～8 之间，pH<6 时，pH 对有机质吸附硼的影响甚小。由此可见，土壤最大吸附硼的 pH 一般出现在 7～11 之间。土壤供给植物硼的最佳 pH 是 4.7～6.3，植物缺硼往往出现在 pH>7.0 的碱性土壤上。

土壤中铁氧化物、铝氧化物和镁氧化物吸附硼的能力很强。新鲜的铁铝氧化物能够吸附大量的硼，这种效应随 pH 升高而增强。氧化物中水化氧化铝的吸附量大于氧化铁，两者最大吸硼分别出现在 pH 7.0 和 pH 8.5。pH>8 或 9 时，由于 OH^- 的竞争或者水化氧化物带负电荷与硼酸离子相斥或者吸附剂——氧化物发生溶解（如 Al^{3+} 的形成），都将降低硼的吸附。黏土矿物对硼的吸附能力大小次序为：伊利石>蒙脱石>高岭石。在同一浓度的溶液中，各种黏土矿物对硼的吸附容量为：伊利石 20～40mg/kg，高岭石 4.5mg/kg，蒙脱石 3.3mg/kg。黏土矿物颗粒越细，暴露的边角就越多，所吸附的硼量就越高。黏土矿物吸附硼量比铁铝氧化物小得多，即氢氧化铝的 OH^- 和硼酸分子或离子的亲和力远大于黏土矿物的 OH^-。

硼是微量元素中移动性最大的元素。硼在土壤剖面中的分布常随着有机质的分布而变化，腐殖质多的表层土中含硼量亦多。60cm 以下土壤与上层相比，硼丰度下降 32%。

（三）土壤硼的生物效应

硼过量时，反刍动物瘤胃内纤毛虫数迅速减少，活动性减弱，同时瘤胃代谢紊乱，胃蛋白酶和胰蛋白酶的活性降低，影响蛋白质的消化，产生有毒的腐败产物。胃肠运动机能紊乱。肠内血液循环障碍，继发瘀血性充血，进而发生肠炎。病畜便秘与腹泻交替发生，尿中混有黏液和血液，咳嗽，呼吸困难，严重时出现持续性腹泻，渐进性脱水，腹围紧缩，两侧腹壁塌陷，拱背。

一般以 15mg/kg 作为植物缺硼的临界值，典型的缺硼症状是顶端生长受阻，侧芽繁茂呈纵枝或簇状，植株生长畸形；开花结实不正常，花粉畸形，蕾、花和子房易脱落；严重时见蕾不见花不见果，即便有果也是阴荚秕粒多，花期延长；叶片变厚、畸形和变脆，叶柄和茎秆上部变粗、破裂、储藏组织退色、腐烂。果树缺硼时，水果畸形、失色。油菜缺硼时，心叶卷曲，叶肉变厚，茎有褐色的坏死斑，根呈黄褐色，细根少，主根肿大，生长点死亡，花少、易脱落，花序早衰，结实少或不结实。小麦缺硼时，雄蕊发育不良，花药瘦小、空瘪、开裂而无法散粉，花粉少且畸形、不饱满，子房横向膨胀、不能受精。

当植物硼含量大于 200mg/kg，就会出现硼中毒的症状。小麦硼中毒时叶片首先出现失绿，随后叶缘和叶尖逐渐变黄、环死，生长点呈烧焦状，茎生长受阻，花衰败，根生长减弱，有时叶脉出现失绿。急性硼中毒导致落叶，植物最终死亡。不同植物对硼的耐受能力有明显差异，水稻为 100mg/kg，葡萄为 135～376mg/kg，大麦为 219～1 111mg/kg，玉米为 1 007～4 800mg/kg，棉花为 140mg/kg。高耐硼植物能把潜在毒性的硼限制在植物的特定部位，如茎秆部分。

第三节　土壤放射性物质污染

一、放射性污染物概述

放射性铀最早由法国科学家贝克勒尔于 1886 年发现，随后几年中一些科学家又陆续发现了其他天然放射性核素。地球上放射性主要有两个来源：天然的和人工的。天然放射性核素（如 ^{40}K、^{232}Th、^{235}U 和 ^{238}U）在地球形成时就已存在，形成土壤放射性的本底值，这些天然放射性核素所造成的人体内照射剂量和外照射剂量都很低，对人类的生活没有表现出什么不良影响。但是，随着核裂变的研究，核能已日益成为世界上许多国家的主要能源之一；同时，核技术也在放射示踪和核医学等领域中发挥重要作用。和其他各种能源一样，核能的利用不可避免地给环境带来一定的负面影响。核武器试验的落下灰、核电站事故和正常废物的排放、在核爆炸时放射性物质向周边的扩散，均给环境中注入了大量的人工放射性核素。大量天然和人工放射性核素释放到地球表层对环境产生辐射污染。

1986 年，前苏联切尔诺贝利核电站发生的核泄漏是人类社会遭遇到的最严重的环境核灾难，造成了严重的环境问题。目前，世界各地中高放射性核废料的处理仍然是一个悬而未决的问题。环境中主要的放射性核素如表 3-4 所示。

表 3-4 环境中主要的放射性核素

来 源	放射性核素	半衰期［a (d)］	射线类型
天然、人工	^{3}H	12.28	β
天然	^{7}Be	53.44 (d)	β、γ
天然、人工	^{14}C	5 730	β
天然	^{40}K	1.28×10^{9}	β、γ
天然	^{87}Rb	4.73×10^{10}	β
天然	^{210}Pb	22.3	β、γ
天然	^{226}Ra	1 600	α
天然	^{230}Th	7.7×10^{4}	α
天然	^{234}U	2.45×10^{5}	α
天然	^{238}U	4.47×10^{10}	α
人工	^{60}Co	5.27	β、γ
人工	^{63}Ni	100	β
人工	^{99}Sr	2.86×10^{5}	β
人工	^{99}Tc	2.13×10^{5}	β
人工	^{129}I	1.57×10^{7}	β
人工	^{134}Cs	2.06	β、γ
人工	^{137}Cs	30.2	β、γ
人工	^{238}Pu	87.75	α
人工	^{239}Pu	24 131	α
人工	^{241}Am	432.2	α

核事故产生的放射性核素有许多种，它们的生物效应有很大差异。在生物循环中对动物、植物和人体有威胁的主要是长寿命的^{90}Sr和^{137}Cs两种放射性核素，它们的半衰期分别为 28 年和 30 年。^{90}Sr在衰变时人发出β射线，而^{137}Cs在衰变时发射γ射线。^{90}Sr在元素周期表中为第二族元素，与生物必需元素钙处在同一族中，容易参加生物循环。而且^{90}Sr的核裂变产额高，通常占原子弹爆炸时产生的裂变产物的 10%～20%。^{137}Cs的化学性质与钾相似，往往与钾一起参加生物循环，并最后进入人体。^{137}Cs进入动物和人体后很容易被吸收，并广泛分布在肌肉中。

二、土壤放射性污染物的迁移转化

放射性核素在土壤中的迁移是影响核素在土壤-植物系统中的去向、对环境造成长期影响的主要因子。放射性核素在土壤中的移动性主要决定于核素与土壤组成成分的相互作用，如黏土矿物、有机质和微生物。核素在土壤中的化学反应主要有：配位沉淀、氧化还原和吸附（固定）解吸等。铯容易被非膨胀性层状硅酸盐吸附，如伊利石和云母，2：1 型黏土矿物的破损边缘组织对铯有较强的专性吸附。矿质土壤对铯的固定通常比有机质土壤快，但是土壤对铯真正的固定能力却不仅取决于非膨胀性层状硅酸盐含量，还与土壤钾素状况有关，因为钾可以诱导矿物层间的塌陷，从而将铯固定在黏土矿物中。

核素可以通过与土壤胶体的结合而一起移动，过滤核弹试区地下水（即去除水中的胶体）可以明显降低水溶液中的放射性，其中铕（Eu）和钚（Pu）的去除率达 99%，钴（Co）的去除率达 91%，铯（Cs）的去除率达 95%。

在通常情况下，沉降在土壤中的放射性落下灰绝大部分都是在土壤表层。落在土壤中的^{90}Sr是带正电的阳离子，它在土壤、植物中的行为与营养元素钙的行为相似。^{90}Sr在土壤中的活动性很大，吸附和解吸附都比较容易，它在土壤中主要是参加离子代换吸附过程，因此在很大程度上与土壤的吸收容量、盐基饱和度、阳离子组成等有关。在土壤中，代换性形态的^{90}Sr占土壤中^{90}Sr总量的 55%以上。在栽培小麦的土壤中，有 22%左右的^{90}Sr会随着灌水由土壤表层向下层移动。

^{90}Sr在各层土壤中的活度是较为均匀地降低的，它在土壤中的移动性主要是靠代换反应。首先被上层的非放射性土壤吸附，然后被解吸入溶液，又重新被下一层非放射性土壤吸附，再解吸下来。这种吸附→解吸→再吸附的结果，使^{90}Sr沿土柱的分布比较均匀。用硝酸钙溶液解吸时发现，^{90}Sr很容易被解吸下来。

^{137}Cs则主要集中的土壤表层，在土壤中的移动性很小，吸附非常牢固，虽然一部分也参加离子代换吸收过程，但一部分则被土壤牢牢地固定着，很难用中性盐溶液等把它解吸出来。20 世纪 50～60 年代，大约 500 次原子弹、氢弹大气层试验，沉积的^{137}Cs每年只向下移动几毫米。当把相当于 120 个土柱孔体积的^{137}Cs溶液通过土柱后，滤液的^{137}Cs活度仅为原液活度的 0.4%，即 99.6%的^{137}Cs都被土柱吸附。^{137}Cs在这种条件下表现为完全不解吸。在相同的试验条件下，当^{90}Sr向下层土壤移动的比例达到 22%时，仅有 1%的^{137}Cs随灌水向下层土壤移动，这表明^{137}Cs的活动性比^{90}Sr要小得多。同样，土壤中代换性^{137}Cs所占比例也比^{90}Sr小得多，它仅占土壤中^{137}Cs总量的 2.8%左右。

三、土壤放射性污染物的生物效应

放射性核素对生物体的毒性既有化学的，又有放射性的，因为环境中放射性核素的物理浓度通常较低，故其化学毒性并不重要。而离子化辐射则是放射性核素的主要毒性，即放射性毒性。用来评价放射性核素辐射污染的指标主要有放射性物质总量、放射性核素的物理半衰期、放射性核素射线的能量、吸收剂量或有效剂量。

当一个生物体系受到内部或外部放射性的辐照后，生物体内可产生自由基或其他活性分子。这些化学产物继而可以和细胞中重要的分子发生反应而对生物体的正常功能和活性产生不良作用。电离辐射的影响大概包括生长发育和生殖的异常、遗传变异、生命周期缩短、癌变等，辐射剂量过大时可以导致死亡。

在大剂量的电离辐射的作用后，经一定潜伏期后各种组织会出现肿瘤。一般肿瘤发病率随剂量率或累积剂量的增加而增加。人体遭到电离辐射的长期作用也发生肿瘤或白血病。在人群中，对广岛和长崎原子弹受害者、用 X 射线治疗的病人、受职业性照射的工人和母亲受照射的胎儿等观察发现，白血病的发病率随着照射剂量的增加而增加，如表 3-5 所示。

根据组织剂量估计，全身照射 1×10^{-2} Sv（希），7～13 年间可使每 100 万人中发生 15～40 个白血病病人。由于体内蓄积放射性物质，提取 3.7×10^{4} Bq 镭，每 100 万人中每年可发生 22～33 个骨肿瘤病人。

表 3-5　广岛、长崎原子弹辐射的幸存者恶性肿瘤发病率（1957—1959 年）

距离爆炸中心（m）	辐照剂量（$\times10^{-2}$Sv）	发病率（每万人发病人数）	
		白血病	其他癌症
<1 500	≥80	53	338
1 500～2 499	1～80	9	285
>2 500	≤1	8	262
市外	0	0	262

放射污染对胚胎的效应取决于胚胎的发育阶段。家鼠妊娠的最初 2d，对放射污染最敏感，极易使胚胎死亡。在器官形成期，即家鼠纤维第 7～13 天（相当于妇女妊娠 2～6 星期）受到照射时，新生胎儿更容易死亡和出现畸形。妊娠后期，胎儿对电离辐射的抵抗力增强，要使致畸形或死亡需大剂量，在此剂量下母体也会死亡。由于妊娠初期，照射母体对胎儿影响特别明显，国际放射性防护委员会建议，对妊娠妇女限制照射骨盆部位。

放射污染不仅能够诱发癌症，而且还破坏非特异性免疫机制，降低机体的防御能力，增加毛细血管、黏膜、皮肤和其他防御屏障的通透性，易并发感染，缩短寿命，导致死亡。这种现象已从用 2Sv 照射家鼠的急性试验中得到证明，小剂量长期作用也能加速衰老而缩短寿命。

生殖细胞受到射线照射后，基因可产生偶然性的变化，这种现象称为突变。突变不能恢复，以完全相同的复制手段遗传给后代。突变的发生率（突变率）随某种化学或物理因素的增加而增高。试验表明，放射污染具有提高突变频率的作用，生殖细胞照射的总剂量与诱发基因突变率之间呈直线关系。

在核爆炸和核事故中产生的放射性微尘沉降在植物的表面，植物可以通过根外器官吸收其中的放射性核素，并随植株体内的物质运输一起把这些放射性核素转移到植株没有直接受污染的部位，造成农作物的放射性污染。植物对于不同核素的吸收有很大区别，并且植物的生育期也是影响植物吸收放射性核素的重要因素。植物对 ^{90}Sr 的吸收及在体内的转移较少，油菜对 ^{90}Sr 的吸收仅占施入量的 0.41%。植物对放射性核素的吸收与污染发生时的生育期有很大关系，若污染的发生在小麦拔节期，小麦对 ^{137}Cs 的吸收占施入量的 38.1%；而孕穗期的小麦对 ^{137}Cs 的吸收要比拔节期吸收量大得多，其吸收量占施入量的 86.5%；成熟期小麦子粒中的污染水平要比拔节期的小麦高 3 倍。上述情况说明，发生在谷类作物生长后期的放射性沉降污染，对谷物的污染及对人类的危害比在作物生长前期发生的污染所造成的危害要大。

在核事故或者核爆炸的初期，污染植物通过根系吸收人工放射性核素的量并不大，大部分放射性物质都集中在土壤表面 0～1.5cm 的土层中。随着雨水、灌溉等的淋洗，少量的放射性物质逐渐下渗到根系密集的土层中，植物所受的污染随之增大。土壤中的 ^{90}Sr 和 ^{137}Cs 被植物吸收以后，在植株中的分配规律不同，^{90}Sr 在植株中的分配规律与钙相似，它主要积累在植物营养器官中，在叶片中是按叶序自上而下逐渐增加，基部老叶中 ^{90}Sr 的比活度要比顶叶高得多。^{90}Sr 在小麦植株地上部的分配是叶＞茎＞颖壳＞子粒。而^{137}Cs 的分配规律与钾相似，主要分配在植株幼茎、幼叶和繁殖器官中。春小麦穗部^{137}Cs 的积累约占植株地上部总量的 57%，叶占 31%，茎占 12%。在小麦穗部，^{137}Cs 主要积累在颖壳中，子粒中占的比例较少。

不同的作物对放射性核素的吸收积累能力区别很大。比较不同的植物在相同的条件下对^{90}Sr 的吸收可以发现，不同种类的植物对^{90}Sr 的吸收和积累的能力有很大的差异。从表3-6 中可以看到，葫芦科作物对^{90}Sr 具有很高的浓集能力，可以大量地吸收土壤中的^{90}Sr。酸性土壤中，^{90}Sr 在土壤-西葫芦系统中的转移系数还要高一些，可以达到 16.8。不同科的植物对^{90}Sr 的浓集能力依次排列为葫芦科＞荨麻科＞苋科＞茄科＞桑科＞豆科＞禾本科。在相同条件下，^{137}Cs 从土壤到植物的转移系数要比^{90}Sr 小得多。在北京褐土上种植春小麦，获得^{137}Cs 从土壤到春小麦的转移系数为 0.05，比^{90}Sr 从土壤到禾本科的转移系数（1.2）低两个数量级。^{137}Cs 在土壤与不同科植物系统中的转移系数依次排列为：十字花科＞葫芦科＞藜科＞菊科＞茄科＞豆科＞禾本科。

表 3-6　^{90}Sr 在褐土-植物的转移系数

植物名称	科　别	转移系数
春小麦	禾本科	1.2
柽　麻	豆　科	5.6
野大麻	桑　科	6.8
茄　子	茄　科	6.9
向日葵	菊　科	7.2
红苋菜	苋　科	9.3
猪毛菜	藜　科	9.4
苎　麻	荨麻科	9.6
黄　瓜	葫芦科	13.7
西葫芦	葫芦科	14

根系对核素的吸收主要与土壤溶液该核素的浓度、土壤溶液化学组成和植物的富集能力直接有关。钾可以有效地竞争根表面的铯离子吸附位，因此增加溶液中钾离子的浓度可以有效地降低植物对铯的吸收。增加土壤溶液中 NO_3^- 的浓度可以降低菠菜叶片中$^{99}TcO_4^-$ 的浓度。这种抑制作用很可能与 NO_3^- 和$^{99}TcO_4^-$ 之间在根系吸收过程中的竞争作用有关。土壤溶液中的磷酸根可以有效地抑制植物对铀的吸收。溶液中铀的形态主要受 pH 影响，而铀形态对植物吸收有很大的关系。在 pH 5 时，UO_2^{2+} 是主要形态，这一形态的铀易被植物吸收；当 $pH<5$ 时，土壤中铀的生物有效性非常低，很难为植物所吸收。

第四节　土壤稀土污染

一、稀土污染物概述

稀土元素（REE）是 15 个镧系元素（Ln）和钪（Sc）、钇（Y）的总称，镧系元素包括镧（La）、铈（Ce）、镨（Pr）、钕（Nd）、钷（Pm）、钐（Sm）、铕（Eu）、钆（Gd）、铽（Tb）、镝（Dy）、钬（Ho）、铒（Er）、铥（Tm）、镱（Yb）和镥（Lu）。根据稀土元素在岩石和矿物中的共生情况，将它们分为轻稀土（铈组，含 La、Ce、Pr、Nd、Pm、Sm 和 Eu）和重稀土（钇组，含 Gd、Tb、Dy、Ho、Er、Tm、Yb 和 Lu），人们曾认为钷是自然界中不存在的人造元素，但后来已在高品位的天然铀矿中发现有低含量钷存在。

随着稀土在农业（稀土微肥、饲料添加剂）、工业（各种稀土工业材料、稀土添加剂等）及现代生物医学上的广泛应用，稀土元素将不可避免地通过各种途径进入生物圈，进而影响人体。20 世纪 70 年代我国开始进行稀土农用，从此大量外源稀土被引入到环境中，这无疑使很多原来在地壳中处于相对稳定态的稀土变成易被生物利用的可溶态稀土。由于稀土对人或动物的致癌、致畸、致突变情况目前尚无定论，以及稀土元素对蛋白质、酶的作用和影响等，因而稀土农用的成就和它带来的对环境问题的担忧，都同样令人瞩目。20 世纪 90 年代下叶，稀土农用由叶面喷施方式逐渐转为以复合肥方式直接土施，稀土单位面积用量比喷施增加了 1～3 倍，如此大量的稀土进入土壤，增加了稀土的环境压力。

二、稀土的农牧业利用

稀土作为良好的调节剂，可以提高植物生理活性。目前应用稀土作为农用化肥主要有：稀土碳铵多元复合肥、稀土有机肥、稀土药肥、稀土抗旱保水剂（旱地宝）和稀土种子包衣剂等多种。施用稀土化肥能够提高作物产量，在我国农业生产中已大面积推广，目前我国农田施用稀土的面积已达每年 3.3×10^{6}～4.7×10^{6} hm^{2}（5 000 万～7 000 万亩），为国家增产粮、棉、豆、油等 6×10^{8}～8×10^{8}kg，直接经济效益为 10 亿～15 亿元，年消费稀土 1 100～1 200t。除此之外，在动物养殖方面，稀土作为一种很好的生理激活剂，能促进动物食入营养物质的充分利用和吸收，在生物体内能起到多种调节作用，通过使用稀土饲料添加剂，可以提高养殖对象的存活率，增强体态，增产和改善产品品质，从而提高畜牧养殖的水平。随着稀土产品不断地与高科技相结合，“稀土转光膜技术”的产生和应用推广，有效地解决了紫外线抑制植物生长的这一疑难问题。由此可见，稀土在农业中的广泛应用，对农业生产发挥了积极作用。

三、稀土在土壤中的迁移转化

土壤中稀土离子的迁移是指离子在土壤和胶体体系中的动态扩散，它主要受到土壤中氧化还原电位（E_h）和 pH 的影响。此外，稀土在土壤中的迁移还与化学反应有关，当土壤中存在 F^-、CO_3^{2-}、HCO_3^-、Ac^- 等阴离子时，稀土与之发生化学反应形成配合物而产生迁移。研究表明，重稀土的配合能力大于轻稀土，因此重稀土在土壤中易淋失而轻稀土易产生沉积，土体中的轻稀土和重稀土便产生了分馏现象。在酸性条件下，稀土可随铁和锰迁移，并且解析速率和扩散程度明显加快，从而加大了稀土向土壤剖面深层迁移，很容易造成土壤的污染以及地下水的污染。

在一定条件下，Ce^{3+} 在各种土壤中的扩散系数随着土壤水分含量的增加而升高；但是当土壤水分含量大于土壤饱和持水量时，离子的扩散系数反而降低。同时，随着土壤温度的不断升高，Ce^{3+}的浓度和扩散浓度的梯度也会提高，因此各种土壤中的扩散系数逐渐增大。由于各种土壤的移动性与土壤本身的理化性质存在一定差异，土壤对Ce^{3+}的吸附也存在差异，它在不同土壤中移动性的顺序也就不同：红壤＞黄土＞马肝土＞潮土＞黑土。

外源稀土进入环境后，能以不同的化学形态存在，其在土壤中的形态分布主要受吸附解吸、沉淀溶解、配位反应等多种过程制约，由于体系的总的变化是向着吉布斯自由能最低状态进行的，因此，可以通过提高土壤的pH和碳酸盐、可溶性磷酸盐含量的方式，将外源稀土向稳定态转化，降低稀土的生物可利用性，从而达到减少稀土对环境影响的目的。

稀土在土壤中的迁移能力、生物效应和化学行为，主要取决于其存在形态。用潮土表层土壤种入小麦试验，按0mg/kg、20mg/kg、60mg/kg的等级处理加入混合硝酸稀土。当小麦分别在1叶心期（T_1）、2叶心期（T_2）、3叶心期（T_3）和分蘖期（T_4）时取样，用Tessier方法进行分级，得到稀土元素各种形态随时间的动态变化趋势（表3-7）：可交换态稀土含量随小麦的生长明显减少，其中一部分被小麦吸收；锰铁氧化物结合态稀土含量显著增加，因可交换态稀土有一部分被铁锰氧化物吸附固定；碳酸盐结合态稀土含量液逐渐下降；有机物结合态稀土与残渣态稀土在小麦整个生长期比较稳定，未随时间发生明显变化。因此，稀土微肥只在施肥初期效果较好，而在拔节后施用效果不佳。其主要原因是，拔节期前，小麦的营养生长旺盛，根系活力强，分泌大量的有机酸使根系周围得土壤pH降低，铁锰氧化物表面活化，从而增加其对稀土离子的吸附能力。碳酸盐结合态与交换态的变化趋势相同，只是变化幅度小，说明生长发育前期的根系周围微域pH降低，导致碳酸盐结合态稀土分解而成为有效的交换态。

表3-7　稀土元素在土壤中各种形态含量在小麦生长期内随时间的动态变化

形　态	浓度（mg/kg）	T_1	T_2	T_3	T_4
可交换态	0	15.14	14.46	12.42	10.34
	20	25.44	21.28	17.63	15.43
	60	48.92	39.24	30.24	27.63
碳酸盐结合态	0	28.45	28.04	27.08	26.04
	20	30.40	29.32	28.93	28.25
	60	32.40	30.89	29.01	26.78
铁锰氧化结合态	0	3.90	4.04	4.64	6.24
	20	5.03	5.57	6.62	9.34
	60	6.47	6.83	8.01	10.28
有机物结合态	0	1.83	1.83	1.79	1.89
	20	1.81	1.85	1.87	1.85
	60	1.96	1.86	1.83	1.79
残渣态	0	99.33	99.45	99.85	100.32
	20	99.85	99.85	100.25	100.25
	60	100.26	99.23	100.11	100.78

稀土在土壤中不断地积累，含量不断增加，而实验证明，稀土离子能置换土壤胶体表面

吸附的 H^+ 和 Al^{3+}，从而导致土壤中的 H^+ 大量增加，土壤中的 pH 随之降低。通过降低土壤中的 pH，引起土壤酸化，使得养分离子大量淋失，还造成土壤的结构和功能的破坏，这不仅降低土壤养分有效性，引起土壤肥力的退化，而且造成土壤生态系统的进一步恶化。

四、稀土对土壤的污染与生物效应

稀土属于中等毒性物质，在土壤中，大量的有害物质或其分解产物主要通过迁移和转化逐步积累。它们在土壤中的迁移、转化等行为随温度、pH、土壤成分等因素而异，达到一定程度时就会加大土壤中的污染负荷，改变土壤的组成、结构和功能。而且，有毒污染物质在土壤溶液中的不断扩散，在一定条件下会造成地下水的污染，通过土壤→植物→人体或土壤→水→人体的途径间接地被人体吸收，严重危害人体的身体健康。目前稀土对土壤环境造成污染的来源，主要是稀土微肥在农业上的大量使用而造成稀土的累积污染。在离子型稀土矿区和长期施用污泥的土壤中，同样存在稀土含量很高的稀土污染。

稀土有调节作物生理功能的作用，在一定条件下，对农作物的生长发育起到促进作用，但是这并不能说明稀土是作物生长所需的必要元素。通过水培实验发现，超过 30mg/L 的镧可使两个品种的油菜过氧化物酶（POD）的活性高于对照，并且随着喷施镧浓度的升高，过氧化物酶的活性越来越高，而且在喷施不同浓度的镧后，油菜中过氧化氢酶（CAT）的活性增加出现了两次峰值、超氧化物歧化酶（SOD）等酶的活性也高于对照。由于过氧化物酶、过氧化氢酶、超氧化物歧化酶（SOD）、多酚氧化酶（PPO）等酶的活性能够反映植株抗病性的能力，因而提高此类酶的活性，在很大程度上可以提高作物的抗病性。例如，在干旱、高温、低温、盐渍等逆境环境中，作物适应生存能力明显增强。当镧浓度低于 9mg/L 时，镧增加水稻叶中细胞分裂素 iPAS 和吲哚乙酸（IAA）含量。0.05mg/L 镧显著增加水稻叶片中生长素（GA）含量。与 0.5mg/L、0.75mg/L、3mg/L 处理相比，9mg/L 镧处理水稻植株叶片中脱落酸（ABA）含量显著增加，当镧浓度大于 9mg/L 时，镧增加水稻根中的脱落酸（ABA）含量。

稀土元素可以促进植物种子的萌发。用不同浓度的 $CeCl_4$ 进行浸种处理，5～100mg/kg 的浓度可提高小麦种子发芽率，其主要原因是稀土能诱导种子体内产生脂酶同工酶，促进种子萌芽和幼苗根系增长，同时根系脱氢酶活性增强，诱导幼苗产生超氧化物歧化酶（SOD），从而提高种子活力和促进幼苗发育。但是，当 $CeCl_4$ 用量超过 100mg/kg 时，幼苗生长受到抑制；当 $CeCl_4$ 超过 200mg/kg 进行处理时，种子不能萌发。

红壤中添加镧后，土壤微生物生物量碳明显降低，表明稀土对红壤微生物生物量碳有抑制作用，并随着浓度的升高，抑制作用增强。随着培养时间的延长，外源镧在土壤中有效性逐渐降低，其对土壤微生物的毒害作用随着下降，对土壤微生物生物量碳的抑制作用也有所降低。土壤硝化作用是土壤氨态氮向硝态氮的转化，是土壤氮素转化的主要过程之一。镧在低浓度下的刺激作用使植物同化的主要氮素形态硝态氮的增加，由此提高作物产量。但是，高浓度镧的抑制作用不仅降低了土壤硝态氮的供应速度和数量，而且降低了土壤供应氮素的能力。在研究镧对红壤无机磷转化影响的试验中，当镧浓度小于 100mg/kg 时，土壤无机磷转化作用有少量增强；随着浓度的升高，磷转化作用不断减弱，在 300mg/kg 时，达到显著降低水平；而在 1 000mg/kg 时，减弱了 14%。由此可知，低浓度镧对土壤磷转化作用有微弱的刺激作用，而高浓度对磷转化作用产生抑制作用，并随着浓度的升高，抑制作用不断增强，对作物生长产生不利影响。

因此，对待稀土元素应用上，应在保持和改善生态环境，防止污染，维护生态平衡，提高农业产品质量安全的前提下正确使用稀土资源。

思考题

1. 影响土壤吸附重金属的因素有哪些？
2. 土壤镉污染的主要来源有哪些？
3. 土壤缺氟和氟过量对动物各有什么影响？
4. 为什么黏土矿物中高岭石吸持硒的能力大于蛭石和蒙脱石？
5. 试述稀土农用的利弊。
6. 植物缺硼和硼过量各有哪些症状？

主要参考文献

陈怀满，等 . 1996. 土壤-植物系统中的重金属污染［M］. 北京：科学出版社 .
陈怀满，等 . 2002. 土壤中化学物质的行为与环境质量［M］. 北京：科学出版社 .
何振立，等 . 1998. 污染及有益元素的土壤化学平衡［M］. 北京：中国环境科学出版社 .
侯军宁 . 1987. 硒的土壤化学研究进展［J］. 土壤学进展（15）：1.
廖自基 . 1989. 环境中微量重金属元素的污染危害与迁移转化［M］. 北京：科学出版社 .
刘俊华，王文华，彭安 . 2000. 土壤性质对土壤中汞赋存形态的影响［J］. 环境化学，19（5）：474－477.
王俊，张义生，等 . 1993. 化学污染物与生态效应［M］. 北京：中国环境科学出版社 .
王云，魏复盛，等 . 1995. 土壤环境元素化学［M］. 北京：中国环境科学出版社 .
谢正苗，黄昌勇 . 2000. 砷的环境质量［M］//吴求亮等主编 . 微量元素与生物健康 . 贵阳：贵州科技出版社：273－279.
中国环境监测总站 . 1990. 中国土壤元素背景值［M］. 北京：中国环境科学出版社 .
朱永官，朱永懿 . 2002. 土壤中放射性核素的行为与环境质量［M］//陈怀满主编 . 土壤中化学物质的行为与环境质量 . 北京：科学出版社：172－193.

第四章　有机污染物对土壤的污染

本章提要　本章主要学习农药、多氯联苯、多环芳烃、农用塑料薄膜、合成洗涤剂、石油和石油制品、由城市污水和污泥、厩肥带来的有害微生物等，在土壤中的环境行为、对环境质量和人体健康的危害，为土壤和环境污染的基础研究、环境污染的预防和治理工程提供有关基础知识。

第一节　有机污染物的种类及来源

有机污染物（organic pollutant）是指造成环境污染和对生态系统产生有害影响的有机化合物。其可分为天然有机污染物和人工合成有机污染物两类，前者主要是由生物体的代谢活动及其他化学过程产生的，如萜烯类、黄曲霉类等；后者是随现代化学工业的兴起而产生的，如合成橡胶、塑料等。有机污染物除污染环境外，还会影响人类健康和动植物的正常生长，干扰或破坏生态平衡。有机污染物种类繁多，但是基本上都属于憎水性化合物，具有较强的亲脂性。这些物质在土壤中残留，被作物和土壤生物吸收后，通过食物链积累、放大，对人体健康十分有害。土壤污染具有复杂性、缓变性和面源污染的特点。有机污染物在土壤环境中通过复杂的环境行为进行吸附解吸、降解代谢，可以通过挥发、淋滤、地表径流携带等方式进入其他环境体系中。同时，土壤中的有机污染还是大气、水等环境污染的污染源。由于可能造成食物链、地下水和地表水污染，土壤中的有机污染物日益受到人们的特别关注。有机污染物可被作物吸收富集，污染食品和饲料；而一些水溶性的有机污染物可随土壤水渗滤到地下水，使地下水受到污染；一些有机污染物可吸附于悬浮物随地表径流迁移，造成地表水的污染，甚至渗入地下水；许多污染物能够挥发进入大气造成大气污染。所以，土壤污染常常成为重要的二次污染源。二次污染指进入环境的一次污染物，受环境因素的影响发生物理变化、化学反应或被生物体作用，生成毒性比原来更强的污染物，对环境产生再次污染，危害人类健康和生态环境。

一、土壤中有机污染物的种类

由于土壤污染物的种类繁多，结构、形态、性质各异，而且每年有越来越多的有机污染物被制造和使用，所以目前尚没有一个确定的标准来划分土壤中的污染物。只是根据各个学科的研究目的和研究方向来进行简单的归类和划分。通常包括以下几种划分方法。

从毒性上划分，将有机污染物分为有毒和无毒两种类型。有毒有机污染物主要包括苯及其衍生物、多环芳烃和有机农药；无毒的有机污染物主要包括容易分解的有机物，如糖、蛋白质和脂肪等。

根据在环境中残留半衰期划分，将有机污染物分为持久性有机污染物（persistent organic pollutant，POP）和非持久性有机污染物。持久性有机污染物是指具有毒性、生物蓄积性和半挥发性，在环境中持久存在，且能在大气环境中长距离迁移并沉积回地球的偏远极地地区，对人类健康和环境造成严重危害的有机化学污染物质。非持久性污染物是相对于持久性污染物而言的，是指进入环境中容易降解的污染物。

根据国际上对持久性有机污物的定义，这些物质必须符合下列条件：①在所释放和运输的环境中是持久的；②能蓄积在食物链中对有较高营养价值的生物造成影响；③进入环境后，经长距离迁移进入偏远的极地地区；④在相应环境浓度下，对接触该物质的生物造成有害或有毒效应。

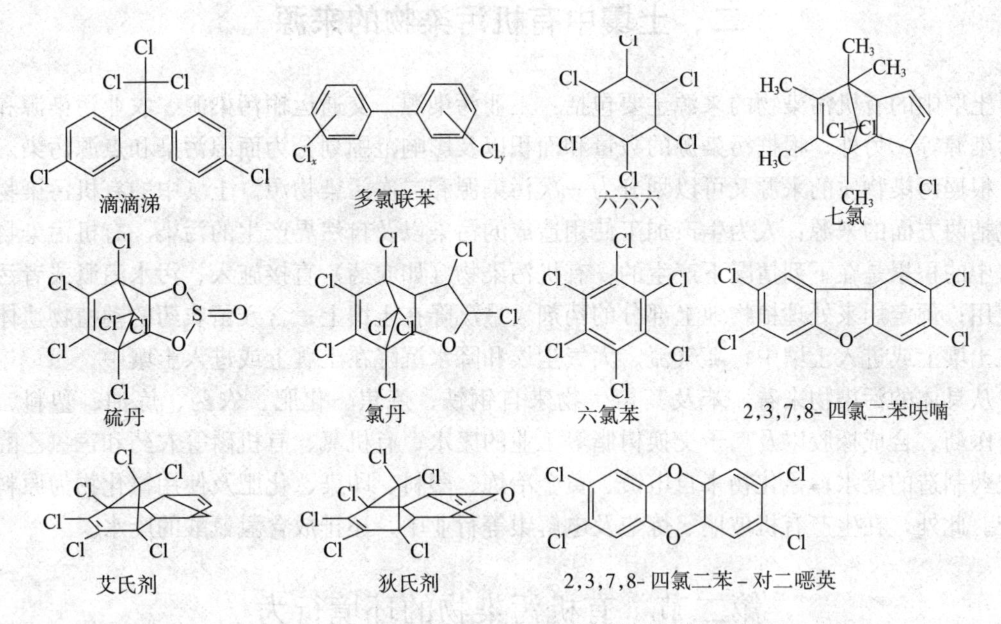

图4-1　部分持久性有机污染物的化学结构

1997年，联合国环境规划署提出了需要采取国际行动的首批12种持久性有机污染物物质，包括艾氏剂、狄氏剂、异狄氏剂、滴滴涕、氯丹、六氯苯、灭蚁灵、毒杀芬、七氯（又名七氯化茚）、多氯联苯、二噁英和苯并呋喃（图4-1）。其中，前9种是农药，多氯联苯是环境中危害极大的一类有毒物质，如六六六（即六氯环已烷）极难降解，广泛用于石油、电子、涂料和农药等产品中。二噁英主要在造纸、除草剂的生产和使用中，产生于金属冶炼和垃圾焚烧过程中，可通过食物链的传递，在人体组织中积累。这12类物质大多具有高急性毒性和水生生物毒性，其中有1种已被国际癌症研究机构确认为人体致癌物，7种为可能人体致癌物。它们在水体中半衰期大多在几十天至20年，个别长达100年；在土壤中半衰期大多在1～12年，个别长达600年，生物富集系数（bioconcentration factor，BCF）为4 000～70 000。生物富集系数是指生物体中，污染物母体及其代谢物的浓度与水中该污染物母体及其代谢物的浓度的比值。比值越大，生物富集性就越高。

土壤中的有机污染物种类繁多，具体来说，对土壤影响较大的污染物主要有：苯及其衍生物（如苯、苯酚、二甲苯和苯胺）、有机氯和有机磷等农药、三氯乙醛、氰化物（包括氰化钠、氰化钾及氢氰酸）、3，4-苯并（a）芘等多环芳烃、各种有机合成表面活性剂、农用化学品（主要包括化肥、农药、植物生长调节剂和农用塑料）。

化肥应用对世界粮食和农产品的增长起极其重要的作用。据估计，全世界粮食的增长有62%来自化肥。目前化肥仍在不断发展，由于用量过大，对土壤必然带来一定的影响。如硝酸盐的累积，富营养化，非营养物质的积累，重金属的渗入，形成了对土壤的污染，不仅对作物带来不良影响，而且通过食物链影响人畜的健康。农药主要指各种有机磷农药、有机氯农药和氨基甲酸酯农药等。

近年来各种石油和石油制品对土壤的污染也不容忽视。

二、土壤中有机污染物的来源

土壤中的有机污染物的来源主要包括：工业污染源、交通运输污染源、农业污染源和生活污染源等。另外，根据污染源的数量和面积以及影响范围划分为面源污染和点源污染。

根据污染物质的来源又可以划分为一次污染源和二次污染物源。土壤中的有机污染物主要包括两方面的来源：人为生产加工使用造成的污染以及自然界产生的污染。有机污染物在土壤中的积累是在下列情况下产生的：有机污染物（如农药）直接施入、污水灌溉或者污泥的使用；预定用来处理植物地上部分的药剂大量沉降在土壤上；含残留农药的动植物遗体停留在土壤上或进入土壤中；随气流、大气尘埃和降水沉降在土壤上或进入土壤中。

从具体的污染物来看，苯及其衍生物来自钢铁、炼焦、化肥、农药、炼油、塑料、染料、医药、合成橡胶以及离子交换树脂等工业的废水；有机氯、有机磷等农药和三氯乙醛来自农药制造的废水；氰化物来自电镀、黄金冶炼、塑料、印染、化肥及使用氰化物为原料的生产。此外，在生产有机玻璃、炼焦及电解银等行业中，还排放含氢氰酸的废水。

第二节　有机污染物的环境行为

有机污染物在土壤中的环境行为是由其自身性质决定的，如憎水性、挥发性和稳定性。但是环境因素，如土壤的组成和结构、土壤中微生物的状况、温度、降雨及灌溉等，也会与进入土壤的有机污染物发生各种反应，进而产生降解作用。有机污染物进入土壤后，可能经历以下几个过程：①与土壤颗粒的吸附与解吸；②挥发和随土壤颗粒进入大气；③渗滤至地下水或者随地表径流迁移至地表水中；④通过食物链在生物体内富集或被降解；⑤生物和非生物降解。其中吸附与解吸、渗滤、挥发和降解等过程对土壤中有机污染物的消除贡献较大。

土壤作为环境污染物的重要载体，同时又是污染物的一个重要的自然净化场所。进入土壤的污染物，能够同土壤中的化学物质和土壤生物发生各种反应，产生降解作用。土壤污染的增加和去除，主要决定于污染物的输入量与土壤净化力之间的消长关系。当污染物输入量超过土壤净化能力时，导致土壤污染；反之，则可以通过土壤的自净能力逐渐降解土壤中的污染物。

土壤有机污染物在土壤中的环境行为主要包括吸附、解吸、挥发、淋滤、降解残留和生物富集等环境行为。主要的影响因素包括有机污染物的特性（化学特性、水溶解度、蒸气压、吸附特性、光稳定性和生物可降解性等）、环境特性（温度、日照、降雨、湿度、灌溉方式和耕作方式）、土壤特性（土壤类型、有机质含量、氧化还原电位、水分含量、pH 和离子交换能力等）。

一、有机污染物在土壤中的吸附与解吸

有机污染物在土壤中的吸附和解吸是污染物在环境中的重要分配过程之一，对环境行为有显著的影响，是研究有机污染物在土壤中环境行为的基础。目前，有机污染物在土壤的吸附与解吸研究主要集中在黏土矿物-水界面的吸附与解吸，以及它们在土壤腐殖物质的吸附与解吸行为。有机污染物在土壤中吸附机理的研究是有机污染物环境行为研究的重要组成部分，通过吸附机理的研究可以了解有机污染物在土壤中吸附的主要类型、吸附的强弱以及可逆性，明确污染物在环境中的迁移、挥发和生物降解等环境行为。

在污染物运移的诸多机制中，污染物在水相与固体颗粒间的吸附与解吸过程最为重要。天然土壤中，土壤颗粒常具有次级结构，如团聚体或裂隙结构。即使在较干燥的情况下，由于小孔隙的毛细作用，团聚体内的小孔隙都为静止的水所充满，而团聚体间的大孔隙则为流动相（水相、气相或水气共存）所占据。由于天然土壤的这种次级结构，污染物在水相与团聚体间的吸附过程不仅包括水与团聚体内小孔隙壁间的物质交换，而且还包括污染物在团聚体内小孔隙静止的水中的扩散过程。

长期以来，污染物在土壤中的吸附与解吸过程都被视为是瞬时完成而达到平衡的，称为局部平衡假设（local equilibrium assumption）。近年来，越来越多研究表明，非平衡吸附更具普遍意义，且关于非平衡吸附对污染物运移影响的定量研究已开展。Smith 等对被污染场地中的土壤水和土壤空气样品进行分析，发现土壤空气与土壤中的污染物浓度比值比根据局部平衡假设所得的预测值小 1～3 个数量级。造成以上实测值比预测值小的原因就是由于解吸速度较吸附速度慢，使相同时间内从固体颗粒表面释放到气相的污染物量小于由气相通过水相吸附到固体颗粒的污染物量。此外，农药施用后仍长期存在于土壤中，有的时间长达十几年。这些都说明局部平衡假设是不成立的。

土壤中的黏土矿物（clay）和腐殖酸（humic acid）是对农药吸附的两类最主要的活性组分。关于污染物在土壤活性组分上吸附机理的研究，国内外已有较多的报道。迄今为止，已发现的吸附机理主要有化学吸附（chemisorption）、物理吸附（physisorption）和离子交换（ion exchange），具体讲主要包括离子交换、氢键、电荷转移、共价键、范德华力、配体交换、疏水吸附和分配等 7 种机理。

有机质在农药吸附中的重要作用在许多实验中都已被证实。通过腐殖物质的吸附量远远超过其他土壤成分的吸附量。实验也可以表明，腐殖酸对有机污染物的吸附作用超过其他土壤成分许多倍。已经证实，在生草灰化土中，80％吸附态的西玛津是和腐殖物质含量超过 80％的泥粒部分相结合。业已发现，土壤对污染物的吸附作用主要决定于土壤有机质，也就是决定于它的高分子相——胡敏酸和富里酸（占总吸附的 74％）。

与土壤有机质一样，黏土矿物也是农药的吸附剂。为了明确土壤有机质在农药归宿中的

作用，研究黏土矿物和腐殖物质的相互作用以及土壤中有机质在质和量上的差别具有重要意义。要区别有机质和黏土矿物在农药吸附中的作用是困难的，因为它们在土壤中常常以金属黏土-有机复合体的形式存在，而这些复合体与其单独的组成成分相比，具有很高的吸附活性。

通常有机污染物的吸附行为与土壤有机质含量关系密切。土壤有机质通常被认为是影响农药在土壤中行为的最重要的参数。当大分子有机质达到百分之几以上时，土壤矿物表面就会被阻塞，不再起吸附作用。在这种情况下，农药与土壤的吸附量取决于土壤中有机质的种类和含量。土壤对农药的吸附量还与土壤质地、黏土矿物类型和 pH 等有关。

土壤中的有机质对于有机物的行为的影响很大。土壤中的有机质可以分为两大类：非腐殖物质（未完全分解的植物和动物残体）和腐殖物质（程度不同地改变的或重新合成的产物）。近几十年来，由于示踪原子等先进技术的应用，对土壤有机质，特别是腐殖物质的形成转化、分布，其胶体和离子交换性质、功能、成分和与污染物的相互作用等，已研究得比较透彻。腐殖物质是一系列酸性的、从黄色到黑色的、具有高分子质量的聚合物。它们和简单的有机物不同，是由微生物次生合成的。

腐殖物质（humic substance）指土壤中有机物由于反复分解、变质而形成的一类黑褐色无定形复杂有机物。腐殖物质的成分因土壤的不同而有所不同，其主要成分是木素蛋白复合体，并和黏土矿物、微生物等结合在一起形成聚合体。

根据腐殖物质在水、酸和碱中的溶解度，通常可分成富里酸、胡敏酸和胡敏素。已经证明，腐殖物质中存在羧基、酚羟基、乙醇羟基、羰基和甲基等基团。当农药有效成分含有相似的基团时容易与上述基团结合而形成残留。

有机污染物在土壤黏土矿物的吸附主要决定于污染物与水、污染物与胶体和胶体与水的相互作用。对污染物的吸附作用的研究，最简单的方法是采用批量平衡法，通过测定水相和吸附相中的浓度，将吸附量与平衡浓度作图得到该温度下的吸附等温线（adsorption isotherm），即在相同温度下，单位质量的吸附剂的吸附容量与流体相中吸附质的分压或浓度的比值的变化规律，用吸附等温线表示，一般可分为 3 种类型：线性吸附等温线、Langmuir 吸附等温线和向上弯曲的吸附等温线。

当以 $\lg c_s$（X 轴）和 $\lg c_w$（Y 轴）作图时（c_s 表示土壤吸附的有机物的浓度，mg/kg；c_w 表示水中有机物的浓度，mg/L），多数情况下溶液中有机物的吸附等温线都是线性的，即 Freundlich 吸附等温线，其表达式为

$$\lg c_s = \lg K_d + n\lg$$

或

$$c_s = K_d c_w^n$$

式中，K_d 和 n 是在一定温度下测定的常数。

然而，高吸附和低吸附的化合物的吸附等温线均不符合 Freundlich 方程，高吸附时所得到的吸附等温线几乎与纵坐标平行，而在低吸附情形下形成吸附随浓度逐渐增加的 S 形吸附等曲线。

化合物由溶液吸附到固体上不仅仅是 Freundlich 或 Laugmuir 方程所描述的两种状态。通常包括 4 种类型的经验吸附等温线：L 型、S 型、C 型和 H 型（图 4-2）。

L 型吸附等温线最普遍，代表吸附的最初状态，固体和溶质之间的亲和力相当高，当吸

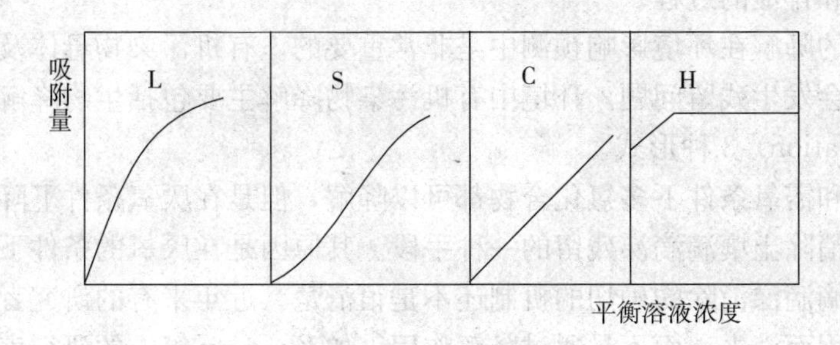

图 4-2　吸附等温线的类型

附位被填满时，溶质分子寻找孔隙位置的难度增大了。S 型吸附等温线表示协同吸附，即溶质分子在等温线起始部分浓度增加时，水分强烈地和溶质竞争吸附位。C 型吸附等温线代表溶液和吸附体表面之间划分均衡部分，表示当溶质被吸附时新位置变成有效的，吸附总是和溶液浓度成正比。H 型吸附等温线代表溶质和固体间的亲和力非常高，是十分罕见的。化合物在土壤中的吸附与解吸特性决定了这种物质在环境中的行为。

蒋新明和蔡道基（1987）以呋喃丹、甲基对硫磷和六六六 3 种农药，以及东北黑土、太湖水稻土和广东红壤 3 种类型的土壤进行了农药在土壤中吸附与解吸性能的比较试验。他们的试验结果表明，影响农药吸附与解吸的主要土壤因素为有机质的含量；以呋喃丹为例，其吸附常数 k 与土壤有机质含量（y）的关系式为 $y=0.020\ 5+0.442\ 6k$。利用该方程式可预测呋喃丹在其他土壤中的吸附状况。农药在水体中的溶解度对吸附作用影响很大，其影响程度大于土壤性质的影响程度。

多数有机氯农药属于非离子化的农药，仅微溶于水，其吸附量与疏水表面的积累成比例，溶解度通常小于 1mg/kg。例如，滴滴涕的溶解度约为 0.001mg/kg。据 Peterson 等报道，土壤有机质是使滴滴涕降低活性的主要手段。他们的资料分析表明，在有机碳含量低的时候（0%～1%），有机质含量增加可提高滴滴涕的活性。其原因是，在没有有机碳存在时，滴滴涕被矿物胶体吸附而活性降低；当有机质含量增加时，有机质会优先占据吸附位点，使得滴滴涕活性提高。研究证明，其他氯化烃的吸附、残留和钝化，也与土壤有机质含量关系密切。

二、有机污染物在土壤中的降解和代谢

有机物由于受诸多因素同时控制着有机污染物的降解（degradation）过程，其中，比较重要的因素包括化学、生物、光照、酸碱等、污染强度、营养物、氧化剂、表面活性剂、温度、湿度和土壤扰动状况。有机物在上述各种因素的作用下逐渐分解，转变成为无毒物质的过程称为降解。有机污染物的降解又分非生物降解与生物降解两大类。有机污染物在环境中受光、热及化学因子作用引起的降解现象，称为非生物降解。在生物酶作用下，有机污染物在动植物体内或微生物体内外的降解即生物降解（biodegradation）。微生物降解（microbiological degradation）是指微生物降解有机物的生物降解过程，降解微生物有细菌、真菌和藻类。微生物矿化（microbiological mineralization）作用是指有机物被微生物降解为二氧化碳和水的过程。代谢（metabolism）是指有机物在生物体内，经过酶类及其他物质作用，发生

变化，进行消化和排泄的过程。

有机污染物的降解在环境影响预测中是非常重要的。有机污染物母体及其降解物若能迅速被降解，就不会发生残留问题。环境中有机污染物降解主要包括生物降解、化学降解和光解（photodegradation）3种形式。

虽然在厌氧和需氧条件下多氯化合物都可以降解，但是在厌氧条件下降解速度更快。研究发现，漫灌是消除土壤滴滴涕残留的一种手段。其原因是在厌氧的条件下，滴滴涕更容易降解。但目前对滴滴涕消除的确切的机制还不是很清楚。近年来有的研究者认为滴滴涕可能主要通过蒸发作用而消失，而不是通过降解作用。如Kearney等人的研究表明，在水中滴滴涕分子趋向于向水面移动，并且随水挥发进入大气，导致未开发地区出现滴滴涕的积累。六六六（hexachloroethane，HCH）和滴滴涕在嫌气的淹水土壤中消解较快。尽管在好气条件下土壤中也有很多分解菌存在，但在好气的旱田条件下由于有机氯污染物被土壤吸附，生物活性降低，可长期残留。与Kearney等人的观点相反，另一些研究者认为，微生物降解是消除有机氯污染的最佳途径。通常药剂在土壤中的分解要比在蒸馏水中的分解速度快得多。将土壤灭菌处理后，大部分土壤的分解速度明显受到抑制（表4-1）。

表4-1 灭菌对土壤中农药的降解速度的影响

药剂	土壤条件	灭菌方式	分解速度比（不灭菌/灭菌）
林丹	旱田	高压蒸汽灭菌	2.6
	旱田	NaN_3	1.1
	淹水	高压蒸汽灭菌	＞5
滴滴涕	淹水	高压蒸汽灭菌	＞10
异狄氏剂	淹水	高压蒸汽灭菌	大约2
	旱田	高压蒸汽灭菌	5.0
狄氏剂	旱田	环氧乙烷	1.0
七氯	淹水	高压蒸汽灭菌	大约5

迄今为止，各国研究人员已从土壤、污泥、污水、天然水体、垃圾场和厩肥中分离得到降解不同农药的活性微生物。活性微生物主要以转化和矿化两种方式，通过胞内或胞外酶直接作用于周围环境中的农药。值得注意的是，尽管矿化作用是清除环境中农药污染的最佳方式，但目前的研究表明，自然界中此类微生物的种类和数量还是相当有限的。然而转化作用却是相当普遍的，某一特定属种的微生物以共代谢的方式实现对农药的转化作用，并同环境中的其他微生物以共代谢的方式，最终将农药完全降解。

研究显示，滴滴涕的分解菌至少涉及30属，其中包括细菌、酵母、放线菌、真菌以及藻类等微生物。六六六的分解菌除了很早知道的梭状芽孢杆菌和大肠杆菌外，Matsumura等人从各种环境中分离出71株有分解六六六能力的细菌和真菌菌株，这些分解菌包括好气性、基本嫌气性和嫌气性的细菌以及真菌。六六六在环境中的微生物代谢途径主要有两种，即通过脱氯化氢变成五氯环已烯（PCCH）和脱氢、脱氯化氢反应变成四氯环已烯。代谢中可能还有多种其他中间产物，如多氯苯或多氯酚。

目前多数微生物降解方面的研究仅局限于室内试验，真正推广使用的很少。研究发现，互生毛霉在试管内2～4d即可使滴滴涕降解，但是在田间试验中把这种真菌的孢子接种到被滴滴涕污染的土壤中时，真菌明显失去了降解滴滴涕的能力。方玲分别以有机氯农药六六六或滴滴涕为唯一碳源进行微生物的分离筛选，得到几种降解六六六和滴滴涕的菌株。田间试验结果显示，这些菌株对滴滴涕和六六六的降解率仅为50%左右。

环戊二烯类有机氯在土壤的反应主要是双键部位的环氧化，可使艾氏剂转变成狄氏剂、异艾氏剂转变成异狄氏剂、七氯变成环氧七氯。Miles 的研究认为，这类反应可能有土壤中分离出来的多种真菌、细菌以及放线菌参与。

常规环境条件下，能降解目标污染物的微生物数量少，且活性比较低。添加某些营养物包括碳源与能源性物质或提供目标污染物降解过程所需因子，将有助于降解菌的生长，提高降解效率，也就是所说的共代谢（co-metabolism）。共代谢是指不与微生物生长相关联的有机物降解代谢，即微生物只能使有机物发生转化，而不能利用它们作为碳源和能量维持生长，必须补充其他可以利用的基质，微生物才能生长。

在共代谢降解过程中，微生物通过酶来降解某些能维持自身生长的物质，同时也降解了某些非微生物生长必需的物质。大量的研究显示，与有机氯农药降解有关的微生物并非某种特定菌种，通常是通过土壤中各种微生物的共代谢作用进行的。由于多环芳烃水溶性低，辛醇-水分配系数高，因此该类化合物易于从水中分配到生物体内、沉积层中。多环芳烃在土壤中有较高的稳定性，其苯环数与其生物可降解性明显呈负相关关系，很少有能直接降解高环数多环芳烃的微生物。研究表明，高分子质量的多环芳烃的生物降解一般均以共代谢方式开始。多环芳烃苯环的断开主要通过加氧酶的作用，加氧酶能把氧原子加到C-C键上形成C-O键，再经过加氢、脱水等作用而使C-C键断裂，苯环数减少。加氧酶分为单加氧酶和双加氧酶两种，它们的活性大小对多环芳烃的降解有很大影响。

环境中的多环芳烃降解缓慢的两个原因是，缺少微生物生长的合适碳源和多环芳烃化合物的有限的生物有效性。研究发现，将含有16种多环芳烃的土壤过筛后平衡45d后，加入适量的水后可以使土壤中的多环芳烃的降解速度加快，可以达到原来的3倍。增加可溶性的有机物后可以提高4～6环的多环芳烃的降解速度。多环芳烃的生物有效性会因为水的加入使土壤呈水饱和状态而提高，加入其他含碳的底物（如某些与多环芳烃相类似的物质）可以降低多环芳烃的生物有效性。利用盆栽试验研究了土壤微生物对含有6种人为添加的多环芳烃混合物污染的土壤中多环芳烃的作用，两种土壤添加浓度为10mg/kg和100mg/kg。土壤微生物的种群特性主要是通过土壤中微生物数量和呼吸强度进行评价，而土壤微生物的活度主要是通过脱氢酶和磷酸酯酶活度进行评价。分别在试验的第0天、第15天、第30天、第60天和第90天取样对土壤中多环芳烃的浓度和土壤微生物的各种指标进行了研究，结果表明，土壤溶液相中多环芳烃的含量随土壤中脱氢酶活度的增加而降低。

三、有机污染物在土壤中的迁移和吸收

污染物的迁移（movement）是指污染物在环境中发生的空间位置的相对移动过程，可分为机械性迁移、物理-化学性迁移和生物迁移。吸收（uptake）就是外源物质经从一种介质相进入另一种介质相的现象。吸收的主要途径有自由扩散、协助扩散和主动运输3种。

土壤中有机污染物的迁移和吸收与它们的亲水性有关。有机污染物按照亲水性的强弱，通常分为亲水性有机污染物和憎水性有机污染物。憎水性有机污染物（hydrophobic organic pollutant）是指含有疏水性基团的有机污染物，它们在水中的溶解度很低，而很容易被土壤颗粒吸附，是主要的有机污染物类型。亲水性有机污染物和憎水性有机污染物在土壤中的吸附有很大的区别，亲水性有机污染物进入土壤后被土壤吸附，其中溶解于土壤团粒之间的重力水中和存在于团粒内部复合体微粒间的毛管水中的部分在淋溶和重力作用下向深层土壤不断扩散，最终到达地下含水层，并可以随地下水流而迁移扩散。

持久性有机污染物多属于憎水性有机污染物，在水中的溶解度很低，易于被土壤中的有机-矿物复合体所吸附，土壤黏土矿物与大分子有机质（动植物残体、腐殖酸、胡敏酸、胡敏素等）构成的复合体表面有许多基团，如—OH、—COOH、—NH_2、—SO_3H、—SH 等基团，这些基团与憎水性的污染物分子的相互作用，导致有机物被吸附在复合体表面。达到土壤颗粒的饱和吸附量后，还有一小部分憎水性有机污染物以自由态存在于土壤团粒之间以及团粒的内部，在雨水、地表径流的淋溶作用以及自身的重力的作用下向下渗透迁移。憎水性有机污染物以自由态，或者与土壤中可溶性有机物形成胶体，或者吸附于细微的胶粒表面向下渗透迁移，进入地下含水层中。一般情况下，土壤底层为黏土层或者岩层等低渗透区，污染物受阻挡而降低了渗透的速率并在毛细管力的作用下逐渐汇集，如果污染源的排放是连续的，那么在地下含水层底部憎水性污染物会汇集而出现非水相液体（non-aqueous phase liquid，NAPL），而成为地下水的二次污染源。当非水相液体的密度大于水的密度时，污染物将穿过地表土壤及含水层到达隔水底板，即潜没在地下水中，并沿隔水底板横向扩展；当非水相液体密度小于水的密度时，污染物的垂向运移在地下水面受阻，而沿地下水面（主要在水的非饱和带）横向广泛扩展。非水相液体可被孔隙介质长期束缚，其可溶性成分还会逐渐扩散至地下水中，从而成为一种持久性的污染源。

土壤中的有机污染物通常有以下几种存在状态：溶解于水、悬浮于水或吸附在土壤颗粒上。在土壤中有机污染物的最终去向包括向土壤系统外转移和系统内分解两种，何者为主因有机污染物的种类而异。有机污染物的植物吸收（plant uptake）途径有两种：根部的吸收和地上部分的吸收。Morrison 等人研究了植物吸收有机氯的量与土壤中有机氯含量的关系，结果表明，土壤中滴滴涕、六六六和氯丹的含量与 29 种蔬菜中的有机氯含量具有较强的相关性。

研究表明，林丹很容易被植物吸收并转移到作物顶部，其原因是它具有较高的水溶性，可以通过扩散到达根的表面并进入植物体内，然后随水分转移。而滴滴涕的挥发作用是更重要。Nash 研究了在以 0.5mg/kg 剂量处理的土壤中，七氯和滴滴涕等有机氯化合物的归宿，结果显示，七氯有 55%通过挥发消失，而滴滴涕有 43%通过挥发消失，仅有 2%通过根部吸收。

另外，植物种类与农药的吸收量有很大的关系。Lichtenstein 等人注意到，5 种不同品种的胡萝卜对艾氏剂、七氯的吸收差别很大。许多作物种子中的含油量可以影响有机氯的残留量。作物生长阶段也影响它们对有机氯的吸收量，且不同品种影响程度不同。大豆在整个生长期间对有机氯的吸收量逐渐增高，到种子成熟时吸收减少。而棉花则在苗期吸收量最高，然后逐渐降低。据报道，作物从土壤中吸收残留农药的能力与作物的品种有很大的关系，最容易吸收的是胡萝卜，其次是草莓、菠菜、萝卜和马铃薯等；水生生物从污水中吸收农药的能力要比陆生的植物从土壤中吸收农药的能力强得多。

许多关于土壤类型与植物对有机氯污染物吸收量的关系的研究发现，土壤有机质含量增加会导致作物对药剂的吸收量下降。Caro 对两种土壤的研究显示，麦苗体内的有机氯残留浓度和栽种时土壤中的有机氯浓度成正相关。不过也有资料表明，在含有 10mg/kg 和 45mg/kg 狄氏剂的土壤中生长的大豆种子中的狄氏剂的浓度，二者之间没有差别。对多氯联苯在稻田土壤和水稻间的转化研究显示，稻米中的多氯联苯的含量不易受环境中多氯联苯浓度的影响，水稻的不同部位中多氯联苯的含量分配规律为叶＞稻壳＞秸秆＞稻米。稻米中多氯联苯的主要来源可能是通过大气沉降或土壤挥发而不是通过根部吸收转移。

与植物相比，无脊椎动物对污染土壤中农药的累积作用要强得多。溶解度低的物质（＜0.1mg/L）一般具有较强的通过生物途径累积的能力。残留有机氯农药在无脊椎动物体内的累积的数据，可参见表 4-2。

表 4-2　土壤中无脊椎动物体内的有机氯农药的含量（mg/kg，干重）

施药量（3～18kg/hm²）	农药含量			
	土壤	蛞蝓	蚯蚓	蜗牛
滴滴涕	0.08～5.4	10.3～36.7	1.1～54.9	0.32～0.38
滴滴伊	0.12～4.4	0.12～4.4	4.2～15.4	0.70～1.60
滴滴滴	0.01～5.6	2.6～14.0	0.8～18.7	0.83～1.68
狄氏剂	0.01～0.02	0.2～11.1	0.04～0.82	0.02～0.07
异狄氏剂	0.01～3.5	1.1～114.9	0.4～11.0	2.72

土壤中残留农药的最直接影响是，被作物吸取而使食品受到污染。已知影响土壤中残留农药污染作物的因素有作物种类、土壤质地、有机质含量和土壤含水量等。砂质土壤与壤土相比较，前者对农药的吸附较弱，作物从中吸取农药也较易。土壤有机质含量高时，土壤吸附能力增强，作物吸取的农药较少（表 4-3）。

表 4-3　土壤和作物中残留有机氯农药的含量

杀虫剂	砂质土		泥炭土	
	土壤（mg/kg，干重）	胡萝卜（mg/kg，鲜重）	土壤（mg/kg，干重）	胡萝卜（mg/kg，鲜重）
六六六	0.095	0.024 9	0.693	0.022 5
七　氯	0.066	0.006 3	4.563	0.017 0
狄氏剂	1.165	0.045 5	8.563	0.025 1
滴滴涕	4.650	0.037 4	10.217	0.026 5

土壤水分因为能够减弱土壤的吸附能力，可以增强作物对农药的吸取。作物被土壤中残留农药污染的途径，除从根部吸取外还可能因被雨水溅起而附着在作物表面，或因从土壤表面蒸发而凝集在作物表面上。

研究发现，植物体内残留性有机氯农药（organochlorine pesticide，OCP）的累积和土壤吸附农药的能力之间存在相关关系。土壤质地黏重、阳离子交换能力大和黏土矿物含量高这些因素都有利于土壤对农药的吸附。例如，当变性土中六六六含量为 0.713mg/kg 时，栽种在这种土壤中的玉米，其茎秆中六六六含量为 0.086mg/kg，其子粒中含量为 0.051 mg/kg；而当砂质土中六六六含量为 0.027mg/kg 时，栽种在这种土壤上的玉米，其茎秆和子粒中六六六含量分别为 0.047mg/kg 和 0.067mg/kg。究其原因，是变性土中含有较多的黏土矿物（53.5%），因而具有较高的吸附农药的能力。栽种在轻质土壤上的玉米，其子实中六六六含量较茎秆中高。

四、有机污染物在土壤中的残留和积累

残留（residue）是指因使用农药而残留于土壤、人类食品或动物饲料中的农药母体化合物，还包括在毒理学上有意义的降解产物。积累（accumulation）的概念是指有机污染物的持久性，可定义为该化合物保持其分子完整性，以及通过在环境中运输和分配过程中维持其理化性质和功能特性的能力。化合物在土壤中是否容易降解，影响着它在某单一介质或相互作用的多介质中的停留时间。因此如果某种化合物在介质中的降解速率超过它的输入速率，则不太可能在这种介质中达到较高的浓度水平。但如果生物吸收的速率高于化学分解的速率，或者这种化合物的扩散和移动的能力很弱，就会在小范围内集中，导致有机污染物残留。按照污染物在环境中的存在形式，可以将其划分为结合残留（bounded residue）、共轭残留（conjugated residue）和游离残留（free residue）3 种类型。

加拿大的 Khan 于 1982 年提出："农药的结合残留是源于农药使用的、不能为农药残留分析通常所使用的萃取方法所萃取的、存在于环境样品中的化学物质。" Khan 的定义不足之处是没有限定常规的农药残留分析的内涵，故国际原子能利用委员会（IAPC）于 1986 年确定"用甲醇连续萃取 24h 后仍残存于样品中的农药残留物为结合残留。"

研究表明，结合残留物既可以是农药母体化合物，也可以是其代谢产物。结合残留主要存在于样品的具有多种官能基团的网状结构组分中（例如土壤腐殖物质和植物木质素），结合残留物同环境样品的结合可能包括化学键合和吸附过程及物理镶嵌等作用。

在过去相当长时间，人们认为结合态农药是稳定的，不具有生物有效性，是有毒化合物的解毒途径之一，并习惯用溶剂萃取出的那部分农药（即游离态）残留量来衡量农药的持留性。但结合态农药可释放（即从结合态转化为游离态）而导致对环境的再次威胁。因此，用上述游离态残留来对化学农药进行安全评价，有可能低估土壤中农药的残留状况，并错误地评估农药的持留性或半衰期。

农药结合残留的分析方法主要包括：总燃烧法（total combustion method）、高温蒸馏技术（high temperature distillation，HTD）、强酸（碱）水解（alkaline/acid hydrolysis）和溶剂萃取（solvent extraction）法等。

作物体内农药的残留性决定于农药成分的物理、化学性质，其表现方式依施用农药的作物和施用方法而有不同。这就是说，农药施用后其残留量和数量变化，依作物种类和施用部位而有不同，也为农药的施用方法、施药量和施用时期所左右。当然，也与作物的栽培方法和气候条件有关。由此可见，影响农药残留量的因素是相当复杂的。

但在作物和施用方法都相同的情况下，残留量也因为农药的种类而不同。因此，还要对各种农药的残留量的大小进行比较，选出残留性大的农药对其施用加以限制。另一方面，如果所施农药相同，作物的农药残留则依施用方法和作物的收获时期而有不同。因此，限制农

药的使用和贯彻农药的安全使用以防止残留农药的危害是极为重要的。

农药在环境中是否会产生残留，主要由农药的使用量、使用频率以及降解半衰期决定。当涉及残留问题时，就应考虑施药次数和环境因素，尤其是温度。鉴别主要代谢产物是必要的，有时候它们比母体化合物的毒性更强。

农药在环境中是否会产生残留主要由农药的使用量、使用频率以及降解半衰期所决定。当涉及残留问题时，就应考虑施药次数和环境因素，尤其温度。还要考虑主要代谢产物，有时候它们比母体化合物的毒性更强。

在一定时期反复使用某种农药，如果这期间该农药的残留率（r）一定，以药量 a 反复使用几次后的残留量 R 可以表示如下：

$$R=a\frac{r(1-r^n)}{1-r}$$

如果无限制地反复施用，则 $r^n\to 0$，故 R 趋近于某一定值 $(a\times r)/(1-r)$。如果每年施用 1 次，1 年后残留率为 50%，即半衰期为 1 年时，残留量不会超过一次使用量，即

$$R(n\to\infty)=\frac{0.5a}{1-0.5}=a$$

如果农药的半衰期不到 1 年，则不必考虑土壤残留问题。但多数的有机氯农药和其他半挥发性有机污染物的土壤半衰期都远大于 1 年，而且它们的正辛醇-水分配系数也较大，所以不但具有较强的残留性，而且极易在生物体内富集，从而造成严重的环境问题。

第三节　农药对土壤的污染

据统计，世界农作物的病、虫、草害中，约有 50 000 种真菌、1 800 种杂草和 1 500 种线虫，这些病害使世界每年粮食减产约 50%，这相当于 750 亿美元的经济损失。施用化学农药是防治这些病、虫、草害的重要措施。20 世纪 90 年代以后，世界农药的年产量为 $2.0\times10^6\sim2.5\times10^6$ t。2007 年，我国的农药产量为 1.731×10^6 t（按有效成分计），比 2006 年增长 24.3%，超过美国而成为世界第一农药生产国。目前世界上生产的农药品种有近 500 种。农药作为一类有毒化学物质，它的施用在消灭病虫害、提高作物产量的同时，也对环境及人体健康、畜禽、鸟类、有益昆虫及土壤微生物构成一定的威胁，尤其是稳定性强、残留期长的有机氯农药。

土壤是接受农药污染的主要场所。农药在土壤中的长期残留积累导致土壤环境发生改变和农作物产品中出现农药残留。20 世纪 60 年代广泛使用含汞、砷的农药，至今在我国部分地区仍在土壤中起着残留污染的作用。有机氯农药 1983 年被禁用后，其替代品种为有机磷、氨基甲酸酯及菊酯类农药等。这些农药在环境中较易于降解，从全国的施用情况看，尚未造成大面积的土壤污染，但在部分地区由于使用技术不当和施用量过大，也出现了土壤严重污染的情况。例如，20 世纪 90 年代，江苏省武进县对土壤检测的结果表明，其土壤中除草醚最高含量为 5.98ng/g，最低为 0.16ng/g，平均为 1.21ng/g；绿麦隆最高含量为 0.466ng/g，平均为 0.297ng/g；甲胺磷检出率为 100%，平均含量为 0.141ng/g，最高含量为 0.635ng/g。这些农药的残留对环境、作物及人的身心健康危害极大，严重制约了农业的可

持续发展。

一、农药的理化性质

农药的品种很多，功能各异，按防治对象分为杀虫剂、杀菌剂、除草剂、杀线虫剂、杀软体动物剂、杀鼠剂和植物生长调节剂等。我国幅员辽阔，各地的自然条件、耕作制度和作物品种差异又很大，因此农药对生态环境影响的因素与表现形式也多种多样。在各种影响因素中，以农药品种、用量与使用技术对环境影响的关系最为密切。

二、农药污染土壤的途径

土壤中的农药主要来源于下述几个途径。

1. 施于土壤的农药 将农药直接施入土壤或以拌种、浸种和毒谷等形式施入土壤，包括一些除草剂、防治地下害虫的杀虫剂和拌种剂，后者为防治线虫和苗期病害与种子一起施入土壤。这些农药基本上全部进入土壤。

2. 施于作物的农药 向作物喷洒农药时，农药直接落到地面上或附着在作物上，附在作物上的农药可经风吹雨淋落入土壤中。按此途径进入土壤的农药所占的比例，与农药施用期、作物生物量或叶面积指数、农药剂型、喷药方法和风速等因素有关，其中与农作物的农药截留量的关系尤为密切。一般情况下，进入土壤的农药所占的比例，在作物生长前期大于生长后期；农作物叶面积指数小的大于叶面积指数大的；颗粒剂大于粉剂；农药雾滴大的大于雾滴小的；静风大于有风。

3. 大气中悬浮的农药 大气中悬浮的农药颗粒或以气态形式存在，农药经雨水溶解和淋失，最后落到地面上。

4. 动植物残体上的农药 死亡动植物残体所附的农药或灌溉水将农药带入土壤。

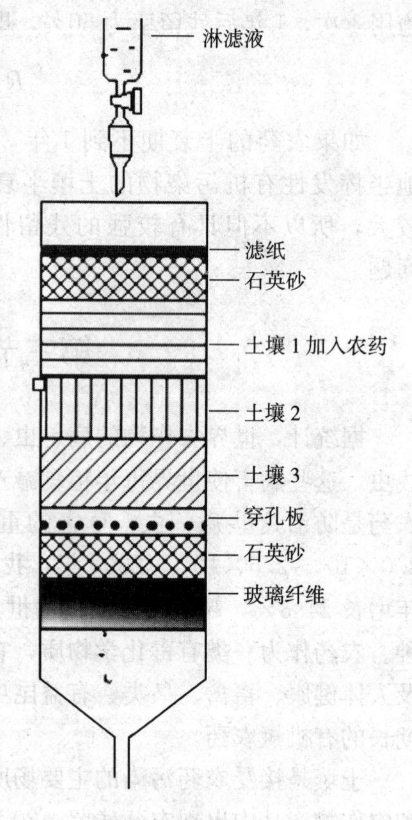

图 4-3 土壤淋滤装置

进入土壤中的农药，将发生被土壤胶粒及有机质吸附、随水分向四周移动（地表径流）或者向深层土壤移动（淋溶）、向大气挥发扩散、被作物吸收、被土壤和土壤微生物降解等一系列物理、化学过程。

三、农药在土壤中的移动性

土壤中的农药分布和移动性可以采用土壤淋滤研究装置，见图 4-3。土柱装好后用水淋溶，测定各层土壤中的农药分布情况。用水量可以参考雨量等气象条件。

农药在土壤中的迁移性还可以采用 Helling 的土壤薄层分析法，以农药在薄板上的比移值（R_f）来表示，即农药移动的速度与展开剂（水）移动速度之比。

比移值（R_f）＝农药谱带的中心到原点的距离（cm）/展开剂前沿到原点的距离（cm）

原点就是在土壤薄层板上点加样本的位置，一般在玻璃板下端大约 2cm 处，展开剂前沿是指展开剂移动的终止位置。根据 R_f 值的大小，划分为 5 个等级（图 4-4）。R_f 的值越大，表示其移动性能越强，反之越弱。

也就可以将土壤制成土壤薄层色谱板。将标记化合物在原点上点样后，将板以水展开，摄制放射自显影图，以 R_f 求出农药在土壤中的移动性。

表 4-4　一些农药在土壤中的移动性

R_f 值	移动性能	农 药 品 种
0.00～0.09	不移动	滴滴涕、毒杀芬、氯丹、艾氏剂、异狄氏剂、七氯、氟乐灵、百草枯、狄氏剂、代森锰
0.10～0.34	不易移动	敌稗、禾草特、扑草净、利谷隆
0.35～0.64	中等移动	莠去津、西玛津、甲草胺等
0.65～0.89	易移动	2 甲 4 氯、杀草强、2，4-滴
0.89～1.00	极易移动	灭草平、麦草畏等

四、农药在土壤环境中的降解

农药在土壤环境中的降解作用有微生物降解和非微生物降解两种主要方式。

某些农药的有效成分能成为土壤微生物的氮源和碳源，这些土壤微生物可直接或通过代谢过程中释放的酶类将农药进行降解。例如，烟曲霉、焦曲霉、黄曲霉等真菌能将阿特拉津分解；烟曲霉还能参与西玛津的降解；黑曲霉、米曲霉等真菌能参与扑草津的降解；缠绕棒杆菌等土壤微生物能降解百草枯。到目前为止，国内外对滴滴涕、DDD、艾氏剂、狄氏剂及林丹等有机氯农药的降解研究最多。

非微生物降解主要有光化学降解、水解、氧化还原降解及形成亚硝酸化合物的降解等类型。有些农药受土壤表面太阳辐射和紫外线等作用而被分解。有机氯农药、均三氮苯类除草剂多见于水解和分解；许多含硫在农药土壤中容易受到氧化而降解，如萎锈灵能在土壤中氧化成它的亚砜，对硫磷能氧化成对氧磷，滴滴涕能氧化成 DDD 等。一般来说，农药很难通过形成亚硝基盐化合物的途径降解，只有在土壤 pH3～4 的条件下存在过量硝酸盐时才能发生。

农药在降解过程中可产生一系列的降解产物，在一般情况下，降解产物的活性与毒性逐渐降低消失。但也有些农药降解产物的毒性与母体化合相似或更高，如涕灭威的降解产物涕灭威亚砜和涕灭威砜的毒性都很大，而且在环境中的稳定性比母体化合物更强。又如杀虫脒，在农药毒性分类中属于中等毒性（LD_{50} 为 178～220mg/kg），但其代谢产物 4-氯邻甲基苯胺的致癌性比母体化合物还高 10 倍，两者的致癌无作用剂量分别为 2mg/kg 和 20mg/kg，在慢性毒性试验中能使小鼠体内组织产生恶性血管瘤。杀虫脒现已禁止使用。在农药的降解研究中，对有毒的降解产物，应同时研究其环境行为特征。

生成结合态农药是土壤中农药降解的特殊形式。结合态农药指的是那部分被常用有机溶剂反复萃取而不能提取出来的农药。结合态农药主要与土壤有机质相结合，其功能基团主要是 —OH 和 —COOH ，物理吸附也起一定作用，与土壤有机质结合的占总结合态残留的77.0%～93.0%，而在其他土壤组分中量很少。一些研究表明，土壤动物和植物吸收的结合态农药相当少，仅占总结合态量的0.14%～5.1%，吸收的结合态农药大部分可转变为被有机溶剂可提取的形态，土壤中的结合态农药也可部分地矿化成CO_2，但需时间很长。生成结合态农药一方面增加了农药在土壤中的残留时间，另一方面又降低了农药的活性、土壤中的移动性和被植物的吸收性。表4-5列出了一些农药的结合态残留水平，主要有有机磷类、拟除虫菊脂类和一些除草剂。

表4-5　部分农药培养后结合态农药的比例

农　药	土壤类型	有机质含量(%)	培养时间(d)	农药浓度(mg/kg)	结合态比例(%)
2,4-滴	砂　壤	4.0	35	2	28
五氯酚	黏　壤	2.3	24	10	45
敌　稗	黏　壤	4.1	25	6	73
氟乐灵	粉　砂	1.5	360	10	50
西维因	黏　土	3.3	32	2	32
氯氰菊酯	壤　土	2.4	238	10	23
甲基对硫磷	砂　壤	4.2	46	6	32
对硫磷	砂　壤	4.7	7	4	26

农药进入土壤后经受一系列物理、物理化学、化学和生物化学反应而使其数量和毒性不断下降，其影响因素很多，有农药本身的性质，也有天然和人工环境条件等。就土壤而言，不同降雨量、灌溉条件、土壤初始含水量、土壤酸度、有机质含量和土壤黏土矿物粒组成，以及农药的不同分子结构、电荷特性及水溶性，是影响迁移转化的主要因素。

各类农药在土壤中残留期长短的大致次序是：含重金属农药＞有机氯农药＞取代脲类、均三氮苯类和大部分磺酰脲类除草剂＞拟除虫菊酯农药＞氨基甲酸酯农药、有机磷农药。一些杂环类农药在土壤中的残留期也较短。

五、农药残留对土壤环境、微生物及农作物的危害

农药残留是指农药施用后在环境及生物体内残存时间与数量的行为特征，它主要决定于农药的降解性能，但也与农药的物理行为移动性有一定关系。农药残留期的长短一般用降解半衰期或消解半衰期表示。降解半衰期是农药在环境中受生物或化学、物理等因素的影响，分子结构遭受破坏，有半数的农药分子改变了原有分子状态所需的时间。消解半衰期是除农药的降解作用外，还包括农药在环境中通过扩散移动，离开了原施药区在内的农药的降解和移动总消失量达到一半时的时间。上文已述，农药的降解分为生物降解与非生物降解两大类，在生物酶作用下，农药在动植物体内或微生物体内外的降

解为生物降解；农药在环境中受光、热及化学因子作用引起的降解现象，称为非生物降解。

1. 农药对土壤微生物群落的影响　研究发现，不同农药对微生物群落的影响不完全相同，同一种农药对不同种微生物类群的影响也不同。例如，3mg/kg 的二嗪农处理 180d 后细菌和真菌数并没有改变，而放线菌增加了 300 倍；5mg/kg 甲拌磷处理使土壤细菌数量增加，而用椒菊酯处理则使细菌数量减少。

2. 农药对土壤硝化和氨化作用的影响　氨化作用（ammonolysis）是指自然界存在的有机氮化合物，经过各种微生物的分解作用，释放出氨的过程。硝化作用（nitrification）指氨化作用所产生的氨以及土壤中的氨态氮，在有氧条件下，经过亚硝酸细菌和硝化细菌的作用，氧化成硝酸的过程。

硝化作用是一个对大多数农药都敏感的微生物转化作用。某些杀虫剂当按一定浓度使用时对硝化作用影响较小或没有影响，而另一些杀虫剂在这个浓度下会引起长期显著抑制作用。异丙基氯丙胺灵在 80mg/kg 时完全抑制作用，而灭草隆在 40mg/kg 时硝化作用未受影响。张爱云等的研究结果表明，五氯酚钠、克芜踪、氟乐灵、丁草胺和禾大壮 5 种除草剂分别施入太湖水稻土和东北黑土后，对硝化作用的抑制影响以在水稻土中较为明显。杀菌剂和熏蒸剂对硝化作用影响较大，如代锰和棉隆分别以 100mg/kg 和 150mg/kg 施入土壤时即可完全抑制硝化作用。不过多数研究者认为，按田间常规用量施入大多数除草剂和杀虫剂，对硝化作用无明显的影响。一般说来，除草剂和杀虫剂对氨化作用无影响，而熏蒸剂消毒和施用杀菌剂通常会导致土壤中氨态氮的增加。在对矿化作用和硝化作用的比较研究中 Caseley 发现，10mg/kg 的壮棉丹在一个多月的时间内完全抑制了硝化作用，而在 100mg/kg 时对氨化作用却只有轻微影响。现在普遍认为，氨化作用或矿化作用对化学物质的敏感性要比硝化作用低得多。

3. 农药对土壤呼吸作用的影响　部分农药对土壤微生物呼吸作用有明显的影响。Bartha 等的研究结果表明，高度持留的氯化烃类化合物对土壤呼吸作用的影响极小；氨基甲酸酯、环戊二烯、苯基脲和硫氨基甲酸酯持留性小，可抑制呼吸作用和氨化作用。当土壤用常规用量的 2-甲-4-氯丙酸、茅草枯、毒莠定用阿米酚处理时，8h 后二氧化碳的生成量就降低了 20%～30%，这表明了土壤微生物呼吸作用受到了抑制。具有这种抑制作用的农药还有杀菌剂敌克松及除草剂黄草灵、2,4-滴丙酸等。

4. 土壤中的农药对农作物的影响　土壤中的农药对作物的影响主要表现在两个方面，即土壤中的农药对农作物生长的影响和农作物从土壤中吸收农药而降低农产品质量。其影响因素主要有下述 4 种。

（1）*农药种类*　水溶性的农药容易被植物吸收，而脂溶性的被土壤强烈吸附的农药不易被植物吸收。

（2）*农药用量*　植物从土壤中吸收农药与土壤中的农药量有关，一般是土壤浓度高时植物吸收的药量多，有时甚至成线形关系。

（3）*作物种类*　不同作物吸收的药量是有差异的，研究表明，胡萝卜吸收农药的能力相当强，而萝卜、烟草、莴苣、菠菜、青菜等都具有较强的吸收能力。蔬菜从土壤中吸收农药的一般顺序是根菜>叶菜>果菜。

（4）*土壤性质*　农作物易从砂质土中吸收农药，而从黏土和有机质土中比较困难。

第四节　土壤中多环芳烃的污染

一、多环芳烃的结构和毒性

多环芳烃，也称为多核芳烃，是指两个以上苯环以稠环形式相连的化合物，是环境中存在很广的一类有机污染物，化学结构见图4-4。多环芳烃一般可分为两大类：孤立多环芳烃及稠和多环芳烃，后者对人类具有更高的威胁。稠和多环芳烃是苯环间互相以两个以上的碳原子结合而成的多环芳香烃体系。具有环境意义的多环芳烃是从两个环（萘）到7个环（蔻），如萘、蒽、菲、苯并（a）蒽、二苯并蒽、苯并芘和蔻。迄今已发现的多氯联苯有200多种，其中有相当部分具有致癌性，如苯并（a）芘、苯并（a）蒽等，对人类危害较大。

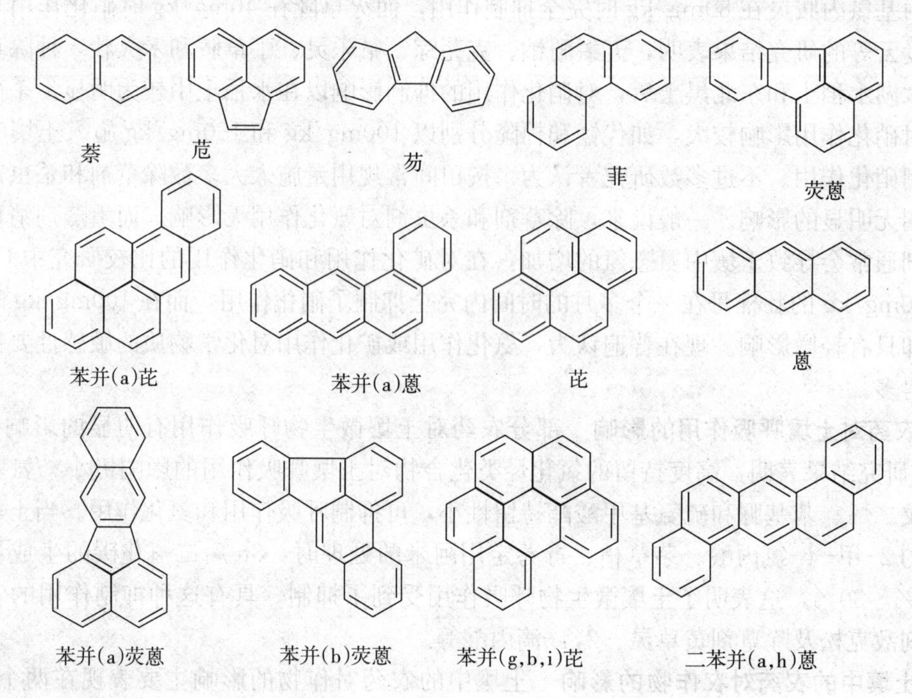

图4-4　部分多环芳烃的化学结构

3环以上的多环芳烃大都是些无色或淡黄色的结晶（个别具深色），熔点及沸点较高，所以蒸气压很小。溶液具有一定荧光，在光和氧的作用下很快分解变质，不仅理化性质改变，致癌力也有明显下降，所以必须置于深棕色瓶中并放在暗处保存。

苯并（a）芘［benz（a）pyrene，BaP］作为多环芳烃的重要代表，是迄今为止被研究最多的化合物，但是它的全部代谢过程仍未完全清楚。图4-5中列出的是其中的最重要途径。从图4-5中可以看到，苯并（a）芘首先在MO的作用下，在苯并（a）芘分子的某个双键部位导入一个氧原子，生成初级环氧化物（简称氧化物），然后经过分子自动重排为酚类化合物。到目前为止，鉴定出来的酚类化合物主要是3-酚和9-酚，还有一定量的1-酚和7-酚。在生成1-酚和3-酚的过程中是否有环氧中间体的存在目前尚有疑点，因为没有找到相应的酶。但是已经有证据证实，3-酚来自2，3-氧化物。6-酚是否也来自环氧中间体，目前还不清楚，但已被鉴定出来的1，6-醌、3，6-醌和6，12-醌已被证实是通过6-酚和6-氧自由基生成的。氧化物可以在微粒体氧化还原电位的作用下进一步代谢为二醇，或在GSHT的作用下生成谷胱甘肽轭合物。醌也能转化为谷胱甘肽扼合物。生成的谷胱甘肽轭合物再继续代谢为硫醇尿酸并由尿中排出。氧化物、二醇、酚和醌都是苯并（a）芘的初级代谢产物，这些初级代谢产物都可被继续代谢，如二醇可以在脱氢酶的作用下被脱氢为邻苯二酚；二醇、酚和醌也可在二磷酸尿核苷葡萄糖醛基转移酶的作用下与葡萄糖醛酸轭合，或在磺基转移酶的催化下与硫酸基轭合；酚和二醇又可再次成为MO的底物，在分于的其他部位被再氧化。丁是出现了多种多样的初级和次级代谢产物。

在苯并（a）芘的各种代谢产物中，已证实有多种代谢产物可以与DNA发生共价结合。在初级环氧化物中，已证实的有：4，5-氧化物、7，8-氧化物和9，10-氧化物。酚也可在再代谢后与DNA结合，但具活性中间体尚未被鉴定出来，只有9-酚的代谢活性中间体已经知道，为9-羟基-4，5-氧化物。醌也可在酶的作用下转化为能与DNA结合的活性中间体，但目前没有鉴定出来。在已知的苯并（a）芘的活性中间体中，7，8-氧化物和7，8-二醇特别受到重视，做了大量工作，因为最重要的致癌性代谢产物——7，8-二醇-9，10-环氧-苯并（a）芘就是通过这两个活性中间体生成的。

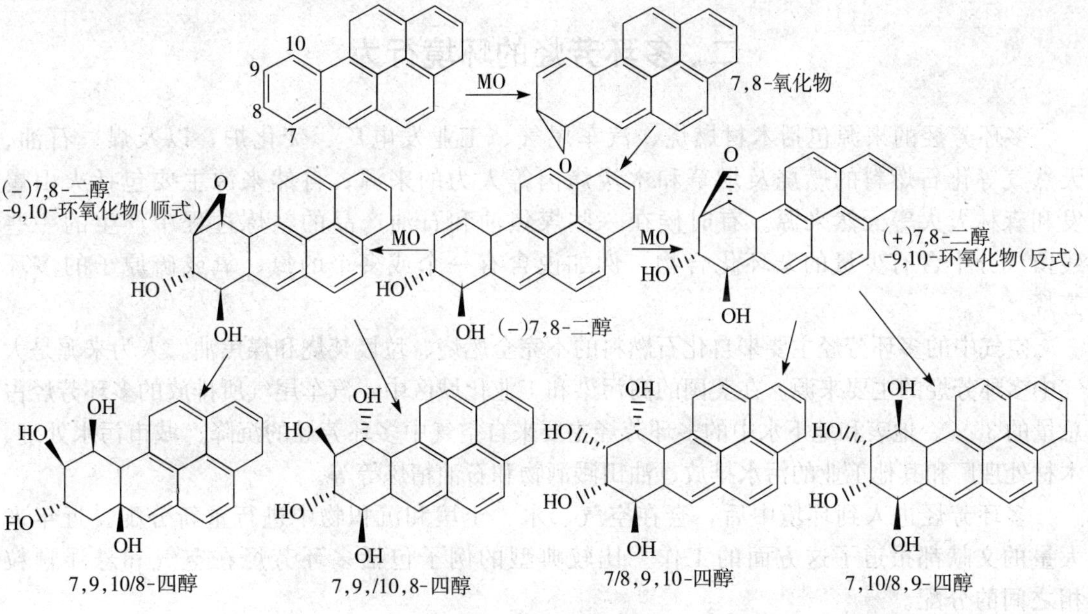

图4-5　苯并（a）芘的代谢途径

苯并（a）芘被认为是环境材料中多环芳烃类化合物存在的典型代表，只要检测多环芳烃，从来未发现过不存在苯并（a）芘的。在多环芳烃污染严重的环境中，芘是一个有代表性的多环芳烃化合物，它在空气中的浓度和其他多环芳烃的浓度有很好的相关性。尿中的1-羟基芘是多环芳烃生物监测的一个有用指标，在职业、燃煤的城市和室内小煤炉采暖的环境中，用尿中1-羟基芘作为人体接触环境中多环芳烃的指标都获得较好的结果。因此用芘的代谢产物——尿中1-羟基芘可间接推算人体摄入多环芳烃的量。赵振华等对人体接触多环芳烃的程度及尿中1-羟基芘作为人体接触多环芳烃指标的应用做过比较全面系统深入的研究，并分析评价了警察、炊事员、清洁工、铝厂工人尿中1-羟基芘的含量及其与职业暴露的关系。试验结果说明，人吸入高浓度的多环芳烃后，其代表化合物芘的代谢产物1-羟基芘大部分在24h内由尿中排出。人吸入芘后，尿中1-羟基芘的排出率可高达7%～17%。在饮食情况类似的情况下，由空气中多环芳烃污染所吸入的芘就可由尿中的1-羟基芘快速、灵敏地反映出来。

林建清等以鲈鱼胆汁中的1-羟基芘含量来指示水体中芘暴露水平，研究结果显示两者之间具有显著的相关性，相关系数可达0.999 5。

大量研究表明，多环芳烃与人类的某些癌症有着密切的关系。具有强烈致癌性的多环芳烃大都是些4～6环的稠核化合物，并没有太大的化学活性，它们必须经过代谢酶的作用被活化后才能转化为在化学性质上活泼的化合物并与细胞内的DNA和RNA等核酸大分子结合发挥它们的致癌作用。

多环芳烃对各种动物免疫体系影响的研究至少已有30年历史，但迄今为止其作用机理还没有完全搞清楚。目前人们一直在努力研究多环芳烃对人体健康的影响及其机理，试图找出多环芳烃的生物接触限值（biological exposure limit，BEL）。近几年已有一些关于空气中多环芳烃风险评价的报道。主要是通过大量实测数据，利用药物动力学公式推导出暴露多环芳烃的生物接触限值。

二、多环芳烃的环境行为

多环芳烃的来源包括木材燃烧、汽车尾气、工业发电厂、焚化炉，以及煤、石油、天然气等化石燃料的燃烧及烟草和木炭烤肉等人为的来源；自然来源主要包括火山爆发和森林大火等天然来源。有时候在一些煤焦油和石油产品的精炼过程中产生的一些残留成分中含有少量的杂环化合物，例如说含有一个或多个的氮、氧或硫原子的多环芳烃。

空气中的多环芳烃主要来自化石燃料的不完全燃烧、垃圾焚烧和煤焦油。人为来源是大气中多环芳烃的主要来源。在美国的高污染和工业化城区中，汽车尾气所排放的多环芳烃占总量的35%。地表和地下水中的多环芳烃主要来自空气中多环芳烃的沉降、城市污水处理、木材处理厂和其他工业的污水排放、油田溅洒物和石油精炼等等。

多环芳烃进入到环境中后，会在空气、水、土壤和沉积物中进行重新分配。近年来大量的文献都报道了这方面的工作。比较典型的例子包括多环芳烃在空气和悬浮颗粒相之间的分配。

多环芳烃在环境中的行为大致相同，但是不同种类多环芳烃的理化性质差异较大。苯环的排列方式决定着其稳定性，非线性排列较线性排列稳定。多环芳烃在水中不易溶解，但是不同种类的多环芳烃的溶解度差异很大。通常可溶性随着苯环的数量的增多而降低，挥发性也是随着苯环数量的增多而降低。多环芳烃在环境中的衰减量与苯环的数量呈现负相关。双环和三环多环芳烃容易被生物降解，而四环、五环和六环多环芳烃却很难生物降解。室内研究发现，双环的多环芳烃在砂土中极易被降解，半衰期为 2d；三环（蒽和菲）的半衰期为分别为 13d 和 134d；而四环、五环和六环多环芳烃的半衰期在 200d 以上。

多环芳烃对土壤的污染极其严重。主要在表土中富集。导致土壤中多环芳烃消失的因素有挥发作用、非生物降解作用和生物降解作用，其中生物降解起着主要的作用。在对两类土壤中的 14 种多环芳烃的研究发现，除了萘以及其取代物之外，多环芳烃的挥发作用很低。

第五节　土壤中多氯联苯的污染

多氯联苯（PCB）又称为氯化联苯，是一类具有两个相连苯环结构的含氯化合物，由于这类物质具有许多的优良的物理化学性质，例如高化学稳定性、高脂溶性、高度不燃性、高绝缘性和高黏性等，使其在工业上有广泛的用途。多氯联苯一般不直接用于农药，而是广泛的用于变压器和电容器的绝缘油、蓄电池、复写纸、油墨、涂料、溶剂、润滑油、增塑剂、热载体、防火剂、黏接剂、燃料分散剂以及植物生长延缓剂等。

联苯的氯化可以导致 1～10 个氢原子被氯取代，其结构通式为 $C_{12}H_{10-n}Cl_n$（$n=1$～10）。取代位的常规编号见图 4-6。尽管 Sissons 和 Welti（1971 年）证实，联苯的直接氯化不能获得 3，5 位和 2，4，6 位的氯取代基，但是从理论上计算，可以得到 209 种含氯量不同的联苯。在氯代芳香族化合物（archlor）中，含有 1-9 个氯取代基的多氯联苯的比例见表 4-6。对从环境中吸收多氯联苯的动物和人体组织样品的分析表明，虽然多氯联苯的主要产品含有 42% 或 42%以下的氯，但是组织样品的峰形却接近于含氯大于 50% 的多氯联苯混合物，从而使人们相信多氯联苯的代谢速度随氯化程度的增加而降低。用含有 1 个、2 个、4 个、5 个氯原子的单一的多氯联苯的研究表明，它们比大多数含有 6 个或更多氯原子的多氯联苯更易于以代谢物的形式从哺乳动物和鸟粪中排出，并在脂肪组织中存留时间较短。

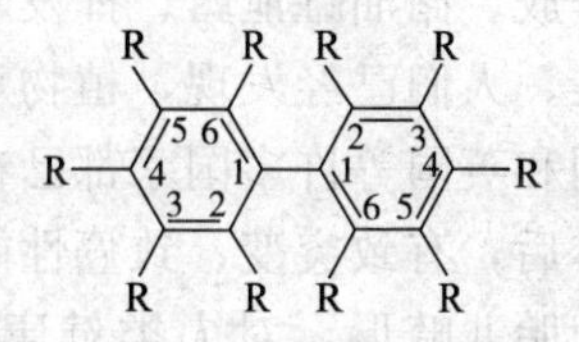

图 4-6　多氯联苯结构和取代基的位置

多氯联苯于 1881 年由德国人首先合成。1929 年美国第一个进行工业生产。20 世纪 60 年代中期全世界年产量大约为 1×10^5t，现在已经超过 1.0×10^6t，估计其中有 25%～35%直接进入了环境。早在 1966 年，人们就已经在环境中发现了多氯联苯的存在，由此促进了人们对多氯联苯的分析和对其毒性的认识。多氯联苯是环境中分布最广泛的污染物之一，曾在日本引起严重的“米糠油”公害事件。有关多氯联苯对人体作用的资料，是从日本发生的大规模中毒事故（油症）中获得的。在这次事故中，1 000 多人因食用被热交换器液体的多氯联苯污染的米糠油而引起中毒。最明显的作用是眼睛分泌物过多、皮肤色素沉着和痤疮样疹，还可以引起皮肤溃疡、痤疮、囊肿以及肝脏损伤、白细胞增加等症状，而且有致畸、致癌、致突变的危险，可能传入后代。由于多氯联苯在环境中很难降解，其危害可持续很长时间，尽管日本从 1972 年就部分停止了多氯联苯的生产，但是已经遭到污染的琵琶湖、内陆河流、山野牧草中的多氯联苯最终仍然可以通过食物链进入到人体中。

表 4-6　氯代芳香族化合物（archlor）的大致组成

分子中的氯原子数	氯的质量分数（%）	archlor				
		1 221	1 242	1 248	1 254	1 260
0	0	12.7				
1	18.8	47.1	3			
2	31.8	32.3	13	2		
3	41.3		28	18		
4	48.6		30	40	11	
5	54.4		22	36	49	12
6	59.0		4	4	34	38
7	62.8				6	41
8	66.0					8
9	68.8					1

多氯联苯是一类持久性有机污染物，具有生物难降解性和亲脂性，在食物网中呈现出很高的生物富集特性。动物实验表明，多氯联苯对皮肤、肝脏、胃肠系统、神经系统、生殖系统和免疫系统等都有诱导各种疾病的效应。一些多氯联苯同系物会影响哺乳动物和鸟类的繁殖，对人类健康也具有潜在致癌性。多氯联苯在使用过程中，可以通过废物排放、储油罐泄露、挥发和干沉降、湿沉降等原因进入土壤及相连的水环境中，造成污染。人们已经发现，植物和水生生物可以吸收多氯联苯，并通过食物链传递和富集。美国和英国等许多国家都已在人乳中检出一定量的多氯联苯。上文已述，多氯联苯进入人体后，有致突变、致癌性能，可引起肝损伤和白细胞增加症，并可通过母体传递给胎儿，使胎儿畸形，对人类健康危害极大，因此，世界各国已普遍减少使用或停止生产多氯联苯。

多氯联苯属于非离子型化合物，在水中的溶解度很低，其 K_{ow} 为 10^4～10^8，因此多氯联苯一旦进入水-底泥或水-土壤体系中，除一小部分溶解外，大部分附着在悬浮颗粒物上，故吸附行为是控制其在环境中迁移归宿和污染修复的主要过程之一。

多氯联苯在不同土壤上的吸附等温线很难用线性 Freundlich 或 Langumir 单一方程来描述。多氯联苯在土壤中的吸附分为两个部分，一部分是线性吸附，另一部分是 Langumir 非线性吸附。随着土壤中有机碳含量的增加，非线性吸附愈明显。多氯联苯同系物在水-土壤体系中的吸附不但与土壤有机碳含量有关，而且还和污染物的性质及污染物的浓度等因素有关。

多数的多氯联苯原来是被密闭在一定的空间内，如电容器中或在增塑树脂中，在存在空间被破坏之前不会被释放出来，因而从填埋场所扩散可能很慢，这是由于它的挥发性和水溶性低的缘故。多氯联苯进入环境的途径包括：从增塑剂挥发、焚烧时候蒸发、工业液体的渗漏和废弃，焚烧时的破坏、丢入垃圾堆放场和填埋。环境污染主要来自前 3 种途径。此外，尽管其他途径产生的量很小，但是影响多氯联苯进入食物链。

土壤中的多氯联苯主要来源于颗粒沉降物，有少量的多氯联苯来源于用污泥做肥料、填埋场的渗漏以及在农药中的多氯联苯。

在实际环境中，污染源多氯联苯进入到环境土壤中后，受到自然环境的影响，其组成会发生明显的变化。首先是多氯联苯中不同化合物在常温下具有不同的挥发性。从一氯到十氯取代的多氯联苯，其挥发性相差 6 个数量级，具有较强挥发性的多氯联苯则很容易随着空气迁移。其次，不同多氯联苯具有不同的水溶解性，各种多氯联苯的同族物在土壤中的吸附能力也由于其氯的取代位置的不同而有可能相差很大。因此，进入到土壤中的多氯联苯将按其在水中溶解性的不同和吸附性能的不同而以不同的速率随降雨、灌溉等过程而随水流流失，造成其组成和污染源的明显不同。另外，环境中的不同多氯联苯的光降解、微生物降解等速率也不相同，这就造成了环境样品中的多氯联苯和污染源组成的不同。在通常试验条件下，高氯代多氯联苯不能随滤过的水从土壤中渗漏出来，而低氯代多氯联苯仅仅可缓慢地被去除，特别是从含黏土成分高的土壤中去除。通过蒸发和生物转化，确实有多氯联苯的损失。蒸发速度随着土壤中黏土的含量和联苯氯化程度的增加而降低，但随着温度的增高而增高。生物转化在低氯代化合物从土壤的消失中起到一定作用。多氯联苯的性质很稳定，并且在环境条件下不容易通过水解或者类似的反应以明显的速度降解。但是在试验条件下，光分解可以很容易地使其降解。

对多氯联苯的毒性研究有了很大的进展。某些多氯联苯在化合物总量中的比例并不是很大，但是有可能是多氯联苯毒性的主要来源。最近的实验证明，除了一些和 2，3，7，8-四氯二苯并-p-二噁英（TCDD）立体结构类似的多氯联苯化合物外，其他许多的多氯联苯实际上本身并没有很高的毒性，但是这些物质可以通过对生物体酶系产生诱导作用而产生间接毒性。毒性比较高的包括 PCB-74、PCB-77、PCB-105、PCB-118、PCB-126 和 PCB-156，这 6 种多氯联苯同类物占所有的工业多氯联苯中总二噁英类似物（dioxin like）毒性的 80%～99%。主要表现在对多功能酶（MFO）的诱导作用使得其原来并没有直接毒性的有机化合物加快转变成为能引起“三致”作用的化合物。多氯联苯可通过哺乳动物的胃肠道、肺和皮肤很好地被吸收。主要储存于脂肪组织中，有一部分经胎盘转移。在哺乳动物体内主要以含酚代谢物的形式从粪便排出；在人奶中以原形化合物存在。在鸟类蛋中有相当多的排泄。从粪中排泄的速度取决于代谢的速度，并受氯取代基的数量和位置的影响。环境中的多氯联苯在通过生物食物链的过程中，由于选择性的生物转化作用而使低氯代组分逐渐降低，故在人体脂肪中仅能检出微量的每个分子含 5 个以下氯原子的多氯联苯。

第六节 石油对土壤的污染

一、石油污染物的组成及危害

石油是一类物质的总称，由上千种化学性质不同的物质组成的复杂混合物，主要是碳链长度不等的烃类物质，最少时仅含有一个碳原子，例如石油天然气中的甲烷；最多时碳链长度可超过 24 个碳原了，这类物质常常是固态的，例如沥青。石油中的物质包括气体、液体和固体，各种物质组分的物理化学性质相差很远。同时不同物质的生物可降解性也相差很大，有的物质很难降解，进入土壤中可残留很长时间，造成一种长期污染。

石油污染中最常见的污染物质称为 BTEX。BTEX 为 4 种污染物质的英文名称的首字母联合简称，即 benzene（苯）、toluene（甲苯）、ethylbenzene（乙苯）和 xylene（二甲苯）。BTEX 是有机污染中很重要的污染物质，环境中的一部分可能是石油中的某些物质经过转化而形成的。石油污染物的中芳香烃物质对人及动物的毒性较大，特别是多环和三环为代表的芳烃。

石油的开采、冶炼、使用和运输过程的污染和遗漏事故，以及含油废水的排放、污水灌溉、各种石油制品的挥发、不完全燃烧物飘落等引起一系列土壤石油污染问题。特别是石油开采过程产生的落地原油，已成为土壤矿物油污染的重要来源。研究表明，一些石油烃类进入动物体内后，对哺乳类动物及人类有致癌、致畸、致突变的作用。土壤的严重石油污染会导致其中烃的某些成分在粮食中积累，影响粮食的品质，并通过食物链危害人类健康。

二、石油污染物的降解

石油污染中的BTEX化合物存在多种好氧降解途径，主要的降解产物为邻苯二酚。苯可以降解成为邻苯二酚。甲苯有许多降解途径，其中包括生成3-愈创木酚的中间产物的降解方式，以及通过产生乙基苯，进一步可以降解成为3-乙基邻苯二酚。二甲苯总是分解成单甲基邻苯二酚。在上述的这些降解的方式中，芳香环最终都通过加双氧酶的作用断裂。

BTEX的厌氧降解是一种重要的降解途径。因为在石油污染物存在的环境常常发现氧气的消耗速率要远远高于氧气的供应。这种现象常常在自然水体沉积物、地下水及一些土壤中被观察到。

通常并不是某一种单一的微生物可以完成苯类化合物的所有的矿化作用，而是通过多种微生物的共代谢作用完成的。不论是甲苯还是乙苯在降解过程中都存在一种共同的中间体：苯甲酰辅酶A（benzoyl-CoA）（图4-7）这种化合物是苯环厌氧降解代谢的最常见的中间体。苯甲酰辅酶A（benzoyl-CoA）的苯环进一步降解而最终转化成乙酰辅酶A（acetyl-CoA）。

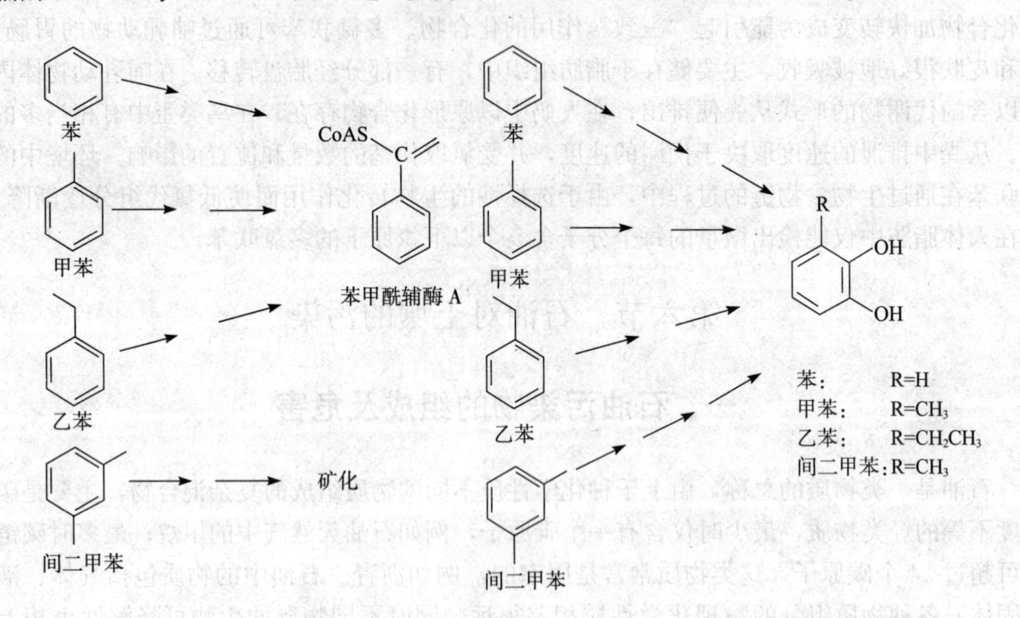

图4-7 BTEX的好氧和厌氧代谢途径

三、石油污染的生物修复

20世纪80年代以前，治理石油烃污染土壤还仅限于物理方法和化学方法，即热处理和化学浸出法。热处理法是通过焚烧或煅烧，可净化土壤中大部分有机污染物，但同时亦破坏土壤结构和组分，且处理成本高昂而很难实施。化学浸出和水洗也可以获得较好的除油效果，但所用的化学试剂的二次污染问题限制了其应用。20 世纪 80 年代以来，污染土壤的生物修复技术越来越引起人们的关注。生物修复是利用生物的生命代谢活动减少土壤环境中有毒有害物的含量，使污染土壤恢复到健康状态的过程。

生物修复技术是在生物降解的基础上发展起来的一种新兴的清洁技术，它是传统的生物处理方法的发展。与物理、化学修复污染土壤技术相比，它具有成本低、不破坏植物生长所需要的土壤环境、污染物氧化分解完全、无二次污染、处理效果好、操作简单等特点。生物修复可通过环境因素的最优化而加速自然生物降解速率，是一种高效、经济和生态可承受的清洁技术。

目前，治理石油烃类污染土壤的生物修复技术主要有两类，一类是微生物修复技术，按修复的地点又可分为原位生物修复和异位生物修复；另一类是植物修复法。

原位生物修复（in situ bioremediation）是指在污染的原地点进行，采用一定的工程措施，但不人为移动污染物，不挖出土壤或抽提地下水，利用生物通气、生物淋洗等一些方式进行。异位生物修复（ex situ bioremediation）是移动污染物到邻近地点或反应器内进行，采用工程措施，控制土壤或抽提地下水进行。植物修复（phytoremediation）法指利用植物对受污染的环境进行修复的技术。

◆ 思考题

1. 长残留有机污染物的种类和主要特性是什么？
2. 有机污染物在土壤环境中的主要的环境行为有哪些？
3. 农药污染土壤的途径有哪些？
4. 农药残留对环境的影响如何？
5. 有机污染物降解的方式有哪些？
6. 有机污染物生物修复的种类有哪些？

◆ 主要参考文献

林玉锁，等 . 2000. 农药与环境生态保护［M］. 北京 . 化学工业出版社 .

苏允兰，莫汉宏，等 . 1999. 土壤中结合态农药环境毒理研究进展［J］. 环境科学进展，7（3）：45 - 51.

孙清，陆秀君，等 . 2002. 土壤的石油污染研究进展［J］. 沈阳农业大学学报 . 33（5）：390 - 393.

王焕校，等 . 2002. 污染生态学［M］. 北京：高等教育出版社 .

王敬国，等 . 2001. 农用化学物质的利用与污染控制［M］. 北京：北京出版社 .

夏北成，等 . 2002. 环境污染物生物降解［M］. 北京：化学工业出版社 .

熊楚才，等 . 1988. 环境污染与治理［M］. 北京：北京理工大学出版社 .

杨惠娣，等 . 2000. 塑料农膜与生态环境保护［M］. 北京：化学工业出版社 .

张大弟，张晓红 . 2001. 农药污染与防治［M］. 北京：化学工业出版社 .

赵振华 . 1993. 多环芳烃的环境健康化学［M］. 北京：中国科学技术出版社 .

第五章　肥料对土壤环境的污染

本章提要　本章在介绍我国肥料利用情况及所存在问题的基础上，重点介绍施用化肥和有机肥料对土壤环境的污染和对土壤肥力的影响；肥料施用不当对水体的富营养化、硝酸盐的污染；对大气的污染以及对人和动物的健康、作物产量和品质的影响。同时介绍肥料对土壤造成污染的影响因素，并提出防治措施和对策。

第一节　我国肥料利用概况

一、肥料概述

（一）肥料的概念

肥料是植物的“粮食”。我国古代称肥料为粪，施肥则称为粪田。肥料一词意指肥田的物料。确切地讲，肥料是直接或间接供给植物所必需养分，改善土壤性状，以提高作物产量和品质的物质。

（二）肥料的来源

根据肥料的性质和来源不同，可以将肥料分为有机肥料、化学肥料和生物肥料。

通常把含有较多有机质，来源于动植物有机体及畜禽粪便等废弃物的肥料称为有机肥料。大部分有机肥料为农家就地取材，自行积制的，它是我国有机肥料的主体，也称为农家肥料。

化学肥料简称化肥，多是以矿物、空气、水为原料，经过化学和机械加工制成的肥料。

生物肥料是含有微生物活体菌的肥料。

二、科学施肥与我国粮食安全保障及农业的可持续发展

（一）科学施肥与我国粮食安全保障

我国是个农业大国，农业在国民经济发展中占有重要的地位。稳定并提高粮食产量是农业生产中最基本的目标，因为它直接关系到民生问题和社会的稳定。随着我国人口的增加，对粮食需求的日益增加，给农业生产的压力也越来越大。按照我国人口增长预测最低的结果，到2020年和2030年预计我国人口将分别达到14.3亿和15亿，我国人均粮食年消耗（包括饲料、工业用粮）按400kg计，届时粮食总需求也分别达到5.72×10^{8}t和6.00×10^{8}t。而我国粮食产量在历史最高的1999年也只有5.12×10^{8}t，2003年的粮食总产只有

4.31×10^8 t，2004 年有所回升，也只有 4.70×10^8 t。粮食总产量是由粮食单产和粮食播种面积共同决定的。近年来，我国的耕地面积一直在下降，从 1996 年的 1.30×10^8 hm² 下降到 2004 年的 1.23×10^8 hm²，减少的耕地主要是粮食生产的土地。我国粮食播种面积由 1998 年的 1.13×10^8 hm² 减少到 2003 年 0.98×10^8 hm²，耕地的减少制约了粮食总量通过扩大播种面积来提高的可能性，只能依靠增加单产来提高。施用化肥在过去、现在和将来都是我国最有效的粮食增产措施之一。

肥料是农作物的"粮食"，是现代农业生产中投入最大的一类农业生产资料，对提高作物单产和粮食总产起着重要的作用。据联合国粮农组织估计，肥料在作物增产中的作用占 40%～60%。由此可见，解决好肥料问题事关重大。20 世纪 70 年代以前我国农田养分主要依靠有机肥供给，随着经济的发展，我国化肥生产量和施用量也迅速增加，1989 年成为世界上化肥使用量最多的国家，1996 年化肥的总产量（纯养分）也达到了世界第一。从我国历年化肥用量、粮食总产量和粮食单产的资料可以看出（图 5-1），随着化肥用量的增加，粮食总产量和粮食单产水平不断提高。相关分析表明，从 1949 年到 2004 年，全国粮食总产量、粮食单产和化肥用量之间的 r^2 分别达到 0.944 和 0.964 3，均呈极显著水平。全国化肥试验网的研究表明，化肥对我国粮食单产增长的贡献率高达 55%～57%，对提高总产的贡献率 30%～31%，中国能以占世界 7%的耕地养活占世界 22%的人口，这一举世瞩目的成就取得，一半归功于化肥的作用。由此可见，化肥为我国实现粮食增产发挥了巨大作用。

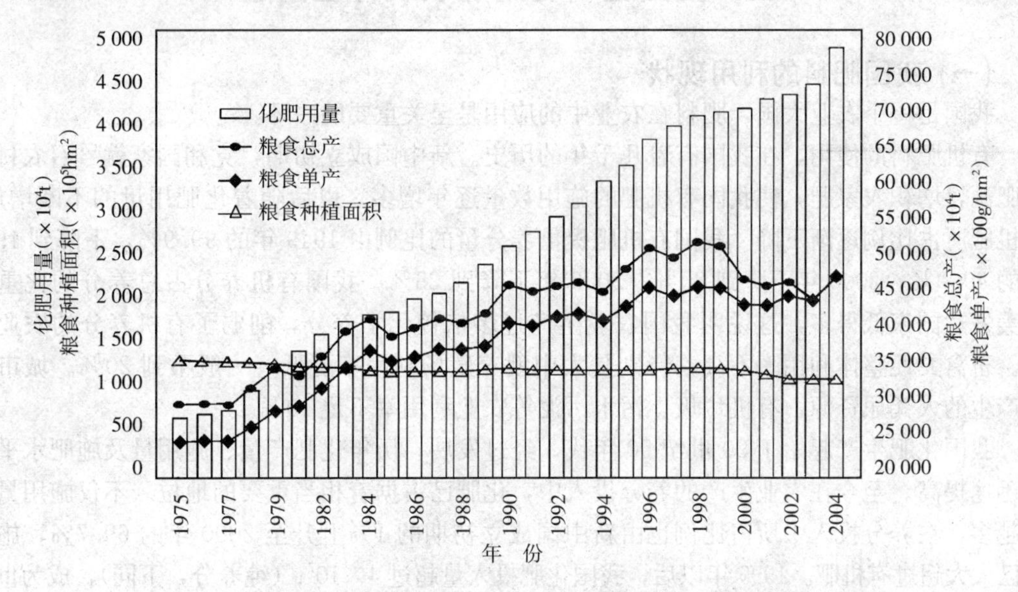

图 5-1　我国肥料施用量、粮食播种面积与粮食单产、总产量的变化趋势

目前，粮食安全仍然是我国农业生产的首要任务。今天的粮食安全已不再是单纯的数量安全的概念，它包含了更加丰富的内涵，也就是包括了粮食的数量安全、质量安全、经济安全和生态安全。数量安全是粮食安全的最基本要求，就是要为日益增长的人口生产足够的粮食；质量安全是指生产的粮食要有较高的营养质量和安全质量，必须是无公害食品；经济安全是指农民要在生产过程中受益，有较好的经济保障；生态安全就是从发展的角度，要求粮食的获取要注重生态环境的良好保护和资源利用的可持续性，即确保粮食来源的可持续性

安全。

(二) 科学施肥与农业的可持续发展

可持续农业是建立在资源利用、环境保护、满足社会需求和经济效益等各个方面均可持续发展基础上的农业制度的一种思想、追求或目标，它并不严格排斥农业化学品的使用，同时十分注重经济和社会效益的持续性。

土壤肥力是农业可持续发展的重要物质基础。通过调节土壤退化与重建过程，不断培育持续高产的土壤肥力是农业可持续发展的根本措施。

合理施肥不仅有提高产量，改善粮食的营养品质的作用，可以从面积较少的耕地上获得更多农产品，起到补偿耕地不足的作用，而且是维持和不断提高土壤肥力所必需的，连续、系统地合理施肥是培肥土壤，提高地力以保持土壤可持续利用的最有效方式。

无论是施有机肥还是施无机肥，当季作物不可能全部利用，每次收获后必然有相当数量的养分以有机或无机的形式残留在土壤中，使土壤肥力不仅不退化而且还能不断提高。根据我国不同地区长期肥料试验中测定的土壤有机质含量的变化状况，土壤有机质含量提高最多最快的则是无机肥和有机肥相配合的处理。

施肥能促进粮食增产，一方面解决人民的温饱问题；另一方面，粮食总量的增加，也促进了我国食品加工业、畜牧业等众多行业的发展。

三、我国肥料利用现状及存在问题

(一) 我国肥料的利用现状

我国是一个农业大国，肥料在农业中的应用是至关重要的一环。

有机肥料的使用，在我国有着几千年的历史。新中国成立初期，党和国家就号召农村广辟肥源，增积农家肥，使我国有机肥的施用数量逐年增多。以后随着化肥用量的不断增加，有机肥所占比例逐渐下降。我国有机肥提供养分量的比例由 1949 年的 99.9%，下降到 1980 年的 49.0%，2000 年下降到 30%，2003 年下降到 25%。我国有机养分占总养分的比重比欧美发达国家低得多，这说明我国农业生产过多依赖化学养分，削弱了有机养分的农业价值。畜禽粪便整体利用率不高，特别是大中型养殖场利用率更低，一般不到 20%。城市地区产生的人粪尿资源、有机垃圾、污水污泥等农业利用率不足 10%。

我国化肥生产起始于 20 世纪 50 年代，经过发展，历年化肥产量、施用量及施肥水平得以迅速提高。至今在农业生产的养分投入中，化肥已占据着相当重要的地位。不仅施用量越来越多，在养分投入中所占比例也由新中国成立初期的 1%上升至 2000 年的 69.7%，施用量已大大超过有机肥。1999 年以后，我国化肥投入量超过 4×10^7 t（纯养分，下同），成为世界上最大的肥料消费国。近年来，我国化肥施用量每年增长 2.8%，2006 年为 4.97×10^7 t，2007 年达 5.1×10^7 t，占世界总消费量的 35%。另外，化肥使用结构也发生了变化。新中国成立初期以单一氮肥为主，20 世纪 60 年代开始使用磷肥，20 世纪 70 年代末期开始使用钾肥。随着科学施肥的大力推广，氮肥的投入量所占比例有所下降，而磷钾肥所占比例逐步上升。在施用方法上也由多为撒施、表施改为底施、深施与有机肥料配施等；化肥使用品种也越来越多样化，且有由低浓度向高浓度发展的趋势。

由于化肥可以突破有机物质循环模式，不受气候条件、耕地面积限制而不断地向农业投入农作物必需的养分，再加之我国人口众多，人均耕地极少的国情，可以预见，今后我国的化肥施用量还将会不断增加。

（二）我国肥料使用中存在的问题

1. 盲目过量施肥，肥料利用率普遍低下 我国化肥施用量在1990年为2.195×10^7t，1992年为2.59×10^7t，到2007年为5.1×10^7t左右，平均每公顷施用化肥约300kg，而目前世界平均每公顷施用化肥约120kg。肥料投入量过高，一方面由于肥效报酬递减使肥料的增产效应下降，另一方面还会造成资源的浪费和生态环境的破坏。在我国许多地方都存在着盲目过量施肥现象，农民施肥技术仍很落后，由于农村劳动力大量转移，农民往往把基肥加追肥的多次施肥简化为"一炮轰"，使化肥利用率普遍低下。根据试验统计，我国尿素氮利用率为20%～40%，碳铵利用率仅为15%～30%，普钙中磷的利用率在15%～30%左右，钾肥和磷肥相当。而发达国家氮肥的利用率为50%～60%，磷钾肥利用率可达35%。由于肥料利用率低，不仅其肥效没有得到充分发挥，造成严重的经济损失，提高了农产品的成本，而且还引起农产品品质下降和环境污染的问题。

2. 施肥结构不合理，养分施用不平衡 为保证作物高产，不仅需用足够数量的肥料，而且各种养分要有一个适宜的比例，而这一适宜比例，主要决定于作物的营养特性、土壤养分供应能力和肥料农化性状3个方面。忽视了任何一个方面，都会引起养分失调。经过几十年的化肥使用实践，我国土壤磷素和钾素营养状况正向两个相反方向发展：自20世纪70年代中期以来土壤磷素开始积累有所盈余，而土壤中钾素则因每年施用大量氮、磷化肥而使产量不断提高，加上钾素投入少、产出多，相当一部分地区基本不施钾肥，土壤钾素呈下降趋势。我国土壤中各种微量元素缺乏，而目前施用微肥的面积很少。由于最小养分限制其他养分吸收，造成了化肥使用中的浪费和肥效的降低。在经济作物中，设施园艺的作物投肥水平明显偏高，远远高于适宜用量，尤其是氮肥严重过量，不仅影响了产品品质，而且对耕地、地下水等资源造成严重的破坏。施肥中忽视后效是造成养分不平衡，肥料浪费的另一个方面。一般来说，氮肥后效会影响以后4～5茬作物，而磷肥的后效影响更长。我国学者的研究也指出，一季作物之后，土壤中残留的氮占施氮量的15%～30%，而考虑轮作的特点推荐施磷量要比单作施磷量少40%。肥料品种结构不合理，优质肥料和新型肥料品种少，高效复合（混）肥、控释缓效肥、腐殖酸类肥、生物菌肥品种少数量小。在复混肥发展上，肥料养分配比没有按农业需求来设计和发展。我国大规模复混肥发展的思路是欧洲配成复混肥的路线，而不是北美掺混肥的模式。其结果是肥料养分配比单一，与农业需求脱节。我国缓、控释肥仍没有突破膜材料的制约，现有产品成本高，环保性不强，关键是农户尚没有掌握这种高端肥料的施用方法。

3. 地区间施肥不平衡 由于受技术、经济、交通等因素的影响，区域化肥施用不平衡是我国化肥使用中公认的问题之一。总体来说，东部沿海和中原地区肥料投入水平较高，造成部分资源的严重浪费，并且带来一系列环境问题；西部地区肥料投入水平偏低，不能满足农业生产的需要，严重制约了当地农业发展和农民增收。从全国化肥平均用量来看，华东、华南、华北和华中四大区施肥水平高于全国平均水平，而西北、西南和东北三大区低于全国平均水平。目前全国大部分地区化肥平均施用量已经达到195～390kg/hm^2，其中福建、海南、北京、天津、江苏、山东和广东等地超过390kg/hm^2，而用量低于195kg/hm^{2}的地区只有内蒙古、西藏、贵州、黑龙江和青海几个省区。2002年福建省每公顷平均化肥施用量为835.5kg，江苏省667.5kg，而内蒙古只有100.5kg，青海105kg，最高施用量与最低施用量之间相差8倍多。这种情况一方面造成肥料富足地区肥料的流失，另一方面使大片中、低产田不能发挥生产潜力，这也是导致我国肥料利用总效益低下的重要原因。而在无明显障碍因子情况下，向中低肥力土壤施用同等数量化肥，其肥效要高出高产土壤上氮、磷肥的肥效50%～100%（表5-1），每千克化肥可多增产4～5kg粮食。

表5-1 两次全国化肥试验网氮、磷、钾肥效比较

（引自李庆逵，1998）

作物	1958—1966年			1981—1983年		
	N	P_2O_5	K_2O	N	P_2O_5	K_2O
水　稻	15～20	8～12	2～4	9.1	4.7	4.9（华南6.6）
小　麦	10～15	5～10	不增产	10.0	8.1	2.1
玉　米	20～30	5～10	2～4	13.4	9.1	1.6
棉　花	8～10	—	—	3.6	2.0	2.9
油菜子	5～6	9～7	—	4.0	6.3	0.6
薯　类	40～60	—	—	58.1	33.2	10.3
施肥量	45～60kg/hm²（养分计）			45～60kg/hm²（养分计）		

注：表中数据为每千克养分增产量（kg）。

化肥施用不平衡不仅表现在地区之间，而且也表现在地区内不同农户的地块之间，其中超量施肥和施肥不足同时共存，特别是在氮肥投入上最明显。

4. 农民施肥技术水平仍然较低 由于我国农户地块小，农民科技素质偏低，施肥技术仍然较低。受“粪大水勤，不用问人”、“施肥越多产量越高”等传统思想的影响，农民投入化肥时不能根据作物产量水平和土壤肥力状况合理投入，而是尽可能多地投入化肥，这在经济作物上十分突出。这一局面正随着测土配方施肥技术的推广得到逐步改善。在施肥时期上是重基肥轻追肥。由于受劳动力转移，施肥机械不匹配，化肥产品推广等多种因素的影响，“一炮轰”、“重基肥轻追肥”等越来越普遍。在施肥方法上，铵态氮肥表施，施后大量灌水，磷肥撒施十分普遍，造成养分损失非常严重。另外，随着农村经济的发展和劳动力的转移，农村农业生产已经由过去的男劳动力为主转向妇女和老人为主，迫切需要省时省力的肥料投入技术，如机械施肥技术、缓控释肥料施肥技术等。而目前生产中还是以传统的肥料投入技术为主，施肥配套技术的开发和推广十分薄弱，这也是造成农民施肥技术水平低的重要原因。

5. 有机物料收集利用率低下 有机肥在总养分投入中所占比例越来越小，导致土壤有机质含量下降，土性变坏。据粗略统计，随着第二产业和第三产业的发展，农村劳动力的流动和农民商品意识的增强，作物秸秆、人畜排泄物等有机肥源目前只收集利用了1/4～1/3。秸秆焚烧有增无减，大型养殖场的畜禽粪便成为严重污染源，有机肥料的价值正在为人们所忽视，有机肥料的作用也正在迅速下降和萎缩。农民特别是经济发达地区农民对有机肥的施用已不很重视。造成这种现象的原因，除因有机肥源大多分散，积、储、运、施均费时、费工以及忽视有机肥除其营养作用以外的其他功能外，也还由于随经济发展人民生活水平的提高，作为重要有机肥源的城市粪尿垃圾等，不仅数量迅速膨大，而且组成也发生了根本的变化，使许多有害生活废弃物夹杂其中，故被农民拒用，或盲目滥用而导致土壤污染、破坏。

第二节　肥料对土壤环境的影响

一、肥料中的有毒有害物质对土壤环境的影响

肥料对土壤环境最直接的影响是增加土壤中速效养分的含量，提高供肥力。但由于原料、矿石本身的杂质以及生产工艺流程的污染，化肥中常常含有许多有害物质，如重金属元素、放射性元素、氟元素、有毒有机化合物和有机肥料中的有毒有害物质等，这些物质施入土壤后积累到一定程度，就会对土壤环境产生污染。

(一) 重金属污染

施肥引起的重金属污染主要来自磷肥以及利用磷酸制成的一些复合肥料。制造磷肥的主要原料为磷灰石，除了富含 P_2O_5 外，还含有铬、镉、砷、氟等多种有毒元素，用其生产磷肥后施用，将会污染土壤。这是化肥污染土壤的一个突出问题。对施磷肥 36 年的土壤调查结果表明，在每年施用三元过磷酸钙为 175kg /hm^2 的情况下，表土中的镉的含量与其全磷含量有极显著的相关性，施磷的土壤的表土含镉量为 1.0mg/kg，而对照仅为 0.07mg/kg。由于镉在土壤中移动性很小，不易淋失，也不为微生物所分解，易集中于施肥较多的耕作层，被作物吸收后很易通过饮食进入并积累于人体，是某些地区人类骨痛病和骨质疏松等的重要病因之一。世界各国磷肥中镉的含量有较大的差异，美国为 7.4～15.6mg/kg，加拿大为 2.1～9.3mg/kg，澳大利亚为 18～91mg/kg，而瑞典为 20～30mg/kg。我国磷肥中重金属的含量近年来也受到关注，特别是对镉在磷矿和磷肥中的含量与植物的吸收的关系进行了较为系统的研究。结果表明，我国磷矿含镉量为 0.1～571mg/kg，大部分为 0.2～2.5mg/kg，对 55 个主要磷矿的分析结果表明，其平均含镉量为 0.98mg/kg，与其他国家相比，我国磷矿中的镉含量属中低水平。尽管从目前来看，我国的磷肥中镉的含量还不至于引起严重的镉污染问题，但潜在的危险不容忽视。表 5-2 为我国磷肥中重金属元素的含量情况，可见，磷肥中含有较多的有害重金属。

表 5-2　我国某些磷肥中重金属元素的含量

(引自夏立江、王宏康，2001)

取样点	肥料	重金属元素						
		As	Cd	Cr	Pb	Sr	Cu	Zn
山东德州	普钙	51.3	1.4	464	170.4	330	60.6	215.3
北京通州	普钙	36.4	1.9	39.9	124.1	267	61.4	253.2
云南	磷矿粉	25.0	3.8	47.3	242.1	464.5	54.2	225.3
浙江义乌	钙镁磷肥	6.2	—	1 057.2	—	141.9	63.2	169.4
湖南	铬渣磷肥	67.7	—	5 144	—	189.5	48.0	768.8

另外，有些化肥如硝酸铵、磷酸铵或复合肥中砷含量甚至可达 50～60mg/kg。施肥时，这些有害物质便随肥料一起进入农田土壤中，使重金属在土壤中积累。重金属尤其是毒性较大的汞、镉、铅、铬以及类金属砷，由于不能被土壤微生物所降解，不仅会直接影响作物的生长发育，有时还会导致农产品污染。有些重金属在土壤中可以转化为毒性更大的甲基化合

物，通过食物链不断地在生物体内富集，最终在人体内蓄积，使人发生慢性中毒。

（二）放射性污染

化肥中放射性物质主要存在于磷肥和钾肥中。磷矿石中常含有铀（U）、钍（Th）和镭（Ra）等天然放射性元素，磷肥是土壤中这些天然放射性重金属的污染源。我国成品磷肥中铀含量一般为 $2.4\times10^{-3}\sim2.24\times10^{-2}$ mg/g，钍含量为 $1.1\times10^{-3}\sim1.1\times10^{-2}$ mg/g。

不同地区磷矿粉与磷肥中总 α 放射性强度见表 5-3，我国浙江、福建一带的磷肥中放射性核素强度较高。但总的来说，我国磷肥中放射性核素的强度是偏低的。

作为钾肥原料的钾盐矿中放射性核素是 ^{40}K，主要辐射 γ 射线和 β 射线。这些放射性物质可随化肥进入土壤，通过食物链被人畜摄取，对人畜产生放射病，能致畸、致突变、致癌。美国每年施用钾肥相当于钾盐矿 6.0×10^{6} t，所提供的 ^{40}K 放射性达 1.554×10^{14} Bq（4 200Ci）。20 世纪 90 年代初我国钾肥消耗量为 1.5×10^{6} t，估计每年进入农田的 ^{40}K 放射性总强度达 3.7×10^{13} Bq（1 000Ci）。

表 5-3　我国不同地区磷矿粉与过磷酸钙中放射性核素的放射强度（混合样品）

（引自李天杰，1995）

地　区	放射性核素的强度（Ci/kg）	
	磷矿粉	磷肥
广东湛江	3.3×10^{-9}	5.2×10^{-9}
福　建	—	8.16×10^{-7}
浙　江	—	8.21×10^{-7}
河南洛阳	—	3.4×10^{-8}
河北张家口	$6.2\times10^{-9}\sim4.2\times10^{-8}$	1.7×10^{-9}
内蒙古	2.5×10^{-7}	2.6×10^{-7}
黑龙江	—	7.9×10^{-9}

注：$1Ci=10^{10}Bq$。

（三）氟污染

氟是磷肥中污染环境的主要元素之一，也是目前人们极为关注的元素之一，其原因在于它和人类生活有着极其密切的关系。氟具有很高的化学活性，对人畜危害较大。磷肥的主要原料是磷灰石，其中氟含量为 1%～3.5%，生产过程中含氟量的 1/2～1/3 成为 SiF_4 排出。我国有磷肥厂 800 个左右，每年磷石灰用量在 $3.0\times10^{6}\sim4.0\times10^{6}$ t 或以上，每年排氟量多达 1.0×10^{5} t 以上。通过对全国 22 个矿 172 个样品的测定，发现凡磷矿中全磷含量高的，氟含量也高，平均可达 2.2%左右。虽然在磷肥制造过程中 25%～50%的氟已损失，但还有相当数量残留在肥料中。过磷酸盐和三聚磷酸盐往往含有 1.0%～1.6%的氟。长期使用磷肥，会导致土壤中含氟量的增高，从而使生长其上的植物中的氟含量也增高，轻则抑制生长发育，重则产生中毒现象。这在酸性土壤上更为严重，在石灰性土壤上氟可能形成难溶的钙盐。另外，土壤氟污染还可导致铁铝氧化物或氮氧化物的崩解，促使土壤有机质增溶，从而影响潜在有毒元素的有效性。

（四）有毒有机化合物的污染

目前商品生产的化肥中，被公认为有害的有机化合物有如下几种：硫氰酸盐、缩二脲、三氯乙醛以及多环芳烃，它们对种子、幼苗或土壤微生物有毒害作用。

硫氰酸盐（SCN^-）产生于煤气和炼焦的生产过程中。在炼焦厂作为副产品制造的硫酸铵中含有一定量的硫氰酸铵。当水溶液中（SCN^-）浓度超过5mg/L以上时可危害作物发芽。因此施用硫酸铵前要注意检测。

缩二脲存在于尿素中，在造粒过程中，经高温处理（>133℃）尿素能分解出氨和缩二脲。缩二脲对作物有毒害作用。对植物危害较大又较普遍存在的是磷肥中的三氯乙醛，一般在磷肥生产中都存在三氯乙醛污染。三氯乙醛是植物的生长紊乱剂，它能在土壤中存在较长时间，数月后才能完全降解。

(五) 有机肥料中有毒有害物质对土壤环境污染

城市垃圾、污泥中，含有有害重金属，当它们作为肥料过量输入农田时，会使土壤中重金属有毒物质积累。用未经无害化处理的人畜粪便、城市垃圾以及携带有病原菌的植物残体制成的有机肥料或一些微生物肥料直接施入农田，会使某些病原菌在土壤中大量繁殖，造成土壤的生物污染。这些病原体包括各种病毒、病菌、有害杂菌以及寄生虫卵等，它们在土壤中生存时间较长，如痢疾杆菌能在土壤中生存22～142d，结核杆菌能生存1年左右，蛔虫卵在土壤中能生存315～420d，它们可以通过土壤进入植物体内，使植株产生病变，影响植物的正常生长，影响植物的产量和品质，进而通过农产品进入人体，给人类健康造成危害。

还有一些有害粪便是一些病虫害的诱发剂，如鸡粪直接施入土壤，极易诱发地老虎的繁殖，进而造成对植物根系的破坏。此外，被有机废弃物污染的土壤，是蚊、蝇滋生和鼠类繁殖的场所，不仅带来传染病，还能阻塞土壤孔隙，破坏土壤结构，影响土壤的自净能力，危害作物正常生长。

畜禽养殖业在我国有了长足的发展，其在发展过程中呈现两个重要特点，一是畜禽养殖向规模化、集约化方向发展；二是各类饲料添加剂的使用极大地改善了畜禽生长的物质条件，促进了养殖业的快速发展。同时，由于大量饲料添加剂的使用，畜禽粪便的化学组成已较传统畜禽排泄物发生了较大的改变，尤其是畜禽粪便中抗生素和重金属残留量大，在农用过程中可能对农田土壤质量造成影响。据报道，对肉用动物使用的抗生素有25%～75%以母体药物的形式从粪便中排出体外，并且在施用粪肥的土壤中长期持留。这部分兽药及其代谢产物通过畜禽粪便农用进入土壤后，一方面通过雨水冲洗或浇灌，淋溶进入地表或地下水环境中；另一方面，有些抗生素类药物（如四环素类和磺胺类药物）为持久性污染物，在土壤中积累，有可能被农作物吸收积累而进入食物链威胁人体健康。

Hamscher等在液体粪肥中检测到四环素（TC）含量为4.0mg/kg，而氯四环素（CTC）含量为0.1mg/kg；在施用粪肥的土壤层中（0～90cm）四环素（在10～20cm土层）和氯四环素（在0～30cm土层）的最高平均浓度分别高达198.7μg/kg和4.6～7.3μg/kg。董元华等在对江苏省40多个区县150家不同畜禽类型的集约化养殖场采集测定了180个畜禽粪便样品的化学组成，畜禽粪便中氟喹诺酮、四环素和磺胺三类抗生素均有不同程度的检出，其中磺胺类检出率最高，部分超过了50%；氟喹诺酮类残留量最高，恩诺沙星残留量的平均值达到了218.5mg/kg（干土），最高检出浓度达1 421mg/kg（干土）。这些抗生素中，有一些为人畜共用的，长期、大量施用含抗生素残留的畜禽粪便，这些抗生素在土壤及环境中的迁移、吸附等环境行为如何，是否会使土壤中的微生物产生抗性，这些抗性是否会影响这些抗生素对人类的治疗效果，这些目前都还是未知数，尚有很多问题有待研究。

畜禽粪便中的另一类重要污染物重金属，其在环境中的迁移转化及生态风险也引起了环境学界的高度重视。在畜禽养殖过程中，由于追求经济价值和防病的需要，普遍采用含有重金属元素的饲料添加剂，使畜禽粪便中重金属含量增加很多。Nicholson 等对英国境内 183 份畜禽饲料和 85 份动物粪便样品的重金属含量进行了分析，结果表明，猪的不同生长期饲料中，锌和铜含量范围分别在 150～1 920mg/kg 和 18～217mg/kg，而在禽类饲料中锌和铜含量范围分别在 28～4 030mg/kg 和 5～234mg/kg。并且猪粪中的锌和铜含量高于其他粪便，均值为 500mg/kg 和 360mg/kg。刘荣乐等研究了中国的畜禽粪便和商品有机肥料后指出，猪粪中的铜含量范围在 10.2～1 742.1mg/kg，平均含量为 452.2mg/kg，锌含量范围为 40.5～2 286.8mg/kg，平均含量为 656.2mg/kg；鸡粪中的铜的含量范围为 16.8～736.0mg/kg，平均含量为 5mg/kg，锌含量范围为 0～1 017.0mg/kg，平均含量为 5mg/kg。Cang 等对江苏省 10 个地区 31 个大型养殖场的饲料和畜禽粪便中 14 种金属元素含量进行了调查，发现以铜、锌污染最为严重，其中 15%饲料样品和 30%畜禽粪样品铜含量超过 100mg/kg，50%饲料样品和 95%畜禽粪样品锌含量超过 100mg/kg。张庆利等研究发现，南京城郊菜地有效铜主要与有机肥施用关系密切，有机肥施用量越大，土壤中有效铜含量越高。而对于不同的土壤，含重金属的畜禽粪施用后其影响也会不同。在酸性黄壤、中性冲积土、石灰性紫色土上进行的盆栽试验表明，如每年以小麦—水稻轮作方式种植，长期施用高锌猪粪（以施用量最低 10g/盆计），根据土壤 pH 的不同，则土壤中锌含量在 12～28 年间可能超过国家土壤环境质量标准的二级标准，且 pH 愈低，情况愈严重。因此酸性土壤中施用畜禽粪肥时尤其要密切关注其中的重金属含量。

畜禽粪便是生产商品有机肥料的重要有机物料来源，直接影响商品有机肥料的品质，而且畜禽粪便还以有机肥的形式直接用于农田。因此，畜禽粪便中有毒有害物质（如重金属）含量直接影响农产品的安全生产。目前我国只对城镇垃圾和污染的农用制定了相应的标准，但对畜禽粪便等其他有机废弃物中有毒有害物质还没有安全控制标准。另外，一些标准缺少长期定位研究结果的支持，并缺少对施用年限和年施用量的规定。虽然施用畜禽粪便时，其中的重金属可能不会影响当季作物的质量安全，但因为重金属具有累积的特点，长期施用会在土壤中积累而具有超过土壤环境质量标准（GB 15618—1995）的风险。因此，开展畜禽粪便安全控制标准的研究，对规范和指导商品有机肥料的安全生产，对发展无公害食品和绿色食品生产至关重要，是保障从农田到餐桌的全过程监控的技术保障。

另外，未经清理的有机肥料，含有碎玻璃、金属片、塑料、废旧电池等，施入土壤中会使其渣砾化，不仅破坏土壤结构，降低土壤的保水保肥能力，甚至使土壤质量下降，农产品产量锐减、品质下降，严重者使生态环境恶化。

二、导致土壤板结，土壤肥力下降

长期过量施用单一化肥，使土壤溶液中 NH_4^+ 和 K^+ 的浓度过大，并和土壤胶体吸附的 Ca^{2+} 和 Mg^{2+} 等阳离子发生交换，使土壤胶体分散，土壤结构被破坏，导致土壤板结。化肥无法补偿有机质的缺乏，大量施用化肥，用地不养地，造成土壤有机质下降，进一步影响土壤微生物的生存，不仅破坏土壤肥力结构，而且还降低肥效。据调查，由于长年施用化肥，华北平原土壤有机质已降到10g/kg左右，全氮含量不到0.1%。我国东北一些农场20世纪50年代的土壤有机质含量达90g/kg，到了80年代降到20～30g/kg。吉林省土壤有机质还在以每年1g/kg的速度下降。可见，长期过量施用单一化肥，会对耕地土壤的退化产生直接影响。

但也有的试验表明，氮磷钾肥配合施用，可提高土壤有机质含量。由中国农业科学院土壤肥料研究所在我国不同轮作区完成的30余个连续10年的肥效试验结果表明，施用单一氮肥处理，土壤有机质含量经10年后平均下降约5%；而氮磷钾化肥处理，有机质含量平均增加约3.5%，而全氮增加15%。对在氮磷钾化肥基础上连续增施有机肥的处理，有机质和全氮平均含量可分别提高10%和20%，对土壤速效养分的提高也有明显的作用。

三、造成土壤硝酸盐的污染

化肥影响土壤的另一个突出问题是过量施用氮肥直接影响土壤中NO_3^--N的含量水平。氮肥施用量和土壤中硝酸盐的积累与淋失量有密切的关系。试验结果表明，土壤中的硝酸盐累积量随着施氮量的增加而增加（表5-4）。黄绍敏等在潮土土壤上的研究结果表明，1m^3土体中硝态氮积累量在施氮量小于225kg/hm^2时增幅不大，施氮量继续增加，硝态氮积累量急剧增加，当施氮量由225kg/hm^2增加到300kg/hm^2和375kg/hm^2时，1m^3土体中硝态氮含量分别增加了4.2倍和7.4倍。华北地区大量的试验结果表明，高产农田土壤1m土层中累积硝酸盐量每公顷已高达数百甚至上千千克，远远超过作物生长的需要量。袁新民等在陕西杨凌地区调查，在施用有机肥（主要为鸡粪）折氮量达1 000kg/hm^2以上的蔬菜地土壤中，12月下旬（蔬菜已收获）0～4m土层NO_3^--N的累积量折氮都超过1 000kg/hm^2，而40%～75%的NO_3^--N被淋溶到2～4m土层。有机肥和无机肥配施在一定程度上可以提高作物产量，培肥地力，但当施入土壤中的总氮量过大时，将不再增加作物吸收却增加NO_3^--N的积累，土壤中NO_3^--N的累积量随总施氮量的增加而增加。有人在研究不同施肥种类对日光温室土壤硝酸盐含量影响时发现，化肥是引起土壤NO_3^--N累积的最主要因素，化肥引起40～160cm土层NO_3^--N的累积量最大，是牛粪累积量的2倍。施用牛粪也会造成土壤NO_3^--N的累积。

表5-4　氮肥不同施用量对土壤NO_3^--N的影响

（引自汪雅各，1991）

处　理	土壤耕层NO_3^--N含量（mg/kg）	
	区组Ⅰ	区组Ⅱ
尿素675kg/hm^2	88.5	83.6
450kg/hm^2	38.1	46.1
225kg/hm^2	21.5	35.6
对照（不施肥）	17.9	25.8

当土壤溶液中硝酸盐浓度过高时，一部分硝酸盐随着地表径流，流向低洼地带或垂直迁移进入地下水中，造成水体氮污染。另一部分硝酸盐以过多的数量被作物大量吸收，成为作物产品的污染源。

四、引起土壤酸化

土壤酸化是指土壤 pH 在原有基础上逐渐下降的现象，是土壤中 H^+ 逐渐增加和交换性盐基逐渐减少的过程。土壤酸化过程是土壤形成和发育过程中普遍存在的自然过程。土壤的自然酸化一般是较为缓慢的，但人为因素的影响，则大大加快了土壤酸化的进程。长期大量施用单一品种化肥，特别是生理酸性肥料，会导致土壤酸化。硫酸铵、氯化铵等都属生理酸性肥料，植物吸收肥料中的养分离子后，土壤中 H^+ 增多，易造成土壤酸化。据江西红壤丘陵地试验，氯化铵和硫酸铵的施肥量按 60kg/hm^2（纯氮），施用两年后，表土 pH 从 5.0 分别降到 4.3 和 4.7～4.8，同时也说明氯化铵比硫酸铵对土壤酸化的影响更大。广西多石灰性稻田，$CaCO_3$ 含量高至 100g/kg 以上，用氯化铵（NH_4Cl）作为氮源试验表明，2 年后 pH 可有一定程度的降低，$CaCO_3$ 含量降低 3～8g/kg。化肥施用产生的土壤酸化现象在酸性土壤中最严重。例如，浙江金华十里农场，新开垦红壤经耕种施肥 pH 下降颇为明显（表 5-5）。不同地区茶园土壤由于长期施用过磷酸钙、硫酸铵等酸性肥料，使土壤发生酸化，已成为茶园土壤退化的严重问题。

表 5-5　施用氮肥的红壤稻田 pH 的变化情况

（引自李天杰，1995）

调查方法	年份	交换性酸 (cmol/kg)	交换性铝 (cmol/kg)	pH
定位调查	1979	0.54	0.42	5.95
	1988	3.61	3.10	5.08
大田调查	1979	0.41	0.31	5.73
	1990	2.21	2.00	5.55

土壤酸化后会导致有毒物质的释放，或使有毒物质毒性增强，这对生物体会产生不良影响。土壤酸化还能溶解土壤中的一些营养物质，在降雨和灌溉的作用下，向下渗透至地下水，使得营养成分流失，造成土壤贫瘠化，影响作物的生长。

第三节　肥料对水体、大气和生物的影响

由于过量施用肥料，过剩的氮、磷等营养元素，可渗入地下水，污染井水，或随农田排水流入地面水体，引起水体的富营养化，影响水生生物的生长。此外，化肥污染还会形成植物积累及造成大气臭氧层的破坏，对人类生存的环境构成很大的威胁。

一、肥料对水体的影响

（一）肥料造成水体的富营养化

所谓水体的富营养化，通常是指湖泊、水库和海湾等封闭或半封闭的水体，以及某些滞流（流速<1m/min）河流由于水体内氮、磷等营养物质在水体中富集，导致某些特征性藻

类（主要是蓝藻和绿藻等）的异常增殖，从而消耗大量的氧，水体透明度降低，降低水中溶解氧的含量，形成水体厌气环境，造成水质恶化，严重影响鱼类的生存，并引起鱼类等水生生物大量死亡的现象。

水体富营养化是水体衰老的自然过程，但人类活动能够大大加速这一过程。其中，农业生产中大量施用化肥，使氮、磷等营养元素进入水体，是造成水体人为富营养化的主要因素。从山东南四湖、云南洱海以及上海淀山湖等湖泊的调查资料看，通过农田径流输入湖泊的氮占湖泊氮总负荷的7.0%～35.2%，磷占14%～68%（表5-6）。太湖目前97%面积的水体已呈现富营养化状态，进入太湖的污染物中，总氮排放量最多的是太湖流域的农业非点源污染，氮素对地表水的污染负荷量每年高达2.55×10^4t，占氮素化肥施用量的16.8%。我国五大淡水湖之一巢湖，从20世纪60年代开始至80年代，由于湖水的富营养化，导致湖内100多种水藻大量繁殖。巢湖总氮、总磷严重超标，1997年巢湖西半湖水体总氮、总磷分别为4.14mg/L和0.310mg/L，分别超过Ⅲ类水标准3.14倍和5.2倍，劣于Ⅴ类水标准。造成巢湖严重污染的原因，除了沿湖城市排放的大量工业废水和生活污水外，还有农业非点源污染。

据中国农业科学院土壤肥料研究所的调查，蔬菜、水果和花卉生产中所产生的农业面源污染成为流域水体富营养化最大的潜在威胁之一。仅在滇池流域，2001年菜果花播种面积已达全流域作物播种面积的23.4%，仅嵩明、呈贡和晋宁3个县自20世纪80年代以来蔬菜播种面积增加了近1.77倍，同期农田氮、磷化肥用量增加了5倍。由于集约种植方式下频繁使用各种速效性肥料，使得土壤富含水溶性氮、磷，加上南方纵横交错的河网渠系，极易引发农田氮、磷径流流失。

非点源污染已成为地表水环境的一大污染源或首位污染源。

表5-6　径流输入对湖泊氮磷总负荷的影响

（引自邢光熹，1998）

湖　泊	径流输入（t）		占总负荷（%）	
	全氮	全磷	全氮	全磷
山东南四湖	12 761.04	9 323.90	35.22	68.04
云南滇池	788.43	127.41	16.78	27.85
云南洱海	96.10	22.40	9.70	15.50
上海淀山湖	53.27	3.27	7.00	14.00

研究表明，对于湖泊、水库等封闭性水域，当水体内无机态总氮含量>0.2mg/L，PO_4^{3-}-P的浓度达到0.02mg/L时，就有可能引起藻化现象的发生。

各种形态的氮肥施入土壤后，在微生物的作用下，通过硝化作用形成NO_3^--N，因土壤胶体对NO_3^--N的吸附甚微，易于遭雨水或灌溉水淋洗而进入地下水或通过径流、侵蚀等汇入地表水，对水源造成污染。土壤颗粒和土壤胶体对NH_4^+具有很强烈的吸附作用，使得大部分的可交换态NH_4^+得以保存在土壤中，但当土壤对NH_4^+的吸附达到饱和时，在入渗水流的作用下，NH_4^+有可能被淋失出土壤。氮素化肥施入水稻田后，如果在24h内排水，就有相当部分的氮素随水而排出，与其他氮肥相比，尿素损失更大些。因为施入土壤中的尿素要经过2～3d水解后才能被土壤胶体吸附，未转化的尿素分子不能被土壤胶体吸附，很容易随水排出田块。

磷肥施入土壤后，很容易被土壤吸持和固定，应用^{32}P示踪研究石灰性土壤磷素的形态及有效性表明，水溶性磷肥施入土壤后，有效性随时间的延长而降低，在两个月内有2/3变成不可提取态磷（Olsen法），其主要形态为Ca-P、Al-P、Fe-P型磷酸盐。加上磷在土壤中的扩散移动性小，磷肥对作物的有效性较低，作物对磷肥的利用率很低，施入土壤中的磷肥大多残留于土壤中，导致耕层土壤处于富磷状态，从而通过水土流失等途径使富含磷酸盐的表层土壤大量流失。

随地表径流流失的氮、磷营养物质进入湖泊、水库，使水体中氮、磷等营养物质增多，从而导致水体的富营养化。

根据全国各地的试验结果估计，氮肥施入土壤后，地表径流冲刷和随水流失的平均约占15%。我国广东东江流域磷素的每年损失量为1.16kg/hm^2，陕西黄土高原侵蚀最严重的地区府谷县和米脂县农田中磷素的每年损失量分别为9.9kg/hm^{2}和8.7kg/hm^2。我国全年流失土壤达50×10^8t，带走的氮、磷、钾等养分约相当于全国1年的化肥施用总量。

农田氮、磷损失的程度取决于当地的降雨情况（降雨强度、降雨时间、降雨量）、施肥时间、施肥方法、肥料种类、地形地貌特点、植被覆盖情况、土壤条件和人为管理措施等多种因素。有研究表明，农田氮、磷的流失量与径流量、降水对地表的侵蚀能力呈正相关。梁新强等研究了雨强及施肥降雨间隔对油菜田氮素径流流失的影响，结果表明，在施尿素氮肥60kg/hm^{2}情况下，同一降雨强度下，降雨施肥间隔越短，总氮输出浓度越大，特别是施肥后第1天和第3天遇到降雨时，总氮径流流失浓度明显高于其他处理，在120mm/h的降雨强度下，施肥后第1天和第3天降雨径流液中总氮浓度最高可达45.9mg/L和32.6mg/L，远超过了GB 3838—2002《地表水环境质量标准》中总氮Ⅴ类标准限值2mg/L。另外，随着降雨强度降低，径流中相应氮浓度有所下降，在80mm/h的降雨强度下施肥后第1天和第3天降雨径流液中总氮浓度最高分别为31.5mg/L和24.8mg/L；而在40mm/h的降雨强度下分别为24.7mg/L和18.6mg/L，下降后的浓度也超过了总氮Ⅴ类标准限值，流失风险依然较大。土壤氮、磷流失量与地形条件有很大的关系，一般是丘陵大于山地，在丘陵、山地中，以20°左右的坡度氮、磷流失量最大。农田氮、磷的流失量与土壤条件及施肥量关系密切；氮的损失量随施肥量的增加而增加。不同土壤和施肥量对氮素淋溶和径流流失的影响见表5-7。

表5-7　不同土壤和施肥量对氮素淋溶和径流流失的影响

（引自陈怀满，2002）

土壤	施氮量（kg/hm^2）	氮淋溶		氮径流流失	
		总量（kg/hm^2）	其中肥料（%）	总量（kg/hm^2）	其中肥料（%）
砂壤土	80	23.1	16.3	110.2	28.3
	160	43.2	18.1	135.7	49.3
	450	76.5	30.2	312.5	64.7
壤土	80	24.3	4.3	93.2	33.3
	160	16.8	5.6	145.0	44.4
	450	42.6	21.0	361.0	68.4

农田排水中的磷浓度与磷肥施用量和施用方法有关。试验表明，农田排出水和渗漏水中全磷浓度与磷肥施用量呈极显著正相关，稻田施磷量愈多，水体中磷的污染也愈严重（表 5-8）。

表 5-8　施普钙对水田径流和渗漏水体中磷浓度的影响

（引自鲁如坤，1998）

施磷量（P，mg/kg 土）	径流磷浓度（P，mg/kg）		渗漏水体中磷浓度（P，mg/kg）	
	侧渗水田	渗漏水田	侧渗水田	渗漏水田
0	0.113	0.113	0.021	0.005
12.5	0.116	0.114	0.024	0.005
25	0.118	0.132	0.024	0.005
50	0.145	0.137	0.029	0.005
100	0.176	0.252	0.039	0.011
200	0.399	0.508	0.776	0.199

除化学肥料外，有机肥中养分，特别是有机态氮，也可经由矿化-氨态氮-硝态氮途径，不断向水体迁移，是人口稠密的村镇附近及大型畜禽场周围水体富营养化的一个重要原因。

（二）地下水硝酸盐的污染

水体中 NO_3^--N 的含量与人体的健康密切相关。因为 NO_3^--N 易还原成 NO_2^--N。人体如吸收过量的 NO_2^--N，能将含在血红蛋白中的 Fe^{2+} 氧化成 Fe^{3+}，形成无法携带新鲜 O_2 的高铁血红蛋白。这种蛋白质积累至一定程度，人体会感到缺氧，称为高铁血红蛋白症，严重时可危及生命。另外，NO_2^--N 积累到一定数量并有适宜的 pH 等条件，可在生物体内与胺结合形成亚硝胺化合物，这是一种有相当强度的致癌物，是引起人体胃肠等消化道癌变的原因之一。世界卫生组织规定，当饮用水中 NO_3^--N 含量为 40～50mg/L 时，就会发生血红素失常病，危及人类生命。多数国家控制饮用水 NO_3^--N 含量的最高限度为 10mg/L，也有一些国家要求市政供水 NO_3^--N 含量的最高限度为 1mg/L，氨态氮为 0.1mg/L。

氮肥的大量施用是水体特别是造成地下水 NO_3^--N 和 NO_2^--N 含量增加的重要因素。氮肥施入土壤后，很快就会转化，例如，在适宜的条件下，尿素在 2d 左右可全部水解形成 NH_4^+-N。NH_4^+-N 经硝化作用产生 NO_3^--N，一般在 10d 左右就可以完全被转化为 NO_3^--N。由于土壤胶体通常带负电荷，经硝化作用产生的 NO_3^-，除了能被植物吸收利用外，多余 NO_3^- 不能被土壤胶体吸附，因而随降雨及灌溉水下渗而污染地下水。在欧洲，大约 22%耕地的地下水中的硝态盐浓度超过 50mg/L；美国有 31 个州已出现较为严重的由化肥引起的地下水硝酸盐污染；德国有 50%的农用井水硝酸盐的浓度已经超过 60mg/L。我国地下水中硝酸盐污染也相当严重。调查表明，我国目前 50%的城市地下水已不同程度地受到污染，其中华北地区的污染尤为严重。在江苏、浙江和上海的 16 个县中，饮用井水的 NO_3^--N 和 NO_2^--N 的超标率已分别达到 38.2%和 57.9%（国家地下水质量标准为 NO_3^--N≤20mg/L 和 NO_2^--N≤0.02mg/L）。京津唐地区 14 个县市的饮用井水和地下水的 NO_3^--N 含量超过 11.3mg/L（欧盟标准）的达 50%，最高者达 68mg/L。地下水硝酸盐污染在城郊的集约化蔬菜种植区尤为严重。根据中国农业科学院在北方 5 省 20 县集约化蔬菜种植区的调查，在800多个调查点中，45%的地下水NO_3^--N含量超过11.3mg/L，20%超过20mg/L，个别地区超过70mg/L。根据北京市环境保护局对205眼水源井的抽样监测，地下水硝酸盐超标率23.4%，超标面积146.8km²，硝酸盐已经成为北京市地下水两种主要污染物之一。农业面源污染是地下水硝酸盐污染的首要原因。由农业面源污染引起的地下水硝酸盐污染将对上亿人口的饮用水质量安全造成威胁。可见，化肥淋失引起的水体硝酸盐污染是十分严重的。

氮肥的淋失量与土壤类型、土壤质地、氮肥的品种及施肥时期都有密切的关系。一般说来，地下水中硝酸盐的含量随施肥量的增加而升高。质地黏重的土壤比质地轻的土壤的大孔隙少，通透性差，硝化作用较弱，同时使土壤剖面中的水自上而下流动缓慢且阻挡较大，氮肥的淋溶损失自然要少（表5-9）。

表5-9　施氮量与土壤NO_3^--N的淋失量

（引自奚振邦，2003）

施氮量（N，kg/hm²）	NO_3^--N的淋失量（kg/hm²）	
	壤土	轻砂壤土
0	4.80	8.10
169.5	12.45	24.60
340.5（春施）	24.00	53.85
340.5（秋施）	27.75	72.30

有研究表明，土壤硝态氮的淋失量首先同施肥量有关，其次同降水量有关。氮素的淋失量随施氮量的增加而增加，单施化学氮肥大于无机有机配施。夏秋季节降雨较多，硝态氮在0～10cm土层减少，40～60cm土层增多，80cm土层以下也大量增加，以至造成地下水和土壤环境污染。对同一种土壤则因氮肥品种及施肥量的不同而异。在碳酸盐草甸土上栽培水稻试验表明，硝酸铵施用高量时，淋失量最高，可达9.3%，尿素和硫酸铵的淋失量较低，为0.23%～0.51%。在其他条件相同的情况下，不同肥料品种处理土壤中硝酸盐淋失量的顺序是碳酸氢铵＞硝酸钾＞尿素＞包膜肥料。氮肥淋失量的高低与施肥时期也有密切的关系，特别是苗期，植株根系尚未完全发育时，施用大量的氮肥会加剧污染地下水的危害。

氮肥除了对地下水产生NO_3^-污染外，还影响地下水硬度。这是由于组成氮肥的酸根（NO_3^-、SO_4^{2-}、Cl^-）进入土壤后，提高了土壤的酸度，在水的作用下使得难溶的Ca^{2+}、Mg^{2+}盐（如方解石、白云石等）变得易于溶解，最后进入地下水，增加地下水的永久硬度。试验资料表明，在栽种植物的情况下，施用各种不同氮肥的土壤比不施肥的土壤淋出液中硬度增加了2.2～6.3倍。

过多施用有机肥同样存在硝酸盐污染地下水的风险。当易分解的土壤有机物质C/N比值较低时，分解有机物质的土壤生物将更多地利用有机肥料氮，且伴随着氨的释放，在通气良好的土壤中，化能自养的硝化微生物可以很快将氨转化为NO_3^-，从而导致其在土壤中的累积，这就意味着有硝酸盐淋失的可能性。判定有机肥是否会导致硝酸盐淋失，可考虑有机肥的C/N比、施用量和施用时期。其中C/N比可能是最主要的影响因素，当C/N比值低、施用量大或施用时期不当时，可导致土体中大量土壤有机氮源的硝态氮积累，从而为淋失创造了条件。近10年来，欧洲和美国的一些土壤及环境学家发现，在一些农场、牧场及家禽养殖生产区，集约经营、过度放牧、秋冬季施用有机肥、大量就近处理有机废弃物等，已导致严重的地表水和地下水的硝酸盐污染。当C/N比值高时，只要不是过量施用，由于大量土壤微生物的活动，矿质氮可被固持，一般不会产生硝态氮的大量积累，甚至在一些情况下可减少硝态氮的积累和淋失。因此，有必要在大量调查研究积累数据资料的基础上，借鉴一些西方国家的经验，尽快制定出适合我国国情的农田有机肥施用标准。

二、肥料对大气的影响

化肥过量施用对大气的污染主要包括氮肥分解成氨气以及微生物硝化和反硝化过程中生成的氮氧化物（包括 N_2O 和 NO），其中 N_2O 是温室气体，能消耗同温层中的臭氧，对大气臭氧层产生破坏作用。

（一）氨的挥发

铵态氮肥是化学氮肥的主体，施入土壤的氨态氮肥很容易以 NH_3 形式挥发逸入大气。氨是一种刺激性气体，对眼、喉、上呼吸道刺激性很强。高浓度的氨还可熏伤作物，并引起人畜中毒事故。大气氨含量的增加，可增加经由降雨等形式进入陆地水体的氨量，是造成水体富营养化的一个因素。NH_3 虽然不是最重要的污染物，但它在对流层中成为气溶胶铵盐而以干沉降和湿沉降的形式去除，成为大气酸沉降的主要成分，且是酸沉降导致土壤酸化的重要诱发因子。同时，NH_3 在近地面大气因·OH 自由基的氧化生成 NO_x，NO_x 在平流层可导致臭氧破坏。

$$NO+O_3 \longrightarrow NO_2+O_2$$

因此，NH_3 排放也间接地引起温室效应与臭氧层破坏的大气环境问题。

NH_3 的挥发损失与土壤酸碱性、施用方法、肥料种类及施用量密切相关。通常在 pH＞7 的石灰性土壤中，NH_3 的挥发损失要比非石灰性土壤和酸性土壤中多。根据全国试验估算，pH＞7 以上的微碱性至碱性土壤，NH_3 的挥发损失率占氮肥施用量的 20%以上；在土壤 pH7.7 左右时施用尿素，最后经氨形态挥发损失的氮素可达到 40%左右。而 pH＜7 以下的土壤中，NH_3 的挥发损失率则不足 15%。不同氮肥品种氨的挥发损失程度也有一定的差异。氮肥做基肥表施时要比深施、混施的挥发损失要大。试验结果表明，尿素混施于近中性土壤 3.8cm 深处时比表施可减少氨的挥发损失约 75%。一般情况下，氨挥发率大小为碳酸氢铵＞硫酸铵＞硝酸铵＞氯化铵＞尿素。另外，土壤质地和含水量也影响氨的挥发。土壤质地越黏重，对 NH_3 的吸附能力就越强，NH_3 的挥发损失就越少；土壤含水量在 18%～25% 时，NH_3 的挥发损失量最大，土壤含水量小于 9%或大于 30%时，NH_3 的挥发率都有所降低。

另外，硫酸铵等含硫化肥施入土壤后，在一定条件下（如有机质丰富、氧气不足），能在土壤硫细菌作用下产生 SO_2 和 H_2S 排放，也是农田大气的一种污染源。SO_2 是大气酸沉降的主要因素。大气中硫的排放仅次于 SO_2 的是 COS（硫氧化碳），它在平流层与 O_3 反应生成硫酸盐，对臭氧层有破坏。挥发性硫对温室效应也有一定的作用。

（二）氮氧化合物的增加

随着化肥的大量施用，大气中氮氧化物含量不断增加。施入土壤中的氮肥，有相当一部分以有机氮或无机氮形态的硝酸盐进入土壤，在嫌气条件下经过微生物作用发生反硝化，会使难溶态、吸附态和水溶态的氮化合物还原形成 N_2O、NO 和 N_2，释放到大气中去。反硝化脱氮作用是陆地上氮素重新回到大气中的主要途径。研究表明，NH_4^+ 氧化为 NO_3^- 过程中也可产生大量的 N_2O。硝化是好气条件下旱地土壤 N_2O 的主要产生源。硝化过程中 N_2O 的产生途径如图 5-2 所示。

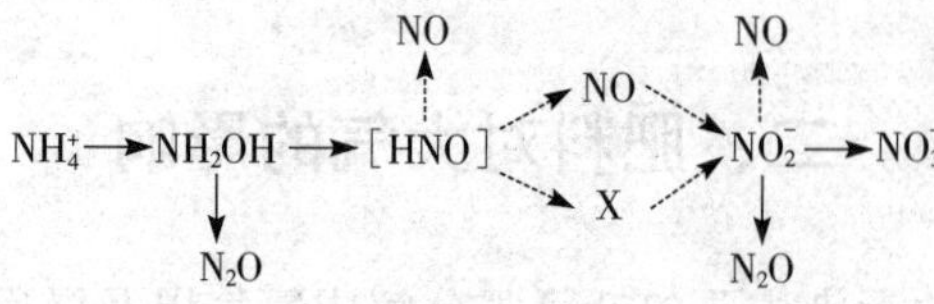

$$NH_4^+ \longrightarrow NH_2OH \longrightarrow [HNO] \dashrightarrow NO / X \dashrightarrow NO_2^- \longrightarrow NO_3^-$$

$NH_2OH \longrightarrow N_2O$；$[HNO] \dashrightarrow NO$；$NO_2^- \dashrightarrow NO$；$NO_2^- \longrightarrow N_2O$

图 5-2 硝化过程中 N_2O 的产生

在通气好的土壤中，硝化反应是 N_2O 产生的主要过程，在通气差、有机质富集的土壤中 N_2O 主要来自反硝化。

硝化反硝化反应生成的氧化亚氮（N_2O）进入大气后，能长久停留。N_2O 在对流层内较稳定，上升至同温层后，在光化学作用下，会与臭氧发生如下双重反应。

$$N_2O + O_3 \longrightarrow 2NO + O_2$$

$$2O_3 + NO + NO_2 \longrightarrow 3O_2 + NO_2 + NO$$

上述双重反应可降低臭氧含量，破坏臭氧层。臭氧能够吸收太阳辐射中的紫外线，从而形成一道有效屏障，保护人类及其他生物免遭紫外线的伤害。然而氮肥的大量施用，N_2O 的不断增加，使臭氧层遭到破坏，造成到达地面的紫外线增加，会对动物、植物和微生物产生影响，可引起人和动物皮肤癌增加，有致畸胎和致突变作用，如不及早采取措施，人类及地球将要面临一场灾难。

土壤类型、土壤含水量、肥料品种、土壤 pH 对土壤释放 N_2O 均有影响。土壤中产生 N_2O 的硝化和反硝化反应均是微生物参与下的酶促反应，因此凡是能影响土壤微生物活性的因素均可影响 N_2O 的产生。水稻田中有较高的 N_2O 排放量，旱地作物无论是硝态氮还是铵态氮肥仍有较小的 N_2O 排放量（表 5-10、表 5-11）。长效氮肥（指尿素＋脲酶抑制剂氢醌＋硝化抑制剂双氰铵和碳酸氢铵＋硝化抑制剂双氰铵）与等量的普通尿素和碳酸氢铵相比，能明显减少土壤中 N_2O 排放。土壤含水量不同，N_2O 排放的途径亦有差异，在土壤含水量较高的条件下（88%田间持水量），反硝化过程是产生 N_2O 的主要途径；在 73%田间持水量的情况下，土壤微生物硝化和反硝化作用产生的 N_2O 大约各占一半；在 50%田间持水量的情况下，N_2O 主要由土壤微生物的硝化作用产生。施用脲酶抑制剂和硝化抑制剂能明显降低水田土壤 N_2O 排放。酸化可抑制 N_2O 还原酶的活性，使反硝化中产生更多 N_2O。$pH < 5.5 \sim 6.0$ 时，N_2O 的产生加强，甚至会成为反硝化的主要产物。对我国南方亚热带旱地生态系统的 N_2O 释放特征及影响因素的研究结果表明，不同类型的氮肥对 N_2O 排放通量按 $NO_3^- > NH_4^+ > (NH_4)_2CO_3 > NH_3$ 的次序递减，氮肥深施能明显降低 N_2O 释放通量，大量施用有机肥能显著增加 N_2O 释放通量。提高 C 有效性可增强土壤反硝化。农田过度施氮往往导致高的 N_2O 排放量。据估算，我国 2002 年有 2.72×10^5 t 氮以 N_2O 形态损失。全球 20 世纪 80 年代中期的化肥用量约为 8.0×10^7 t，估计由此引起的 N_2O 排放量为 $1.3 \times 10^{-2} \sim 8.8$ Tg。随着农业生产的发展，化肥施用量仍在猛增，化肥引起的 N_2O 排放对今后全球温室效应及臭氧层变薄有举足轻重的作用。

表 5-10　不同土壤类型条件下 N_2O 排放通量

（引自李天杰，1995）

旱地土壤	通量［μg/（m^2·h)］	水稻土	通量［μg/（m^2·h)］
酸性棕壤	1 042	潜育性	20 556
酸性棕色土	1 333	红壤性	34 452
黏壤质盐土	375	淹育性	5 508
有机质土	250		

表 5-11　不同施氮肥水平下旱地作物田中 N_2O 排放

（引自李天杰，1995）

作　物	施 N 量（kg/hm^2）	肥料	排放通量［μg/（m^2·h)］	年排放总量（kg/hm^2）
大　麦	56	NH_4NO_3	25	2.2
大　麦	224	NH_4NO_3	38	3.3
玉　米	200	铵盐	29	2.5
玉　米	132	NH_4NO_3	25～33	2.2～2.9

（三）增加甲烷的排放

研究结果表明，施用有机肥将增加 CH_4 的排放量。施用有机肥料一方面为土壤产 CH_4 菌提供了基质，另一方面新鲜有机肥料的快速分解加速氧化态土壤淹水后土壤 E_h 的下降，为产生 CH_4 菌的生长创造了适宜的环境条件。但是有机肥料的品种、施用量、施用时间对稻田 CH_4 的排放也有很大的影响。施用绿肥比无绿肥处理，一季水稻期间甲烷排放总量高 8.02g/m^2。施用氮肥，特别是硫酸铵和尿素对稻田 CH_4 的排放的影响结果很不一致。由于 CH_4 氧化菌可以同时氧化 CH_4 和 NH_4^+，NH_4^+ 对 CH_4 氧化具有竞争作用，因此，从理论上说，施用 NH_4^+ 态氮可增加 CH_4 的排放量。但施用硫酸铵和硝酸铵氮肥，则可以在一定程度上抑制甲烷的排放。有人认为，这是由于化肥中带入的 NO_3^- 和 SO_4^{2-} 可以延缓土壤 E_h 的下降，其还原产物（H_2S、N_2O、NO）对甲烷菌有一定的毒害作用而抑制甲烷的排放。尿素因最初不含 NO_3^- 和 SO_4^{2-} 基团而抑制效果不及硫酸铵（表 5-12）。

表 5-12　氮肥对甲烷排放的影响

（引自鲁如坤，1998）

施肥量（kg/hm^2）	平均通量［CH_4，mg/（m^2·h)］	相对（%）
不施肥	3.31	100
硫酸铵，100	1.91	58
硫酸铵，300	1.34	40
尿素，100	3.07	93
尿素，300	2.85	86

另外，有机肥料或堆沤肥中的沼气、恶臭、病原微生物可直接散发出让人头晕眼花的气味或附着在灰尘上对空气造成污染。这些大气污染物不仅对人的眼睛、皮肤有刺激作用，其

臭味还可引起感官性状的不良反应，恶化居民的生活环境，影响人体健康。

三、肥料对生物的影响

（一）肥料对人类和动物的影响

化肥对人畜产生的危害主要是通过食用含有过多硝酸盐的谷物、蔬菜和牧草等而引起的。环境卫生学上大量的试验已证明，硝酸盐在动物体内经微生物作用可被还原成有毒的亚硝酸盐，而亚硝酸盐是一种有毒物质，它可与动物体内的血红蛋白反应，使之失去载氧能力，引起高铁血红蛋白症，严重者可致死。亚硝酸盐还可与胺结合形成强致癌物质亚硝酸胺，从而诱导消化系统癌变，如胃癌和肝癌。此外，亚硝酸胺还可引起怪胎和遗传变异，现已发现有120多种亚硝酸盐，其中，确认有致癌性的占90%。硝酸盐对人的致死量为每千克体重15～70mg。世界卫生组织和联合国粮农组织（WHO/FAO，1973）规定亚硝酸盐的ADI值（日允许量）为0.13mg/kg（体重），我国人体按60kg计，则日允许量为7.8mg；而硝酸盐的ADI值（日允许量）为3.6mg/kg（体重），提出蔬菜可食部分中硝酸盐含量的卫生标准为432mg/kg（鲜样）。其次，饮用受硝酸盐和亚硝酸盐污染的地下水，当水中硝酸盐含量达40mg/L时，就对人体有害。

近年来发生家畜因食用大量的甜菜叶及块根引起亚硝酸盐中毒的事件，尤其是以施用氮肥过多的土壤中生长的甜菜等植物为饲料，会含有大量的硝酸钾，发酵或煮后时间过长，硝酸钾还原生成亚硝酸盐和氧化氮，对神经血管有毒害作用，家畜食用后15～20min即可发病，常因来不及抢救而大批死亡。据报道，国外随氮肥的大量施用，畜禽亚硝酸盐的中毒有显著增加。

在自然环境中，天然亚硝酸胺很少发现。在人畜体内主要是通过食物和饮用水，摄入它的前体硝酸盐及胺类物质于机体内合成。胃的环境（pH约为3）很适合亚硝酸胺的合成，但当硝酸盐浓度很低时，形成亚硝酸胺的反应速度缓慢。因此，如何减少亚硝酸胺前体硝酸盐和亚硝酸盐的摄入量受到了人们的极大关注。

施用过多的磷肥，可与土壤中的铁、锌形成水溶性较小的磷酸铁和磷酸锌，降低其有效性，使农产品或饲料中铁与锌的含量减少，人畜食用后，往往造成铁、锌营养缺乏性疾病。施用磷肥过多，会使施肥土壤含镉量比一般土壤高数十倍甚至上百倍，长期积累将造成土壤镉污染，被作物吸收后很易通过饮食进入并积累于人体，是某些地区骨通病和骨质疏松等的重要病因之一。

（二）肥料对作物产量和品质的影响

化肥的施用量与养分配比，不仅对土壤生态系统及其生产力产生影响，而且对生物产品的产量和品质也有很大影响。当施肥量达到一定数量时，因植株生物量增长过快，大量养分被植株吸收，或被非产品部分消耗，造成贪青、徒长和迟熟或倒伏，导致作物产量及品质的下降；或使蔬菜味道变坏，不耐储藏。其次，施用化肥过多的土壤，会使谷物、蔬菜和牧草中硝酸盐含量过高，累积在叶、茎、根及子实中，这种累积对植物本身无害，但危害取食的动物和人类，尤其是蔬菜。人体摄入的硝酸盐有80%以上来自所吃的蔬菜。如何降低蔬菜体内硝酸盐含量一直是农业工作者研究的热点问题。

蔬菜是一种喜硝酸盐作物，影响蔬菜体内硝酸盐含量的因素很多，包括蔬菜的种类、品种、氮肥的种类、施用量、施肥时间和其他因素。不同种类的蔬菜，其新鲜可食部位硝酸盐含量差异很大，就平均含量而言，一般是根菜类＞薯芋类＞绿叶菜类＞白菜类＞葱蒜类＞豆类＞瓜类＞茄果类＞多年生类＞食用菌类。根菜类蔬菜（如萝卜等）硝酸盐含量最高可达3 000mg/kg，瓜果类蔬菜每千克只有数百毫克，而食用菌类更少，一般低于100mg/kg。通常，硝酸盐的分布为根部和茎部较高，叶部次之，花和瓜果最低。故以根、茎和叶营养器官供食的菜类，均属于硝酸盐积累型；而以果实供食的蔬菜类，属于低富集型。不同品种间硝酸盐含量也有很大差异。例如，番茄果实硝酸盐含量品种之间相差达16倍；菠菜、大白菜、韭菜、甘蓝等蔬菜中，一些低累积品种可以减少硝酸盐30％～80％或以上。蔬菜硝酸盐含量随氮肥用量的提高而有明显的增加，在莴苣上施用$NaNO_3$ 0mg/kg、56mg/kg、112mg/kg和224mg/kg（土）时，收获时NO_3^-占干物重分别为0.12％，0.40％，0.46％和0.61％，在菠菜上施用尿素100mg/kg和200mg/kg（土）时，菠菜叶片NO_3^-含量分别占干物重的1.09％和1.61％，未加尿素的则为0.14％。施氮肥导致硝酸盐含量的成倍增长，因此偏施和滥施氮肥是造成蔬菜品质恶化的重要原因。也正是这样，许多学者提出了控制氮肥用量来降低蔬菜硝酸盐的积累。在氮肥用量相同时，不同氮肥形态可导致不同的硝酸盐累积量，这种差异影响最大的因素是铵态氮和硝态氮的比例。不同氮肥品种对空心菜硝酸盐积累的研究表明，氯化铵和硫酸铵具有明显降低硝酸盐积累的作用（表5-13）。

表5-13 筛选蔬菜硝酸盐低积累的化学氮肥品种（mg/kg，鲜样）

（引自任祖淦，1998）

氮肥品种	大田试验			盆栽试验		
	NO_2^- 均值	NO_3^- 均值	比NH_4Cl的NO_3^-增（％）	NO_2^- 均值	NO_3^- 均值	比NH_4Cl的NO_3^-增（％）
无氮区	0.03	51.3		0.023	58.0	
硫酸铵	0.080	515.0	10.3	0.067	430.0	15.0
氯化铵	0.110	466.7	—	0.080	374.0	—
碳酸氢铵	0.100	592.7	27.0	0.090	600.7	60.6
尿　素	0.103	515.3	10.4	0.107	502.3	34.3
硝酸铵	0.093	625.0	33.9	0.070	696.7	86.3
复合肥	0.130	863.7	85.1	0.087	897.7	140.0

我国是世界上消化道系统癌症高发病率国家，这与我国人民饮食结构中蔬菜占有较大比重有一定关系，特别是近年来化肥的大量施用，塑料大棚蔬菜种植技术的推广，使得蔬菜硝酸盐含量有所上升。因此，要重视开展蔬菜硝酸盐对人体健康影响的研究工作。

另外，氨水中往往含有大量的酚，施于农田后，造成土壤的酚污染，以致生产出含酚量较高、具有异味的农产品。

第四节 肥料污染的控制措施与防治对策

随着肥料施用量的不断增加，特别是化肥施用量的不断增加，化肥对农业生态环境的消极影响日益明显，促使人们开始反思由大量使用化肥可能带来的某些问题及副作用。国际上掀起了以低投入、重有机，将化肥、农药施用保持低的水平，保障食品安全和环境安全为中心的持续农业运动，提倡推广以尽量低的化肥、农药投入，尽量小的对环境的破坏来保持尽量高的农产品产量及保障食品品质的农业生产方式。鉴于化肥对农业生产中的高效增产作用，若单纯地靠拒绝使用化肥来控制其污染影响是不现实的。关键在于针对当地土壤生态条件的特点，制定相应对策，采取综合的措施，科学合理地使用化肥，充分发挥其肥效，提高肥料的利用率，减少通过各种途径的损失，尽量减轻或避免对环境的不良影响。

一、加强对肥料的监督管理，从肥料的质量上扼制污染

首先，要制定和完善相关的法律法规、标准、政策，制定肥料法和耕地保护条例，积极支持和保护无公害肥料的生产，加大施用和推广力度，做到政策上倾斜，资金上保证，真正从思想上、政策上解决肥料的污染问题。第二，肥料的生产、销售、经营企业要遵守国家及行业部门、地方政府制定的有关肥料的各种标准、规定，不但符合质量和养分标准，还要遵守肥料的无害化指标的规定，真正从源头上杜绝污染物的产生。第三，肥料的管理部门要加强对肥料生产、经营的监督管理，严格按照国家、行业及地方标准对肥料实行全方位监控，使劣质肥、污染肥、假肥没有立足之地。第四，建立长期稳定的施肥监控网络，定期报告不同类型耕地的肥效现状及演变趋势，为制定施肥方针、肥料生产规划和有关决策，为宏观调控肥料的生产、分配与施用提供依据。

二、经济合理施肥，严防过量施肥

施肥是造成土壤污染的一个重要原因。但并不是只要施肥，包括化肥和有机肥，就会引起污染，关键在于施肥量。施肥量特别是氮肥，不应当超过土壤和作物的需要量。不同的土壤和相同土壤的不同地块，在养分含量上往往存在着很大的差异。不同作物和同一作物的不同品种，各有其不同的生育特点，它们在其生长发育过程中所需要的养分种类、数量和比例也都不一样。因此，在拟定施肥建议时，必须严格按照作物的营养特性、潜在产量和土壤的农化分析结果，来确定化肥的最佳施用量。坚持因土因作物适时适量施肥，充分发挥其肥效，提高肥料的利用率，这样才能减少对生态环境的不良影响。

中国农业大学张福锁等经过15年的探索，建立了以根层养分调控为核心，协调作物高产与环境保护的养分资源综合管理技术，并系统评价证明该技术确实能够大幅度降低养分向环境的排放数量（表5-14）。

表 5-14 不同作物中养分资源综合管理与传统管理的环境效应监测与评价

（引自张福锁，2008）

环境效应参数（以N计）	作 物	传统管理	养分资源综合管理	减少幅度（%）
氨挥发（kg/hm^2）	小麦	59	15	75
	玉米	77	34	56
	设施辣椒	11	7	36
N_2O 排放（g/hm^2）	小麦	410	243	41
	玉米	1 347	362	73
	设施番茄	5 500	3 400	38
硝酸盐淋洗（kg/hm^2）	小麦	96	22	77
	玉米	82	3	96
	设施番茄	402	70	83
	设施辣椒	353	231	35

以根层养分调控为核心的养分资源综合管理技术新途径的要点是：①将以往对整个土壤养分的管理调整为对作物根层养分供应的定向调控；②各种养分由于具有不同的生物有效性和时空变异特征，应采取不同的管理策略；③根层养分适宜范围的确定，既要考虑高产作物根系生长发育的特点、不同生育期养分需求和利用特征，还要充分挖掘、利用作物根系养分的活化和竞争吸收能力，提高养分利用率并降低养分在转化过程中的损失强度；④根层来自土壤和环境的养分实时定量地供应，明确高产作物关键时期适宜的根层养分供应范围，针对不同土壤和气候条件下养分的主要损失途径，确定肥料养分投入的数量、时期和方法；⑤养分管理必须和高产栽培、水分管理等技术有机集成，消除影响作物生长的障碍因素，发挥品种的增产潜力。

三、氮磷钾肥配合施用

养分平衡供应是作物正常生长与增产的关键。目前我国氮、磷、钾比例与土壤养分状况与作物对养分的吸收状况不相协调。必须从宏观上调整肥料结构，在配方施肥的基础上，采取“适氮、增磷、增钾”的施肥技术。利用土壤剖面残留硝态氮推荐施用氮肥。研究结果表明，土壤剖面硝态氮在北方旱地上可以较好地表征土壤有效氮的供应水平。在推荐氮肥施用量时，应将残留在根层土壤剖面的硝态氮考虑在内，以减少硝态氮在土壤剖面中进一步积累淋洗到地下水的水平。

我国近年来氮肥的施用量大幅度增加而产量增加有限，其中磷、钾不足是主要原因。据中国农业科学院土壤肥料研究所的试验，在严重缺磷的土壤上，对冬小麦施用单一氮肥，几乎不增产，而在氮磷配合施用时，冬小麦的产量可成倍增加。在当前钾肥亏缺较大的现实面前，应当充分利用农家肥中的钾，以缓解钾素供应矛盾，将有限的钾肥资源用在严重缺钾的土壤和需钾量高的作物上。同时要合理配施微量元素肥料。

四、化肥与有机肥配合施用

有机肥料所含营养元素齐全，含有作物所需的大量营养元素和微量营养元素，还含有丰富的有机物质，可改善土壤的物理性状，提高土壤的保肥和供肥能力，改善因偏施化肥而造成的土壤养分失调的状况。有机肥是供给微生物能量的主要来源，而化肥却能供给微生物生长发育所需的无机养料。因此，二者配合就能增强微生物的活性，促进有机物的分解，增加土壤中的速效养分，以满足作物生长的需求。化学氮肥与有机肥料配合施用，还能有效降低农作物、蔬菜中硝酸盐含量，提高品质，不仅可减少化肥的损失，而且还有防止土壤污染的作用。据我国不同地区长期肥料试验，施氮磷钾肥的处理，土壤有机质含量有大幅度提高，幅度在0.03%～0.15%，土壤有机质含量提高最多最快的是无机肥与有机肥相配合（表5-15）。陕西省农业科学院土壤肥料研究所在关中灌区的肥料长期定位试验表明，在每公顷施有机肥75t的基础上配合施用氮、磷化肥，10年后土壤碱解氮（N）增加5.2%、速效钾（K）增加7.6%、速效磷（P）增加313.3%。因此，应坚持化肥与有机肥料相配合的施肥制度，作为实施可持续发展战略的一个重要内容。有机与无机肥料配合施用符合我国肥源的国情，也是培肥土壤、建立高产稳产农田的重要途径。

表5-15　长期肥料试验中土壤有机质含量的变化

（引自曹志洪，1998）

地点	时间	有机质含量（%）			
		试验前	对照	NPK	NPK+有机肥
上　海	1979—1984	3.16	3.14	3.26	3.75
湖　南	1981—1985	4.75	4.12	4.78	5.02
江　苏	1991—1993	3.59	3.40	3.74	3.84
河　南	1981—1985	3.55	3.41	3.53	3.61
河　北	1980—1984	1.77	1.60	1.83	

五、推行施肥新技术，提高肥料利用率

加强技术推广体系建设，改进对农民的技术服务支持，发展适合我国农村和农民条件的操作简单、有效、便于应用的农田施肥技术，提高肥料的利用率，例如，中国农业科学院土壤肥料研究所建立的农田养分管理技术、养分平衡技术和施肥技术。针对过量施用氮肥引起土壤NO_3^-污染，可以通过施用缓效、控释肥料，使用硝化抑制剂、脲酶抑制剂来降低土壤中的NO_3^-含量。美国将氮吡啉（CP）与硫酸铵一起使用，可减少NO_3^-的生成，减少的程度可达50%左右。为提高肥料利用率，提倡改地面浅施为开沟深施和叶面喷施，改粉肥扬施为球肥深施和液氨深施，改分散追肥为重施底肥等，减少施肥次数，减少肥料流失的机会。为减少蔬菜硝酸盐的积累，可采取“攻头控尾、重基肥轻追肥”的施氮技术。对于施肥造成土壤的重金属污染，应从降低重金属的活性，减弱其生物有效性入手。可通过调节土壤氧化还原电位、施用石灰和有机物质等改良剂来控制土壤重金属的毒性。对严重污染土壤可

采用客土、换土以及生物修复进行治理。

六、优化肥料品种结构，研制新型无污染肥料

研制开发高效复合肥、复混肥、腐殖酸肥料和有机微肥等新型无污染肥料，推广应用长效肥料、缓释、控释肥料以及生物菌肥，以适应我国高产优质高效现代农业发展多样化的需求和科学施肥的需要。从我国的无公害农业、实现农产品清洁生产的需要出发，要尽快出台国家耕地培育法，在肥料资源的统筹管理上要走出一条以综合养分管理（integrated plant nutrition management）为主，充分发挥养分再循环利用的养分高效利用之路。大力发展秸秆还田或过腹还田；积极推广畜禽粪便等动植物废弃物快速无害化处理技术；把肥饲兼用型绿肥纳入种植计划；选择那些养分浓度较高、来源和剂型稳定、商品性好而无异味的有机物料作为有机肥料原料，生产商品化的有机肥料或有机无机复混肥料；在解决好高效菌株筛选、菌株活力保护的前提下，在特定作物上，适度应用微生物肥料（或称接菌剂）。

七、加强污染源的控制

通过宣传，增强全民生态环境意识与参与意识，对点源污染和面源污染进行分类控制。对点源污染的治理可在排污口配置污水处理装置，对污水进行处理，使排放水达标，或通过废水回用，减少总排放量。由于这种控制是在污染源或污染过程的末端进行的，故称为末端治理。末端治理的前提是实现污水的集中收集。对有条件铺设排污管道，实现污水集中收集的城区面源污染而言，治理的关键和耗资最大的工程通常不是污水处理厂建设或污水处理技术本身，而是铺设排污管道，实现清污分流和污水的集中收集。而面源污染的发生主要受降雨影响，具有间歇性，其强度受发生地点的土壤类型、土地利用类型和地形条件的影响，具有显著的地点特征。这些特性决定了，第一，对面源污染的监测和其在水体污染中贡献率的客观评价十分困难，因而，至今在国际范围内尚无成熟和标准化的控制技术和监测技术；第二，末端治理技术很难有效地控制面源污染。在旱季，很少有农田和场地径流，这一期间开动污水处理设施只能空耗设备运行费。而在雨季，一场大雨，产生大量径流，流量在短时间内剧增，往往又超出污水处理厂的设计负荷，需要启动泄洪道，难于进行有效的污水处理。

由于末端控制在面源污染治理上不现实，因而对面源污染应当采用源头控制的对策。一方面，在全流域范围内大力推广农田最佳养分管理，杜绝在农田氮、磷肥料的过量施用；另一方面，在水体富营养化严重的流域，从水源保护的需求出发，根据各大流域气候、水文地质、地形和农田土壤条件，在试验研究的基础上，充分考虑当地农村经济条件和现有种植结构，最大限度照顾农民利益，合理划定流域内不同级别水源保护区，在发展农业、提高农民收入和有效减少农田对水体富营养化贡献两种不同目标间达成一定程度的妥协；制定并试行水源涵养地、水源保护区的限定性农田生产技术标准，对各级保护区允许的农田轮作类型、施肥量、施肥时期、肥料品种、施肥方式进行限定，依托流域管理部门和农村农业技术推广体系，建立源头控制的监督体系，健全相关的监控标准和机制。另外，从宏观上调整各区域的农业产业结构，将粮食增产的重点转移到中低产地区，减轻高产地区粮食生产压力和环境压力。在高产区，应改变单纯追求高产而忽视环境保护的倾向。在各级政府的农业发展规划

中引入农业环境评价体系和循环经济的理念和方法，鼓励能够减少面源污染的化肥和有机肥的生产和使用。

八、加强水肥管理，实施控水灌溉

减少田面水的排出是降低农田氮、磷流失的关键，大水漫灌和田埂渗漏使氮磷肥尚未被作物吸收或被土壤固定就被水冲跑了，使灌溉回归水中溶有大量化肥等物质，污染地表水，恶化水质。通过加强田间水肥管理，浅水勤灌，干湿交替，减少排水量，可有效地降低农田氮、磷排出量。在农灌区，逐步推广喷灌、滴灌和渗灌等技术，以减少水分的下渗量，从而减少氮素的淋溶损失。农业土壤 N_2O 减排措施应依据土壤水分、质地和施肥量选择，硝化抑制剂优先用于低水分含量土壤，土壤通气调节用于高水分、黏质土壤，秸秆直接还田用于高施肥量或低水分含量的土壤。

九、培育高产高效低累积硝酸盐的蔬菜品种

蔬菜硝酸盐含量虽然高，但在不同种类间、不同品种间和不同部位间，都存在明显的差异。这些现象提供了许多有益的信息，在寻求减少和控制蔬菜自身带来的大量硝酸盐方法上，可以充分利用这些特殊性。不仅可以从遗传和生理生化的特异性上选择，而且还可以从形态上去筛选低富集型的品种。

十、保护生态环境，防止水土流失

水土流失是化肥特别是磷肥影响环境的重要途径。因此，对坡耕地要退耕还林还草，增加植被覆盖度，保护生态环境，降低地表径流，控制和减少水土流失。这是减少肥料对地表水体污染的根本途径。

思考题

1. 我国目前肥料使用中存在哪些问题？
2. 何谓面源污染？为什么要对点源污染和面源污染采用分类控制？
3. 什么是水体的富营养化？造成水体富营养化的主要原因有哪些？
4. 过量施用氮肥对土壤和环境有哪些影响？
5. 过量施用磷肥对土壤和环境有哪些影响？
6. 如何控制和防治施肥所造成的污染？

主要参考文献

曹志洪．1998. 科学施肥与我国粮食安全保障［J］．土壤，2：57-69.

陈怀满，等著．2002. 土壤中化学物质的行为与环境质量［M］．北京：科学出版社．

董元华，王辉，张劲强，等．2008. 现代畜禽粪肥的特点及对土壤质量的潜在影响［C］//徐茂主编．江苏耕地质量建设．南京：河海大学出版社：27-34.

傅柳松主编 . 2000. 农业环境学 [M] . 北京：中国林业出版社 .

郭志凯 . 1987. 氮素肥料的环境问题 [J] . 农业环境保护，6 (4)：25 - 27.

李天杰主编 . 1995. 土壤环境学 [M] . 北京：高等教育出版社 .

梁新强，陈英旭，李华，等 . 2006. 雨强及施肥降雨间隔对油菜田氮素径流流失的影响 [J] . 水土保持学报，20 (6)：14 - 17.

刘荣乐，李书田，王秀斌，等 . 2005. 我国商品有机肥料和有机废弃物中重金属含量状况与分析 [J] . 农业环境科学学报，24 (2)：392 - 397.

陆欣主编 . 2002. 土壤肥料学 [M] . 北京：中国农业大学出版社 .

屈宝香 . 1994. 农业中的化肥使用与环境影响 [J] . 环境保护，8：41 - 44.

奚振邦编著 . 2003. 现代化学肥料学 [M] . 北京：中国农业出版社 .

夏立江，王宏康主编 . 2001. 土壤污染及其防治 [M] . 广州：华东理工大学出版社 .

杨定清，傅绍清 . 2000. 施用高锌猪粪对土壤环境污染的影响 [J] . 四川环境，19 (2)：30 - 34.

张维理，田哲旭，张宁等 . 1995. 我国北方农田氮肥造成地下水硝酸盐污染的调查 [J] . 植物营养与肥料学报，1 (2)：80 - 87.

中国土壤学会 . 2004. 面向农业与环境的土壤科学（中国土壤学会第十届全国会员代表大会暨第五届海峡两岸土壤肥料学术交流研讨会文集）[C] . 北京：科学出版社 .

张福锁，等编著 . 2008. 我国肥料产业与科学施肥战略研究报告 [M] . 北京：中国农业大学出版社 .

张福锁 . 2008. 协调作物高产与环境保护的养分资源综合管理技术研究与应用 [M] . 北京：中国农业大学出版社 .

张庆利，史学正，黄标，等 . 2005. 南京城郊蔬菜基地土壤有效态铅、锌、铜和镉的空间分异及其驱动因子研究 [J] . 土壤，37 (1)：41 - 47.

张维理，武淑霞，冀宏杰，等 . 2004. 中国农业面源污染形势估计及控制对策Ⅰ. 21 世纪初期中国农业面源污染形势估计 [J] . 中国农业科学，37 (7)：1008 - 1017.

张维理，徐爱国，冀宏杰，等 . 2004. 中国农业面源污染形势估计及控制对策Ⅲ. 中国农业面源污染控制中存在问题分析 [J] . 中国农业科学，37 (7)：1026 - 1033.

朱兆良 . 2003. 合理使用化肥，充分利用有机肥，发展环境友好的施肥体系 [J] . 中国科学院院刊，2：89 -93.

朱兆良，孙波，杨林章，等 . 2005. 我国农业面源污染的控制政策和措施 [J] . 科技导报，23 (4)：47 -51.

庄舜尧，孙秀廷 . 1995. 氮肥对蔬菜硝酸盐积累的影响 [J] . 土壤学进展，23 (3)：29 - 35.

CANG L，WANG Y J，ZHOU D M，et al. 2004. Heavy metals pollution in poultry and livestock feeds and manures under intensive farming in Jiangsu Province，China [J] . J. Environ. Sci.，16 (3)：371 - 374.

NICHOLSON F A，CHAMBERS B J，WILLIAMS J R，et al. 1999. Heavy metal contents of livestock feeds and animal manures in England and Wales [J] . Bioresourse Technol.，70：23 - 31.

第六章　固体废物对土壤环境的污染

本章提要　本章介绍固体废物的概念、特征及其对环境的影响；城市生活垃圾、污泥、畜禽粪便、粉煤灰和冶金废渣等常见固体废物的来源、组成，以及这些固体废物对土壤环境的影响及其资源化利用途径。要求掌握固体废物的概念及其特征，了解固体废物的产生、污染途径及其对环境的影响；掌握城市生活垃圾、污泥、畜禽粪便和粉煤灰等常见固体废物对土壤环境的影响及其污染控制措施，了解这些固体废物资源化利用的途径。

固体废物的污染是当今世界各国所面临的一个重大环境问题，1983 年联合国环境规划署将其与酸雨、气候变暖和臭氧层保护并列作为全球性环境问题，1992 年 6 月在联合国第二次世界环境与发展大会上制定的 21 世纪议程中，也将解决危险废物的污染问题列入重要内容。在我国，固体废物的污染控制问题也已成为环境保护领域的突出问题之一。1995 年我国首次颁布实施了《中华人民共和国固体废物污染环境防治法》，2004 年对其进行了修订，并于 2005 年 4 月 1 日开始执行。由于生产技术和管理水平不能满足国民经济快速发展的要求，相当一部分资源没有得到充分合理的利用而变成固体废物。固体废物处理处置方式一般有填埋、焚烧和农林业利用等，目前也有将固体废物随意在地面堆放的情况。固体废物不合理的填埋、农林业利用和地面堆放都有可能污染土壤，造成污染的转移。因此，了解固体废物处理处置过程对土壤可能造成的污染，从而加以控制，将有利于固体废物的处理、处置和循环利用。

第一节　固体废物概述

一、固体废物的概念与特征

（一）固体废物的概念

2005 年修改后的《中华人民共和国固体废物污染环境防治法》（以下简称《固废法》）对“固体废物”的定义进行了修订：是指在生产、生活和其他活动中产生的丧失原有利用价值或者虽未丧失利用价值但被抛弃或者放弃的固态、半固态和置于容器中的气态的物品、物质以及法律、行政法规规定纳入固体废物管理的物品、物质。

从广义上讲，根据物质的形态，废物可划分为固态、液态和气态废物 3 种。液态和气态废物常以污染物的形式掺混在水和空气中，通常直接或经处理后排入水体或大气中。在我国，那些不能排入水体的液态废物和不能排入大气的置于容器的气态废物，由于具有较大的危害性，也称为固体废物。因此，固体废物不只是固态和半固态物质，还包括部分液态和气态物质。

（二）固体废物的特征

与废水和废气相比，固体废物有着明显不同的特征，它具有鲜明的时间性、空间性和持久危害性。

1. 时间性　随着时间的推移，任何产品经过使用和消耗后，最终都将变成废物。但是另一方面，所谓“废物”仅仅相对于当时的科技水平和经济条件而言，随着时间的推移、科学技术的进步，今天的废弃物质也可能成为明天的有用资源。

2. 空间性　从空间角度看，废物仅仅相对于某一过程或某一方面没有使用价值，而并非在一切过程或一切方面都没有使用价值。某一过程的废物，往往可用做另一过程的原料。例如，粉煤灰是发电厂产生的废物，但粉煤灰可用来制砖，对建筑业来说，它又是一种有用的原材料。

3. 持久危害性　固体废物是呈固态、半固态的物质，流动性较差。此外，固体废物进入环境后，并没有被与其形态相同的环境体接纳。因此，它不可能像废水、废气那样可以迁移到大容量的水体或溶入大气中，通过自然界中物理、化学、生物等多种途径进行稀释、降解和净化。固体废物只能通过释放渗出液和气体进行自我消化处理。而这种自我消化过程是长期的、复杂的和难以控制的。因此，通常固体废物对环境的污染危害比废水和废气更持久，从某种意义上讲，污染危害更大。

二、固体废物的来源、分类与排放量

（一）固体废物的来源与分类

固体废物主要来源于社会的生产、流通和消费等一系列活动，它不仅包括工农业企业在生产过程中丢弃而未被利用的副产物，而且也包括人们在生活、工作及社会活动中因物质消费而产生的固体废物。习惯上将农业固体废物、矿业固体废物和工业固体废物合称为产业固体废物；将家庭生活垃圾和公共场所垃圾合称为生活消费固体废物。

2005 年修改后的《固废法》中，将固体废物分为 3 大类：生活垃圾（municipal solid waste，MSW）、工业固体废物（industrial solid waste or commercial solid waste，ISW）和危险废物（hazardous waste，HW）。由于我国是世界上最大的农业国，农业废弃物的产生量已超过工业固废，并对环境造成越来越严重的污染，故本章将其作为一个重要内容列于固体废物中，详见表 6-1。

表 6-1　常见固体废物来源与种类

分类	来源	主要组成物
工业固体废物	矿山选冶	废矿石、尾矿、金属、砖瓦灰石
	冶金、交通、机械、金属结构等工业	金属、矿渣、砂石、模型、陶瓷、边角料、涂料、管道、绝热和绝缘材料、黏接剂、塑料、橡胶、烟尘等
	煤炭	矿石、木料、金属

（续）

分类	来源	主要组成物
工业固体废物	食品加工	肉类、谷物、果类、蔬菜、烟草
	橡胶、皮革、塑料等工业	橡胶、皮革、塑料、布、纤维、染料、金属等
	石油化工	化学药剂、金属、塑料、橡胶、陶瓷、沥青、油毡、石棉、涂料等
	造纸、木材、印刷等工业	刨花、锯末、碎木、化学药剂、金属填料、塑料、木质素
	电器、仪器仪表等工业	金属、玻璃、木材、橡胶、塑料、化学药剂、陶瓷、绝缘材料
	纺织服装业	布头、纤维、橡胶、塑料、金属
	建筑材料	金属、水泥、黏土、陶瓷、石膏、石棉、砂石、纸、纤维
	电力工业	炉渣、粉煤灰、烟尘
生活垃圾	居民生活	食物垃圾、纸屑、布料、木料、庭院植物修剪物、金属、玻璃、塑料、陶瓷、燃料灰渣、碎砖瓦、废器具、粪便、杂品
	商业、机关	管道、碎砌体、沥青及其他建筑材料、废汽车、废电器、废器具，含有易爆、易燃、易蚀性、放射性的废物，以及类似居民生活栏内的各类废物
	市政维护、管理部门	碎砖瓦、树叶、死禽兽、金属锅炉灰渣、污泥、脏土等
农业废物	农林	稻草、秸秆、蔬菜、水果、果树枝条、落叶、废塑料、人畜粪便、禽粪、农药等
	水产	腐烂鱼、虾、贝壳、水产加工污水、污泥等
危险废物	核工业、化学工业、医疗单位、科研单位	放射性废渣、粉尘、污泥、医院使用过的器具、化学药剂、制药厂药渣、炸药、废油等

（二）固体废物的排放量

1. 工业固体废物产生概况 我国工业固体废物产生量十分惊人。据统计，2008 年，全国工业固体废物产生量为 $1.901\ 27\times10^9$ t，比 2007 年增加 8.3%；排放量为 7.82×10^6 t，比 2007 年减少 34.7%；综合利用量（含利用往年储存量）、储存量和处置量分别为 $1.234\ 82\times10^9$ t、$2.188\ 3\times10^8$ t 和 $4.829\ 1\times10^8$ t，分别占产生量的 64.9%、11.5%和 25.4%。危险废物产生量为 1.357×10^7 t，综合利用量（含利用往年储存量）、储存量和处置量分别为8.19×10^6 t、1.96×10^6 t 和 3.89×10^6 t（表 6-2）。

产生量最大的是矿山开采和以矿石为原料的冶炼工业产生的固体废物，占工业固体废物总量的 80%以上。工业固体废物累计堆存量更为惊人。如 1991—1995 年我国工业固体废物年均累计堆存量为 6.19×10^9 t，年均占地面积为 5.4×10^4 hm^2，其中侵占农田面积达到 4 144hm^2（表 6-3）。而目前的状况更为触目惊心，大量的农田被侵占，成为我国耕地减少的主要因素之一。

表 6-2 2008 年全国工业固体废物产生及处理情况

（引自中华人民共和国环境保护部，全国环境统计公报，2009）

产生量（$\times10^4$ t）		综合利用量（$\times10^4$ t）		储存量（$\times10^4$ t）		处置量（$\times10^4$ t）	
合计	危险废物	合计	危险废物	合计	危险废物	合计	危险废物
190 127	1 357	123 482	819	21 883	196	48 291	389

表 6-3　1991—1995 年全国工业固体废物堆存情况

（引自王绍文等，2003）

年份	累计堆存量（$\times 10^4$t）	占地面积（hm^2）	其中：占耕地面积（hm^2）
1991	596 254	50 539	5 209
1992	591 608	54 223	3 711
1993	596 576	52 052	4 073
1994	646 282	55 697	3 800
1995	664 055	55 440	3 927
平均	618 955	53 590	4 144

2. 城市生活垃圾排放量　城市生活垃圾产生量受多种因素的影响，其中主要与城市人口、经济发展水平、居民收入和消费水平、燃料结构、地理位置和消费习惯等因素有关。随着经济的高速发展，人民生活水平的提高，生活垃圾与日俱增。据统计，全世界垃圾年平均增长速度高达 8.42%，人均垃圾年产生量为 0.44～0.50t。有关统计资料表明，美国生活垃圾人均日产生量为 2.39kg；日本生活垃圾人均日产生量为 2.46kg；中国生活垃圾人均日产生量为 0.76～2.62kg。表 6-4 为部分发达国家和我国部分城市目前垃圾产出的基本情况。

表 6-4　部分发达国家和我国部分城市垃圾产生状况

（引自周立祥，2007）

发达国家				中　国		
国家	垃圾年产生总量（$\times 10^4$t）	年增长率（%）	人均日产生量［kg］	城市	垃圾年产生总量（$\times 10^4$t）	人均日产生量［kg］
美国	160 000	3.5	2.39	北京	3 100	1.20
英国	200	3.2	0.87	天津	1 853	0.99
日本	11 365	5.0	2.46	沈阳	1 569	1.02
法国	1 200	2.9	0.75	鞍山	401.5	0.76
荷兰	520	3.0	0.57	上海	4 182.9	1.23
瑞士	378	2.0	0.66	杭州	660	0.92
瑞典	259	2.5	0.82	广州	1 764.2	1.20
意大利	2 100	3.0	0.59	深圳	754.8	2.62

在我国，随着经济的高速发展、城市人口数量增加、规模扩大以及城市数量的增加，城市生活废弃物的排放量迅速增长。然而，由于多方面的原因，生活垃圾处理的基础设施建设及其无害化处理水平都不及垃圾量飙升的速度。因此，城市废弃物的减量化和资源化，不但关系到保护和改善城市生态环境，而且是改变传统发展模式使城市发展与环境保护相协调的重要内容。

三、固体废物污染环境的途径

固体废物露天堆放或处置不当，其中的有害成分和化学物质可通过环境介质——大气、土壤、地表或地下水体等直接或间接进入人体，威胁人体健康，传染疾病，给人类造成潜在的、近期的和长期的危害。通常，工矿业固体废物所含化学成分能形成化学物质型污染；人畜粪便和生活垃圾是各种病原微生物的滋生地和繁殖场，能形成病原体型污染。固体废物污染环境的途径如图 6-1 所示。

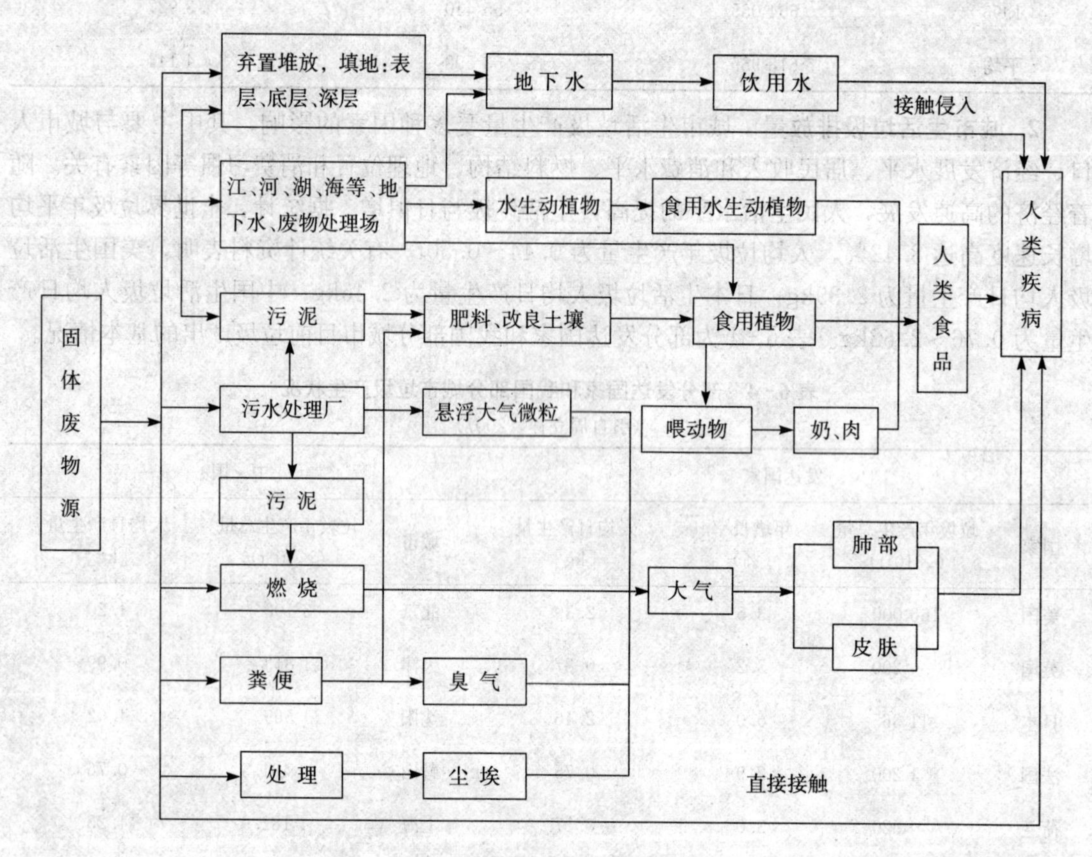

图 6-1　固体废物的污染途径

（引自宁平，2007）

四、固体废物对环境的影响

（一）固体废物污染环境的特点

与废水、废气相比，固体废物对环境潜在污染危害具有以下几个显著的特点。

1. 产生量大，种类繁多，成分复杂　随着工业生产规模的扩大、人口的增加和居民生活水平的提高，各类固体废物的产生量也逐年增加，来源也十分广泛。

2. 污染物滞留期长，危害性强　在自然条件影响下，固体废物中的一些有害成分会转入大气、水体和土壤，参与生态系统的物质循环，其对地下水和土壤的污染需要经过数年甚至数十年后才能显现出来。并且一旦发生了固体废物对环境的污染，其后果将非常严重。因此固体废物对环境具有潜在的、长期的危害性。

3. 其他处理过程的终态，污染环境的源头　由于固体废物对环境的危害影响需通过水、气和土壤等介质方能进行，因此，固体废物既是废水和废气处理过程的终态，又是污染水体、大气、土壤等的源头。

(二) 固体废物对环境的影响

在固体废物堆放或处置地点以及固体废物处理过程中，其中的污染物会发生迁移，对环境的影响是多方面的。

1. 侵占土地　固体废物堆放占用大量的土地，据估算，每堆积 1×10^4t 废渣，约需占地 0.067hm^2。截至 1995 年，我国仅工业固体废物历年累计堆积量就达 6.6×10^9t 以上，占地 6×10^4 hm^2以上。由于垃圾产生量增长过快，城市与垃圾占地的矛盾日益突出，目前我国约有 2/3 的城市处于垃圾的包围之中，严重影响了城市的发展；同时，大量堆置的垃圾，也严重破坏了自然景观和市容。

2. 污染土壤　固体废物的堆放不仅占用大量土地，而且还会对土壤造成污染。若废物的堆积和填埋不当，经日光曝晒及雨水浸淋，所产生的浸出液中的有害成分会直接进入土壤，改变土壤的理化性质和结构，使土壤毒化、酸化、碱化，导致土壤质量的退化，并对土壤微生物的活性产生影响。这些有害成分不仅难以挥发消解，而且会阻碍植物根系的发育和生长，并在植物体内蓄积，通过食物链危及人体健康。例如，固体废物中的塑料地膜和塑料袋，一旦飘落入土壤，就会有大量的塑料碎片残留在土壤中，使土壤通水、通气性受阻，土壤结构受到影响，从而影响作物的生长发育，导致减产。20 世纪 70 年代，美国密苏里州为了控制道路粉尘，曾把混有四氯二苯二噁英（TCDD）的淤泥废渣代替沥青铺设路面，造成严重污染，土壤中 TCDD 含量达到 0.3mg/kg，污染深度达到 60cm，致使牲畜大批死亡，居民备受多种疾病折磨，最后，美国政府花费 3 300 万美元买下该镇的全部地产，还赔偿了居民搬迁等的一切损失。又如，杭州某工厂废铬渣堆放在废水塘里，由于还原浸出，使得土壤中锌、铅和铬的含量远高于河流底泥的含量，导致土壤严重的重金属污染。随着我国经济的发展和人们生活水平的提高，固体废物的产生量将会越来越大，如不进行及时有效的处理和利用，固体废物污染土壤的问题将会更加严重。

3. 污染大气　固体废物在堆存、处理处置过程中会产生有害气体，对大气产生不同程度的污染。例如，固体废物中的尾矿、粉煤灰、干泥和垃圾中的尘粒随风进入大气中，直接影响大气能见度和人体健康。废物在焚烧时所产生的粉尘、酸性气体和二噁英等，也直接影响大气环境质量。此外，城市固体废物在堆放过程中，由于化学作用、生物作用产生的 H_2S、CH_4等气体，散发恶臭，严重影响周围的空气。废物填埋场逸出的沼气也会对大气环境造成影响，废物在一定程度上会消耗填埋场上空的氧使植物衰败，并且沼气中的 CH_4 会对臭氧层造成破坏。

4. 污染水体　固体废物对水体的污染有直接污染和间接污染两种途径。若把水体作为固体废物的接纳体，向水体中直接倾倒废物，就会直接导致水体的污染。固体废物在堆放的过程中，经雨水浸淋和自身分解产生的浸出液流入水体中，污染水体。不少国家曾把废弃物直接倾倒于河流、湖泊、海洋中，甚至将海洋投弃作为一种固体废物处置方法。固体废物进入水体后，不仅直接影响水生动植物的生存环境，并造成水质下降、水域面积减少，从而影响水资源的充分利用，而且还可以通过食物链的作用，影响与水有关的动植物和人类的生存。此外，废物堆放场产生的污染物随地表水流入附近水体，污染地表水，继而污染周围地下水。例如，20 世纪 40 年代发生在美国的洛夫运河事件，当时胡克化学公司把一个废弃的水电运河作为倾倒废物的场所，倾倒有害废物约 2×10^4 t，加上附近地区倾倒的废物，总量达 3×10^8 t 以上。由于堆放场产生的污染物向地下水转移，因而进入饮用水系，人们长期饮用该水而中毒，可诱发癌症，该区成为各种疾病的高发区。

5. 影响环境卫生 我国固体废物的综合利用率还比较低。正如前文所述，2008 年，全国工业固体废物产生量为 $1.901\,27\times10^9$ t，比 2007 年增加 8.3%，综合利用量（含利用往年储存量）为 $1.234\,82\times10^9$ t，综合利用率为 64.9%；危险废物产生量为 1.357×10^7 t，综合利用量（含利用往年储存量）为 8.19×10^6 t，综合利用率为 60.4%。大量的垃圾未经任何处理就直接进入环境，严重影响人们的居住环境和卫生状况，导致病菌大量传播，威胁人类的生存。

6. 其他危害 某些固体废物，尤其是危险废物，具有毒性、易燃性、反应性、疾病传染性等特点，若处理不当，将会对人体安全造成严重危害。

（三）固体废物污染的控制

1. 全过程管理原则 现在世界各国越来越意识到对固体废物实行过程控制的重要性，提出了固体废物从摇篮到坟墓（cradle - to - grave）的全过程控制和管理，以及循环经济的新概念。世界各国已对解决固体废物污染控制问题取得了共识，其基本对策是“3C 原则”，即：避免产生（clean）、综合利用（cycle）和妥善处理（control）。

2. “三化”原则 《固废法》第三条规定：“国家对固体废物污染环境的防治，实行减少固体废物的产生、充分合理利用固体废物和无害化处置固体废物的原则。”这样，就从法律上确立了固体废物污染控制的“三化”基本原则，即：减量化、资源化和无害化，并以此作为我国固体废物管理的基本技术政策。

（1）*减量化原则* 减量化是指通过采用合适的管理和技术手段，减少固体废物的产生量和排放量。首先要从源头上解决问题，即源削减；其次，要对产生的废物进行有效的处理和最大限度的回收利用，以减少固体废物的最终处置量。减量化的要求，不只是减少固体废物的数量和体积，还包括尽可能地减少其种类、降低危险废物的有害成分的含量、减轻或清除其危险特性等。因此，减量化是防止固体废物污染环境的优先措施。就国家而言，应当改变粗放经营的发展模式，鼓励和支持开展清洁生产，开发和推广先进的生产技术和设备，充分合理地利用原材料、能源和其他资源。

（2）*资源化原则* 资源化是指采取管理和工艺措施，从固体废物中回收物质和能源，加速物质和能源的循环，创造经济价值。包括以下 3 个范畴：①物质回收，即从处理的废物中回收一定的二次物质，如纸张、玻璃和金属等；②物质转换，即利用废物制取新形态的物质，如利用废玻璃和废橡胶生产铺路材料，利用炉渣生产水泥和其他建筑材料，利用有机垃圾生产堆肥等；③能量转换，即从废物处理过程中回收能量，以生产热能或电能，如通过有机废物的焚烧处理回收热量用于发电，利用垃圾厌氧消化产生沼气，作为能源向居民和企业供热或发电。

(3) 无害化原则　无害化是指对已产生又无法或暂时尚不能综合利用的固体废物，采用物理、化学或生物手段，进行无害或低危害的安全处理、处置，达到消毒、解毒或稳定化，以防止或减少固体废物对环境的污染危害。

另外，还应健全环境保护法规、法律，加强宣传力度，增强执法力度，提高全民的环境保护意识。

第二节　城市生活垃圾对土壤环境的影响

一、生活垃圾的来源及组成

（一）城市生活垃圾的来源

城市生活垃圾是指在城市居民日常生活或为日常生活提供服务的活动中产生的固体废物以及法律、行政及法规规定视为城市生活垃圾的固体废物，如厨余物、废玻璃、塑料、纸屑、纤维、橡胶、陶瓷、废旧电器、煤灰和砂石等。其来源于城市居民家庭、城市商业、餐饮业、旅馆业、旅游业、服务业、市政环卫业、交通运输业、文教卫生业和行政事业单位、工业企业单位以及水处理污泥等。城市生活垃圾不但含有无机成分，还有有机成分，更可能含有毒、有害物质以及细菌、病毒、寄生虫卵等，是严重的环境公害。

（二）城市生活垃圾的组成

城市生活垃圾的组成极其复杂，并受众多因素的影响，如自然环境、气候条件、城市发展规模、居民生活习惯（食品结构）、民用燃料结构和经济发展水平等，故各国、各城市甚至各地区产生的城市生活垃圾组成都有所不同，表6-5为主要发达国家城市垃圾组成情况。

表6-5　发达国家城市生活垃圾的组成（%）

（引自李秀金，2003）

国家	美国	英国	日本	法国	荷兰	瑞士	瑞典	意大利	比利时
食品垃圾	12	27	22.7	22	21	20	20.3	25	21
纸类	50	38	37.2	34	25	45	45	20	30
细碎物	7	11	21.1	20	20	20	5	25	26
金属	9	9	4.1	8	3	5	7	3	2
玻璃	9	9	7.1	8	10	5	7	7	4
塑料	5	2.5	7.3	4	4	3	9	5	9
其他	8	3.5	0.5	4	17	2	6.7	15	8
平均含水量	25	25	23	35	25	35	25	30	28
含热量（kJ/kg）	11 592	9 737	10 203	9 274	8 346	9 969	9 209	7 323	7 038

生活垃圾主要是厨房垃圾，其成分主要决定于燃料结构及食物的精加工程度。一般来说，发达国家垃圾组成是有机物多，无机物少；发展中国家则是无机物多，有机物少。以前，我国大中城市的煤气率很低，人们主要以煤做生活燃料，人们的食品主要以蔬菜为主，因此城市垃圾的组成成分主要是煤灰和烂菜叶等，无机物含量较高。随着人们生活水平不断提高，已加工的半成品食品日益普及，煤气化比例日趋上升，城市生活垃圾的构成也发生了

变化，表现为有机物增加，可燃物增多，可利用价值增大。表 6-6 为我国部分城市生活垃圾的组成。

表 6-6　我国部分城市生活垃圾组成（%）

（引自张小平，2004）

城市	有机废物				无机废物				
	厨余	废纸	纤维	竹、木制品	塑料橡胶	废金属	玻璃陶瓷	煤灰、水泥碎砖	其他
北京	39.00	18.18	3.56		10.35	2.96	13.02	10.93	2
上海	70.00	8.00	2.80	0.89	12.00	0.12	4.00	2.19	
广州	63.00	4.80	3.60	2.80	14.10	3.90	4.00	3.80	
深圳	58.00	7.91	2.80	5.19	13.70	1.20	3.20	8.00	
南京	52.00	4.90	1.18	1.08	11.20	1.28	4.09	20.64	3.63
无锡	41.00	2.90	4.98	3.05	9.83	0.90	9.47	25.29	2.58
武汉	39.16	4.33	1.33	3.20	7.50	0.69	6.55	32.74	4.50
宜昌	29.54	1.22	0.73	1.05	1.18	0.41	8.03	55.84	2.00
重庆	38.76	1.04	0.97	1.58	9.10	0.53	9.03	37.99	1.00

二、生活垃圾的处理现状

由于城市生活垃圾对环境的危害越来越严重，越来越多的国家政府和科研机构都在致力于这方面的研究，力求尽可能地减少其对环境的危害。目前，主要采用卫生填埋、堆肥、焚烧、热解、生物降解和露天堆放等方法加以处理。但由于各国经济水平差异较大和其他方面的原因，垃圾处理程度也不一样。美国、日本、德国和法国等一些经济发达国家在这方面的投入较多，垃圾的处理水平也较高，详见表 6-7。

表 6-7　常见固体废物处理与处置方法

（李传统和 J. D. Herbell，2008）

国家	填埋（%）	堆肥（%）	焚烧（%）	焚烧厂数量（个）	年焚烧垃圾量（$\times 10^4$ t）
美国	75	5	10	157	3 000
日本	23	4.2	72.8	1 899	3 086
德国	45.5	4	50.5	60	1 320
英国	88	1	11	38	180
法国	40	22	38	84	200
荷兰	45	4	51	11	170
比利时	62	9	29	29	132
瑞士	20	0	80	34	170
丹麦	18	12	70	46	145
奥地利	59.7	24	16.3	11	87
瑞典	35	10	55	23	140
澳大利亚	62	11	24	3	35

以前，我国城市垃圾处理的最主要方式是堆放填埋，占全部处理量的70%以上；其次是高温堆肥处理，约占处理量的20%；焚烧处理的量甚少。随着我国经济发展水平的提高和科学技术的发展，垃圾的处理方法越来越进步，处理效率也越来越高。据住房城乡建设部城市建设司司长陆克华介绍，截至2008年，全国城市生活垃圾无害化处理设施已达500座，其中卫生填埋场406座，焚烧厂72座，堆肥厂13座，其他处理设施9座。我国日均生活垃圾处理量为3.153×10^{5}t，生活垃圾无害化处理率达66.03%。但是，目前只有少数城市建成达到无害化标准的垃圾处理场，仍有大部分城市以简单填坑、填充洼地、地面堆放、挖坑填埋、投入江河湖海、露天焚烧等处理为主，使垃圾废物成为即时的和潜在的长期污染源。

三、生活垃圾对土壤环境的影响

（一）生活垃圾露天堆放对土壤环境的影响

1. 垃圾堆放侵占了大量土地，对农田破坏严重　长期以来，我国城市垃圾的处理主要是以堆放填埋为主。一般10 000人口的城市，一年产出的垃圾需要一个0.4hm^{2}大的地方堆放，堆高3m，因而，占用城郊土地，加剧人地矛盾是垃圾堆放的直接后果。近年来，由于垃圾产生量增长幅度较大，一些城市又缺乏有效的管理和处置措施，导致相当多的城市陷入垃圾的包围之中。此外，堆放在城市郊区的垃圾，侵占了大量农田，未经处理或未经严格处理的生活垃圾直接进入农田，破坏了农田土壤的团粒结构和理化性质，致使土壤保水、保肥能力降低。

2. 垃圾堆放过程中产生的渗滤液对土壤造成污染　垃圾渗滤液，又称为渗沥水或浸出液，是指垃圾在堆放和填埋过程中由于发酵和雨水的淋溶、冲刷，以及地表水和地下水的浸泡而滤出来的污水。垃圾渗滤液中含有多种污染物，且浓度变化往往很大（表6-8）。

表6-8　生活垃圾渗滤液水质分析

项　目	pH	SS	COD	BOD_5	NH_4^+-N	PO_4^{3-}
浓　度	5～8.6	200～1 000	3 000～45 000	200～30 000	10～800	1～125
项　目	总铁	Ca^{2+}	Pb^{2+}	Cd^{2+}	Cl^-	SO_4^{2-}
浓　度	50～600	200～3 000	0.1～0.2	0.3～1.7	100～300	1～1 600

注：除pH外其余各项单位均为mg/L。

垃圾渗滤液在降雨的淋溶冲刷下，直接进入土壤，与土壤发生一系列物理作用、化学作用、生物作用。虽然有部分污染物被分解，但仍有一部分滞留在土壤中，破坏土壤生态功能，导致土壤污染，带来严重的后果。

一是降低土壤pH，使土壤污染加重。由于垃圾渗滤液是一种偏酸性的有机废水，因而受到渗滤液侵蚀的土壤pH降低，这使得土壤中不溶性的盐类、重金属化合物及金属氧化物等无机物发生溶解，加重土壤污染。

二是导致土壤重金属污染。垃圾中含有的大量重金属随渗滤液进入土壤，使土壤中的重金属含量显著增加（表6-9）。廖利等人曾对深圳盐田区垃圾场周围的土壤污染状况进行分析研究，结果表明，受到渗滤液侵蚀的土壤pH降低，渗滤液中的重金属有在土壤中富积的现象，垃圾堆放场周围土壤已受到渗滤液重金属的污染。郭立书等对哈尔滨市垃圾堆放场土壤污染进行的研究发现，垃圾场及其周围100m以内土壤受到严重的重金属污染，垃圾场下部土壤重金属污染程度大于垃圾场周围土壤。而土壤重金属污染会直接影响植物生长和人类健康与生存质量。早在20世纪50年代前后出现的“八大公害”事件中，日本九州的水俣病、富山的骨痛病、四日的呼吸道疾病等都是由重金属污染所致。

表6-9　北京郊区某垃圾场周围土壤重金属测定结果（mg/kg）

（引自王红旗等，2007）

样点	Cu	Zn	Cd	Pb	Mn
距垃圾堆100m以内的土壤	44.1	156.8	0.59	62.9	532
距垃圾堆1km以外的土壤	21.8	87.4	0.07	46.9	372

三是易引起土壤生物污染。垃圾渗滤液携带有大量的病原菌及寄生虫卵，这些生物体进入土壤将会迅速滋生蔓延，因而造成土壤生物污染的危害性较大，作物也较易感染病害、虫害。

（二）生活垃圾直接施用对土壤的影响

1. 有利于改善土壤物理性质　将煤渣、尘土占绝对优势的生活垃圾直接施用于农田将使土壤出现渣砾化趋势，表层土壤质地变粗，但孔隙度、持水量增加，这对于黏质土壤来说，有利于改善土壤物理性质，改善土壤中的水气运动，也有利于减轻耕作阻力。

2. 补充土壤营养元素含量　由于城镇生活垃圾中有机物种类较多，粉煤灰等物质也含有较多的营养元素（表6-10），因此，长期施用垃圾，土壤养分可得到源源不断的补充，垃圾起到了土壤养分源的作用，土壤生产力有较大的提高。例如，广州市郊菜地长期施用垃圾，土壤肥力显著提高（表6-11）。

表6-10　垃圾中营养元素含量

垃圾类型	C（%）	N（%）	P（%）	K（%）	水解氮（mg/kg）	速效磷（mg/kg）	速效钾（mg/kg）	缓效钾（mg/kg）
城市垃圾	12.98	0.41	0.144	1.49	22.5	99.4	1 170	380
集团垃圾	7.23	0.42	0.242	1.42	19.4	26.3	1 070	460
家庭垃圾	11.02	0.35	0.210	1.62	17.8	122.5	1 110	360
粉煤灰		0.15	0.180	1.67	5.40	30.0	360	580

表6-11　广州市郊菜园土壤养分含量比较

垃圾使用情况	有机质（%）	全磷（%）	速效磷（mg/kg）	速效钾（mg/kg）	缓效钾（mg/kg）
长期施垃圾	7.38	0.157	50.5	70	290
未施垃圾	1.50	0.025	10	40	200

3. 导致土壤重金属污染　城市垃圾中含有相当量的重金属元素，长期施用垃圾必将使土壤中重金属元素含量增高。天津市郊区因长期施用垃圾，土壤中锌、铅、铬、砷和汞含量增加较明显（表6-12）。

表 6-12　天津市郊土壤重金属含量状况（mg/kg）

（引自李天杰，1995）

垃圾使用情况	重金属含量						
	Cu	Zn	Pb	Cr	As	Cd	Hg
近郊施垃圾区	2	51.85	36.85	40.65	62.35	13.52	0.28
近郊不施垃圾区	2	17.75	58.4	18.75	49.8	6.86	0.11

4. 带来土壤生物污染　垃圾从原产地、集散站到农田的过程都可能受到污染，携带大量病原菌、寄生虫卵，这些生物体进入土壤，将会迅速滋生蔓延，因而生物污染的危害性较大。许多城郊菜农患皮肤病、肝炎、传染性疾病的比例较高，作物也易感染病害、虫害。

（三）施用垃圾堆肥对土壤的影响

生活垃圾中含有大量的有机物质，可用于堆肥化处理，将其中的有机可腐物转化为土壤可接受且迫切需要的有机营养土或腐殖质。这种腐殖质有利于形成土壤的团粒结构，使土质松软，孔隙度增加而易于耕作，从而提高土壤的保水性、透气性及渗水性，且有利于植物根系的发育和养分的吸收，起到改善土壤结构和物理性能的作用。堆肥的成分比较多样化，不仅含有氮、磷、钾大量元素，而且还含有多种微量元素，比例适当，养分齐全，有利于满足植物生长对不同养分的需求。堆肥属缓效性肥料，养分的释放缓慢、持久，故肥效期较长，有利于满足作物长时间内对养分的需求，也不会出现施化肥短暂有效，或施肥过头的情况。堆肥中含有大量有益微生物，施用后可增加土壤中微生物的数量，通过微生物的活动改善土壤的结构和性能，微生物分泌的各种有效成分易被植物根部吸收，有利于根系发育和伸长。总之，施用垃圾堆肥能改善土壤物理的、化学的和生物的性质，使土壤环境保持适于农作物生长的良好状态。

表 6-13　垃圾堆肥对土壤性质的影响

处理	经历时间	pH（H_2O）	交换性酸度（cmol/kg）	交换性盐基（cmol/kg）		全碳（%）	全氮（%）
				CaO	MgO		
对照	第一季后	5.5	1.1	111	16	1.43	0.147
	第三季后	5.8	1.0	118	13	1.57	0.134
垃圾堆肥	第一季后	6.8	0.3	211	22	2.60	0.196
	第三季后	6.7	0.1	216	14	2.15	0.183

处理	经历时间	无机氮（cmol/kg）	Truog 法提取的 P_2O_5（cmol/kg）	阳离子交换量（cmol/kg）	$pF=1.5$		
					固相（%）	液相（%）	气相（%）
对照	第一季后	2.8	—	9.9	58.4	15.3	26.3
	第三季后	0.6	13.6	9.2	—	—	—
垃圾堆肥	第一季后	6.8		11.0	54.0	19.4	26.2
	第三季后	0.7	17.8	10.4	—	—	—

垃圾堆肥的成分主要决定于其原料组成，不同城市生活垃圾的成分差异较大，而且堆肥的腐熟程度也各有不同，因此垃圾堆肥的各种性质常有相当大的差别。但养分含量普遍较高，施用后对土壤均会产生一定的影响。表 6-13 为每公顷施用垃圾堆肥 80t（含水 44%）、种植一季或三季作物后土壤基本理化性质的分析结果。施肥试验表明，垃圾堆肥的影响可达

3季作物之后；耕作层的全碳、全氮、交换性盐基、无机态氮、有效磷等的含量都有所提高，阳离子交换量也有所增加；施用垃圾堆肥后土壤的固相率下降，液相率和气相率增大；施用垃圾堆肥后，还可以提高土壤pH。

四、生活垃圾的资源化利用

作为固体废物的重要代表之一的生活垃圾，数量巨大、种类繁多，其中有相当一部分物质可以回收利用，变废为宝。垃圾资源化利用的基本任务就是采取适宜的工艺措施从垃圾中回收一切可利用的组分，重新利用。它具有原料的廉价性、永久性和普遍性的特点，不仅可以提高社会效益，做到物尽其用，而且可以取得很好的环境效益和一定的经济效益，是垃圾处理的最佳选择和主要归宿。

（一）生活垃圾的堆肥化处理

生活垃圾中含有较多的新鲜有机物质，如动物残体、骨刺等废弃物以及菜叶、果皮，对农业来说是很好的有机肥源。利用垃圾中的有机物较普遍的方法是堆肥化处理，即依靠自然界广泛存在的细菌、放线菌和真菌等微生物，在一定的人工条件下，有控制地促进可被生物降解的有机物向稳定的腐殖质转化的生物化学过程，其实质是一种发酵过程。这种腐殖质与黏土结合就形成了稳定的黏土腐殖质复合体，不仅能有效地解决生活垃圾的出路，解决环境污染和垃圾无害化问题，而且还为农业生产提供适用的腐殖土，从而维持自然界的良性物质循环。一般的堆肥操作能使其温度上升到70℃的高温，垃圾经过高温，其中的蛔虫卵、病原菌和孢子等基本被杀灭，有害物质基本上达到无害化，符合堆肥农用的卫生标准。经堆肥化处理后，生活垃圾变成卫生的、无味的腐殖物质，是很好的有机肥料。研究表明，如果将我国每年产生的1.4×10^{8} t的垃圾用做堆肥，加入粪便、秸秆和菌种，每年可产生1.5×10^{8} t有机肥，这样每年可以创造2 500亿元的国民财富。

生活垃圾堆肥化处理技术简单，主要受到垃圾组成、粒度、温度、pH、供氧强度以及搅拌程度的影响。堆肥方法主要有露天堆肥法、快速堆肥法以及半快速堆肥法。其中，快速堆肥法最为先进，特别适合垃圾产生量大的大中城市，在英国、荷兰、日本等国家都有快速堆肥法处理垃圾的实例。目前，国内堆肥方式分为厌氧土法堆肥、好氧露天堆肥以及好氧仓库式堆肥，使用较多的是好氧堆肥。

（二）生活垃圾的焚烧处理

焚烧是一种对垃圾进行高温热化学处理的技术，也是将垃圾实施热能利用的资源化的一种形式。焚烧是指在高温焚烧炉内（800～1 000℃），垃圾中的可燃成分与空气中的氧发生剧烈的化学反应，转化为高温的燃烧气和性质稳定的固体残渣，并放出热量的过程。焚烧产生的燃烧气可以以热能的形式被回收利用，性质稳定的残渣可直接填埋，焚烧后垃圾中的细菌、病毒被彻底消灭，带恶臭的氨气和有机废气被高温分解，因此经过焚烧工艺处理的垃圾能以最快的速度实现无害化、稳定化、资源化和减量化的最终目标。

生活垃圾中含有大量的有机物质，具有潜在的热能。以我国垃圾平均含有机物40%计，每年产生的1.4×10^{8} t垃圾，相当于5.6×10^{7} t有机物质。若以每千克垃圾可产生热能3×10^{6} J估算，1.4×10^{8} t垃圾可产生4.2×10^{17} J的热能，相当于4.2×10^{7} t标准煤，这是一个巨大的能源库。垃圾焚烧产生的热能可用于蒸汽发电，发达国家如德国、法国、美国、日本等就建有许多垃圾发电厂。统计表明，垃圾焚烧装置大量集中在发达国家，这一方面与国家工业科学技术水平、经济实力有关，另一方面与垃圾的组成成分有关。焚烧技术仅适于发热量大于 3 349kJ 的垃圾，而我国城镇垃圾有机物含量低，且季节性含量变化大，难于进行焚烧处理。但随着社会经济的发展和城市燃气率的提高，特别是西气东输工程的建设，垃圾中有机物含量会越来越高，垃圾的热值将大大增加，垃圾焚烧发电的条件日趋成熟，从长远看，垃圾发电在我国具有广阔的前景。目前，深圳、上海、北京、珠海和广州等城市都在筹建或已经建成了垃圾焚烧厂。

（三）生活垃圾的热解处理

热解技术最早应用于生产木炭、煤干馏、石油重整和炭黑制造等方面。20 世纪 70 年代初期，世界石油危机对工业化国家经济的冲击，使得人们逐渐认识到开发再生能源的重要性，热解技术开始用于垃圾的资源化处理，并制造燃料，成为一种很有发展前途的垃圾处理方法。热解又叫做干馏、热分解或炭化，是指在无氧或缺氧条件下，使固体物料中的有机成分在高温下分解，最终转化为可燃气体、液体燃料和焦炭的热化学过程。

垃圾热解是一个复杂的、连续的热化学反应过程，在反应中包含着复杂的有机物断键、异构化等反应。其热解的中间产物一方面进行大分子裂解成小分子直至气体的过程，另一方面又进行小分子聚合成较大的分子的过程。热解的产物由于分解反应的操作条件不同而有所不同，主要以 H_2、CO、CH_4 等低分子化合物为主的可燃性气体；以 CH_3COOH、CH_3COCH_3、CH_3OH 等化合物为主的燃料油；以及纯炭与金属、玻璃、泥沙等混合形成的炭黑。

垃圾的热解过程随供热方式、产品状态、热解炉结构等方面的不同而不同，热解方式也各异。根据装置特性，垃圾热解类型可分为：移动床熔融炉方式、回转窑方式、流化床方式和多管炉方式等。回转窑方式是最早开发的城市垃圾热解处理技术，代表性的系统有 Landpard 系统，主要产物为燃料气。多管炉主要用于含水率较高的有机污泥的处理。流化床有单塔式和双塔式两种，其中双塔式流化床已经达到工业化生产规模。移动床熔融炉方式是城市垃圾热解技术中最成熟的方法，代表性的处理系统有新日铁、Purox、Torrax 等系统。

（四）生活垃圾的厌氧消化技术

厌氧消化是有机物在无氧条件下被微生物分解，转化成甲烷和二氧化碳等，并合成微生物细胞物质的生物学过程。垃圾中含有大量易腐解的有机物质，很容易发生厌氧发酵，腐烂变质，因此厌氧消化是实现垃圾无害化、资源化的一种有效方法。将垃圾埋藏封闭，使垃圾厌氧发酵，用类似于采集天然气的方法采集还原性气体，供给诸如内燃机这样的引擎燃烧。有机质含量较低，热值不高的垃圾也可以采用这一方法。

（五）生活垃圾的蚯蚓处理技术

垃圾中含有大量的有机物质，可用于养殖蚯蚓。100 万条蚯蚓每个月能吞食 24～36t 垃圾，它们排放的蚯蚓粪是极好的天然肥料，养殖的蚯蚓也可以制成动物饲料。

总之，实现垃圾资源化的途径主要有 3 大类：以废物回收利用为代表的物理法、以废物转换利用为代表的化学法及生物法。垃圾资源化是涉及收集、破碎、分选和转换等作业的一个技术系统，在这个系统里需要采用不同技术，经过多道工序，才能实现垃圾资源化。技术的选择、工序的排列，必须根据垃圾的数量、组成成分和物化特性进行正确选择。合理的垃圾资源化综合利用技术如图 6-2 所示。

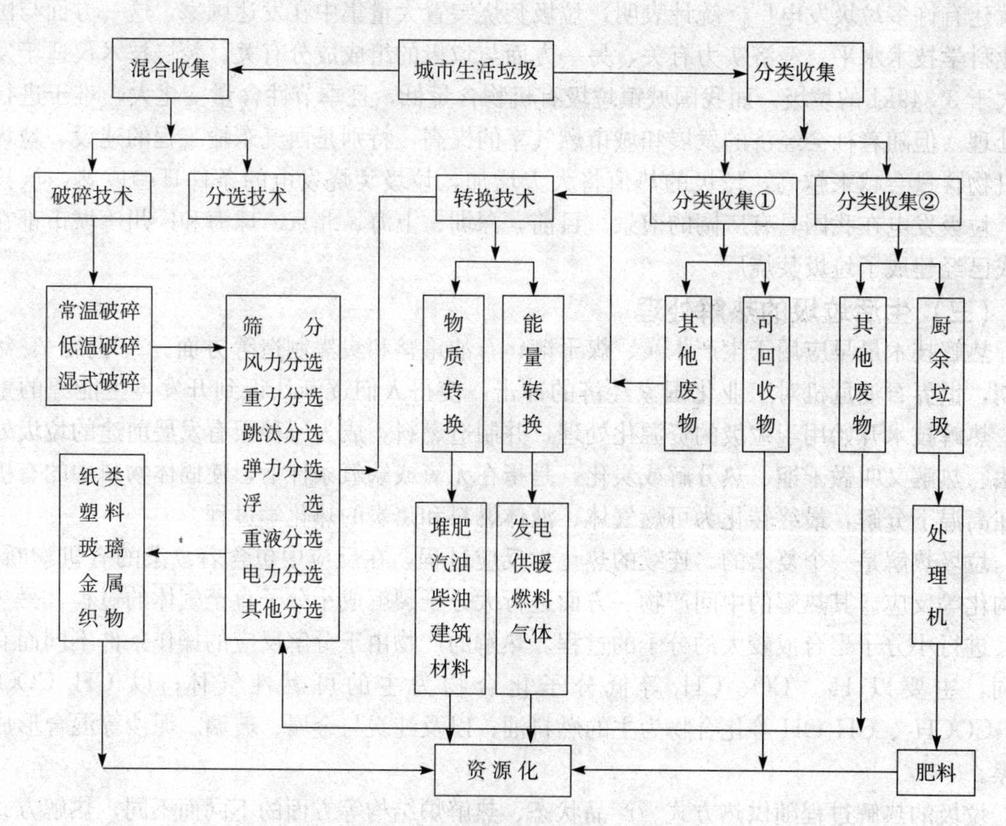

图 6-2 城市生活垃圾资源化利用的途径和程序

(引自张小平，2004)

五、生活垃圾的处置

由于垃圾资源化综合利用需要专门的设备和设施，投资较大，一般城市难以承受，因此，垃圾的处置仍是一项重要的工作。过去，大量的垃圾运到城郊施于农田，分散到广大的土地，但这一方法处理成本较高，且环境卫生可靠性低；而大量垃圾堆置于近郊，不仅浪费土地，又易产生二次污染。目前较为可靠的处置方法是填埋法，即在陆地上选择合适的天然场所或人工改造出合适的场所，把垃圾用土层覆盖起来，同时做好渗滤液的防渗工作，尽可能避免对环境的污染。填埋后可规划为林地、绿地和公园等，例如，美国有许多垃圾填埋场公园。这种做法对于城镇具有既处理废弃物，又美化生态景观的作用。

第三节 污泥对土壤环境的污染

随着工业的发展以及城镇环境卫生建设的进步，污水处理率在不断提高，污泥产量也不断提高。一个二级污水处理厂，产生的污泥量占处理污水量的 0.3%～0.5%（体积），若进行深度处理，污泥量还可以增加。我国现有 300 余座污水处理厂，污水处理能力约为每天 $1\times10^{7}m^{3}$，估计污泥产生量在 $4.2\times10^{6}t$ 左右，折合含水 80%的脱水污泥为 $2.1\times10^{7}t$，加上城镇的河沟排水淤泥，污泥处理压力极大。因此，污泥的处理处置及其资源化技术的开发，对于完善废水处理系统，减少环境污染，节约资源和能源等具有重要意义。为节省污泥处置费用并使废弃物资源化，污泥土地处置已成为污泥处置的重要途径，因此，研究污泥对土壤环境的影响对于污泥处置和安全施用是极为重要的。

一、污泥概述

（一）污泥的来源与组成

污泥是废水处理过程中产生的沉淀物质以及从污水表面撇出浮沫的残渣。污泥是污水中的固体部分，按其成分和性质可分为有机污泥和无机污泥，或分为亲水性污泥和疏水性污泥。由于污水来源、污水处理厂处理工艺及季节变化的不同，污泥的组成差异较大。表6-14是美国科学院统计的污泥养分及重金属组成。

表6-14　不同污泥组成

（引自夏立江，2001）

组成	生原始污泥		生活性污泥		消化污泥	
	范围	中值	范围	中值	范围	中值
总固体含量（%）	3～7	5	1～2	1	6～12	10
挥发性物质含量（%）	60～80	70	60～80	70	30～60	40
养分含量（干重，%）						
N	1.5～8	3	4.8～6	5.6	1.6～6	3.7
P	0.8～2.7	1.6	3.1～7.4	5.7	0.9～6.1	1.7
K	0～1	0.4	0.3～0.6	0.4	0.1～0.7	0.4
pH	5～8	6			6.5～7.5	7.0
重金属含量（mg/kg）						
As					3～30	14
Cd					5～2 000	15
Cr					50～30 000	1 000
Cu			385～1 500	916	250～17 000	1 000
Pb					136～7 600	1 500
Hg					3.4～18	6.9
Ni					25～8 000	200
Zn			950～3 650	2 500	500～50 000	2 000

注：生原始污泥来自废水固体物的沉积；生活性污泥来自悬浮微生物的生物体；这些污泥经过好氧或厌氧生物过程稳定后其有机物形成了消化污泥。

（二）污泥的基本性质

污泥性质取决于污水水质、处理工艺和工业废水密度等多种因素，是科学合理地选择污泥处理、处置工艺及利用技术的先决条件。我国城市污水处理厂的污泥具有以下几个性质特点。

1. 含水量大，养分含量高 污泥的含水量一般都很高，而固形物含量较低，pH多呈中性至微碱性。例如，城市污水处理厂初级沉淀污泥含固量为2%～4%，而剩余活性污泥含固量为0.5%～0.8%。此外，污泥中含有较高量的有机质及氮、磷养分，往往是土壤中养分含量的数倍至数十倍，其中有机工业和生活污水的污泥中养分含量较高。例如，天津纪庄子污水处理厂二次沉淀污泥中，蛋白质含量为17.06%，腐殖酸占51.19%，粗纤维占4.02%，油脂占3.5%，为有机化合物的低品位资源。

2. 碳氮比（C/N）较为适宜，对消化有利 一般C/N比在10～20∶1的范围内，pH多在6～7的范围内，有利于污泥消化。

3. 具有燃烧价值 污泥的主要成分是有机物质，可用于焚烧处理，回收热能。

4. 重金属积累严重 我国城市污水中工业废水所占比例较大，污泥中重金属含量较高，造成铜、锌、镉等元素常常超标，影响污泥的利用。

5. 生物污染性强 由于城市污水中含有大量的病原微生物，在污水处理过程中，大部分病原物被保留或结合在颗粒物上而在污泥中得到浓缩，从而使污泥中可感染微生物数量较多，其中尤以沙门氏菌、蛔虫卵、致病性大肠杆菌为常见，因而在环境卫生学上属污染源，具有较强的生物污染性。

（三）污泥的处理处置与利用

1. 污泥的处理 污泥的处理包括污泥的浓缩、消化和脱水。污泥的消化是在人工控制条件下，通过微生物的代谢作用使污泥中的有机物稳定化。污泥处理的目的主要有3方面：①减少水分，缩小容积，便于后续处理、利用和运输；②使污泥卫生化、稳定化，减少对环境的污染和病菌的传播；③通过处理可改善污泥的成分和某些性质，以利于污泥资源化利用。

2. 污泥的处置 国内外污泥的处置方法为土地利用、填埋、焚烧和投海，但污泥投海已经被禁止。污泥的土地利用由于其费用低、且能循环利用等优点而逐渐受到重视。土地利用包括农地、林地、草地、园林绿地、废地（矿渣地、扰动地）、贫瘠荒地等。但是，污泥中因含有害成分，因此，在土地利用之前，必须对污泥进行稳定化、减害化和减量化处理。

3. 污泥的利用

（1）土地利用 污泥中含有大量的有机质和氮、磷、钾养分及微量元素，是良好的土壤改良剂，能提供植物生长所需的营养元素（表6-15）。将其施入农田后，可改善土壤结构、增加土壤肥效、调节土壤pH，对土壤的透气性、透水性、蓄水保肥性都具有重大作用。初沉污泥中含有大量有机氮，适于做底肥；消化污泥和生活污泥中的氨态氮、硝态氮较多，适于做追肥。我国城市污水处理厂污泥的养分含量如表6-16所示。

表6-15 污泥中的营养物浓度

（引自王绍文，2007）

营养物	全N	全P	S	Ca	Mg	K
变化范围（%）	3～8	1.5～3	0.6～1.3	1～4	0.4～0.8	0.1～0.6
含量（kg/t，以干污泥计）	30～70	15～30	5～12	9～36	4～8	1～5

表 6-16　我国城市污水处理厂污泥养分含量

（引自薛强等，2007）

污泥类别	总氮（%）	磷（%，以 P_2O_5 计）	钾（%，以 K_2O 计）	有机物（%）	脂肪酸（mg/L）
初沉污泥	2～3	1～3	0.1～0.5	50～60	16～20
活性污泥	3.3～7.7	0.78～4.3	0.22～0.44	60～70	4～5
消化污泥	1.6～3.4	0.6～0.8	0.24	25～30	—

（2）回收能源　污泥的主要成分是有机物质，其中有一部分能被微生物分解，另一部分具有燃烧价值，可以通过焚烧、制沼气以及制成燃料等方法，回收污泥中的能量。如污泥焚烧处理的尾气可作为余热回收，通常以蒸汽或蒸汽发电的方式做热能利用。将污泥进行厌氧消化处理，可制得含甲烷 50%～60%的沼气，而且，处理过的污泥更利于植物对养分的吸收。

（3）材料利用　污泥的材料利用主要是制造建筑材料，无需依赖土地作为其最终消纳的载体。污泥材料利用的真正对象是其中的无机组分，因此不同类型的污泥，其建筑利用价值不同。对大多数污泥而言，由于前处理过程比较复杂，因此直接的经济效益不大。处理后的污泥可以通过烧结而制成水泥、污泥砖、地砖、混凝土填料以及陶粒等。

二、污泥施用对土壤性质的改善

污泥施用于土壤，可以利用土壤的自净能力使污泥进一步稳定，同时污泥与土壤间的相互作用将使土壤性质、土壤养分形态发生变化，进而影响植物生长的营养环境条件，是一种很好的植物养分来源和土壤物理性状改良剂。因此，污泥的土地施用一直是污泥处置较好的方式之一。然而，由于污泥中同时含有大量重金属、病原菌和其他有害物质，如果处置方法或用量不当，可能会对周围环境产生不利影响，甚至会对植物产生毒害作用或进入食物链而影响人类健康。

（一）对土壤物理性质的影响

由于污泥含水量大，因而施用污泥的土壤有效水含量明显增多。Mays 等人研究发现，随污泥施用量的增加，土壤田间持水量增大，土壤水分增加，容重减小，土壤团聚体的稳定性提高。Guidi 等研究指出，在砂土中施用污泥堆肥后，土壤总孔隙度显著增加，土壤的耕作性能明显改善。另据胡霭堂等研究，施用生活污泥两年以后，土壤结构系数提高，物理性黏粒有增加的趋势，容重有降低的趋势。表 6-17 为施用污泥有机肥对土壤理化性质的改变情况。

表 6-17　施用污泥有机肥对土壤理化性质的改变

（引自王绍文，2007）

施肥情况	有机质（%）	密度（g/cm^3）	总孔隙率（%）	持水量（%）	pH
未施肥	2.06	1.62	35.1	14.1	5.9
已施肥	4.43	1.15	57.8	23.6	7.3
效果对比	增加 115%	降低 29%	增加 65%	增加 67%	酸性降低

污泥中含有丰富的有机质、腐殖质，是一种有价值的有机肥料（表 6-18），可以通过多

种形式改善土壤的物理特性，以利于提高土壤的耕作性能。

表 6-18　污泥的有机质和灰分组成

（引自王绍文，2007）

污泥种类	灰分含量（%）	有机质含量（%）
初沉污泥	20.0～40.0	60.0～80.0
活性污泥	25.0～39.0	61.0～75.0
消化污泥	40.0～70.0	30.0～60.0

污泥的施用对土壤物理性质的改善包括以下 5 个方面。

1. 增加持水能力　污泥中的有机物可持有 2 倍或 3 倍于其自身质量的水分，可给予植物更多的可利用水分，也可提高表土对降雨和灌溉水分的利用率。

2. 改善供氧条件　污泥的施用，伴随着土壤团聚体结构的改善和数量的增加，土壤中的供氧条件也得到了改善，这有利于植物根部的生长，减少氮损失（反硝化作用）和植物根系疾病的发生。

3. 减少风蚀　土壤团聚体很难分解成小颗粒，从而减少了土壤流失和风蚀的可能性。

4. 减小容重　容重的减小表示土壤中具有更多的孔隙储存空气和水分，有利于植物吸收水分和养分。

5. 抗压　有机物可改善土壤的抗压能力，便于机械化操作。

此外，对于黏土和砂土地而言，加入有机物更可带来诸多好处，有机物能明显改善砂土的团聚特性和持水能力，减小黏土的容积密度，利于植物根部的生长。

（二）对土壤化学性质的影响

施用污泥最显著的效果是土壤有机质和大量营养元素储量提高（表 6-19）。污泥中的有机物可增加土壤的阳离子交换容量，使交换性钙、镁和钾增多，从而提高土壤的保肥能力，减少营养物的渗漏。同时，污泥中还含有大量的能够促进农作物生长的氮、磷、钾及微量元素，施用污泥后能明显改善和提高土壤中有机质含量和土壤中的氮、磷等水平，增加土壤中微量元素（如锌、锰、铁等）的有效性，补偿作物根际养分亏缺，有助于改善作物的微量营养状况，提高土壤生物活性，从而提高土壤肥力，对酸性土壤还具有 pH 调节作用。因此，污泥的施用对土壤化学性质有显著的改善，可用做农、林、牧和土地修复的改良剂。

表 6-19　施用污泥堆肥对土壤养分含量的变化

（引自王绍文，2007）

处理	全氮（%）	全磷（%）	碱解氮（mg/kg）	速效磷（mg/kg）	速效钾（mg/kg）
未用堆肥	0.14	0.06	109	8.9	64
使用堆肥	0.19	0.12	154	25.5	107
效果对比	增加 35.7%	增加 100%	增加 41.3%	增加 186%	增加 67.2%

（三）对土壤生物活性的影响

由于污泥中富集了污水中大量的各类微生物群体，因而随着污泥的施用，这些微生物进入土壤和土壤微生物互为补充，相互作用，可提高土壤微生物的活性，有利于土壤中养分的转化。污泥中的有机物为土壤微生物提供碳源，因而加入有机物进一步促进了土壤微生物活性的提高，从而有利于植物的生长。有试验表明，连续两年施用高量生活污泥后，土壤中生物代谢活性增强（图 6-3）。生物活性的提高也有利于土壤中有害污染物的降解，食用有机物的土壤动物（如蚯蚓）的代谢产物也可增加土壤中的营养物质。

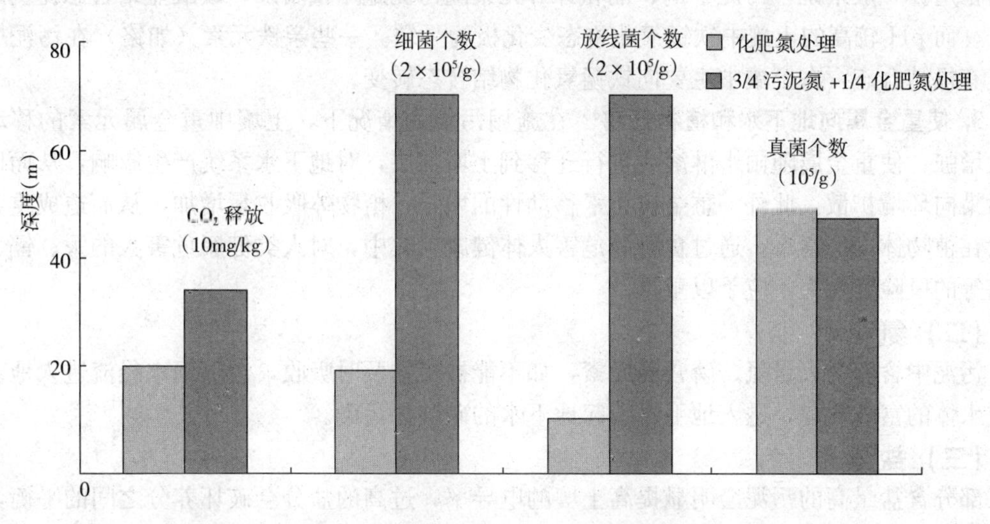

图 6-3　污泥施用对水稻土生物活性的影响

（引自李天杰，1995）

三、污泥土地利用的风险

污泥中除含有植物所必需的营养元素外，还含有许多有害物质，如盐分、重金属、有毒有机物等，这些物质随污泥进入到土壤中，可能会对土壤-植物体系、地表水、地下水系统产生影响，从而造成环境与人类健康风险。

（一）重金属

1. 使土壤重金属含量增加，加重土壤重金属污染　污泥中含有大量的重金属（表 6-20），由于迁移性较差，施用后大部分在土壤表层累积，可使土壤重金属含量有不同程度的提高，其增长幅度与污泥中重金属的含量、污泥施用量及土壤管理有关。例如，北京褐土的镉和汞土壤背景值分别为 0～1.275mg/kg 和 0.027～0.859mg/kg，用镉和汞含量分别为 0.62mg/kg 和 1.2mg/kg 的燕山石化污泥在 150t/hm^2 的高施用量施用 1 年后，土壤中镉和汞的含量分别提高了 24.4%和 13.3%。大量研究指出，土壤和作物重金属含量与污泥的施用量呈正相关。例如，天津城郊多年施用污水污泥的菜地重金属积累已极为严重，其中土壤锌、铬、砷和镉的现有含量分别是土壤背景值的 5.2 倍、2.4 倍、1.5 倍和 11.4 倍，汞含量甚至达到了土壤背景值的 139 倍，污染状况甚为严重。

表 6-20　我国城市污水处理厂污泥重金属含量范围（mg/kg，干固体）

（引自王绍文，2007）

重金属	铅	镉	铬	铜	镍	汞	锌
含量范围	15～26 000	1～1 500	20～40 615	52～11 700	10～5 300	—	60～49 000

2. 使土壤中碳酸盐态重金属含量上升 一般来说，污泥中铜、镉和锌等元素以有机态为主，而在土壤中一般以残留态为主。中国农业大学王宏康等研究发现，污泥铜在北方褐土中施用后，随着污泥用量增加，土壤铜残留态比重下降，趋向于碳酸盐态占优势，但有机态较为稳定。一般来说，污泥中铜、镉和锌等元素随污泥施用量增加，碳酸盐结合态比例快速上升，而 pH 较高的土壤中铁锰氧化物态变化极为平缓。一些亲铁元素（如铬）在污泥中主要呈有机结合态，在土壤中主要向铁锰氧化物结合态转变。

3. 使重金属向地下水和植物迁移 在施用污泥的情况下，土壤中重金属元素的移动性大大增强，使重金属随雨水淋溶或自行迁移到土壤深层，对地下水系统产生影响，从而以次生污染向环境扩散。此外，重金属元素移动性的增强，植物体吸收量增加，从而造成重金属元素在植物体内的富集，通过食物链危害人体健康。其中，对人类健康危害大的汞、镉、铅和铬等的风险度最大，应予以重视。

（二）氮和磷

污泥中含有的大量氮、磷营养元素，如不能被植物及时吸收，会随雨水径流进入地表水造成水体的富营养化，进入地下水引起地下水的硝酸盐污染。

（三）盐分

部分含盐量高的污泥会明显提高土壤的电导率，过高的盐分会破坏养分之间的平衡，抑制植物对养分的吸收，甚至会对植物根系造成直接的伤害。

（四）病原菌

未经处理的污泥中含有较多的病原微生物和寄生虫卵，在污泥的土地施用过程中，它们可通过各种途径传播，污染空气、土壤、水源，也能在一定程度上加速植物病害的传播。

（五）有机污染物

某些工业废水中可能含有聚氯二酚、多环芳烃等有毒有机物，在污水和污泥的处理过程中，这些物质会得到一定程度的降解，但一般难以完全去除，污泥施用时需考虑其可能产生的危害。

四、污泥施用对作物生长、产量和品质的影响

研究表明，施用少量的污泥能显著促进作物的生长，明显提高作物产量，改善农产品品质。例如，在轮作的田块上施用污泥后，谷物产量可提高 15%，糖用甜菜产量可提高 7%，马铃薯产量可提高 4%。在将 118t/hm^2 污泥施入排水不良的玉米田后，甚至在土壤 pH 降至 4.9 时，也未发现对植物生产和产量产生不良的影响。在质地黏重的土壤中施用 45～245t/hm^2 污泥，可保证某些作物在头两年获得的产量达到施用足量矿质肥料时的水平。

据北京市农业科学院在北京双桥采用燕山石化公司污水处理厂的污泥进行试验，施用污泥不仅使当茬作物玉米增产，对第二茬作物小麦和第三茬作物水稻也有明显的增产效果（表 6-21）。每施用 1t 污泥，三茬作物共增产 473.4kg，是施用 100kg 优质含氮、磷化肥（磷酸二铵）增产量的 1.3 倍。从第三茬作物（水稻）收获时土壤养分分析的结果（表 6-22）可知，此时土壤有机质含量与不施污泥对照相比增幅达 35.2%，碱解氮含量增幅达 38.3%，说明施用污泥农田地块的农作物还有继续增产的潜力。

表 6-21　施用污泥的三茬作物的增产效果

（引自王绍文，2007）

作物	不施污泥亩产（kg）	施污泥地亩产（kg）	较不施污泥增产量（kg/亩）	平均每吨污泥增产量（kg）
春玉米（第一茬）	186.3	248.5～428.1	33.4～129.8	217.0
冬小麦（第二茬）	281.8	235.4～366.7	25.6～30.1	122.2
水稻（第三茬）	290.6	324.0～332.2	11.5～20.8	134.1

注：1 亩 $=1/15hm^2$

表 6-22　第三茬作物收获时土壤养分含量分析

（引自王绍文，2007）

地块	土壤有机质		碱解氮	
	含量（%）	增加幅度（%）	含量（mg/kg）	增加幅度（%）
不施污泥对照地	1.22		52.0	
施污泥农田	1.65	35.2	71.9	38.3

研究也发现，随着污泥施用量的增加，农产品中重金属的含量也显著增加。美国明尼苏达州立大学试验研究结果表明，菜豆产量与污泥施用量呈正相关关系，与此同时，植物可食部分累积的铜和锌等的含量也与污泥施用量呈正相关关系。

五、污泥土地施用的控制措施

污泥含有丰富的有机物和无机养分，在当前农业生产中，是一种潜在的肥源。但是由于污泥中含有大量的有毒有害物质，因此，在污泥的土地利用过程中，需严格控制污泥中的重金属浓度、氮磷营养物质的平衡和污泥的施用量；同时对土地利用污泥进行有效的预处理，积极控制污泥中有害有机物、病原菌和盐分含量，避免对周围环境和人类食物链安全造成负面影响。

（一）灭菌消毒，提高污泥施用的安全性

目前我国污泥以沉淀污泥为主，这种污泥中含各种病菌较多。据李兴隆等研究发现，剩余活性污泥中含大肠杆菌 1.6×10^5 个/L，沙门氏菌、志贺氏菌、粪链球菌、真菌孢子、放线孢子等细菌总数在 $10^3\sim10^5$ 个/mL，因而需对污泥进行灭菌处理，减少有害物质的危害。通常采用辐照杀菌法来灭菌，既可灭菌，又可提高污泥中的速效养分，同时污泥的稳定性也有所提高。在没有辐照条件的地区，可采用高温堆肥的办法来灭菌，在灭菌的同时还可增加污泥中的有效养分，提高污泥的肥力价值。

（二）因土制宜，控制污泥用量

我国环境保护部门已制定了农用污泥污染物控制标准（表 6-23）。但由于污泥中有毒成分含量不同，土壤环境容量差异较大，在实际应用中应根据当地生产条件和土壤状况确定污泥的施用量。还应遵循污泥施用流向的优先原则：先非农地后农地，先旱地后水田，先贫瘠地后肥地，先碱性地后偏酸性地，先禾谷作物后蔬菜。

表 6-23 农用污泥有害物质控制标准（GB 4284—84）

项　目	最高容许含量（mg/kg 干污泥）	
	在酸性土壤上（pH<6.5）	在中性和碱性土壤上（pH≥6.5）
镉及其化合物（以 Cd 计）	5	20
汞及其化合物（以 Hg 计）	5	15
铅及其化合物（以 Pb 计）	300	1 000
铬及其化合物（以 Cr 计）	600	1 000
砷及其化合物（以 As 计）	75	75
硼及其化合物（以水溶性 B 计）	150	150
矿物油	3 000	3 000
苯并（a）芘	3	3
铜及其化合物（以 Cu 计）	250	500
锌及其化合物（以 Zn 计）	500	1 000
镍及其化合物（以 Ni 计）	100	200

（三）发展污泥安全施用技术

发展污泥安全施用的配套技术是污泥农用的关键，包括与化肥的配施问题，在基肥、追肥中的优先安排，以及施用方法等问题。污泥应以做基肥为主，在施用时若与粉煤灰、石灰等混施，可起到相互促进、降低有害物质危害的作用。

六、污泥农田施用准则

施用污泥造成土壤污染和附近环境恶化的表现形式是多样性的，如重金属等有害物质在土壤中的累积；营养元素的流失，使得附近水质恶化；污泥中存在的病原菌和寄生虫等影响环境卫生。因此，为防止这类问题的发生，有必要制定污泥农用的施用准则。

（一）关于重金属

污泥中通常含有比土壤中含量高得多的重金属，并且是土壤中重金属的主要来源之一。因此，必须对污泥的施入量进行严格的限制，使潜在毒性金属元素的浓度不至于累积到对作物和人畜有害的水平。

农用污泥一般局限于城市生活污水污泥或混合污水污泥。工业污水污泥，尤其是含有高浓度重金属或有机毒物的污泥，一般不宜农用。

（二）关于营养元素的过剩与流失

必须根据作物对营养元素的需求和污泥中营养元素的含量来确定污泥的施入量，防止由于施用污泥造成营养元素的过剩，因此，施用前应检测污泥中营养物质的含量。

（三）关于调节土壤 pH

为了保证作物生长良好，降低土壤中重金属和其他有毒元素对作物的可给性，应将土壤 pH 调节到最佳值，必要时可施用石灰等矫正土壤酸碱度。

（四）关于病原菌和寄生虫污染

污泥中不可避免地含有病原菌，其数量会影响当地居民的健康水平。由污泥农用所引起的潜在疾病的流行，被认为主要是与沙门氏菌类或绦虫卵有关。因此，污泥施用前必须经过消化或堆腐处理，并在施用污泥后的适当时期进行播种或栽培。

第四节　畜禽粪便对土壤环境的污染

随着我国畜禽养殖业的迅猛发展，畜禽养殖业产生的污染已成为我国农村面源污染的主要来源之一。在一些地区，畜禽粪便污染已超过居民生活、农业、乡镇工业和餐饮业对环境的影响，严重污染土壤环境。

一、畜禽粪便资源与污染状况

畜禽养殖场排放的大量而集中的粪尿与废水已成为许多城市及农村的新兴污染源。主要的养殖畜禽排粪量和粪便收集系数见表 6-24。

表 6-24　畜禽排粪量平均值

（引自王洪涛和陆文静，2006）

项　目	牛	猪	肉鸡	蛋鸡
体重（kg）	500	50	1.5	1.5
饲养周期（d）	360	150	60	365
平均排粪量（t/头或只）	20	4	0.1	0.1
年平均排粪量（t/头或只）	7.3	0.6	0.06	0.036 5
粪便收集系数	0.6	1.0	0.6	0.6

我国畜禽粪便产生量很大，据资料显示，2000 年，全国畜禽粪便年产生量达 1.73×10^9 t，是工业废弃物的 2.7 倍。畜禽养殖业所产生的固体废弃物和废水 COD 已超过工业和城镇排污，成为不可忽视的污染源。据 2008 年中国环境状况公报，全国粪便清运量为 $6.832\ 1\times10^7$ t。2010 年，我国每年畜禽粪便产生量将达到 4.5×10^9 t，如果不进行有效的处理，将进一步导致环境恶化，进而威胁农产品安全。

如此大量的畜禽粪便，如不经妥善处理就直接排入环境，将会对地表水、地下水、土壤和空气造成严重污染，并危及畜禽本身及人体健康。特别是大城市郊区的集约化大型养殖场，畜禽粪便不仅没有被认为是资源，而且被视为引起环境污染的污染源。一些畜牧场的粪便因没有出路，长期堆放，任其日晒雨淋，致使空气恶臭，蚊蝇滋生，污染周围环境。上海市对黄浦江的污染调查表明，畜禽养殖业对黄浦江的污染影响占进入黄浦江污染负荷的 36%，畜禽养殖已成为黄浦江水质环境低下的重要原因。可见，畜禽粪便是形成农村面源污染的主要污染源之一。

然而，另一方面，畜禽粪便同许多工业污染源产生的废弃物不同，畜禽粪便是一种有价值的资源，它包含农作物所必需的氮、磷、钾等多种营养物质，以及未被畜禽吸收的过量矿物质元素，还含有 75%的挥发性有机物，是营养丰富的有机肥（表 6-25），数千年来一直是土壤有机质的重要来源，是保证我国农业可持续发展的宝贵资源。例如，2000 年所排放的畜禽粪便中含有的氮、磷量分别为 1.597×10^7 t 和 3.63×10^6 t，与 1995 年我国化肥施用量折纯氮和磷量相比，畜禽粪便中的氮和磷含量相当于同期施用化肥的 78.9%和 57.4%，是一笔巨大的资源财富。据测算，全国每年由猪粪中排出的P达1.062×10^6～2.114×10^6t；全国每年使用的饲料微量元素添加剂为1.5×10^5～1.8×10^5t，大约有1.0×10^5t未被畜禽利用，而随畜禽粪便排出。可见，畜禽粪便中含有相当比例可利用的营养成分，是可利用的重要资源，资源化利用的潜力巨大。

表6-25 各种家畜粪便的主要养分含量（%）

（引自周立祥，2007）

种类	水分	有机质	氮（N）	磷（P_2O_5）	钾（K_2O）
猪粪	82	15	0.56	0.40	0.44
牛粪	83	14.5	0.32	0.25	0.15
马粪	76	20.0	0.55	0.30	0.24
羊粪	65	28.0	0.65	0.50	0.25
鸡粪	50.5	25.5	1.63	1.54	0.85

二、畜禽粪便对土壤环境的影响

国家环境保护部南京环境科学所的研究表明，畜禽养殖场排放的污水中含有大量的污染物质，其生化指标极高，如猪粪尿混合排出物的COD达81 000mg/L，牛粪尿混合排出物的COD达36 000mg/L；笼养蛋鸡场冲洗废水的COD达43 000～77 000mg/L，BOD为17 000～32 000mg/L，NH_4^+-N浓度为2 500～4 000mg/L。将高浓度的畜禽粪便作为肥料施入土壤，会增加土壤氮含量，一部分氮被作物吸收利用，多余的氮不仅随地表水或水土流入江河、湖泊，污染地表水，而且会渗入地下污染地下水。粪便污染物中的有毒有害成分进入地下水，会使地下水溶解氧含量减少，水体中有毒成分增多，严重时使水体发黑、变臭，失去使用价值，且极难治理恢复，造成持久性污染。

此外，未经处理过的畜禽粪便及畜禽场污水过量施入农田，可导致土壤孔隙堵塞，造成土壤透气、透水性下降及板结，严重影响土壤质量；还可使作物徒长、倒伏、晚熟或不熟，造成减产，甚至毒害作物，使作物出现大面积死亡。

另外，畜禽粪便中含有大量的致病菌、抗生素、化学合成药物、微量元素及重金属元素等，也是一个不容忽视的污染因子。在传统的配合饲料中，为了满足畜禽生长所需，人们通常不考虑饲料原料本身微量元素的含量，而额外大剂量地添加，这样极易导致配合饲料中微量元素过量。同时，为了提高畜禽的生产性能，增加产品产量，常常大剂量添加抗生素、化学合成药物，不仅对肉蛋奶等畜产品质量、畜禽安全和健康造成影响，而且直接影响人类的生命安全和身体健康。如长期使用高剂量的砷和铜制剂等添加剂，除引起畜禽中毒外，利用这些畜禽粪便做农田施肥会导致大量重金属元素在土壤表面聚集，从而影响植物生长，还容易造成砷和铜对人体健康的直接危害。

三、畜禽粪便的资源化利用

畜禽粪便的资源化，就是通过一定的技术处理，将粪便由废弃物变成资源，变成农用的肥料、饲料和燃料。

(一) 用做肥料

长期以来，人们一直以农家肥给作物施肥，也就有了“庄稼一枝花，全靠肥（粪）当家”的谚语。畜禽粪便含有丰富的营养物质，将其还田，不仅可充分利用有用资源，补充土壤有机质，提高土壤肥力，而且还可以减轻畜禽粪便对环境的污染。粪肥与化肥相比，具有营养全面、肥效长、易于被土壤吸收等特点，对提高农作物产量和品质、防病抗逆、改良土壤具有显著功效（表 6-26）。

表 6-26 鸡粪肥对作物产量的影响（t/hm^2）

肥料	番茄		黄瓜	
	1990 年	1991 年	1990 年	1991 年
鸡粪	78.57	110.19	41.7	74.28
蛭石肥	77.22	30.57	38.88	61.56
营养液	51.705	80.925	24.84	

总之，畜禽粪便处理后用做肥料，是其资源化利用的根本出路，也是世界各国传统上最常用的方法。至今国内绝大多数畜禽粪便都是作为肥料予以消纳的，国外一些经济发达的国家，甚至通过立法以迫使畜牧场对粪便进行处理，并鼓励肥料还田。

(二) 用做饲料

畜禽粪便用做饲料，亦即畜禽粪便的饲料化，是畜禽粪便综合利用的重要途径。早在 1922 年，Mclullum 就提出了以动物粪便作为饲料的观点。继而，Mcelroy 和 Goss、Hamvond、Botstedt 就粪便饲料化问题进行了深入和细致的研究，一致认为可以用粪便中的氮素、矿物质、纤维素等取代饲料中的某些营养成分。

以鸡粪为例，由于鸡的肠道较短，对饲料的消化吸收能力较差，饲料中约有 70% 的营养成分未被消化吸收即排出体外。鸡粪中粗蛋白含量高达 25%～28%，高于大麦、小麦和玉米的粗蛋白含量，而且氨基酸的种类齐全，含量也较高，并含有丰富的矿物质和微量元素。表 6-27 和表 6-28 分别为鸡粪经高温烘干后其氨基酸和矿物质的含量。

表 6-27 烘干鸡粪中氨基酸的含量（%，干物质）

赖氨酸	组氨酸	精氨酸	苏氨酸	丝氨酸	谷氨酸	脯氨酸	天冬氨酸	甘氨酸
0.52	0.24	0.59	0.58	0.66	1.68	0.78	1.15	1.66
丙氨酸	胱氨酸	缬氨酸	蛋氨酸	异亮氨酸	亮氨酸	酪氨酸	苯丙氨酸	总含量
0.68	0.33	0.68	0.18	0.54	0.95	0.44	0.49	12.15

表 6-28 烘干鸡粪中矿质元素含量（%，干物质）

钙	镁	磷	钠	钾	铁	铜（mg/kg）	锰（mg/kg）
6.16	0.86	1.51	0.31	1.62	0.20	15	332

鸡粪经高温烘干后，不仅可达到要求的水分，而且还可以达到消毒、灭菌、除臭的目的。经检测，烘干鸡粪中有害物质铅和砷含量低于国际规定的标准，卫生指标也达到了相应鸡粪饲料的卫生标准。这充分说明畜禽粪便经过高温烘干后可安全地用做饲料。

（三）用做能源

将畜禽粪便和秸秆一起进行厌氧发酵产生沼气，是畜禽粪便利用的最有效方法。这种方法不仅能提供清洁能源，解决我国广大农村燃料短缺和大量焚烧秸秆的矛盾，同时也可以解决大型畜牧养殖业的畜禽粪便污染问题。畜禽粪便发酵产生的沼气可直接为农户提供能源，沼液可以直接肥田，沼渣还可以用来养鱼，形成养殖业与种植业和渔业紧密结合的物质循环的生态模式。

（四）用于养殖蛆和蚯蚓

某些低等生物能分解粪便中的物质合成生物蛋白及多种营养物质。例如，笼养鸡的粪便非常适于蝇卵发育成蛹。据研究，每千克新鲜蛋鸡粪便可孵化 0.5～1.0kg 卵。用牛粪养殖蚯蚓等的研究也取得了一定的成效，但该项技术还有待进一步完善和成熟。

第五节　其他固体废物对土壤环境的影响

一、粉煤灰对土壤环境的影响

粉煤灰是煤粉经高温燃烧后形成的一种类似火山灰质的混合材料，是燃煤电厂将磨细至 100μm 以下的煤粉，用预热空气喷入炉膛悬浮燃烧后，产生的高温烟气中的灰分，被集尘装置捕集得到的一种微粉状固体废物。一般一座装机容量为 10MW 的电厂一年要排出约 7 万 t 粉煤灰。我国目前粉煤灰的利用率较低，大量粉煤灰堆放于露天场地，或施于农田，已对环境造成广泛的影响。

（一）粉煤灰的来源及成分

1. 粉煤灰的来源　粉煤灰是能源工业的固体废物，热电厂主要燃烧煤来发电，因而是粉煤灰的主要来源。其他烧煤的锅炉烟囱也是粉煤灰的来源。

2. 粉煤灰的成分　粉煤灰是煤中无机矿物灼烧后的氧化物和硅酸盐矿物集合体，其化学组成与煤的矿物成分、煤粉粒度和燃烧方式有关。其主要成分是二氧化硅（SiO_2）和三氧化二铝（Al_2O_3），其次是三氧化二铁（Fe_2O_3）、氧化钙（CaO）、氧化镁（MgO）、氧化钠（Na_2O）、氧化钾（K_2O）及三氧化硫（SO_3）等，与黏土成分相似（表 6－29），同时含多种重金属元素及稀有元素，如锗（Ge）、硒（Se）和砷（As）（表 6－30），但其化学元素的含量随所用煤的化学组成而变化。

表 6－29　粉煤灰的化学成分和变化范围

（引自李传统和 J. D. Herbell，2008）

成分	SiO_2	Al_2O_3	Fe_2O_3	CaO	MgO	Na_2O 和 K_2O	SO_3	烧失量
含量（%）	40～60	20～30	4～10	2.5～7	0.5～2.5	0.5～2.5	0.1～1.5	3～30

表 6－30　洛阳电厂飞灰中微量元素含量

（引自李天杰，1995）

微量元素	Se	Cu	Zn	Co	Pb	Cd	As
含量（mg/kg）	3.95	76.6	80.2	19.0	38.9	0.44	8.6

（二）粉煤灰的性质

1. 粉煤灰的物理性质　粉煤灰是灰色或灰白色的粉状物，含水量大的粉煤灰呈灰黑色。粉煤灰密度较小，粒度较细，比表面积较大。粉煤灰中多孔性成分具有一定的吸附作用，同时多孔碳粒内粘连着的莫来石、石英及玻璃体等遇水后在粉煤灰表面形成水合氧化物，表现出较大的吸附能力。其主要物理性质见表6-31。

表6-31　粉煤灰的主要物理性质

（引自李传统和J.D.Herbell，2008）

物理性质	定　义	数　值
密度（kg/m^3）	在绝对密实状态下，单位体积的粉煤灰质量	2 000～2 300
干容量（kg/m^3）	干粉煤灰在松散状态下的单位体积的质量	550～650，最高800
孔隙率（%）	粉煤灰中空隙体积占总体积的百分率	60～75
细度	粉煤灰颗粒的大小，常用4 900孔/cm^2筛筛余量或比表面积表示	一般为4 900孔/cm^2筛筛余量10%～20%或比表面积2 700～3 500cm^2/g

2. 粉煤灰的化学性质　粉煤灰是一种以硅铝质玻璃体为主要组成的材料，它本身并不具有水硬性，但当粉煤灰粉体在常温或高温水热条件下，能与氢氧化钙或其他碱土金属氢氧化物发生化学反应，生成具有水硬胶凝性能的反应产物。粉煤灰pH一般在11～12或以上，可溶性盐含量一般在0.16%～3.3%，并含有较丰富的钾、氮、磷、钙、硒和硼等营养元素。

（三）粉煤灰对土壤环境的影响

1. 粉煤灰对土壤的改良作用　由于粉煤灰质轻、疏松，又含有大量的营养元素，少量合理施用对改善土壤结构及其环境生态功能有良好作用。

（1）*施用粉煤灰可改良土壤的物理结构*　对于生土地，施用粉煤灰可以起到熟化作用；对于黏质土壤，可以起到疏松土壤的作用，使作物根系发达，根长，根多，有利于作物生长；对于盐碱地，可以使土壤疏松，脱盐率提高，并且由于表土松散，截断了大量毛细管，大大减少下层盐分上升，对盐分上升起到抑制作用；对于砂质土壤，由于粉煤灰的颗粒比砂细，相对地说可以减轻漏水跑肥现象。总之，粉煤灰掺入后，土壤容重减轻，孔隙度增加，对土壤中的水、肥、气、热都有很大改善，有助于养分的转化和微生物的活动。

（2）*施用粉煤灰可提高地温和土壤保水能力*　施用粉煤灰后，可提高土壤地温，促进作物早发苗壮；还可提高土壤保水能力，有利于保墒抗旱。据山西省农业科学院、西北农林科技大学测定，每公顷土壤施入112.5～300t粉煤灰，在5～10cm的土层内，早春低温期地温提高0.7～2.4℃，较一般增温剂效果还好。据西北农林科技大学测定，施用1%粉煤灰的土壤，在0～20cm厚度的土层中，田间持水量较对照增加2%，就饱和水而言，在0～20cm厚的土层中相差5.39%，故在0～20cm耕层中，每公顷土壤就能多容纳150t以上的水分，这对于保墒来说是非常重要的。

（3）*施用粉煤灰可增加农作物的营养成分*　粉煤灰中含有磷、钾、镁、硼、钼、锰、钙、铁、硅等植物所必需的营养元素，近似一种复合肥料，能促进作物的生长。另外，粉煤灰还有释放土壤中潜在肥力的作用，显著地增加土壤中易被植物吸收的速效养分，特别是氮和磷。据济宁地区农业科学研究所测定，在施用粉煤灰的土壤中，速效氮比不施粉煤灰的土壤增加了7倍。据山西省农业科学院测定，在每公顷施粉煤灰30t的土壤中，五氧化二磷比不施粉煤灰的土壤增加了1倍以上。

（4）增加农作物抗病能力　粉煤灰对小麦的麦锈病、水稻的稻瘟病、大白菜的烂心病和苹果树的黄叶病具有明显的抗病作用；对豆科植物具有增强固氮能力的作用，使之根系发达，根瘤大而多。

2. 粉煤灰对土壤环境的污染

（1）粉煤灰堆放侵占大量土地　我国粉煤灰的利用率较低，大量的粉煤灰只得露天堆置，占据了大量的土地。据资料显示，以每公顷土地储藏粉煤灰 5×10^4t 计，全国有 1×10^8t 粉煤灰，需 2 000hm^2 的土地，这无疑会加剧土地利用的矛盾。

（2）污染土壤环境　在粉煤灰堆放区，因粉煤灰飞扬、散播、重金属含量高等原因，土壤受到了严重的污染。例如，距洛阳电厂粉煤灰堆放区 500m 处土壤中，铅和镉的含量分别达到 19.43mg/kg 和 0.27mg/kg，分别是参照土壤含量的 1.2 倍和 27 倍；距电厂 11 500m 处土壤中，铅和镉的含量甚至分别达到 23.47mg/kg 和 1.03mg/kg，分别比参照土壤增加 44%和 102%。

3. 粉煤灰土地利用应注意的问题

（1）粉煤灰的施用量　施用粉煤灰前一定要对当地土壤的组成情况和粉煤灰的化学成分有比较充分的了解和认识，然后再确定最佳用量。施用量过少，起不到改土增温作用；施用量过多，表土过虚，不利于扎根立苗。一般来讲，黏质土壤宜多施，施用量为 225～300t/hm^2；壤质土壤宜少施，施用量不能超过 75t/hm^2。此外，对含氟、硼、砷、汞、铝、铅、铬、镉等元素较高的粉煤灰，要适当减少用量，以降低不良影响，并应进行分析与观测。

（2）粉煤灰的施用方法　粉煤灰质细体轻，极易飘扬，施用时应加水泡湿，然后撒施地面，并进行耕翻，翻土深度不能小于 15cm，以便使粉煤灰与耕层土壤充分接触。作为土壤改良剂，粉煤灰不能在作物生长期间施用。

（3）粉煤灰的施用年限和效用　粉煤灰改良土壤能连续使作物增产，往往第二年比当年增产幅度还大，所以不必每年施用，大体上 3～4 年施 1 次即可。此外，粉煤灰中的营养元素含量低，又缺乏有机质，所以它既不能代替有机肥料，也不能代替速效性化肥。

（4）施用粉煤灰应因地制宜，就近取材　粉煤灰用于改良土壤，因其用量较大，运输费用较高，是其利用的不利因素，因此应因地制宜，就近取材。

（四）粉煤灰的综合利用

粉煤灰综合利用的途径众多，目前正在推广的技术有粉煤灰黏土烧结制砖技术、粉煤灰筑路新技术、粉煤灰在工程回填中的应用新技术、粉煤灰混凝土施工技术、粉煤灰砂浆材料应用技术和粉煤灰改土技术等。由于粉煤灰中含有大量的铁、铝以及其他多种金属元素，因此，可以从中回收金属元素，特别是一些不易直接从矿石中冶炼的贵重金属。粉煤灰的资源化利用一般有以下途径。

1. 用做建筑材料　粉煤灰中含有大量活性 Al_2O_3、SiO_2 和 CaO，当其掺入少量生石灰和石膏时，可生产无熟料水泥，也可掺入不同比例熟料生产各种规格的水泥。将其用于配制混凝土，不仅可以改善混凝土性能，减少水泥等材料用量，而且在一些特殊混凝土中已成为必需的重要掺和材料。另外，还可用粉煤灰生产烧结砖和板材等。

2. 回收炭　我国热电厂粉煤灰一般含炭 5%～7%。如果燃煤不充分，锅炉效率低，粉煤灰中含炭量将增加，最高可达 30%～40%。这不仅严重影响微珠的回收质量，不利于做建材原料，而且也浪费了宝贵的资源。因此可采用浮选法和静电分选法回收炭粒。

3. 回收金属物质　粉煤灰含有大量的铁、铝氧化物，一般含 Fe_2O_3 4%～10%，含 Al_2O_3 20%～30%，因此可采用磁选法回收铁，采用石灰石烧结工艺提取氧化铝。实践表明，当粉煤灰中铁含量大于10%时，回收铁的效益明显优于开采铁矿。

粉煤灰中还含有大量的稀有金属和变价元素，如钼、锗、镓、钪、钛和锌等。美国、日本、加拿大等国进行了大量研究，实现了工业化提取钼、锗、钒和铀。

4. 提取空心微珠　空心微珠是 SiO_2、Al_2O_3、Fe_2O_3 及少量 CaO、MgO 等组成的熔融晶体，它是在1 400～2 000℃温度下或接近超流态时，受到 CO_2 的扩散、冷却固化与外部压力作用而形成的。粉煤灰中一般含空心微珠50%～80%，细度为0.3～200μm，通过浮选或机械分选可以回收空心微珠。

5. 粉煤灰的农业利用　粉煤灰具有质轻、疏松多孔的物理特性，还含有磷、钾、镁、硼、锰、钙、铁和硅等植物所需的元素，因而广泛应用于农业生产。可用做土壤改良剂或直接做农业肥料、磁化粉煤灰肥料、农药和农药载体等。

6. 用做充填材料　粉煤灰用做矿山塌陷地覆盖填土材料，对于矿山土地复垦有积极意义。另外，还可用于工程回填、围海造田、矿井回填等方面。

二、冶金固体废物对土壤环境的影响

冶金固体废物是指在冶炼金属过程中所排出的暂时没有利用价值的被丢弃的固体废物，主要包括高炉渣、钢渣、铁合金渣和赤泥等。

（一）冶金固体废物的化学组成

由于冶炼原料品种和成分以及操作工艺条件的不同，冶金固体废物的组成和性质具有较大的差异。

例如，高炉渣中主要的化学成分是二氧化硅（SiO_2）、三氧化二铝（Al_2O_3）、氧化钙（CaO）、氧化镁（MgO）、氧化锰（MnO）和硫（S）以及微量的氧化钛（TiO_2）、氧化钒（V_2O_5）、氧化钠（Na_2O）、氧化钡（BaO）、五氧化二磷（P_2O_5）和三氧化二铬（Cr_2O_3）等（表6-32）。钢渣则以钙、铁、硅、镁、铝、锰、磷等的氧化物为主，其中钙、铁、硅氧化物占绝大部分。而有色金属冶金固体废物的种类繁多，成分更为复杂。

表6-32　我国高炉渣的化学成分统计（%，质量分数）

（引自宁平，2007）

矿渣种类	化学成分				
	CaO	SiO_2	Al_2O_3	MgO	MnO
普通渣	38～49	26～42	6～17	1～13	0.1～1
高钛渣	23～46	20～35	9～15	2～10	<1
锰钛渣	28～47	21～37	11～24	2～8	5～23
含氟渣	35～45	22～29	6～8	3～7.8	0.15～0.19
普通渣	0.15～2	—	—	0.2～1.5	—
高钛渣	—	20～29	0.1～0.6	<1	—
锰钛渣	0.1～1.7	—	—	0.3～3	—
含氟渣	—	—	—	—	7～8

（二）冶金固体废物对土壤环境的影响

1. 侵占土地 长期以来，我国冶金固体废物主要是以堆放为主，真正得到资源化利用的量较少。例如，根据我国目前的矿石品位和冶炼水平，冶炼1t铁产生0.6～0.7t高炉渣，每年产生的高炉渣超过2.0×10^7t，大量的高炉渣堆放，不仅造成资源的巨大浪费，而且占用了大片土地，严重威胁人类赖以生存的环境。

2. 重金属污染 堆置的冶金固体废物经雨水或各种水源淋滤、浸泡后形成的淋滤液，进入地表水系或地下水体，造成水体和土壤重金属污染，并且进入水体或土壤的重金属还可经食物链威胁人类健康。冶金固体废物性质及金属元素的含量不同，其淋滤液对水环境和土壤系统的影响程度也各异。此外，冶金固体废物做肥料直接施入土壤，会造成土壤重金属含量的增加，从而危害土壤生态系统。

（三）冶金固体废物的资源化利用

我国2005年钢铁产量超过4×10^8t，产生的高炉渣达1.55×10^8t，钢渣7.0×10^7t。这些固体废物弃之为害，用则为宝。自从20世纪70年代以来，许多工业发达国家都把工业固体废物作为经济建设的“永久型”资源，利用率已达60%以上。我国对资源二次利用也比较重视，许多冶金固体废物在建筑材料方面已有多种利用方法，利用率也比较高。回收固体废物中的有价元素不但可以获得很大的经济效益，更有利于循环经济的发展。随着科学技术的不断发展，将为冶金固体废物的综合利用开辟新的途径。

1. 用做建筑材料 冶金固体废物中含有和水泥相类似的硅酸三钙、硅酸二钙及铁铝酸盐等活性物质，具有或者潜在具有水硬胶凝性能，因此可用于生产无熟料或少熟料水泥的原料，也可作为水泥掺和料。这种水泥具有比普通水泥更为优异的性能，具有后期强度高、耐腐蚀、微膨胀、耐磨性能好和水化热低等特点，并且具有生产简便、投资省、设备少、节省能源和成本低等优点。但其前期强度低，性能不稳定。

此外，冶金固体废物在铁路、公路、工程回填、修筑堤坝等建筑业中也被广泛地使用，表现出优异的性能。

2. 回收金属 冶金固体废物中含有大量的金属，经过一些简单的筛选工艺就可成为含某种金属的精矿。例如，钼铁矿渣经过简单的磁选，就可得到含4%～6%钼的精矿。另外，还可从铜转炉渣中回收铁，从钢渣中回收废钢铁。而且，有些稀有金属特别是稀散金属，在自然界没有可供提取该种金属的单独矿物，只能从富集有该种金属的废渣物料中提取。例如，从含锗氧化锌烟尘中提取金属锗。

从冶金固体废物中回收金属，不仅提高资源的利用效率，而且降低生产成本，减少固体废物对环境的危害。

3. 农用 冶金固体废物中含有大量硅、钙和微量的锌、锰等作物生长所需的营养元素，是一种优质的矿质肥料。由于在冶炼的过程中经高温煅烧，其溶解度已大大提高，容易被作物吸收利用，对作物生长有显著的促进作用。例如，含磷量高的钢渣可生产钙镁磷肥、钢渣磷肥，磷铁合金废渣经处理可生产重过磷酸钙，精炼铬铁渣可用于生产钙肥等。

三、矿业废渣对土壤环境的影响

采矿工业是国民经济的基础行业，世界上95%以上的能源和80%以上的工业原料都来自矿产资源。但是，矿产资源的大量开发很可能导致生态破坏和环境污染。目前，随着矿山的开发，排放的矿业固体废物逐年增多，由此带来的矿山环境问题日渐突出，矿业与农、林、渔、牧和旅游等行业的矛盾也日趋尖锐。在矿山开采过程中及其以后，若对废渣、废水等控制防治不当，将会导致矿区附近的森林与植被破坏，水土流失，农田荒芜，使人类活动所处的环境遭到污染和破坏，从而对人类的生命、财产和生活舒适性等造成危害。

所谓矿业废渣，是指矿山采、选、生产过程中或生产结束后堆积于地面及井下的废石、尾矿等固体堆积物。它们具有数量大、成分复杂、不易处理和回收困难等特点，对土壤、大气和水体均会产生严重污染。

（一）矿业废渣来源及其性质

1. 矿业废渣的来源　矿业废渣主要来自采矿、选矿生产过程中的废石、煤矸石和尾矿，其产生的数量非常巨大。据估算，截至2006年，全国各类金属、非金属和煤炭矿山的尾矿废石总堆存量约为1.5×10^{10}t，并且每年以5×10^{8}t左右的数量增长，利用率却很低，据测算，各类金属、非金属尾矿利用率平均仅为8.2%，煤矸石为19.8%。这些固体废物的排放和堆积，不仅占用大量土地，还会造成环境污染，危害人体健康和矿山安全。

2. 矿业废渣的性质　因矿山地质条件不同，开采方法不同，使得矿业废渣组成不同，性质各异。但矿业废渣中含有大量金属元素，若加以利用将是非常好的资源。据估计，金矿尾矿中一般含金0.2～0.6g/t；铁矿尾矿的全铁品位8%～12%；铜矿尾矿含铜0.02%～0.1%；铅锌矿尾矿含铅锌0.2%～0.5%。可见，尾矿中赋存的资源可观，利用价值很大。例如，陕西双王金矿，选金尾矿中含有纯度很高的钠长石，储量达数亿吨，成为仅次于湖南衡山的第二大钠长石基地，若加工成半成品钠长石粉，其价值可达200亿元。

（二）矿业废渣对土壤环境的危害

1. 土地占用和破坏　矿山开发占用并破坏了大量土地。据统计，一座大型矿山平均占地达18～20hm^2，小型矿山也占地数公顷。到1994年，全国矿山开发占用耕地约$9.86\times10^{5}hm^2$，占用林地约$1.059\times10^{6}hm^2$，占用草地面积约$2.63\times10^{5}hm^2$。由此加剧了我国耕地紧张局面，降低了森林覆盖率，减少了草场面积。同时，矿山开采易造成土地塌陷。据统计，全国累计地表塌陷面积已达$4.0\times10^{5}hm^2$，矸石山占用土地已达到$1.2\times10^{4}hm^2$。到2005年，我国采矿工业占用和破坏的土地已达1.33×10^{6}～$2.01\times10^{6}hm^2$之多。

2. 水土流失及土地沙化　矿业活动特别是露天开采，大量破坏了植被和山坡土体，产生的废石、废渣等松散物质使矿区生态环境非常脆弱，极易造成矿区水土流失、土地沙化、荒漠化。据对全国1 173家大中型矿山的调查，产生水土流失及土地沙化的面积分别为1 706.7hm^2和743.5hm^2，治理费用达2 393.3万元。

3. 重金属危害　矿山开采过程中产生的废水以及废矿石经雨水或各种水源淋滤、浸泡后形成的淋滤液，对矿区地表水及地下水环境形成危害，进而影响矿区土壤环境，易造成土壤重金属污染。废石性质及所含金属元素不同，其淋滤液对土壤、水环境的影响也不同。例如，金矿废石长期堆放于地表，在氧化、微生物分解及雨水淋洗等综合作用下可产生含大量金属离子的酸性废水，在选矿过程中也会产生含重金属的污水，这些污水若不经处理就排放，对地表水、地下水和土壤都有不同程度的污染。

（三）矿业废渣资源化利用

矿业废渣的资源化利用是矿业发展的必由之路，也是矿业可持续发展的基础，具有十分重要的意义。

1. 矿业废石的利用 矿业废石可用于各种矿山工程中，如铺路、筑尾矿坝、填露天采场、筑挡墙等，每年可消耗废石总量的20%～30%。

2. 利用尾矿做建筑材料 矿业废渣的物理化学性质及其组成与建筑材料在工程特性等方面有很多相似之处，因此，目前对矿业废渣的利用主要在建筑业。利用尾矿做建筑材料，既可避免开发建筑材料而造成对土地的破坏，又可使尾矿得到有效的利用，减少土地占用，消除对环境的危害。但用尾矿做建筑材料，要根据其物理化学性质来决定其用途，如铜尾矿、铁尾矿因其主要成分为二氧化硅（SiO_2），可生产黑色玻璃装饰材料；许多尾矿主要含硅、铝，因此可生产免烧砖。

3. 从尾矿中回收有价元素 近年来，由于科学技术的进步及对综合回收利用资源的重视，各矿山开展了从尾矿回收有价金属的试验研究工作，许多已在工业规模上得到了应用。例如，美国奥盖奥选矿厂尾矿平均含Cu 0.42%，其中31%的铜溶于水，主要有用矿物为黄铜矿、辉铜矿和黄铁矿。另外，还可从铜矿中回收萤石精矿和硫铁精矿。

4. 其他利用

（1）*覆土造田* 矿业废石和尾矿属无机砂状物，不具备基本肥力。采取覆土、掺土、施肥等方法处理，可在其表面种植各种作物。这样既解决了矿区剥离物的堆存占地问题，又可绿化矿区环境，尤其适用于露天矿的废渣处理。

（2）*井下回填* 井下采矿后的采空区一般需要回填，避免造成地表塌陷，危害矿区工人的生命和建筑物安全。回填有两种途径，一是直接回填法，即上部中段的废石直接倒入下部中段的采空区，这可节省大量的提升费用，但需对采空区有适当的加固措施；二是将废石提升到地面，进行适当破碎加工，再用废石、尾矿和水泥拌和后回填采空区，这种方法安全性好，又可减少废石占地，但处理成本较高。

◆ 思考题

1. 何谓固体废物？固体废物的主要特征是什么？
2. 如何理解固体废物的二重性？固体废物污染与水污染、大气污染、噪声污染的区别是什么？
3. 略述固体废物的污染途径及其对环境造成的影响。
4. 固体废物的“三化”管理原则和全过程管理原则是否矛盾？为什么？
5. 分析城市生活垃圾对土壤环境的影响。
6. 简述污泥土地施用对土壤性质的改善作用。
7. 试述污泥土地利用的风险。
8. 略述畜禽粪便对土壤环境的影响。
9. 简述粉煤灰对土壤的改良作用。
10. 试述土壤环境质量与农业可持续发展的关系。

◆ 主要参考文献

卞有生. 2001. 生态农业中废弃物的处理与再生利用［M］. 北京：化学工业出版社.
董保澍. 1999. 固体废物的处理与利用［M］. 北京：冶金工业出版社.

韩宝平 . 2002. 固体废物处理与利用［M］. 北京：煤炭工业出版社 .
何品晶 . 2003. 城市污泥处理与利用［M］. 北京：科学出版社 .
国家环境保护自然生态保护司 . 2002. 全国规模化畜禽养殖业污染情况调查及防治对策［M］. 北京：中国环境科学出版社 .
黄瑞农 . 1994. 环境土壤学［M］. 北京：高等教育出版社 .
黄玉焕 . 2001. 矿山开采对环境的影响及防治措施［J］. 冶金矿山设计与建设，33（6）：32 - 34
蒋建国 . 2008. 固体废物处置与资源化［M］. 北京：化学工业出版社 .
孔源，韩鲁佳 . 2002. 我国畜牧业粪便废弃物的污染及其治理对策的探讨［J］. 中国农业大学学报，7（6）：92 - 96
李传统，J D HERBELL. 2008. 现代固体废物综合处理技术［M］. 南京：东南大学出版社 .
李天杰 . 1995. 土壤环境学［M］. 北京：高等教育出版社 .
李秀金 . 2003. 固体废物工程［M］. 北京：中国环境科学出版社 .
廖宗文 . 1996. 工业废物的农用资源化：理论、技术和实践［M］. 北京：中国环境科学出版社 .
宁平 . 2007. 固体废物处理与处置［M］. 北京：高等教育出版社 .
钱汉卿，徐怡珊 . 2007. 化学工业固体废物资源化技术与应用［M］. 北京：中国石化出版社 .
乔显亮 . 2000. 污泥土地利用及其环境影响［J］. 土壤，33（2）：79 - 85.
阮琼平 . 2002. 我国金属矿山开采与环境保护的思考［J］. 采矿技术（2）：9 - 11.
王红旗，刘新会，李国学 . 2007. 土壤环境学［M］. 北京：高等教育出版社 .
王洪涛，陆文静 . 2006. 农村固体废物处理处置与资源化技术［M］. 北京：中国环境科学出版社 .
王绍文 . 2003. 固体废物资源化技术与应用［M］. 北京：冶金工业出版社 .
王绍文，秦华 . 2007. 城市污泥资源利用与污水土地处理技术［M］. 北京：中国建筑工业出版社 .
夏立江，王宏康 . 2001. 土壤污染及其防治［M］. 上海：华东理工大学出版社 .
徐惠忠 . 2004. 固体废物资源化技术［M］. 北京：化学工业出版社 .
徐晓军，管锡君，羊依金 . 2007. 固体废物污染控制原理与资源化技术［M］. 北京：冶金工业出版社 .
薛强，陈朱蕾 . 2007. 生活垃圾管理与处理技术［M］. 北京：科学出版社 .
杨国清 . 2000. 固体废物处理工程［M］. 北京：科学出版社 .
杨建设 . 2007. 固体废物处理处置与资源化工程［M］. 北京：清华大学出版社 .
杨景辉 . 1995. 土壤污染与防治［M］. 北京：科学出版社 .
张小平 . 2004. 固体废物污染控制工程［M］. 北京：化学工业出版社 .
赵庆祥 . 2002. 污泥资源化技术［M］. 北京：化学工业出版社 .
周桂铨 . 2003. 矿山生态环境的问题及其防治［M］. 矿业快报（11）：1 - 3
周立祥 . 2007. 固体废物处理处置与资源化［M］. 北京：中国农业出版社 .
周元军 . 2003. 畜禽粪便对环境的污染及治理对策［J］. 医学动物防治，19（6）：350 - 354.

第七章　污水灌溉对土壤的污染

本章提要　污水灌溉是实现污水资源化的重要途径，本章在对国内外污水灌溉发展概况进行简要介绍的基础上，重点讨论污水灌溉对土壤物理化学性质、农作物产量与品质的影响以及污水灌区土壤污染的防治方法。

第一节　污水灌溉概述

一、国内外污水灌溉概况

污水灌溉（sewage irrigation）在世界各地具有悠久的历史，最早将污水作为灌溉用水可追溯到公元前古希腊时代的雅典，16 世纪中叶包括德国在内的西欧各国开始利用污水灌溉农作物。实际上，污水灌溉就是将污水处理与利用相结合的一种措施。19 世纪后半叶，伴随着工业化和城市化进程的加快，污水排放量不断增加，污水灌溉在欧洲得到迅速发展，污水灌溉成为当时欧洲许多城市普遍采用的唯一污水处理方法。20 世纪以来，前苏联、美国、澳大利亚和中国等国家污水灌溉面积进一步扩大。

（一）国外污水灌溉简况

随着人口增加和农业的发展，水资源短缺日趋严重并成为全球性的问题，污水农用在缺水国和工业发达国家日益受到重视。据报道，前苏联是世界上污水灌溉面积最大的国家，早在 1943 年，苏联就成立了中央污水农业利用科学研究站，到 20 世纪 70 年代末全国有 50%污水用于农业灌溉，污水灌溉面积达 $7.5\times10^6 hm^2$。美国水资源总量较多，但分布也不均衡，利用污水灌溉的工程主要集中分布在水资源短缺、地下水严重超采的西南部和中南部的加利福尼亚、亚利桑那、得克萨斯和佛罗里达等州。美国广泛应用污水灌溉始于 1800 年，到 1870 年建立了专门污灌的农场，目前全美污水回用水量 $5.81\times10^8 m^3$，占回用水总量的 62%。

日本很少直接利用处理过的污水作为灌溉水源，而是将其排入河流作为河流的基流或排入灌排系统中，进行淡化稀释后再度用于灌溉。日本利用污水灌溉对水质要求非常严格，必须确保不伤害农作物和土壤，一般在乡镇都建有许多小型污水处理厂，利用处理过的生活污水进行灌溉，经济且实用。为了改进农村生活环境和水源水质，日本从 1977 年开始实行农村污水处理计划，并把污水灌溉作为一件重要的大事列入计划。

众所周知，以色列是世界缺水最为严重的国家，水资源总量严重不足，使其成为污水回用于农业最具特色的国家。1987 年，以色列 46%的污水是作为农业灌溉用水处理的，整个污水回用的程度处于世界先进行列。由于农业灌溉用水对水质要求较低，以色列将污水处理出水优先用于农业灌溉。

在发展中国家，具有代表性的污水农用的国家是印度，在印度随着人口增长和城市化速度的加快，一些大城市（如孟买和加尔各答等）水资源供需矛盾加剧，为缓解水资源紧缺的状况，广泛采用城市污水和工业（主要以制糖、酿酒、食品加工、化肥厂等）废水用于农田灌溉，到 20 世纪 80 年代中期，印度有 200 多个农场采用污水进行灌溉，总面积达23 000 hm^2，但由于相当一部分污水未经处理直接灌溉农田，在污水灌区已造成对农作物和人体的危害。

总之，由于用污水灌溉会对土壤和农产品造成污染，进而危害人体健康。因此，欧美等发达国家污水灌溉主要用于园林地、牧草饲料作物，也有用于果树、棉花和甜菜等作物，对粮食和蔬菜作物应用污灌较少。

（二）我国污水灌溉的历史与现状

污水灌溉在我国是作为一项利用污水资源、发展农业生产和减轻水环境污染的兴利除害措施。城市污水中含有植物营养物质，一般含氮 15～60mg/L，含钾 10～30mg/L，含磷9～18mg/L；污水中还有多种为植物生长所必需的微量元素。污水灌溉既可利用水资源，节约农业用水，又可利用其营养物质，促进农业增产。国内许多利用污水灌溉的地区农作物增产幅度十分显著，干旱地区最高的可达 60％。

污水灌溉同时还是一种节省能源的污水处理方法。通过灌溉，一般可去除污水中生物能降解的有机物及氮、磷等 90％以上，一些有毒、有害物质也可以被氧化分解，有利于防止水体污染和河流、湖泊水体的富营养化。

1. 我国引用污水灌溉的历史　在我国广大干旱缺水地区，水是农业生产的主要制约因素。引用污水灌溉曾经一度成为解决这一矛盾的重要举措。从 20 世纪 50 年代后期起，在北方的一些缺水地区，如抚顺、沈阳、大连、石家庄、天津、北京、青岛、太原和西安等约 20 多个城市都进行引污灌溉，这些城市的污水农灌初见成效。

中国污水灌溉发展可分为 3 个历史时期：①1957 年以前为自发灌溉时期，为解决农业种植中的干旱问题，把城市污水直接引入农田灌溉。②1957—1972 年为迅速发展时期。1957 年建工部联合农业部、卫生部把污水灌溉列入国家科研计划，开始大规模修建污水灌溉工程，污水灌溉得到迅速发展。1961 年颁布了《污水灌溉农田卫生管理试行办法》。③1972年以后为稳步发展时期。1972 年农林部联合国家建设委员会召开了全国污水灌溉会议，拟定了污水灌溉暂行水质标准，使污水灌溉进入了注意环境保护的新时期。1979 年底颁布了《农田灌溉水质标准》，1992 年对该标准进行了修订。

1972 年以后，对污水灌溉可能产生的污染与卫生问题开始关注。1976 年，农业部为了查清全国污灌区的环境质量情况，先后组织全国 200 多个单位，经过 7 年时间对全国污灌区进行了环境质量普查、评价。范围包括 20 个省（直辖市、自治区）37 个污水灌区，面积达 3.799×10^5 公顷，约占全国污灌面积的 1/4，获得 10 万多个测试数据，基本查清了我国污水灌区发展概况、污水水质及其对土壤、作物、地下水、人群健康的影响，为我国污水灌溉对土壤环境质量影响研究打下了良好的基础。

我国早期引用污水灌溉农田的某些地区，由于污水未经严格处理，灌溉水中的污染物长期累积，致使一些污水灌区的土壤、农作物、地下水都受到不同程度的污染，居民健康受到影响。据统计，全国污灌区约有 $8.667\times10^5 hm^2$ 的土壤受到不同物质、不同程度的污染，污灌区有75%左右的地下水遭到污染，对人体健康也有一定影响。为了减轻污水灌溉的污染，必须强调，提高污水处理水平，加强污水灌区的科学管理。

2. 我国污水灌溉与回用的紧迫性 在我国，水资源短缺与污染问题并存，且用水紧张状况与水质污染程度呈越来越严重的趋势。全国水资源总量达$2.8\times10^{12}m^3$，居世界第6位，但人均年占有量仅为世界人均占有量的1/4，是世界上公认的13个贫水国之一。统计显示，全国中等干旱年缺水$3.58\times10^{10}m^3$。由于严重缺水，导致受旱成灾面积不断扩大，河流干涸断流频繁，每年因缺水减产粮食7.5×10^{10}～$1.0\times10^{11}kg$，工业产值减少2 300亿元。另一方面，水的污染也十分严重，全国80%的河流、湖泊受到不同程度的污染，年排放污水量高达$4.0\times10^{10}m^3$。因干旱缺水导致大量引用未经处理的工业废水和城镇生活污水直接灌溉农田，污水灌溉面积迅速扩大（20世纪70年代为$1.5\times10^6hm^2$、80年代为$2.0\times10^6hm^2$、90年代为$3.0\times10^6hm^2$），到1998年我国污灌总面积为$3.618\times10^6hm^2$，占灌溉总面积的7.3%。在水资源日益紧张之际，中国的需水量却在继续增加。从目前到2030年，我国即使人均用水量不增加，人口的增长也将使水的需求量比目前增加1/4。但实际上人均耗水量随着生活水平的提高也在增加。我国农业部门目前的灌溉用水需求约为每年$4.0\times10^{11}m^3$，预计到2030年将增加到$6.65\times10^{11}m^3$（表7-1）。

表7-1 我国年用水量及预测表（$\times10^8m^3$）

用水项目	1995年	2030年
居民生活用水	310	1 340
工业用水	520	2 690
农业用水	4 000	6 650

我国取水量约85%用于农业灌溉；但是，随着城市化进程的加快和城市人口的增长，居民生活用水量也将增加。

从表7-1的预测值可见，目前占用水总量15%的我国非农业用水，如不采取措施，在今后30年间将增加约5倍，而约占目前总供水量85%的农业用水也将增加。而水资源总量的有限性决定了这种情形是不可能实现的，因为用水量不可能长期超过可持续的供水量。因此，我国水资源的分配和使用方式面临严峻挑战。随着我国集约化农业的发展，城市化和工业化进程的加快，工业和城市（镇）居民用水与农业用水的矛盾将日益加深，对城市污水农业回用的要求将日益迫切，污水回用将是某些地区农业用水的重要来源。因此，只有开源节流并举，才是解决我国农业缺水的根本出路。有计划地发展城市污水处理后回用于农业灌溉，不仅可缓解农业用水的短缺，还可减轻河流污染和充分利用污水中的养分资源。城市污水经处理后回用于农业，应该作为一项战略性举措予以重视。

二、灌溉污水的特性和种类

（一）污水农业灌溉水质指标

污水水质指标按性质可以分为下述6大类。

1. 物理指标 污水水质的物理指标主要包括浊度（悬浮物）、色度、臭味、电导率、溶解性固体和温度等。

2. 化学指标　污水水质的化学指标主要包括 pH、硬度、金属与重金属离子（铁、锰、铜、锌、镉、镍、锑和汞）、氧化物、硫化物、氰化物、挥发性酚、阴离子表面剂等。

3. 生物化学指标　污水水质的生物化学指标有下述 3 项。

（1）生化需氧量　生化需氧量（BOD）是在规定条件下，微生物在分解氧化水中有机物的过程中所需要消耗的溶解氧量，单位一般为 mg/L。

（2）化学需氧量　化学需氧量（COD_{Cr}）是在一定条件下，经重铬酸钾氧化处理时，水中的溶解性物质和悬浮物所消耗的重铬酸盐相对应的氧量，单位为 mg/L。

（3）总有机碳和总需氧量　总有机碳（TOC）和总需氧量（TOD）都是通过仪器用燃烧法快速测定的水中有机碳与可氧化物质的含量，并可同 BOD、COD_{Cr}建立对应的定量关系。

水中的有机物和无机物被微生物分解时会消耗水中的溶解氧，导致水体缺氧、水质腐败等一系列不良后果。上述水质指标都是反映水污染、污水处理程度和水污染控制标准的重要指标。

4. 毒理学指标　有些化学物质在水中的含量达到一定的限度就会对人体或其他生物造成危害，称为水的毒理学指标。水的毒理学指标包括：氟化物、有毒重金属离子（如汞、镉、铅、铬）、砷、硒、酚类和各类致癌、致畸、致突变的有机物污染物质（如多氯联苯、多环芳烃、芳香胺类和以总三卤甲烷为代表的有机卤化物等），以及亚硝酸盐、一部分农药、放射性物质。毒理学指标实际上是指化学指标中有毒性的化学物质。

5. 细菌学指标　细菌学指标是反映威胁人类健康的病原体污染指标，如大肠杆菌数、细菌总数和寄生虫卵等。

6. 其他指标　包括那些在工、农业生产中或其他用水过程对回用水质有一定要求的水质指标。

我国农田灌溉水质标准（GB 5084—92）包含 29 项指标，分别是：生化需氧量（BOD_5）、化学需氧量（COD_{Cr}）、悬浮物、阴离子表面活性剂、凯氏氮、总磷、水温、pH、全盐量、氯化物、硫化物、总汞、总镉、总砷、铬（六价）、总铅、总铜、总锌、总硒、氟化物、氰化物、石油类、挥发酚、苯、三氯乙醛、丙烯醛、硼、大肠菌群数和蛔虫卵数。

(二) 污水的种类与来源

污水灌区一般都分布在大中城市近郊，用于灌溉的污水主要来自城市，污水按具体的来源不同可分为以下 3 种类型。

1. 城市生活污水　城市生活污水是城市的人们日常生活过程中排出的污水，主要来自家庭、机关、商业和城市公用设施，包括粪便和洗涤用水，水量与水质具有昼夜和季节性变化。城市生活污水的成分见表 7-2。

表 7-2　城市生活污水成分（mg/L）

污水成分	浓度范围	污水成分	浓度范围
总固体	700～1 000	无机物	40～70
总溶解性固体	400～700	有机物	140～230
无机性固体	250～450	总可沉降物	140～180
有机性固体	150～250	无机物	40～50
总悬浮物	180～300	有机物	100～130

（续）

污水成分	浓度范围	污水成分	浓度范围
生化需氧量 BOD（20℃）		亚硝酸盐	—
含碳 BOD_5	160～280	硝酸盐	—
含碳 BOD 总	240～420	总磷（P）	10～15
含氮 BOD 总	80～140	有机磷	3～4
化学需氧量（COD）	550～700	无机磷	7～11
总有机碳（TOC）	200～250	氯化物	50～60
总氮（N）	40～50	碱度（$CaCO_3$）	100～125
有机氮	15～20	动物油脂	90～100
游离氨	25～30		

2. 工业废水 工业废水主要来自城市工矿企业生产过程中排出的废水，包括工业过程用水、机器设备冷却水、烟气洗涤水和设备与场地清洗水等。

3. 城市径流污水 城市径流污水主要是雨雪淋洗城市大气污染物和冲洗建筑物、地面、废渣、垃圾而形成的污水。这种污水具有显著的季节变化和成分复杂的特点，特别在降雨初期径流污水中污染物浓度甚至会高于城市生活污水数倍。

三、我国污水灌区的分布与存在问题

（一）污水灌溉面积分布

我国污水灌溉的地区分布很广，从污水灌溉面积的分布看，90%以上的污水灌区集中在北方水资源严重短缺的黄河、淮河、海河及辽河流域。特别是大型污灌区，主要集中在北方大中城市的近郊县，代表性的大型污水灌区包括北京污灌区、天津污灌区、辽宁沈抚污灌区、山西太原污灌区、山东济南污灌区及新疆石河子污灌区。由于我国经济处于快速增长时期，在城市生活用水和工业用水不断增加，污水排放量也不断增长，近期内要大幅度提高污水处理率和达标排放率比较困难。可以预测，在全国水资源日益短缺的情况下，污水灌溉面积将有增无减，污灌水质超标问题也难在短期内得到有效解决。一方面要利用生活污水灌溉缓解水资源紧缺的矛盾，促进农业的发展和粮食产量的增加；另一方面又要保证污灌区饮水及食物安全，关键是如何兴利除弊，科学适度地开展污水灌溉。

国外和我国多年实行污水灌溉的经验证明，用于农业特别是粮食、蔬菜等作物灌溉的城市污水，必须经适当处理以控制水质，含有毒有害污染物的废水必须经必要的点源处理后才能排入城市的排水系统，再经综合处理达到农田灌溉水质标准后才能引灌农田。

（二）污水灌溉类型分区

根据污水农业利用的特点，我国的污水灌溉可分为以下 3 大类型区。

1. 北方水肥并重污灌类型区 北方水肥并重污灌类型区在行政上包括东北三省、华北五省市以及山东、河南、陕西和甘肃等省。本区属半湿润半干旱地区，降水的年内分布不均，耕地占全国的 48.9%，污灌面积高达 $1.2\times10^6 hm^2$，是全国污水灌溉最集中的地区。

2. 南方重肥源污灌类型区 南方重肥源污灌类型区的地理位置处在秦岭、淮河以南、青藏高原以东。本区降水充沛，热量资源丰富，耕地占全国 37.8%，因灌区属湿润地区，利用污水灌溉主要以获取污水中的养分资源为主。污灌面积约 $1.9\times10^5 hm^2$。

3. 西北重水源污灌类型区　在北方水肥并重污灌类型以西，青藏高原以北的广大地区，行政上包括新疆、青海和宁夏，构成西北重水源污灌类型区。本区大部分地区年降雨量在20～250mm，是全国水资源最缺乏的地区，基本上无灌溉就没有农业，因此本区的主要矛盾是缺水，污水用于农业主要是利用水分资源。灌区耕地占全国的 12.5%，污灌面积占全国的 5%左右。

（三）我国污水灌溉存在的主要问题

污水（sewage）用于农田灌溉，一方面可以缓解当地的农业水资源紧缺的矛盾；另一方面，由于污水中含有丰富的氮、磷、钾等营养元素，为作物生长所必需。但是，由于用于灌溉的污水大多数未经任何处理，污水中含有的有毒有害物质已经造成污水灌溉地区土壤、地下水和作物的严重污染。目前，我国污水灌溉发展过程中主要存在以下突出问题：①污水处理技术水平较低，污水灌溉水质严重超标，导致农田土壤污染严重；②污水灌溉面积盲目发展，相关监控、管理体系严重滞后；③城市郊区渠道灌溉功能退化，大多变成污水排放的河道；④污水灌溉的基础理论与应用技术研究比较薄弱。

第二节　污水灌溉对土壤的影响

一、污水灌溉中的主要污染物质

污水灌溉的过程就是污水中污染物随水进入农田土壤的过程。虽然污水灌溉的土壤效应受多种因素的影响，但污水灌溉用水的水质状况是最重要的因子。一般的灌溉用污水的主要组成物质包括以下 8 类。

1. 固体污染物　污水中包括无机和有机两类固体污染物。无机物主要指泥沙、炉渣、铁屑、煤灰等颗粒状物质。选煤厂、钢铁厂、火力发电厂等工业废水，以及生活污水和城市冲刷水中常含有这类物质。这些物质一般是无毒的，大量排入水体，会造成淤积，造成土壤板结，肥力下降。排放有机固体废弃物的工厂有造纸厂（流失的纸浆）、制糖厂（糖渣）、肉类联合加工厂和制革厂等。

2. 有机污染物　生活污水和某些工业废水中，含有的碳水化合物、脂肪和蛋白质等有机化合物，可在微生物的作用下，分解为简单的二氧化碳和水等。在分解过程中要消耗大量的氧，因此被称为耗氧有机物。以动物、植物和石油为原料的化工、轻纺、造纸、食品等工业所排废水中，主要为有机物所污染。

3. 有毒有害物质　有毒有害物质通常指对人体及其他生物直接或间接产生毒害作用的污染物，如：氰、汞、镉、铬、铅、砷及它们的化合物，此外，还有有机磷、酚、醛、苯、硝基化合物等。机械加工、化工、选矿等工业废水中，含有这一类物质。

4. 植物营养物质　污水中一般含有多种植物生长发育所必需的营养物质，常见的有氮、磷、钾，也含有一些微量营养元素和促进植物生长物质。多种作物的盆栽和小区试验研究证明，污灌处理的作物获得的产量，常常明显地高于按相当于污水氮、磷、钾含量施用化肥的处理。

污水中植物养分的含量随污水类型而有很大变化。一些罐头厂污水的含氮量可低到接近于零，而新鲜的浓猪厩液的含氮量则高到 700mg/L。根据美国 33 个城市的统计资料，经二级处理的生活污水平均含氮 13mg/L（表 7-3），污泥含氮 1.5%～6.0%（按干重计），稀污泥含氮 1 500～2 500mg/L。酿酒厂废水含氮较生活污水高 3～9 倍。

表 7-3　几种污水中植物养分含量（mg/L）

（引自 Arceivala，1981）

污水类型	植物养分的平均含量		
	氮	磷	钾
原生活污水（根据 Metcalf 等的资料）	20～40	6～20	17～36
原生活污水（印度 8 个城市污水平均）	48	10.6	21
经二级处理的生活污水（美国 33 个城市污水平均）	13	8	36（按 K 计）

注：氮按 N 计；磷按 P_2O_5 计；钾按 K_2O 计。

一般原生活污水中的含磷量大致为 6～20mg/L，而城市污水中的磷酸盐浓度变化很大，据美国 35 个城市统计，二级处理污水平均含磷 8mg/L。

5. 放射性污染物　放射性污染（radioactivity pollution）来自原子能工业、某些使用放射性物质的工业企业和医院排出的废水中含有的放射性物质，这些物质对土壤会造成破坏，使作物生长畸形。

6. 酸、碱及其他无机化合物　酸、碱及某些水溶性无机盐对污水的生物处理有一定的影响，酸性废水和碱性废水对土壤都有破坏作用，同时，对作物生长有抑制作用。

7. 生物污染物质　所有的城市污水都可能含有蛔虫、蠕虫和其他类型的寄生虫和病菌，这都属于生物污染物质（bio-pollutant）。来自任何城镇的原污水通常总是包含着该城镇检测出来的所有病原菌。此外，工业废水区也会含有病原菌，这些病原菌可能来自加工过程，也有可能来自工厂卫生设施和附近居民区排放的污水。

8. 油类物质　油类污染物质是污水中常见的污染物，工业废水中的油类有 3 种主要来源：石油、动物油和植物油。食品加工业、脂肪提炼与加工业、肥皂制造业、人造黄油和石蜡制造业是动物油和植物油废水的发生源。海产品加工业废水含游离态和乳浊状油脂可能会高达 12 000mg/L。美国 12 家炼油厂产生的废水中矿物油浓度为 23～130mg/L。

二、污水灌溉中重金属对土壤的影响

在采用不经生物学处理和化学处理（二级处理和三级处理）的污水进行灌溉时，污水中所含的全部污染物都将进入土壤。实际上，污水灌溉是重金属进入农田土壤的主要途径。El-Bassam（1982）进行的研究证明，在有约 80 年历史的污灌区内，铬、汞和锌的含量都已超过了其最大允许浓度。此外，还发现锑、钡、铅、溴、镉、铈、铁和铜等的累积量也较高。灌溉污水中的重金属主要有汞、砷、镉、铅和铬，进入土壤后的重金属 95%被土壤矿质胶体和有机质迅速吸附或固定，一般累积在土壤表层，在剖面中分布一般自上而下递减。

（一）污水灌溉中重金属含量

对于污水灌溉区，灌溉水中重金属含量与灌区土壤中重金属累积量直接相关。污灌水中的重金属含量因灌溉污水类型、污水来源及城市产业结构不同而异。张乃明（2000年）研究了山西太原污灌区3种不同类型污水中重金属汞、镉和铅的含量，其结果见表7-4。

表7-4　不同污水中Hg、Cd、Pb的含量（mg/L）

序号	污水类型	Hg	Cd	Pb
1	工矿区污水	0.000 46	0.005 1	0.122
2	城市混合污水	0.000 26	0.003	0.06
3	城市生活污水与河水混合	0.000 15	0.003 9	0.058

由表7-3可见，工矿区重金属含量高于城市混合污水和城市污水与河水混合两种污灌水类型，后两种污水中镉和铅含量相近，工矿区污水汞的含量远远高于其他两种污水类型。

(二) 不同污水类型灌区土壤中重金属的累积量

不同污水类型灌区土壤中含量与井灌区土壤及土壤背景值比较见表7-5，土壤中铅和镉累积量均以工矿污水灌区最高，其次序为：工矿污水灌区＞工业与城市污水混合灌区＞城市污水与河水混灌区＞井灌区。土壤中汞的累积量以工业与城市生活混合污水灌区最高，为0.124mg/kg，依次为工业与城市生活混合污水灌区＞工矿污水灌区＞城市污水与河水混灌区＞井水灌区。总体看，3种类型污水灌区土壤中镉、铅和汞这3种重金属元素含量均高于井灌区（对照），更高于相应土壤环境背景值，土壤中镉、铅和汞这3种元素的最高值分别是相对应土壤背景值的3.75倍、2.05倍和4.79倍，这说明污水灌区土壤中重金属累积明显。

表7-5　不同污水类型区土壤重金属的累积量（mg/kg）

污水类型区	Hg	Pb	Cd
土壤背景值	0.033	13.8	0.077
井灌（清灌区）	0.048 8	17.9	0.117
工矿污水灌区	0.105	28.47	0.369
工业与城市生活混合污水灌区	0.124	25.58	0.229
城市污水与河水混灌区	0.065	23.9	0.143

(三) 我国污水灌溉区几种重金属元素的污染状况

1. 汞　汞（Hg）是毒性较大的重金属元素，同时也是污水中普遍存在的污染物之一。因此，我国灌溉水质标准对汞的要求很严，规定总汞不得超过0.001mg/L。就污水灌区土壤被污染的面积而言，汞仅次于镉，排第二位。

据监测，山西太原污水灌区土壤中汞的累积量平均值为0.12mg/kg，远高于相应土壤汞的背景值。河南郑州污水灌区瓦屋李村污水中汞的浓度为0.242mg/kg，土壤汞含量平均累积到0.194mg/kg，已超过了土壤环境质量汞的标准限值，造成土壤汞污染。

2. 铅　铅（Pb）也是污水中普遍存在的污染元素，引用含铅的污水灌溉农田后，铅很容易被土壤有机质和黏土矿物吸附。铅的迁移性弱，土壤溶液中铅含量很低，当植物根从土壤溶液中吸收铅（Pb^{2+}）后，铅即从固体化合物补充到土壤溶液中。污水灌区铅的累积分布特点是离污染源近、污灌年限长的土壤含量高，距离远、年限短的含量低。例如，上海川沙污灌区上游土壤含铅量为 94.8mg/kg，而下游土壤仅为 45.8mg/kg。污灌土壤剖面中铅的分布自上而下递减。例如，广州市郊污灌区土壤铅含量在 0～20cm 范围内其含铅量为 88～300mg/kg，平均值为 134.0mg/kg；20～50cm 为 82～166mg/kg，平均值为 102.8mg/kg；50cm 以下为 64～98mg/kg，平均值为 80.2mg/kg。广州市西北郊蓄电池工业废水污灌区灌溉水中铅含量为 8.8mg/L，土壤表层铅的含量按距引水口的距离由近及远，依次为 640mg/kg、366mg/kg、242mg/kg、192mg/kg、102mg/kg 和 82mg/kg，而当地未使用污水灌溉的土壤铅的含量仅为 40.0mg/kg。

3. 铬 灌溉污水中的铬（Cr）有 4 种形态：Cr^{3+}、CrO_2^-、CrO_4^{2-} 和 $Cr_2O_7^{2-}$。一般铬在水体中以三价和六价铬的化合物为主。制革、皮毛、制药和印染行业排放的污水中以 3 价铬为主；而电镀、冶金和化工行业排放的污水中以六价铬为主。

灌溉污水中的铬引入田间进入土壤后，Cr^{3+} 化合物很快被土壤吸附固定，成为铬和铁的氢氧化物的混合物或被封闭在铁的氧化物中，十分稳定，不易溶解；而 Cr^{6+} 进入土壤后很快被土壤有机质还原为三价铬，随之被吸附固定。因此灌溉污水的铬会使土壤铬逐步累积。实验证明，土壤中铬的累积随着灌溉污水铬量的增加而增加。为防止铬对土壤的污染，我国灌溉水质标准规定，六价铬不得超过 0.1mg/L。典型地段调查表明，成都地区清灌区土壤铬含量为 47.1mg/kg，而污灌区土壤含铬为 151.4mg/kg，高出污染起始值 2.21 倍；马鞍山郊区清灌区土壤铬含量 85mg/kg，污灌区土壤铬含量为 950mg/kg，高出污染起始值 10.2 倍。

4. 镉 镉（Cd）元素在水中以简单离子或者络合离子形态存在。镉能和氨、氰化物、氯化物、硫酸根形成多种络离子而溶于水。含镉废水的排放主要是由重金属的开采和冶炼引起的。污水中的镉随灌溉进入农田后，被土壤吸附。土壤吸附的镉一般在 0～15cm 的土壤表层累积，15cm 以下含量显著减少。土壤对镉的吸附率取决于土壤的种类及特征。大多数土壤对镉的吸附率为 85%～90%，因此污水灌溉很容易导致土壤镉污染。在靠近有镉排放的工业区，由于废水灌溉，土壤中含镉量可达每千克数十毫克。例如沈阳张士灌区长期用含重金属废水灌溉，水田土壤的可溶性镉含量高达 6.55mg/kg。镉较其他重金属更易被作物吸收富集，稻田土壤镉污染问题应引起高度重视。

5. 砷 砷（As）属于类金属，原子序数 33，但因其与金属十分相似，通常被列为重金属元素。砷是“三废”之中普遍存在的污染物之一，工业“三废”特别是废水排砷的部门有化工、冶金、炼焦、皮革和电子等工业。据调查，我国华中某冶炼厂所排废水年排砷 2.5t，污水排放地区土壤含砷达 34.03～70.60mg/kg，而对照区土壤含砷仅为 8.00mg/kg。对南方五省部分工矿区砷对农业污染的调查也表明，土壤砷污染较为普遍，其中有 30%的土壤含砷量超过 30mg/kg，以韶关、大余、河池、阳朔和株洲等地部分土壤的含砷量最高，这主要是污水灌溉引起的。

总之，镉、汞、砷、铅和铬重金属是污水中主要的污染物质。除这 5 种元素外，铜、锌、镍等重金属元素也是污水中存在的污染物。随污水灌溉进入土壤中的重金属既不易淋滤，也不能被微生物分解，一般都以各种形态积累于土壤中。张乃明（1999 年）研究了太原市污水灌区 7 种重金属元素的累积状况，结果 7 种重金属元素的含量全部高于土壤环境背景值，也高于清水灌区土壤（表 7-6）：

表7-6　太原污水灌溉土壤重金属含量（mg/kg）

土壤	Cu	Pb	Cd	Hg	As	Cr	Zn
土壤背景值	19.4	14.2	0.077	0.038	7.3	53.3	57.4
清灌区土壤	25.42	26.02	0.157	0.033	7.34	53.26	93.67
污水灌区土壤	48.24	34.83	0.180	0.060	7.50	59.39	99.11

三、污水灌溉中有机污染物对土壤的影响

（一）污水灌溉中油脂类对土壤的影响

灌溉污水中的油脂类包括石油、石油制品、焦油、动物油和植物油等。油脂多呈水包油、乳浊状，悬浮在水中，在水层表面可形成与空气隔离的薄膜，减少水中溶解氧，导致水质恶化。引入田间后容易被土壤微生物降解和土壤物理化学作用而无机化、净化。种植小麦的土壤可净化65%～99.8%，种水稻的土壤可净化72.0%～98.5%，一般不会引起土壤物理化学性质恶化。只有在长期、大量引用含油污水灌溉的地块才有可能引起油脂累积。

矿物油中的致癌物质苯并芘在土壤中的残留，绝大部分集中在0～15cm土层中，这是由于土壤黏粒部分对苯并芘具有强烈的吸附和结合能力。并且其随含矿物油污水增多而不断增加，并导致土壤上的植物残留量增加。盆栽试验结果表明，污水中矿物油由10^2μg/kg增加到10^5μg/kg，麦田土壤苯并芘的残留量由2.5μg/kg增加到1 359.0μg/kg，水稻土由1.0μg/kg增加到1 352.5μg/kg。这个残留量的增长说明，引入含矿物油污水的灌区，必须控制污水中的矿物油的含量，以减少苯并芘在土壤和植株中残留累积，防止对环境和人畜产生的危害。

（二）污水灌溉中酚类化合物对土壤的影响

酚类化合物分为挥发性酚与不挥发性酚两大类。挥发性酚包括苯酚、间甲酚、邻甲酚、对甲酚、二甲苯酚及一些低沸点的单元酚；不挥发性酚包括间苯二酚、联苯二酚等多元酚。酚主要存在于石油化工废水中，用含酚废水灌溉后土壤中酚的含量与废水中酚的含量、灌溉次数和灌水量呈正相关。不同浓度的含酚污水对土壤酚含量的影响见表7-7。

表7-7　不同浓度的含苯酚污水灌溉土壤酚含量（mg/kg）

	对照	1	5	25	50	100	200
水稻土	0.034	0.092	0.145	0.309	0.513	1.585	1.621
菜园土	0.016	0.041	0.057	0.073	0.120	0.144	0.337

酚在土壤中容易被降解矿化，所以土壤中的酚含量常随季节呈周期性变化，春季土壤中酚含量高于秋季，污水灌区土壤中含酚量任何季节都要高于清灌区。可见，酚在污灌区土壤中有一定程度的累积。污水灌区土壤中酚含量的垂直分布特征一般是集中于土壤上部耕作层内，尤其是在0～10cm的土层中所占的比例更大，自土壤表层向下层逐渐减少，即土壤剖面中酚含量随着深度的增加而递减。

酚在一般质地的土壤中移动缓慢，但在渗水性很强的砂土区，用2～6mg/L的含酚水灌溉，曾出现地下水不同程度的酚污染。已有研究表明，污水灌区土壤酚的含量一般比自然土壤高1倍左右，由于进入土壤中酚能自身被土壤微生物降解，因此即使在污灌历史较长的灌区土壤中，酚的累积量也相对稳定，且保持在一个较低的水平。

（三）污水灌溉中苯对土壤的影响

污水中的苯主要来源于化工厂、橡胶、石油等工业废水。苯的蒸气毒性大，通过人的呼吸进入人体，可损害神经系统，引起急性或慢性中毒。苯随灌溉水进入田间后，在土壤中净化快、残留少，苯被植物吸收、氧化而解除毒性，对作物生长无明显影响。但在薄土层尤以砂性土及土壤厚度不足1m以及地下水位高的地区，有出现地下水受苯污染现象。

（四）污水灌溉中三氯乙醛对土壤的影响

三氯乙醛是有机氯和有机磷农药厂以及其他一些化工厂的一种中间产物，在酸性条件下比较稳定，在碱性条件下则易分解。利用这种特性，可在废水中加入石灰或氨水等碱性物质，以减轻其毒性。三氯乙醛在动植物体内及土壤中可以很快转化成三氯乙酸。三氯乙醛在土壤中容易被微生物降解，不易发生累积现象，但容易对作物产生直接的毒害作用。

四、污水灌溉对土壤理化性质的影响

（一）污水灌溉对土壤物理性质的影响

1. 污水灌溉对土壤孔隙状况变化的影响 从污水灌溉与清水灌溉土壤的微形态显微镜观察，可明显看出污水灌溉土壤孔隙细而密，而清水灌溉的孔隙大，孔隙量多而且呈疏松状。用显微镜观察放大44倍和252倍的土壤磨片，同时用重量法测定污水灌溉与清水灌溉条件下土壤孔隙度的差异，结果表明，污水灌溉可引起土壤孔隙度明显下降，田间试验与室内试验的下降率分别达到40.8%与61.0%（表7-8）。

表7-8 污水灌溉对土壤孔隙度的影响

放大倍数	田间试验			室内试验		
	污灌	清灌	污灌比清溉（%）	污灌	清灌	污灌比清溉（%）
44	8.43	14.23	−40.76	13.35	35.72	−62.6
252	—	—	—	18.5	45.6	−59.4
污灌比清灌（%）	—	—	−40.76	—	—	−61.0

2. 污水灌溉对土壤三相物质组成比率的影响 土壤三相物质组成的配比和土壤的孔径分布（即大小孔隙配比）可反映出土壤通气、透水的状况。

未经过污水灌溉的土壤（简称清灌土）和已经过20年污水灌溉历史的土壤（简称污灌土）同时用污水和清水灌溉一年后，土壤三相物质组成的配比，无论是污灌土还是清灌土，无论是田间还是室内模拟试验，污水灌溉对土壤三相物质组成配比的影响是一致的，只是程度不同。污水灌溉使土壤固相率和液相率有增加的趋势。有试验表明，土壤气相率（即空气孔隙度）明显降低，污水灌溉时间短和已经污水灌溉20年的土壤与未引用污水灌溉的土壤气相率分别下降15.4%和25.3%。所以新开始进行污水灌溉的土壤其气相率下降明显。

（二）污水灌溉对土壤化学性质的影响

1. 污水灌溉对土壤有机质的影响　由于城市污水中含有大量的有机物，因此在灌溉过程中必然有大量有机碳和氮素物质携入土壤。据萧月芳等（1997）的研究，用啤酒废水灌溉3年及5年的粮地土壤耕层有机质含量比基本不灌溉地有机质含量增加17.8%和22.2%。张乃明（1999）研究证明，在污水灌溉水源一定的条件下，土壤有机质含量的变化主要受灌溉水量和污水灌溉年限的影响，一般污水灌溉水量越大，年限越长，土壤有机质含量也相应提高，见表7-9。

表7-9　污水灌溉区土壤有机质变化

污水灌溉水量（m^3/hm^2）	污水灌溉前有机质含量（%）	污水灌溉年限	污水灌溉后有机质含量（%）
200	1.02	25	1.62～2.70
300	1.05	10～25	1.20～1.78
400	1.06	7～8	1.0～1.21

污水灌溉除引起土壤有机质含量发生变化外，还直接影响占土壤有机质85%的土壤腐殖质的组分。不同污水灌溉年限土壤腐殖质组成见表7-10，可见随着污水灌溉年限的增加，灌区土壤腐殖质中胡敏酸含量呈逐渐增加的趋势，而富里酸的变化规模不明显。土壤腐殖质组分包括胡敏酸、富里酸和胡敏素。对土壤肥力有影响的主要是前二者的数量及其比值。一般情况下在我国北方地区土壤腐殖质的品质好，其胡敏酸（H）含量大于富里酸（F），故H/F>1。南方土壤的腐殖质的胡富比（H/F<1）。一般土壤腐殖质的品质常以H/F比值作为判断标准，有机质H/F>1品质较好，而H/F<1则品质差。其原因是胡敏酸分子大，稳定度高，与高价离子易于结合沉淀，对重金属离子的吸附固定力强，并对促进土壤团粒结构的形成起到极为重要的作用。而富里酸分子小，活动性强，无论吸附低价离子还是高价的金属离子仍保持水溶性，故易于促使重金属迁移，对环境引发二次污染的风险比较大。

表7-10　土壤腐殖质组成（%）

污水灌溉年限	胡敏酸（H）（%）	富里酸（F）（%）	H/F	活性胡敏酸（%）
清水灌溉	23.2	23.2	1.0	1.8
3	30.6	22.1	1.4	8.7
12	30.8	25.5	1.1	4.7
20	31.1	19.1	1.6	9.6

由于污水灌溉土壤腐殖质的富里酸占的比例较大，故污水灌溉土壤腐殖质的活度大，不稳定性强，易于移动，因此污水灌溉区土壤有机质有下移的现象。例如，在0～20cm、20～50cm和50～100cm土层中有机质含量分别从污水灌溉前的3.45t/hm^2、4.95t/hm^2和4.05t/hm^2变为水稻收获后的3.45t/hm^2、3.9t/hm^2和4.65t/hm^2。也就是说，污水灌溉后耕层土壤的有机质含量未变，而心土层（20～50cm）的有机质含量随水下移到底土层（50～100cm），使底土层的土壤有机质含量增高14.8%。

2. 污水灌溉对土壤氮素含量的影响　城市污水中含有一定量的氮素物质，用含氮污水灌溉农田会使土壤氮素含量增高。如表 7-11 所示，污水灌溉后的土壤耕层和心土层或整个 1m 土层的土壤含氮量平均比灌前基础土样的含量高出 30%以上。

表 7-11 污水灌溉对土壤氮素含量的影响（%）

土层（cm）/ 土样	0～20	20～50	50～100	0～100
基础样	0.073	0.032	0.048	
水旱轮作后取样	0.093	0.055	0.070	
污水灌溉区比灌前土增	+21.5	+41.8	+31.4	32.5

当引用少量污水时，土壤主要呈好气状态，这时污水中的有机氮经矿化作用转化为 NH_4^+-N，NH_4^+-N 进而转化为 NO_3^--N。在淹水土壤中，反硝化作用所造成的氮损失要远远大于一般农田，特别是污水中含有丰富的有机碳作为反硝化细菌的能源时，氮损失就会更为突出。因此，当污水中氮含量较高而有机碳含量较低，其 $C/N<0.7$ 时，在厌气土层中就会因缺乏作为反硝化细菌能源的有机碳而使反硝化作用受到一定程度的抑制，在这种情况下，应增施作物残体或增加污水中的碳源，以保证反硝化作用的顺利进行。

研究表明，污水灌溉土壤氮素的下移现象，NO_3^--N 表现得更为明显。测定污水灌溉模拟土柱淋出液中三种无机氮的含量变化表明，污水灌溉开始时 NH_4^+-N 被土壤吸附，故在淋出液中没有出现，但淋至第 5 次 NH_4^+-N 开始在淋出液中出现，这是因为土壤吸附量已达饱和。但 NO_3^--N 和 NO_2^--N 两种阴离子不被土壤吸附，故从开始淋到最后的淋出水中均有检出，但 NO_3^--N 数量较 NO_2^--N 为多。这说明了灌溉条件下 NO_3^--N 和 NO_2^--N 随土壤下行水流移动，将对地下水产生污染。

3. 污水灌溉对土壤磷素含量的影响 无论是城市生活污水还是工业废水都含有一定量的磷素，引用这些污水灌溉农田会使土壤磷素含量增加。但仅靠随污水带入土壤中的磷一般不能充分满足作物对磷的需求，还需要增施磷肥。

研究表明，在石灰性土壤上污水灌溉 14 年后，耕层中有效磷含量增加，心土层有效磷含量无明显变化。土壤质地也会影响磷的迁移，经过长期污水灌溉后，粉砂壤土 0～30cm 表层中可浸提磷显著增加，30cm 以下土层中则无明显变化；而在表土质地为砂壤的灌区土壤可浸提磷可下渗到 120cm 深的土层中。

通常经过一定时间持续污水灌溉后土壤磷呈饱和状态，但停灌 3 个月后土壤对磷的吸附能力又重新恢复。据推测，这种恢复可能是由于吸附性磷结晶成为难溶性磷和土壤通过风化产生了较多的氧化铁和氧化铝，这些氧化铁和氧化铝对可溶性磷产生了化学固定作用。但连续不断地用含磷浓度较高的污水灌溉，会使土壤吸磷能力显著降低。因此，土壤若长时间地用来净化污水，其对磷的吸收能力势必降低，而让土壤做定期的休灌，则可恢复其吸收位，并能增强土壤吸磷能力。对地下水位埋深浅的污水灌溉区，在淹灌条件下要特别注意污水中磷对地下水可能造成的污染。对于水稻田应采取间歇污水灌溉，延长烤田时间，以避免磷向地下水淋失。

4. 污水灌溉对土壤盐基离子的影响 一般污水往往较城市给水盐分含量多 100～300mg/L，其中盐分又以氯化钠为主。在污水使用量（加上降雨）不比蒸发蒸腾量大很多的情况下，渗滤水中的含盐量会远远高于污水的原含盐量，在干旱区情况就更为突出。事实上，降雨量和渗失水量足够大时，土壤饱和液浸出液盐分浓度与灌溉水盐分浓度没有很大区别，在这种情况下就可以使用含盐浓度较高的污水进行灌溉。

据萧月芳等（1997）的研究，利用啤酒厂废水灌溉并没有引起土壤 Na^{+} 的大量累积，而土壤 Ca^{2+} 和 Mg^{2+} 呈逐步降低的趋势，这说明废水灌溉已开始使 Ca^{2+} 和 Mg^{2+} 淋失，长期下去可能会使土壤 Ca^{2+} 和 Mg^{2+} 大量淋失，Na^{+} 含量相对增加，最终导致土壤盐碱化，土壤理化性质变劣。另外，由于 Cl^{-} 随水移动性强，利用污水灌溉的土壤并未形成 Cl^{-} 的累积。在作物栽种之前或在两个生长季节的间歇期，用过量的污水灌溉有助于洗除土壤中积累的盐分。

第三节　污水灌溉对作物产量和品质的影响

一、污水灌溉对作物生长发育的影响

污水灌溉在满足作物对水分需求的同时，必然影响作物的生长发育。不同地区污水的化学组成和养分含量水平不同，对作物生长发育的影响也不同。国内外的污水灌溉实践表明，污水灌溉能明显地影响作物的生育进程，这种影响既有有利的一面，也有不利的一面。作物种类品种不同，受影响的程度也不同。例如，小麦的反应较水稻好，但经过多年污水灌溉后某些有利的效应也将转为不利的反应，严重的会导致减产。

（一）污水灌溉对水稻生长发育的影响

污水灌溉对水稻的影响首先表现在苗期，一般污水灌溉能使水稻的叶龄增加，但无论是恒温育苗还是露地育秧，其发芽率和出苗率均低于清水育苗，反映秧苗质量指标之一的苗重变化却不很明显。污水灌溉对水稻苗期的影响还会因水质的不同和灌溉时间长短的不同而异同。水质较好的污水对水稻的发芽率和出苗率的影响较小；水质较差的污水则会延长水稻从插秧到抽穗的时间。在多年污水灌溉土壤上，株高的变化不明显，而对分蘖有明显的促进作用。此外，污水灌溉还会造成水稻根系密集层浅，根的体积小，根数少，叶面积减小。污水灌溉的初期水稻叶面积除剑叶比清水的有所下降外，其余叶片面积均有增多趋势。

由水稻在分蘖期和抽穗期两次取样调查叶片数变化的结果（表 7-12）可见，在各个生育时期，不论是清土污灌还是污土污灌，污水灌溉水稻主茎上的留存绿叶数均较清灌的减少。以万泉河水系污水灌溉的减少率最低，仅为 6.4%。而通惠河污水灌溉的不论是清土还是污土，其比清水灌溉的均下降在 20%以上。因此污水灌溉水稻的叶片寿命低于清水灌溉，这对光合生产产生不利作用。

表 7-12　污水灌溉水稻各生育期叶片数的变化

<table>
<tr><td colspan="3">污水灌溉历史</td><td colspan="3">清土
（初期污水灌溉）</td><td colspan="2">污土
（多年污水灌溉）</td></tr>
<tr><td rowspan="2">生育期</td><td rowspan="2">部位</td><td rowspan="2">项目 / 处理</td><td rowspan="2">清水
对照</td><td rowspan="2">通惠河
污水</td><td rowspan="2">万泉河
污水</td><td colspan="2">通惠河污水</td></tr>
<tr><td>清水灌溉区</td><td>污水灌溉区</td></tr>
<tr><td>分蘖期</td><td>主茎</td><td>绿叶率（%）</td><td>60.2</td><td>43.8</td><td>57.3</td><td>44.9</td><td>39.3</td></tr>
<tr><td></td><td>分蘖</td><td>每蘖绿叶数</td><td>2.7</td><td>2.7</td><td>2.8</td><td>2.6</td><td>3.1</td></tr>
<tr><td></td><td>全株</td><td>每茎绿叶数</td><td>3.6</td><td>3.0</td><td>3.5</td><td>3.1</td><td>3.3</td></tr>
</table>

（续）

污水灌溉历史			清土（初期污水灌溉）			污土（多年污水灌溉）	
生育期	部位	项目 处理	清水对照	通惠河污水	万泉河污水	通惠河污水 清水灌溉区	通惠河污水 污水灌溉区
抽穗期	主茎	绿叶率（%）	47.7	39.5	44.2	37.7	31.4
	分蘖	每蘖绿叶数	3.4	2.9	2.9	2.8	3.4
	全株	每茎绿叶数	4.0	3.4	3.5	3.1	3.5
总平均值			20.3	15.9	19.0	15.7	14.0
与清灌比（%）				−21.7	−6.4	−22.7	−31.0

（二）污水灌溉对小麦生长发育的影响

与水稻不同，污水灌溉对小麦的出苗率未表现出不良的影响，但对小麦越冬率则有增有减，清土污水灌溉还能提高越冬率，与之相反，污土污水灌溉则会降低越冬率。清土污水灌溉与清水灌溉相比较，冬前分蘖数较少，冬前株高、根数、叶面积、干物质量均较低，小麦各叶位面积在污水灌溉下发生变化，是影响光合作用的一个因素。各叶片工作时间的长短，同样影响光合生产，即水稻、小麦在不同生育期所存留的绿叶期会直接影响植株的光合生产。污水灌溉条件下小麦的每株绿叶面积是清水灌溉的78.5%，故污水灌溉对小麦的光合生产不利。

（三）污水中几种营养元素对作物的影响

1. 氮 污水中能够在作物中产生问题的一种主要成分是氮。一般二级出水中氮的浓度在5～30mg/L，有的浓度甚至超过30mg/L。污水中高浓度的氮会导致土壤中的氮量超过作物需要量，能使植物枝叶过盛而果实不够多，或饱满的果实不多，并能引起作物倒伏，延误作物成熟或收获，降低其糖分或淀粉含量，降低产品品质，或果实和蔬菜作物的色泽变劣。例如，对棉花施氮过多会延迟成熟，引起枝叶过盛，助长疾病，增加棉铃腐烂的危险和降低棉绒质量，局部出现棉铃脱落。甜菜氮过多，会影响甜菜的产量和质量，表现为甜菜的个头较大，但含糖量较低。马铃薯获取的氮超过200kg/hm^{2}时，其淀粉含量较低，而且块茎数量减少，产量下降。谷类作物吸收过多的氮，往往会倒伏。蔬菜作物吸收过量的氮，产品中硝酸盐的累积量会升高。此外，土壤中的氮含量过高，还会造成某些苹果品种变色、橘子含汁量低等问题。

2. 磷和钾 全国污水灌溉区农业环境质量普查协作组1976—1982年进行的农业环境质量普查评价表明，全国污水平均含磷3.6mg/kg（以五氧化二磷计）。每年每公顷灌7 500m^{3}水，就相当于150kg过磷酸钙的肥效。但由于磷很容易被土壤固定，变成无效态或缓效态，因此对作物产生的影响不太明显。但是，过多的磷酸盐能够固定土壤中的铁、铜和锌，使作物产生缺乏上述微量元素的症状。

对污水中钾的含量研究较少。我国施用化肥，主要以施氮肥为主，20世纪90年代氮、磷钾的比例仅为1∶0.28∶0.09，到了2000年也只能达到1∶0.6∶0.2。灌溉用污水中的钾可适当补充农田土壤中的钾，促进作物的生长。但如果污水中的钾含量过高或长期灌溉，也会引起土壤钾养分失调，最终造成其他营养元素利用率下降，甚至引起物理性质恶化，影响作物生长和产量。

3. 氯 一般污水中都含有氯离子。氯也是作物生长发育必需的营养元素之一，尽管有些作物（如马铃薯和烟草等）忌氯，但少量的氯并不影响作物的正常生长。污水中的氯离子的浓度过高，会使植物叶片变黄；特别值得注意的是，Cl^-对作物种子萌发和幼苗的生长有较强抑制作用。若用于灌溉的污水中 NaCl 含量较高，伴随着钠离子累积，会给土壤结构带来不良影响，碱浓度增加导致作物生长发育不良。

二、污水灌溉对作物产量的影响

污水灌溉能否增产，是人们关心的问题。众所周知，污水灌溉对作物产量的影响，与污水的水质、污水灌溉历史的长短、作物类型以及污水灌溉区所处的气候条件密切相关。

（一）灌溉水质和污水灌溉历史长短对产量的影响

污水灌溉作物的产量的增减与灌溉水的污染程度密切相关。有试验用 3 种不同污染程度的水灌溉小麦，结果对小麦产量的影响是不同的。一般水污染程度越重，小麦减产的概率和减产率越高。

对于干旱缺水是作物生长主要限制因子的地区，只要用于灌溉的污水中有毒有害污染浓度未到达抑制作物生长发育的水平，污水灌溉都表现为增产。董克虞等人于 1983—1985 年在高碑店污水灌区进行了大面积污水冬灌小麦调查对比试验。结果表明，在小麦越冬前（11 月中旬至 12 月上旬）浇 1 次水可比不浇水增产小麦（子粒）28.3kg，浇 2 次水产量最高，浇 3 次水因肥水过量导致冬小麦倒伏而减产。污水灌溉历史的长短也影响作物的产量，一般情况下，灌溉的时间越长，作物减产较清水灌溉的可能性越大。

一般，污水灌溉的作物产量效应表现为污水灌溉初期可能增产，也可能减产；长期污水灌溉，如果水质污染程度不变，或进一步恶化，则可导致减产。

（二）污水灌溉对作物产量构成因素的影响

水稻和小麦的产量由单位面积穗数、每穗粒数及千粒重 3 个主要因素构成。分析了解这 3 个因素在污水灌溉过程中的消长规律，有助于了解污水灌溉导致产量增减的原因。

北京污水灌溉区的大量试验结果（表 7-13）表明，用该地区两条排污河水系污水灌溉的小麦的穗数较清水灌溉的平均下降了 10.3％和 8.5％，千粒重量下降了 0.98％。污水灌溉水稻产量构成因素的影响与小麦的影响基本相同。污水灌溉水稻的穗数和结实率全部比清水灌溉的有所减少，而千粒重则有增有减，以减为主。多年污水灌溉土壤继续污水灌溉，上述的情况则更加明显。虽然这仅是一个污水灌溉区的试验结果，但仍能反映出污水灌溉对产量构成的影响。

表 7-13 污水灌溉对作物产量构成因素的影响

项目 作物	处理 水系	穗数			结实率			千粒重（g）		
		污灌	对照（清水）	较对照增减（%）	污灌	对照（清水）	较对照增减（%）	污灌	对照（清水）	较对照增减（%）
水稻	通惠河	2.60	2.78	−6.48	77.76	82.39	−5.46	23.81	25.03	−4.87
	万泉河	2.22	2.78	−20.10	81.89	88.41	−7.38	25.99	25.71	+1.09
	均值	2.41	2.78	−13.29	79.83	85.40	−6.52	24.90	25.37	−1.85

（续）

项目		穗数			结实率			千粒重（g）		
作物	处理 水系	污灌	对照（清水）	较对照增减（%）	污灌	对照（清水）	较对照增减（%）	污灌	对照（清水）	较对照增减（%）
小麦	通惠河	26.83	30.50	－12.03	—	—	—	36.22	36.75	－1.44
	万泉河	52.80	57.70	－8.50	—	—	—	36.00	36.20	－0.55
	均值	39.82	44.1	－10.27	—	—	—	36.11	36.48	－0.98

三、污水灌溉对作物品质的影响

污水灌溉不仅影响作物的生育和产量，而且也影响作物品质。大量试验表明，污水灌溉对作物的表观品质和营养品质都具有明显的影响，最终降低其商品价值和营养价值。

（一）污水灌溉对作物外观与加工品质的影响

对水稻来说，污水灌溉可提高出糙率、死米率和碎米率，降低净谷率，而好米率则在污水灌溉初期增加，在多年污水灌溉土壤上则下降。污水灌溉对小麦品质的影响更为显著，无论是重污染还是轻污染的污水，无论是低氮还是高氮水平，污水灌溉小麦的面筋含量均呈下降趋势，小麦外观色泽正常率及出粉率也下降。

（二）污水灌溉对作物营养品质的影响

1. 污水灌溉对水稻和小麦子粒中的蛋白质的影响 水稻和小麦子粒的营养品质主要表现在子粒中蛋白质的含量及其组成，即各种氨基酸的含量，尤其是必需氨基酸的含量。构成蛋白质的20种氨基酸中，色氨酸、赖氨酸、蛋氨酸、缬氨酸、亮氨酸、异亮氨酸、苏氨酸和苯丙氨酸8种为动物机体所必需，而动物体本身又不能合成，或合成量极低。必需氨基酸的含量直接影响食品的营养品质。故评价食品的营养品质必须同时考虑子粒中粗蛋白含量和必需氨基酸的含量，尤其是那些含量很低、又极为重要的限制氨基酸含量。小麦蛋白质的第一、第二和第三限制氨基酸分别是赖氨酸、苏氨酸和蛋氨酸，而大米的限制氨基酸为赖氨酸和苏氨酸。

（1）*污水灌溉小麦子粒的蛋白质含量及其组成* 许多田间试验和大田抽样调查都表明，污水灌溉小麦粗蛋白含量水平低于清水灌溉小麦，其降低率可达6.8%。污水灌溉不仅会引起小麦子粒蛋白质含量下降，更重要的是还导致蛋白质的品质下降，减少蛋白质中人体必需氨基酸的含量。污水灌溉对小麦天冬氨酸的含量影响较大。

（2）*污水灌溉水稻米粒的蛋白质及其组成* 与污水灌溉小麦不同，污水灌溉水稻米粒营养品质高于清水灌溉，但随着污水灌溉时间的延长其增高的幅度不断下降。大米蛋白质必需氨基酸总量及其中的第一和第二限制氨基酸——赖氨酸与苏氨酸的含量均有相同的规律，但也随污水灌溉时间的延长，增加的幅度有减少趋势。

2. 污水灌溉对蔬菜品质的影响 蔬菜是人类摄取维生素的主要来源。大量研究表明，蔬菜污水灌溉后其维生素含量下降，说明污水灌溉有可能降低蔬菜营养品质。但污水灌溉后蔬菜中糖、酸和纤维素的含量与清水灌溉一般无明显差异。

（三）污水灌溉区污染物在农产品中的残留

污水灌溉区生产的粮菜等农产品最终也要进入食物链，因此污水中的污染物能否在粮菜中累积残留，其残留量是否超过食品卫生标准影响食物安全已成为人们十分关心的问题。

1. 重金属残留量　重金属是污水中普遍存在的一大类无机污染物。对北京市东南郊污水灌区（面积达 $8\times10^4 hm^2$，占全市污水灌溉总面积的 90%）包括通惠河和凉水河流域污水灌溉农田的小麦和萝卜进行了抽样调查，结果表明，尽管该地区污水灌溉时间超过了 20 年，不少地块还同时施用了高碑店污水处理厂的污泥，但绝大多数样点的小麦没有遭到重金属污染，仅有少数样点达到轻度污染，更没有发现因重金属污染而影响作物生长和减产的现象，小麦中 7 种重金属残留量都没有超过卫生标准或人体正常摄入量。但水稻的污染较重，有 7 个水稻样品汞的残留量已过食品卫生标准。

而根据郑鹤龄（2001 年）的研究，总体引用未经处理的原污水灌溉，水稻和玉米子粒中铜、锌、铅和镉的含量均高于其他几种污水灌溉条件。而清水、二级出水和氧化塘水灌溉子粒中重金属含量无显著差异（表 7-14）。

影响重金属在作物中的累积因素很多，对污水灌溉区而言，与作物中重金属富集量关系最密切的因素就是污灌水的重金属含量及基础的理化性质。污水灌溉区因污水来源不同，污水类型、水中重金属含量和形态也各有差异，最终反映到作物中重金属的累积量和富集系数也不相同。不同污水灌区玉米中重金属汞、镉和铅的累积量和富集系数见表 7-15。

表 7-14　不同污水对水稻、玉米子粒重金属含量的影响（mg/kg）

（引自郑鹤龄，2001）

水质类型	铜		锌		铅		镉	
	糙米	玉米	糙米	玉米	糙米	玉米	糙米	玉米
清水	2.7	2.93	28.7	27.4	0.080	0.430	0.10	0.156
原污水	3.7	3.12	34.3	31.6	0.190	0.427	0.16	0.168
二级出水	2.2	2.96	29.7	29.89	—	0.410	0.10	0.159
氧化塘水	1.9	3.0	32.0	39.83	0.142	0.390	0.095	0.160

表 7-15　不同污水灌区玉米中重金属累积量与富集系数

污水类型	累积量（mg/kg）			富集系数		
	铅	镉	汞	铅	镉	汞
工矿污水	0.102	0.009 5	0.001 16	0.005	0.087	0.018
工矿污水	0.056	0.011	0.005 56	0.002	0.091	0.062
工业与城市生活混合污水	0.084	0.031	0.004 3	0.003	0.198	0.040
工业与城市生活混合污水	0.165	0.011	0.004 3	0.006	0.101	0.055
工业与城市生活混合污水	0.154	0.013	0.002 93	0.007	0.040	0.016
城市污水与混合污水	0.094	0.017	0.003 65	0.003	0.137	0.052
平均值	0.109	0.015	0.003 65	0.0043	0.109	0.040 5

2. 有机污染物污染状况　农产品中有机污染物的累积问题主要是在采用石油化工废水

或高浓度有机废水灌溉的地区。对燕山石化污水灌区 8 种作物（小麦、玉米、番茄、黄瓜、萝卜、马铃薯、大白菜和花生）中可食部位有机污染物含量的测定结果表明，虽然燕山石化污水中有机污染物含量较高，但农产品中酚、苯并芘和总烃的含量与清水灌溉区无明显差异（表 7 - 16），说明无明显有机物污染。其最高含量都低于食品卫生标准，说明污水灌溉区生产的农产品中有机污染物含量不会对人体健康造成影响。

表 7 - 16　燕山石化污水灌溉区作物（可食部位）有机污染物平均含量（mg/kg）

灌区	样品数（个）	酚		3，4-苯并芘		总芳烃	
		含量范围	均值	含量范围	均值	含量范围	均值
清水灌溉	21	0.11～0.60	0.22	0.14～3.81	0.36	4.29～96.07	20.28
污水灌溉	46	0.01～0.76	0.28	0.09～4.65	0.37	5.01～114.05	18.8
显著性检验（*P*）		>0.05		>0.05		>0.05	
食品卫生标准		1.0		0.5		—	

3. 硝酸盐与亚硝酸盐　亚硝酸胺是强致癌物质之一。在一定条件下，食品中的硝酸盐和亚硝酸盐可转化为亚硝酸胺，因此食品中硝酸盐与亚硝酸盐含量被认为是评价食品质量的重要指标。

联合国粮农组织（UFO）和世界卫生组织（WHO）规定，每人每天每千克体重允许摄入硝酸盐和亚硝酸盐分别为 3.6mg 和 0.13mg。在人类摄入的硝酸盐和亚硝酸盐中，有 80% 来自蔬菜，按上述每人每天允许摄入量推算，对体重为 60kg 的成年人，若每人每天食用蔬菜 0.5kg，蔬菜中硝酸盐的卫生标准应为 432mg/kg（鲜重），亚硝酸盐应为 7.8mg/kg（鲜重）。有学者利用城市工业和生活混合污水种植蔬菜，收获后测定食用部位中硝酸盐与亚硝酸盐含量，结果表明，蔬菜内的硝酸盐和亚硝酸盐含量都低于上述限值标准，污水灌溉与清水灌溉没有明显差别。实际上，就蔬菜中硝酸盐的累积量而言，施肥特别是施用化学氮肥的影响远远大于污水灌溉。但如果是引用高浓度含氮废水进行灌溉，污水灌溉对蔬菜硝酸盐累积的作用不容忽视。

第四节　污水灌溉的生态风险评估

一、污水灌溉对浅层地下水的污染风险

长期、无节制、不科学的污水灌溉会加剧浅层地下水的污染风险。灌溉污水中的污染物一部分被土壤吸附，而另一部分则经过土壤向下移动，最终进入地下含水层，加剧浅层地下水水质的污染风险。一般情况下，土壤对污水中的各种主要阴离子（如 Cl^-、SO_4^{2-}）和阳离子（K^+ 和 Na^+ 等）的吸附能力较弱，这些离子经过土壤向下移动，进入浅层地下水，使浅层地下水受到污染。其中，NO_3^- 很容易被淋洗至深层土壤或地下水中引起氮污染（姜翠玲等，1997），同时污水中的离子在污水灌溉过程中，通过离子交换反应，有可能直接造成地下水硬度升高，间接造成地下水中 NO_3^- 的污染（刘凌等，2000）。宋晓焱等（2006）研究表明，浅层地下水中氯离子、总硬度及总溶解固形物污染与污水灌溉有关。由于用生活污水灌溉，西安地区地下水氯化物和硝酸盐污染严重（田春声等，1995）；石家庄附近地下水

氯含量及硬度升高；因工业废水灌溉，华北平原的石津灌区及成都灌区地下水砷、氰等被普遍检出（李洪良等，2007）。于卉等（1995）对天津市武清县引用北京排污河污水灌溉导致的浅层地下水污染进行研究，选取辖区内的16个乡，对pH、氨态氮、硝酸盐、亚硝酸盐、挥发酚、氰化物、砷、硫酸盐和汞9项水质指标进行监测，采用水质综合评价的方法对水质进行了评价，认为16个监测站点水质都比较差，其中7个监测站点的水质属于较差，9个长期使用污水灌溉的站点地下水质量极差。这说明，长期用污水灌溉，会对地下水水质造成较大的影响。方正成等（2004）研究了徐州市引奎河污水灌溉区城市污水灌溉对地下水水质的影响，认为 NO_2^- 和 NO_3^- 会随着污水逐层向下渗透，造成对地下水的污染。刘凌等（2002）在徐州汉土实验基地进行了含氮污水灌溉试验研究，认为污水灌溉对下层土壤及地下水中 NH_4^+ 浓度影响较小，而对土壤水及地下水中 NO_3^- 浓度影响较大。长期进行污水灌溉的土壤，易造成地下水中 NO_3^- 污染。马振民等（2002）研究分析了泰安市地下水污染现状与成因，认为该污水灌溉区第四系孔隙水中钾、钠、钙、氯和硫等是非污水灌溉区的1.5～2.5倍，污水灌溉区 NO_3^-、硬度及总溶解固形物是非污水灌溉区的2～3倍，污水灌溉直接污染了第四系孔隙水。

二、污水灌溉对生物多样性的影响

污水灌溉中污染物会加大生态环境风险，还表现在对生物群落的影响上（杨姝倩，2006；李慧等，2005；张永清等，2005；张晶，2007）。江云珠等（1998）则认为，污水灌溉造成稻区水栖无脊椎动物的生物多样性降低，生态平衡被破坏。土壤微生物生态系统中微生物种群的数量、结构组成及其活性是一个随着环境条件不断变化的动态过程，其中微生物活细胞数量是环境变化最敏感的生物指标之一。含石油烃的污水灌溉可引起土壤中各微生物种群活细胞数量及组成结构的变化，同时土壤中的微生物也会在生理代谢方面做出响应，以适应环境的选择压力。韩力峰等（1995）发现，赤峰市郊区污水灌溉区土壤、蔬菜和地下水中细菌总数、大肠菌群及肠道致病菌的检出高于清水灌溉区。袁耀武等（2003）通过对污水灌溉地域土壤微生物分析，发现其中细菌、放线菌及真菌等各微生物类群的数量与非污水灌溉区土壤并无明显差异，土壤中一些有特定作用的微生物（如自生固氮菌和硝化细菌等）的数量也无明显差异。李慧等（2005）认为，含油污水灌溉可刺激土壤中好氧异养细菌（AHB）和真菌的生长，反映土壤微生物活性的一系列土壤酶类指标（如土壤脱氢酶、过氧化氢酶、多酚氧化酶）的活性与土壤中总石油烃（TPH）含量呈显著正相关，而土壤脲酶活性与土壤中总石油烃含量呈显著负相关。张晶等（2007）发现，污水灌溉会改变土壤中固氮细菌的种群数量和多样性，且这一现象在土壤表层尤为明显。

三、污水灌溉对人体健康的风险分析

污水灌溉是否对人体产生危害，是最受关注的问题，引起了越来越多学者的重视。污水灌溉对人体健康的影响主要通过3条途径：①污水灌溉造成土壤和作物污染，使得污染物在农产品中积累，通过食物链进入人体内积累，从而导致多种慢性疾病；②污水灌溉导致地下水受到污染，通过生活饮用水而使人体产生急性和慢性中毒反应；③污水灌溉带入农田的污染物大于农田的自净能力时，其中的硫化氢等有害气体、病菌、寄生虫卵等会对该地区环境卫生造成污染，对人体健康产生危害。已有研究证明，污水灌溉区居民的消化系统主要疾病、恶性肿瘤的发病率高于清灌区。此外，污水中的病原体对于农业劳动者和农产品的消费者，具有潜在的健康风险。还有报道发现，污水灌溉区有对人体致突变的可能性存在。但由于此类危害多具有长期潜伏性，相应情况很难在较短时间内得到验证。

第五节　污水灌溉区土壤污染防治与污水资源化利用准则

一、污水灌溉区土壤污染防治措施

污水灌溉区土壤污染状况受到各种因素的影响，灌溉污水质类型、灌溉历史、种植作物类型与耕作制度、土壤类型及土壤环境背景特征等都会影响污水灌溉区土壤污染状况。在我国具有代表性的37个污水灌溉区中，土壤污染面积在67hm^2（千亩以上）的包括江西大余县、沈阳张士、新疆乌鲁木齐、陕西西安、北京东南郊、山东济南、甘肃白银、山西太原和广州东郊等污水灌溉区，污染物主要以重金属为主，其中污染面积大的是镉、汞、其次是铅和铬。了解污水灌溉区土壤污染状况是科学利用污水灌溉的前提。利用污水灌溉虽然可以缓解干旱地区农业用水紧张的矛盾，增加作物产量，但同时也会污染土壤和农产品。为了减轻或防止污水灌溉对土壤环境的污染，实现污水灌溉农业的可持续发展，应采取以下防治措施。

（一）全面调查，科学规划，统一管理

我国幅员辽阔，利用污水灌溉的区域分布广泛，不同污水灌溉区的情况千差万别。因此，要防治污水灌溉区的土壤污染，必须要弄清全国污水灌区土壤被污染的实际状况，对灌溉污水水源、水质、灌溉面积、灌溉作物及灌溉方式等进行一次全面的调查。在此基础上，进行科学的污水灌溉区划分，明确哪些区域适宜污水灌溉、哪些地区应控制污水灌溉、哪些地区不宜污水灌溉，从总体上保证污水灌溉的合理性。与此同时，还要从源头上抓起，严格控制城市和工业废水、污水超标排放，严格执行国家颁布的《农田灌溉水质标准》，把污水灌溉纳入水资源管理部门管理，在流域尺度上进行统一管理。

（二）推行灌溉污水预处理技术控制污水水质，禁止用原污水直接灌溉

灌溉污水水质是影响污水灌溉区环境质量的主要因素，控制灌区土壤污染必须首先控制灌溉用水的水质。就宏观而言，要在大力提高废水达标处理率的基础上，各个污水灌溉区应根据灌溉污水水质状况，大力推行一些简便易行、经济可靠的污水预处理技术。在我国，氧化塘或氧化沟处理法、污水土地处理技术、污水生态处理系统等污水预处理技术已经成熟，其推广应用可有效地减轻原生污水或只经过一级处理的污水对土壤及作物的危害。对水质超过农田灌溉水质标准（GB 5084—92）的污水禁止直接用于灌溉。

（三）重视开展污水灌溉技术和污水土地利用的科学研究

①研究污水灌溉对土壤肥力、作物生理生化、农产品品质和产量的影响，研究不同类型污水、不同灌溉定额条件下的土壤肥力的变化、作物生长发育状况、作物产量及品质的变化，对污水灌溉历史长、污染已十分严重的灌区应停止污水灌溉并调整种植结构。

②研究不同土壤-植物系统对污水中有机物及主要有害物质的安全承受量，即该系统的最大环境容量，为科学制定不同类型土壤-植物系统的污水灌溉定额及污水灌溉水质标准提

供依据。

③研究主要农作物的污水灌溉技术规程与规范。在综合应用上述研究成果的基础上，根据不同作物对污水的敏感性提出不同污水类型、不同土壤条件下主要农作物的污水灌溉方式、灌溉次数、最佳灌溉时期及灌溉定额，实现科学适度的污水灌溉。在作物苗期、拔节期和分蘖期等容易受污水危害的敏感期，尽量避免用污水灌溉。

（四）加强监测管理，建立健全污水灌溉的规范化管理体系

1. 建立污水灌溉区水土环境评价指标体系及监测信息系统 本着简便易行的原则研究确定污水灌溉农田地下水及土壤环境评价指标，并以水利系统为基础建立污水灌溉区水土环境监测体系和全国污水灌溉区信息网。

2. 加强污水灌溉水质标准研究，完善污水灌溉的标准体系 我国1992年修订颁布了《农田灌溉水质标准》，但没有得到很好的落实，目前还缺乏污水灌溉的技术规范和技术指南。因此，需要针对污水灌溉的特点和突出问题，深入研究并提出适于不同区域的污水灌溉水质标准及实施方案。

3. 建立污水灌溉区管理体系 吸收和借鉴国内外污水灌溉区管理的成功经验，建立污水灌溉区规范化管理体系，实行清污混灌或间歇式污水灌溉制度，从而最大限度地减轻污水灌溉的负面效应，保证既充分发挥污水灌溉作用，又促进污水灌溉区农业的可持续发展。

二、污水灌溉区污水资源化利用准则

在我国主要的污水灌区，如何既充分利用污水资源，又保证污水灌溉区土壤和农产品不受污染，是一个极具挑战性的课题。从促进污水灌溉区农业可持续发展和水土资源可持续利用的角度出发，污水灌区污水利用应遵循以下准则。

①根据污水灌溉区土壤环境容量、自净能力及水文地质特点，将整个污水灌溉区细分为不宜污水灌溉区、控制污水灌溉区和适宜污水灌溉区，因地制宜，分类采取措施。

②对污水灌溉区所引用的城市污水，根据污水类型确定灌水定额和灌溉作物，对不符合国家农田灌溉水质标准（GB5084—92）的污水最好用于林地和绿化草坪及花卉的灌溉，以最大限度降低污染物通过食物链危害人体健康的风险。

③对于严重干旱地区，污水灌溉水水质不能达到国家农田灌溉水质标准（GB 5084—92）时，可采用清水和污水混合灌溉的方式，这样既可降低干旱缺水造成的损失，又可避免污水中有毒有害污染物浓度过高而污染土壤和农产品。

◆ 思考题

1. 什么是污水灌溉？我国利用污水灌溉的前景如何？
2. 污水灌溉对土壤有何不利的影响？
3. 污水灌溉对作物生长发育及品质有何影响？
4. 如何既充分利用污水资源又防止污水灌溉对环境的污染？
5. 污水灌溉的环境风险有哪些？

◆ 主要参考文献

白瑛，张祖锡．1988. 灌溉水污染及其效应［M］．北京：北京农业大学出版社．

白瑛 . 1985. 污灌对作物品质的影响 [J] . 农业环境保护，1.
董克虞，杨春惠，林春野 . 1994. 北京市污水利用区划的研究 [M] . 中国环境科学出版社 .
李森照，等 . 1995. 中国污水灌溉与环境质量控制 [M] . 北京：气象出版社 .
夏立江，等 . 2001. 土壤污染及其防治 [M] . 上海：华东理工大学出版社 .
肖锦 . 2002. 城市污水处理及回用技术 [M] . 北京：化学工业出版社 .
萧月芳，等 . 1997. 啤酒厂废水灌溉对土壤性质的影响 [J] . 农业环境保护，16 (4)：149 - 152.
杨景辉 . 1995. 土壤污染与防治 [M] . 北京：科学出版社 .
尹军等 . 2003. 城市污水的资源再生及热能回收利用 [M] . 北京：化学工业出版社 .
张乃明，等 . 1999. 污水灌溉损益分析 [J] . 农业环境保护，18 (4)：149 - 152.
张乃明，冯志宏 . 2000. 农业可持续发展研究 [M] . 北京：中国农业科学技术出版社 .
张乃明，等 . 2002. 土壤环境保护 [M] . 北京：中国农业科学技术出版社 .
张乃明 . 2000. 污水灌区土壤-植物系统重金属迁移累积及环境容量研究 [J] . 中国农业大学，博士学位论文 .
郑鹤龄，等 . 2001.7 不同污水对土壤重金属作物产量及品质的影响 [J] . 天津农业科学 (2) .
周全，朱学林，志平 . 1988. 水的回用 [M] . 北京：中国建筑工业出版社 .

第八章　酸沉降与土壤生态环境

本章提要　本章主要介绍酸沉降物质的组成和来源，酸沉降污染对土壤缓冲性能和土壤的生态环境的影响以及对农产品的危害、我国典型酸沉降污染地区的土壤的酸化过程、金属离子的活动性以及营养元素的释放和淋失过程和规律，以及对酸沉降污染地区的防治对策。

在地球演化过程中，大气的主要化学成分氧气和二氧化碳在环境化学过程中起着支配作用，其中二氧化碳分压在一定的大气压下与自然状态下水的 pH 有关。由于在 10^5Pa 下与二氧化碳分压相平衡的自然水系统 pH 为 5.6，故 pH<5.6 的沉降被认为是酸性的。因此，大气酸沉降是指 pH<5.6 的大气化学物质通过降水、扩散和重力作用等过程降落到地面的现象或过程。通过降水过程表现的大气酸沉降称为湿沉降，它最常见的形式是酸雨。通过气体扩散、固体降落的大气酸沉降称为干沉降。

酸沉降的产生与工业化有着密切的关系。大气污染造成的酸沉降在全球范围内蔓延，对自然环境产生了极大的危害。酸沉降已造成一些地区土壤酸化，土壤肥力下降，森林衰减，农作物减产，河湖水体酸度异常，鱼类死亡。城市建筑物和文物古迹被腐蚀侵害，人体健康甚至生命安全受到了威胁，已严重危及世界生态环境，影响经济发展，威胁人类的生存。酸沉降已成为人类面临的一个重大环境问题，引起了国际社会的强烈关注。

第一节　酸沉降的形成和来源

一、背景区的降水酸度和化学组成

（一）背景区降水的酸度

在天然条件下，大气中的二氧化碳溶入纯净的雨水后使雨水具有 pH5.6 左右的微酸性。酸雨是污染造成的，为了对比，必须找一个无污染的相对干净地区进行酸雨监测。联合国有关组织分别在中国云南丽江玉龙雪山山麓、印度洋的阿姆斯特丹、北冰洋的阿拉斯加、太平洋的凯瑟琳和大西洋的百慕大群岛等地建立了内陆、海洋和海洋与内陆连接的清洁降水背景点。中国云南丽江酸雨监测站，坐落于被人称做“香格里拉”的玉龙山侧，有先进的观测仪器设备、整洁的试验室和训练有素的工作人员。

（二）酸沉降物的化学组成

1. 酸雨的主要离子组分　对于酸雨，只知道其 pH 是不够的，为了判断酸雨的形成和来源，必须了解它的化学组成。在酸雨研究中，一般是分析测定降水样品中的以下一些阳离子和阴离子组分，阳离子包括：NH_4^+、Ca^{2+}、Na^+、K^+、Mg^{2+} 和 H^+，阴离子包括：SO_4^{2-}、NO_3^-、Cl^- 和 HCO_3^-。在 pH<5 的情况下，HCO_3^- 含量接近于零，故酸沉降样品一般不测定此项指标。

2. 酸雨中的强酸与弱酸 酸雨中的强酸有硫酸、硝酸和盐酸 3 种。由于它们在水溶液中完全电离，故对降水的游离酸度（即 pH）贡献最大，在多数地区硫酸是主要的，硝酸次之，盐酸的贡献很小。

酸雨中还存在一定量的弱酸。弱酸指电离常数大大小于 1 的酸类。酸雨常见的弱酸为有机酸（甲酸、乙酸、乳酸、柠檬酸等）、溶解态 Al 和 Fe 以及 NH_4^+、H_2CO_3 等。由于这些酸在 pH<5 时几乎不电离，所以它们对降水的 pH 影响很小。

在影响酸雨 pH 的主要离子中，阴离子的致酸作用是主要的。致酸阴离子以 SO_4^{2-} 最重要，其次是 NO_3^-，而 Cl^- 的作用较弱。Ca^{2+} 和 Mg^{2+} 中和酸度的作用大致相当，是最为重要的两种碱性阳离子；其次是 NH_4^+；而 K^+ 和 Na^+ 的重要性不大。

3. 云雾的酸度与化学组成 降水除雨雪外，还包括雾、露和霜等。由于雾的强酸性以及它对一些高山森林生态系统的潜在危险性，引起了各国研究人员的极大关注，从而把对酸雾和云的研究推向一个高潮。1983 年 7 月，在贵阳地区使用飞机收集高空雨水，测得 pH 为 6.0～6.54，中值为 6.25。可认为雨水 pH 与此相近。1986 年，在贵州省东部的梵净山自然保护区海拔约 2 200m 的山顶上，采集雾水样品并进行分析，结果表明，雾水酸度和离子浓度均高于同期的雨水。

二、酸沉降物的来源

酸性污染物来源于大气污染，大气污染源有自然源和人为源两大类。当前，大气污染主要是人为活动造成的。其污染物主要来自火力发电厂、民用炉灶、工业锅炉和工业炉窑的燃烧以及交通运输工具的排放等。

（一）酸性物质（SO_x 和 NO_x）的天然排放

酸性物质 SO_x 有 4 类天然排放源：海洋雾沫（它们会夹带一些硫酸到空中）、土壤中某些机体（如动物死尸和植物败叶在细菌作用下可分解某些硫化物，继而转化为 SO_x）、火山爆发（喷出可观量的 SO_x 气体）和雷电和干热引起的森林火灾（这也是一种天然 SO_x 排放源，因为树木也含有微量硫）。

矿藏的自燃也可排放大量 SO_x。浙江省衢州市常山县某地地下蕴藏含高硫量的石煤，开采价值不大，但原因不明地在地下自燃数年，通过洞穴和岩缝，每年逸出大量 SO_x。安徽省铜陵市铜山铜矿的矿石为富硫的硫化铜矿石，其含硫量平均为 20%，最高为 41.3%，高硫矿石遇空气可自燃，即：$2CuS+3O_2=2CuO+2SO_2$，因此在开采过程中，会自燃而形成火灾，并释放出大量热的 SO_x，腐蚀性极大，污染环境。

酸性物质 NO_x 排放有两大类天然源：闪电（高空雨云闪电，有很强的能量，能使空气中的氮气和氧气部分化合，生成 NO，继而在对流层中被氧化为 NO_2，NO_x 即为 NO 和 NO_2 的总称）、土壤硝酸盐分解（即使是未施过肥的土壤也含有微量的硝酸盐，在土壤细菌的作用下也能够分解出 NO、NO_2 和 N_2O 等气体）。

（二）酸性物质的人为排放

1. 化石燃料与工业过程　酸性物质（SO_x 和 NO_x）排放的人为来源之一，是煤、石油和天然气等化石燃料的燃烧，无论是煤和石油还是天然气，都是在地下埋藏多少亿年，由古代的动植物化石转化而来，故称做化石燃料。粗略估计，1990 年我国化石燃料约消耗近 7×10^8t，仅占世界消耗总量的 12%，人均消耗量也未达到世界平均水平。但是我国近几十年来，化石燃料消耗的增加速度太快，1950—1990 年的 40 年间，增加了 30 倍。应引起足够重视。

酸性物质（SO_x 和 NO_x）排放的人工来源之二是工业过程，如金属冶炼。某些有色金属的矿石是硫化物，铜、铅、锌便是如此，将铜、铅、锌硫化物矿石还原为金属过程中将逸出大量 SO_x 气体，一部分回收为硫酸，另一部分进入大气。化工生产，特别是硫酸生产和硝酸生产可分别跑、冒、滴、漏一定量的 SO_x 和 NO_x。由于 NO_2 带有淡棕的黄色，因此，工厂尾气所排出的带有 NO_x 的废气像一条"黄龙"，在空中飘荡。石油炼制等，也能产生一定量的 SO_x 和 NO_x。

2. 交通运输与酸雨　交通运输是酸性物质（SO_x 和 NO_x）排放的重要人为来源，如汽车尾气。不同的车型，排放尾气中 NO_x 的浓度不同，机械性能较差或使用寿命已较长的发动机尾气中的 NO_x 浓度高。汽车停在十字路口，不熄火等待通过时，比正常行车尾气中的 NO_x 浓度高。近年来，我国各种汽车数量猛增，汽车尾气排放对酸雨产生的作用正在逐年上升。

3. 氯化物的排放　氯化物排放的自然来源是海风扬起的雾沫，雾沫中含有海盐，海盐的主要成分是氯化物，如氯化钠、氯化钾和氯化镁等。

氯化物排放人工源较少，少数城市有氯气和氯化氢制造，逸出酸性气体 HCl 和 $HClO_3$，但由于量不大，对广大地区酸雨形成的作用也不大。

浙江东北部土壤中含有微量氟元素，取土造砖时，在焙烧过程中，向大气排放出一定量的氟化物，主要形式是氟化氢，也对局部酸雨有贡献。该地区湿沉降中，氟离子的浓度较其他地区高。浙中义乌市，近几年来黏土建材企业（砖瓦厂和墙地砖厂等）发展迅猛，生产排放大量含氟废气。氟化物进入大气后，形成酸性很强的氟化氢，易溶于水，故而其降水中氟化物含量年均值为 0.216mg/L，如浙东舟山和浙南丽水的降水氟含量较高。除了增加酸度之外，降水中氟化物毒性大，对植物的影响比二氧化硫高 10～100 倍。在氟源集中的污染区，桑叶不能育蚕，粮食蔬菜等减产。

三、酸沉降物的沉降方式

大气酸沉降是指 pH<5.6 的大气化学物质通过降水、扩散和重力作用等过程降落到地面的现象或过程。通过降水过程表现的大气酸沉降称为湿沉降，它最常见的形式是酸雨。通过气体扩散、固体物降落的大气酸沉降称干沉降（表 8-1）。

表 8-1　大气酸沉降的形式

（引自许中坚，2002）

类型	形态	沉降的形式或成分
干沉降	气态	SO_2、NO_x、HCl
	固态	气溶胶、飘尘
湿沉降	液态	雨水、雾
	固态	雪、霜、雹

第二节　酸沉降对土壤缓冲性的影响

一、土壤缓冲能力指标的测定和分级

研究土壤对酸性沉降物敏感的程度，即土壤的酸缓冲能力，选用适当的指标是非常重要的。对我国南方主要类型土壤的基本性质及其对生态环境影响的研究中，以土壤的酸缓冲容量的大小表示其对酸性沉降物的敏感程度。通过大量标本的分析，认为从土壤对酸的缓冲曲线确定土壤对酸的缓冲容量是目前较为满意的方法之一。特别对我国大面积存在的酸性土壤（主要指红壤和黄壤类土壤）更为适用。它可以提示土壤受不同量的酸性沉降物影响时酸度变化的全过程。一般认为，当土壤 pH 降至 3.5 时，可使包括一般树种在内的植物由于受酸害而不能正常生长，甚至可达受害致死的程度。因此，通常研究用使土壤 pH 降至 3.5 时所需要的酸量作为土壤的酸缓冲容量。

二、影响土壤缓冲能力的因素

酸性水对土壤的淋溶作用影响土壤中阳离子交换、氢氧化铝水解和矿物风化 3 类化学过程的进行。这些化学过程都消耗氢离子，同时释放出阳离子，都对土壤缓冲作用有贡献。仇荣亮等（1998）的研究表明，土壤的表观缓冲能力，变性土和石灰土的累积加酸量较高，表明其具备较大的酸表观缓冲容量。这类土壤原始 pH 较高，土壤盐基交换离子含量丰富，阳离子交换容量及黏粒含量均远高于地带性土壤。比较而言，交换盐基离子所起缓冲作用不大。因此，土壤缓冲容量与持久能力主要取决于土壤氧化物的种类与数量。

土壤对酸沉降有一定的缓冲作用，通常将这种缓冲作用划分为两种形式：①阳离子交换产生的缓冲能力，这种方式迅速但较弱，被称为初级缓冲过程；②由土壤矿物的风化而产生的缓冲能力强、动力学上较缓慢的次级缓冲过程。陈照夕的研究认为，在相同的酸度条件下黄棕壤的缓冲能力大于红壤；在高 pH 时黄棕壤的缓冲性主要是初级缓冲过程；在 pH＜4 酸沉降作用下，初始阶段以初级缓冲过程为主，随时间的延长逐渐转为以次级缓冲过程为主。红壤的酸沉降的缓冲作用均以次级缓冲过程为主。

（一）土壤组成对其缓冲能力的影响

1. 土壤矿物质对其缓冲能力的影响　土壤的缓冲能力与其固相组成有关，组成不同的土壤对酸（H^+）缓冲的主要反应类型不同。变性土和石灰土尚处于碳酸盐和盐基离子交换缓冲范围，其缓冲容量和缓冲强度均较高，易于达到平衡状态。铁铝土壤中氧化物酸性水解是缓冲质子的重要反应，尽管缓冲容量较小，但缓冲持久能力较强。活性氧化物在低 pH 条件下的水解是重要的质子缓冲反应，氧化物活化度大，活性氧化物含量高的土壤在去除活性氧化物后，缓冲容量明显下降。相比较而言，晶态氧化物对土壤表观缓冲体系的贡献不大，其缓冲能力主要受制于活化反应的速度。因此，与黏土矿物组成相同，晶态氧化物的酸缓冲反应需经历更长的时间周期，应是土壤次级缓冲体系的重要组成部分。

2. 土壤酸碱性对其缓冲能力的影响　南方典型土壤（紫色土、红壤和赤红壤）的酸碱性对酸沉降的缓冲性研究结果表明，各种土壤对酸的缓冲能力不同。这三种土壤由于发育的母质不同，原来的 pH（分别为 7.66、5.35 和 3.40）差异较大。紫色土和红壤的酸缓冲容量分别为 26.5mmol/kg 和 3.5mmol/kg。通过大量标本的分析，发现这种现象很普遍。即使在同一剖面中不同层次的土壤，由于原来的 pH 不同，其酸缓冲容量已存在很大的差别。

3. 土壤有机质对其缓冲能力的影响　有机质对质子缓冲反应的影响取决于有机质的存在状态。如果土壤盐基含量高，pH 处于碱性范围，则有机质是重要的质子缓冲源。但对酸性铁铝土而言，去除有机质使土壤总酸中和容量（ANC）减少，且增加了矿物质的交换点位，缓冲容量有不同程度的增加。

Ulirch 根据 pH 范围将土壤对酸沉降的缓冲性划分为 4 类：土壤 pH 在 6.2～8.0，属于碳酸盐缓冲范围；pH 在 5.0～6.2，属于硅酸盐缓冲范围；pH 在 4.2～5.0，属于阳离子交换缓冲范围；pH 在 2.8～4.2，属于铝缓冲范围。

（二）酸沉降物的组成和对土壤酸化的影响

随着现代工业的迅速发展，向空气中排放的污染物也急剧增加，大气污染导致的酸雨和酸性沉降已成为许多地区引起生态破坏和土壤酸化主要的环境问题。大气酸沉降化学组成（主要是硫和氮的氧化物）对土壤化学性质、植物的生长、水域生态系统产生不利影响，酸沉降加速了土壤养分的淋失。

1. 二氧化碳和有机酸对土壤酸化的影响　在钙质土壤上（pH 较高），二氧化碳的溶解是重要的 H^+ 源；在非钙质土壤上（pH>5），二氧化碳的溶解仍然是重要的 H^+ 源。然而在酸性土壤（pH<5）上，二氧化碳酸化作用的影响可以忽略。森林表层土壤的进一步酸化是来自有机酸的作用，特别是在不利条件下，如冷湿气候和养分贫瘠，低分子质量有机酸的矿质化与腐殖化受阻，有机酸在土壤酸化中起重要作用。

2. 大气氮沉降对土壤酸化的影响　氮的转化过程对控制 H^+ 循环极其重要。通常认为，土壤酸化主要是由碳循环与氮循环不平衡引起的，氮的转化与 NO_3^- 的淋失是土壤酸化的主要原因。在氮转化过程中产生的 H^+ 加速土壤酸化和阳离子的淋失。因受酸雨的影响（NH_3、NO_x）的氮的转化过程明显不同于氮在自然过程中的转化。在自然过程中，由于氮在生物体内的积累并不伴随着质子（H^+）的增加而增加，其主要原因是氮素本身来自大气，通过植物的生物固氮转化成有机态氮。

3. 大气硫沉降对土壤酸化的影响　硫循环与氮循环相似。硫循环的自然发生过程几乎对生态系统中的质子（H^+）产生无影响，有机硫的矿质化过程和硫的氧化过程中产生的质子（H^+），因植物吸收 SO_4^{2-} 消耗质子（H^+）来平衡。硫循环产生的影响是通过 SO_4^{2-} 的淋失且伴随阳离子的淋失导致土壤酸化，与氮不同的是土壤中本身就存在含硫的矿物，植物吸收硫以后，土壤中的硫的含量就下降。然而，随着 SO_2 的工业排放，森林土壤吸附 SO_4^{2-} 的数量增加。

4. 阳离子循环对土壤酸化的影响　土壤对酸沉降的敏感性通常总是和离子的淋溶导致盐基离子的消耗相联系。土壤酸度主要涉及盐基离了（Ca^{2+}、Mg^{2+}、K^+、Na^+ 和 NH_4^+）被 H^+ 交换。在交换反应过程中，用盐基饱和度（BS）表示盐基离子浓度，它代表中和 H^+ 的容量。所有交换性阳离子的总数用阳离子交换容量（CEC）表示。当土壤阳离子交换容量和盐基饱和度下降时，土壤中和酸的能力下降，土壤更易酸化。随外源质子的进入，伴随土壤 pH 的下降，土壤中交换性的阳离子，特别是 Ca^{2+} 和 Mg^{2+} 的数量显著下降；当土壤 pH<4.5 时，土壤接近铝的缓冲范围，铝的活性增强，溶解的铝在溶液中水解反过来又产生大

量的质子。当土壤 pH＜4.2 时，土壤中的铝被迅速地释放到土壤溶液中，如福建赤红土，pH2 时淋滤液中铝的浓度为 9.42mg/L，pH3 时为 2.52mg/L，pH5 时为 0.46mg/L。铝的生物有效性增加，会对铝敏感的植物产生铝毒危害。

三、土壤对酸沉降的缓冲能力

酸沉降物包括酸性干沉降物和湿沉降物。在排放源附近，气态 SO_2 是酸性硫沉降物的主要形态。在边远地区，颗粒物状硫酸盐和酸雨占有重要的地位。酸沉降物除向土壤输送大量的 SO_4^{2-} 和 NO_3^- 等阴离子外，还向土壤中输入大量的 H^+。SO_4^{2-} 和 NO_3^- 在酸沉降物的阴离子中所占的比例较大，一般在 70％以上，我国一般在 90％以上。H^+ 和 SO_4^{2-} 等进入土壤后，一方面引起土壤的酸化和盐基淋溶强度的增加等土壤化学性质的变化；另一方面，SO_4^{2-} 被土壤吸附固定或被淋溶。

土壤由多种酸碱体系所组成，作为一个整体来看，可以作为一种多元酸。土壤在加入酸性物质时减缓其 pH 变化的能力，称为其对酸的缓冲能力。土壤对酸的缓冲能力强，表明其对酸不敏感，反之，则对酸敏感。土壤具有比较强的缓冲能力，主要是由于土壤固相物质的参与。土壤的酸缓冲能力与土壤的黏粒矿物类型、黏粒含量、有机质含量和其原 pH 等有关。我国酸雨的化学组成中，阴离子以 SO_4^{2-} 为主，可占 70％～90％；还有少量的 NO_3^-。因此，在制作土壤对酸的缓冲曲线时，使用的酸通常是不同浓度的硫酸与硝酸的混合溶液。

第三节　酸沉降对土壤生态环境的影响

一、土壤的酸化

（一）土壤的酸化过程

根据土壤中 H^+ 的存在形态，可将土壤的酸度分为两大类型：①活性酸，是土壤溶液中 H^+ 浓度的直接反映，其强度通常用 pH 来表示。土壤的 pH 愈小，表示土壤活性酸愈强。②潜性酸，其由呈交换态的 H^+、Al^{3+} 等离子决定。当这些离子处于吸附态时，潜性酸不显示出来。当它们被交换入土壤溶液后，增加其 H^+ 的浓度，才显示出酸性来。土壤中潜性酸的主要来源是由于交换性 Al^{3+} 的存在，交换性 Al^{3+} 的出现或增加，不是土壤酸化的原因，而是土壤酸化的结果。土壤的潜性酸度和活性酸度可以相互转化，而前者要比后者大得多。然而，只有盐基不饱和的土壤才有潜性酸。

天然状态下，部分地区的土壤也呈现酸性，并具有与之相适应的生态系统，但酸沉降的发生将使其酸度更高。酸沉降的长期影响必然引起土壤酸碱特性的改变，致使土壤 pH、阳离子交换容量和盐基饱和度的降低，这已是环境酸化研究者的共识。酸沉降消耗土壤中的阳离子使土壤逐渐酸化，而基岩的风化又不断地向土壤输送阳离子。同时，土壤的反硝化、硫酸盐的还原使土壤碱性增强，硝化、阳离子被植物吸收可使土壤变酸。土壤作为酸沉降的直接受体，它的酸碱特征是酸沉降、土壤物理、化学及生物过程综合作用的结果。一般，土壤本身对酸沉降具有较大的缓冲作用。土壤是人类赖以生存的基础，逐渐变酸的土壤可以改变动植物已经适应的生存条件，从而影响农业生产和森林生长等。

(二) 土壤酸化的特征和指标

土壤酸化是指土壤内部产生和外部输入的氢离子引起土壤 pH 和盐基饱和度降低的过程。在湿润气候区，土壤形成和发育的过程本身就是一个自然酸化的过程，大气污染所引起的干酸沉降和湿酸沉降则大大加快自然土壤的酸化速率。需要特别说明的是，由于土壤具有缓冲性能，因而并不是土壤内部产生和外部输入的氢离子都能引起土壤 pH 的改变，即并不是所有的土壤酸化都能在 pH 上反映出来。土壤中 H^+ 的平衡不能用来估算土壤的酸化速率，因为这种平衡只考虑了净 H^+ 的转换，而未包括酸性有机物的积累引起的酸化。因此，如果土壤中有 H^+ 产生，却只能部分在 pH 上反映出来。因此，可用一个容量因子而不是 pH 这种强度因子来定义土壤酸化。与溶液体系相似，土壤酸化被定义为土壤无机组分（包括土壤溶液）的酸中和容量（*ANC*）减小。酸中和容量被定义为碱性组分减去强酸组分的差，用公式表示为

$$ANC_m = B_m - A_m$$

式中，*B* 为碱性组分（阳离子）；*A* 为强酸组分（强酸阴离子）；m 表示矿质土壤。这样，土壤酸化或 *ANC* 的减小就只与矿质土中阳离子的净移出（风化）和阴离子的净累积（沉淀）有关。有些学者认为，对土壤酸化表达的不足之处在于没有考虑土壤中的有机质的影响。有机质是土壤的组成部分，并且羧基上可交换的阳离子也对酸中和容量有贡献。而且氮和硫在有机质中的积累使强酸组分增加，从而降低酸中和容量。他们认为，土壤酸化最好定义为土壤固体（矿物和有机质）和液体的总酸中和容量的减小。并且把土壤酸化区分为实际土壤酸化（ANC_s）和潜在土壤酸化（BNC_s）两类，其表达式为

$$ANC_s = B_m + B_o$$
$$BNC_s = A_m + A_o$$

式中，*B* 为强碱和弱碱组分；*A* 为强酸和弱酸组分；s 表示固体和液相（即土壤）；o 表示有机组分。实际土壤酸化被定义为 ANC_s 的减小，潜在土壤酸化被定义为 BNC_s 的增加。这样，实际土壤酸化通过阳离子的移出来反映，而潜在土壤酸化则通过阴离子的保持来反映。梁伟等以酸中和容量（ANC）作为土壤酸化指标，用灰色系统控制理论对酸雨引起南方土壤的酸化趋势做了定量预测研究。他用土壤组分的本底值按下面公式计算出各土壤酸中的容量的本底值，然后分析淋滤液在不同时期的组分变化，并用差减法算出各土样被酸雨淋溶后在不同时期的 *ANC*，对应测定各土样的 pH。土壤酸中和容量计算公式为

$$ANC（土）=6[Al_2O_3]+2[CaO]+2[MgO]+2[K_2O]+2[Na_2O]+2[MnO]+6[Fe_2O_3]-2[SO_3]-2[P_2O_5]-[HCl]$$

式中的括号代表摩尔浓度。

Mcfee 提出下列 4 个参数作为评价土壤对酸沉降敏感性的依据：①阳离子交换量（*CEC*）；②盐基饱和度（BS）；③管理措施，如施肥、施石灰以及洪淤或其他加入物；④土壤剖面中游离碳酸盐存在与否。并根据 *CEC* 的大小对土壤酸化敏感性划分了不同的等级：*CEC*$<$6.2cmol/kg（土）的土壤为敏感土壤，*CEC*$>$15.4cmol/kg 土的土壤为非敏感性土壤，*CEC* 在上述二者之间的土壤为微敏感性土壤。这种分级方法被国内多数研究者采用。

二、酸沉降对土壤酸化过程的影响

在酸沉降条件下，土壤中发生的化学过程实质上是土壤组分对 H^+ 缓冲作用的表现。大

量的研究表明，土壤对酸沉降的缓冲作用分别是由初级缓冲体系和次级缓冲体系来完成。初级缓冲体系表现为土壤阳离子，主要为盐基离子（K^+、Na^+、Ca^{2+}和Mg^{2+}）的交换反应。伴随着盐基离子的大量淋失，初级缓冲体系缓冲能力减弱或耗尽，土壤对输入质子的缓冲作用向次级缓冲体系过渡。次级缓冲体系是动力学上较慢的土壤矿物风化过程，主要表现为土壤中原生及次生铝硅酸盐的酸性水解，在此过程中除Al^{3+}和$Si(OH)_4$被释放外，还有盐基的释放，以补偿可溶态和交换态盐基的淋失。

（一）土壤对酸沉降的敏感性

1986年，北欧学者提出了临界负荷的概念，即：不致使最敏感的生态系统发生长期有害影响的化学变化的最高酸沉降负荷。其目的在于估算出多少酸输入土壤、地下水和地表水后，不致超过系统产生的碱度。不同学科的学者根据各自的观点和系统的特定需要，分别定义了临界负荷。土壤科学家定义森林土壤的酸沉降临界负荷为：保护土壤免遭因大气沉降影响而引起的不能被自然界的过程补偿的长期化学变化的最高酸沉降量。这些化学变化包括pH降低以及潜在的毒性阳离子的活化，如Al^{3+}和重金属。

在土壤酸化过程中，土壤化学过程是重要的。在确定临界负荷值时，为了确定土壤中H^+的总输入量是否超过由风化产生的碱度而应用了质子计算。仇荣亮等研究我国酸沉降对南方土壤的敏感性研究表明，pH＜3.5的模拟酸雨可引起土壤矿物风化速率的明显增大，土壤矿物风化速率的变化特点是先快后慢（图8-1）。不同土壤类型的风化速率取决于发育程度和易风化矿物的质量分数。发育程度较低的土壤，盐基离子的释放主要来源于砂土矿物组，而发育程度较高的土壤，盐基离子则主要来源于黏土矿物组。

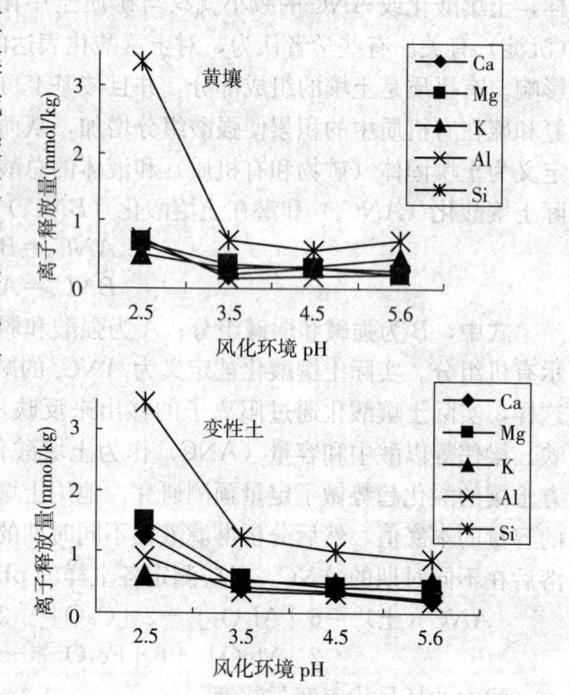

图8-1　土壤元素的释放量随pH值变化的关系
（引自仇荣亮，1998）

模拟酸雨对我国南方主要土壤类型盐基离子淋溶的影响研究结果表明，pH＜3.0或3.5时盐基离子淋溶总量明显增加，pH＞3.5时则影响不明显。相对于二价的Ca^{2+}和Mg^{2+}，一价的K^+和Na^+淋溶释放受模拟酸雨影响不大。在不同模拟pH阶段，土壤可能由于不同的缓冲与反应机制而导致盐基释放。pH＞3.5时，以溶解淋溶为主；pH＝3.5时，以离子交换反应为主；pH＜3.5时，阴离子吸附、矿物风化及黏土的铝边缘和铝氧化物的溶解均可能对土壤离子释放造成影响。

通过连续提取方法对土壤固相组成对酸沉降敏感性影响的研究表明，不同土壤质子缓冲反应的类型不同，因此缓冲容量及缓冲强度等也有较大差异。有机质对酸缓冲反应存在双重影响，取决于土壤原始pH及盐基组成状态。活性氧化物酸性水解是低pH条件下重要的质子缓冲反应，而晶态氧化物也参与了缓冲反应，但受制于活化反应速率。除了土壤固相组成、种类和含量外，各组成之间的结合方式和相互作用也是影响酸缓冲性能的重要原因。

（二）酸沉降对土壤微生物的影响

酸雨导致土壤酸化，从而影响微生物的群落结构，而土壤微生物种群、数量与土壤肥力相关。不同 pH（2.5～5.0）的模拟酸雨处理中，测定种植药用植株白术、元胡和贝母的土壤中微生物的数量。结果表明，各处理 pH 的模拟酸雨都能抑制细菌和放线菌的生长，其数量随着酸雨 pH 的降低而不断减少；真菌的数量随酸雨 pH 的降低呈现先升高后下降的趋势，当 pH 为 2.5 时，真菌的数量最少。

模拟酸雨下 Cd、Cu 和 Zn 复合污染对土壤中微生物量碳和酶活性有一定的影响。污染土壤中微生物量碳和酶活性明显降低。脱氢酶活性几乎丧失，脲酶、酸性磷酸单酯酶、总磷酸酶和多酚氧化酶活性均明显降低到较低水平。污染土壤中微生物量碳和酶活性随重金属量增加而进一步降低，有效性 Cd、Cu 和 Zn 含量与土壤微生物量碳和酶活性之间呈显著性负相关。

聂呈荣等研究认为，pH≤3.5 的酸雨处理对花生土壤真菌的抑制作用较大。在绝大多数生长时期，pH≤4.0 的酸雨处理对花生土壤放线菌具有较大的抑制作用。pH≤4.5 酸雨处理，在花生生长前期对土壤细菌数量具有促进作用，在花生生长中后期却具有较大的抑制作用（表 8-2、表 8-3、表 8-4）。

表 8-2　不同 pH 酸雨对花生土壤细菌数量的影响（$\times 10^7$ 个/g，干土）

pH	种植后的时间（d）				
	35	45	55	65	75
2.5	18.89±1.96	29.31±0.41	21.54±0.52	13.66±0.27	6.55±0.22
3.0	10.75±1.87	13.87±0.46	14.67±0.40	9.56±0.29	5.44±0.16
3.5	30.22±1.17	42.36±0.40	26.52±0.31	20.34±0.47	8.87±0.17
4.0	35.16±0.81	20.57±0.53	16.87±0.38	15.96±0.60	10.85±0.37
4.5	20.53±0.97	22.49±0.43	46.68±0.47	41.11±1.07	29.23±0.50
5.0	5.28±0.17	10.47±0.53	30.11±0.60	49.33±0.33	48.82±0.22
6.0（对照）	3.45±1.99	9.31±0.06	28.67±1.03	55.25±0.49	58.12±0.67

表 8-3　不同 pH 酸雨对花生土壤放线菌数量的影响（$\times 10^7$ 个/g，干土）

pH	种植后的时间（d）				
	35	45	55	65	75
2.5	1.05±0.04	3.82±2.58	1.22±0.06	0.64±0.03	0.14±0.01
3.0	1.20±0.03	1.41±0.02	0.82±0.06	0.31±0.02	0.11±0.01
3.5	0.88±0.02	1.81±0.08	0.87±0.02	0.55±0.03	0.21±0.02
4.0	0.90±0.02	1.63±0.04	0.66±0.04	0.59±0.06	0.37±0.02
4.5	2.35±0.13	0.58±0.02	1.14±0.06	0.95±0.10	1.02±0.01
5.0	0.27±0.02	3.28±0.09	1.84±0.03	2.69±0.02	2.86±0.33
6.0（对照）	1.44±0.04	2.76±0.04	1.91±0.07	2.78±0.02	2.94±0.04

表 8-4　不同 pH 酸雨对花生土壤真菌数量的影响（$\times 10^7$ 个/g，干土）

pH	种植后的时间（d）				
	35	45	55	65	75
2.5	2.61±0.04	1.68±0.05	1.44±0.04	2.98±0.08	1.36±0.03
3.0	1.85±0.03	2.13±0.05	2.81±0.04	2.90±0.02	1.87±0.03
3.5	2.52±0.05	1.62±0.02	2.33±0.03	2.42±0.02	1.47±0.03
4.0	3.05±0.04	6.28±0.07	6.49±0.06	2.42±0.04	8.98±0.08
4.5	3.08±0.11	6.57±0.05	7.88±0.05	9.13±0.03	9.09±0.02
5.0	3.22±0.02	7.83±0.16	7.41±0.03	9.96±0.05	9.62±0.06
6.0（对照）	3.12±0.06	6.44±0.04	6.75±0.11	10.51±0.03	9.57±0.07

三、酸沉降对土壤中元素的淋溶

酸沉降是当今全世界面临的重大环境问题之一。农业土壤受到酸沉降物的影响，土壤养分流失与酸化加速，重金属活化，土壤受到危害。

（一）盐基离子的淋溶

土壤中交换性盐基离子的淋失量与酸雨的 pH 高低有关。当酸雨 pH＜3.0 时，盐基离子的淋失量陡然增高。周修萍等在 pH 为 3.0 的模拟酸雨淋溶下的红壤、赤砂土的分析结果表明：酸雨增强了土壤盐基离子的淋溶，随着酸度增强，其淋溶加剧。盐基离子对酸沉降的敏感性顺序一般 Ca、Mg 比 K、Na 更为敏感，广西红壤中交换性盐基离子对酸的敏感性顺序为 Ca＞Mg＞Na＞K。

盐基离子的淋失与土壤类型关系密切，取决于土壤的特征，例如：有机质含量、阳离子交换量等。仇荣亮等对我国南方的酸沉降地区的几种土壤研究认为，随着酸雨的酸度增强，土壤间的盐基离子释放能力增加的规律基本相同，但释放能力相差却较大，在pH3.5 时，其释放总量为：石灰土＞盐土＞红壤＞紫色土＞黄壤，pH 在 3.5 以下时，紫色土及盐土的释放量迅速增大，说明低 pH 条件下，这些土壤仍有较多可释放的阳离子。同时也表明，铁铝土纲系列土壤在不同模拟酸雨淋溶条件下淋溶量大小顺序基本表现为：红壤＞赤红壤＞砖红壤＞黄壤，这个特点与其盐基离子交换量大小基本一致。

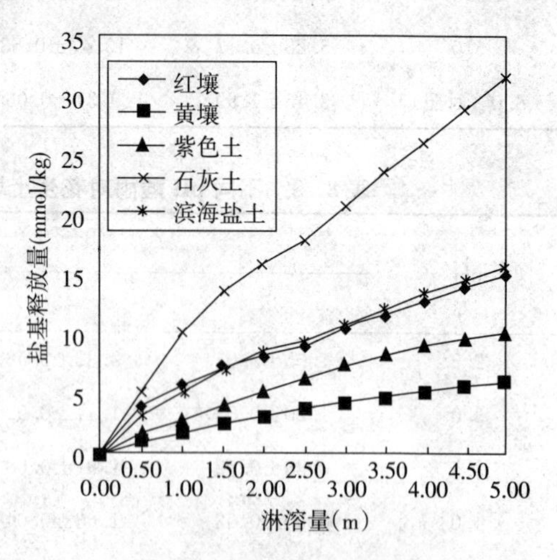

图 8-2　在土壤盐基累积释放量与模拟酸雨（pH3.5）淋溶量

（引自仇荣亮，1997）

（二）磷的释放和淋溶

土壤中的磷酸盐可以分成 3 类：存在于土壤溶液中的磷酸盐、存在于土壤有机质中的磷酸酯和无机磷酸盐，包括成分固定的磷酸盐化合物和在矿物颗料表面上的磷酸盐胶膜。存在于土壤溶液中的磷酸盐极少。有机质中磷酸酯的矿化速率与土壤的干湿交替次数及温度有关，土壤温度高，分解率也高。无机磷酸盐比较多，通常同母质及施肥种类等多种因素有关。在热带亚热带地区的土壤中，闭蓄态磷酸铁（铝）占磷素形态的50%以上，有的甚至高于80%，能够被代换淋洗的磷酸盐只是土壤总磷酸盐中的一小部分。在酸雨作用下，磷的淋洗速率证明了这一点。淋洗速率低的土壤，每年仅占总量的万分之几，一般皆在千万之几。酸雨酸度的增加虽然可以加速土壤中磷的释放，但由于磷元素的淋溶，使有效磷更缺乏。

（三）铝的淋溶

20世纪80年代中期以来，酸沉降影响下土壤中活性铝的移动和形态等与其生态毒理的关系受到关注。由酸雨及其诱发的土壤酸化是造成森林衰亡或生产力下降的重要原因，而土壤中溶解铝是引起生理毒性的主要因子。

在缓冲酸沉降的过程中不同形态土壤的铝具有不同的作用。充分认识土壤中铝的形态对于研究土壤铝的活化迁移机制具有重要意义。土壤中铝主要包括原生和次生矿物铝、无定型铝、黏土矿物的层间结合铝、无机和有机胶体吸附的可交换铝以及土壤溶液中自由的和络合的铝。这些不同形态的铝在土壤固液界面及土壤溶液中可以相互转化，这使铝的形态更加复杂（图8-3）。

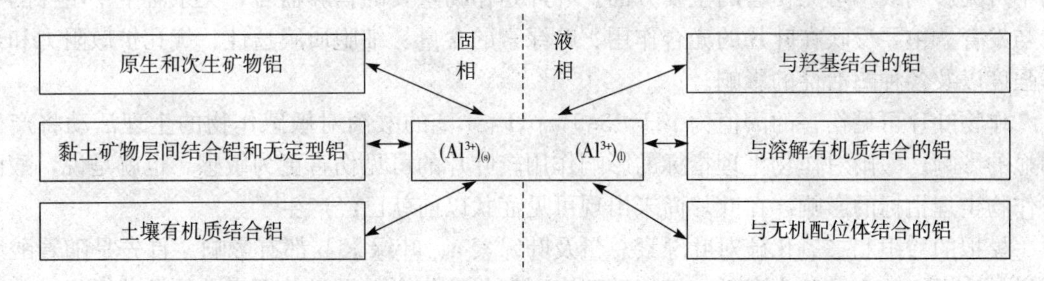

图8-3 铝在土壤中形态转化示意图

（引自郭景恒，2003）

我国南方酸沉降区域的土壤中铝的释放研究认为，在pH2.5的模拟酸雨淋溶下，铁铝土纲土壤铝离子释放量均较高，尤其是砖红壤和黄壤在淋溶后期，质子输入量远高于土壤有效阳离子交换量时，铝释放量便急剧增加。酸性的紫色土中，铝释放量与石灰土等大体相当，其原因是对外源酸缓冲过程并非由于盐基含量或阳离子交换量较高，而是质子参与硅酸盐的风化反应，紫色土含大量硅铝率较高（一般在3.5～4或以上）的易风化矿物，风化过程中易释放大量盐基和硅，而少量释放的铝由于土壤溶液介质pH较高，可能以不溶态存在，故紫色土pH下降较缓。

土壤在不同模拟酸雨条件下，铝释放量与模拟酸雨酸度也密切相关。显然，铝释放量与土壤质子缓冲反应类型有关。碱性土壤由于含较多的易溶盐及交换性阳离子，同时土壤发育风化程度低，硅铝率高，矿物通过风化过程消耗质子的容量较高，故淋溶液一直保持较高pH，铝释放量很低，并且不受模拟酸雨pH的影响。

四、酸沉降对农产品的影响

酸雨不仅危害金属及非金属等建筑物，对土壤、生态环境及农林业生产亦有严重的影响。酸雨对作物产量的影响是最重要的经济指标，也是对其他各项指标的综合反映。西南农业大学就酸雨对农作物特别是蔬菜作物生长的影响所做的研究认为，根灌酸雨对蔬菜（莴苣、萝卜、菠菜和小白菜）地上部的直接影响较小，对地下部影响严重，从而导致地上部产量的显著下降。

（一）急性伤害及生物对酸沉降的指示作用

植物受酸雨和二氧化硫等大气污染物的伤害，一般分为急性伤害和慢性伤害两类。急性伤害，通常指植物与酸雨和二氧化硫等污染物接触，植物叶片在短时间（24～72h）内出现可见的伤害症状。这种症状是高浓度的污染物引起叶片细胞死亡造成的，严重的甚至全叶细胞死亡，枯枝枯梢，整株衰亡。叶片急性伤害的可见症状与污染物种类密切相关。慢性伤害，一般指植物长期与低酸度的降水或低浓度的大气污染物接触，出现叶色失绿或色素变化，破坏细胞的正常活动，导致细胞死亡，以可见伤害症状或叶片过早脱落等形式显示。慢性伤害症状通常不反映污染物的特征。

（二）生理代谢和生长的影响

酸雨和二氧化硫对植物生长存在多方面的影响。污染物对植物外表伤害和生长的好坏是以其对植物微观生理生化过程的改变为基础的。酸雨对作物叶片生理活动的影响是酸雨对作物不可见影响或不可见伤害的主要方面。叶片是作物重要的营养器官，关系着整个植株的生长与发育。主要反映在叶片的光合作用、叶绿素的含量、细胞质膜透性、气孔扩散阻力和蒸腾强度以及各种酶活性的影响。

作物叶片可见伤害的阈值为 pH＜3.5，pH＜4.2 的酸雨对敏感作物的生理活动将产生明显的影响。酸雨对作物生理指标的影响作用较叶片的可见伤害更为敏感。也就是说，酸雨对作物生理指标的影响，在叶片尚未出现可见症状以前就已经产生了。

模拟的酸雨和二氧化硫对叶绿素总量及叶绿素 a、叶绿素 b 都有影响。首先是随着酸度的增加叶绿素的含量逐步降低；模拟酸雨和二氧化硫复合暴露对叶绿素总量及叶绿素 a 和叶绿素 b 分别具有协同效应。一般在同一暴露处理的条件下，叶绿素 b 的降幅大于叶绿素 a，在暴露强度较弱的条件，叶绿素 b 的下降幅度数倍于叶绿素 a（表 8-5）。

表 8-5　酸雨和二氧化硫复合影响导致大豆叶绿素 a 和叶绿素 b 下降程度

（引自冯宗炜等，1999）

pH / 叶绿素 / SO_2（$\mu L/m^3$）	5.6		4.6		4.0		3.6		2.8	
	a	b	a	b	a	b	a	b	a	b
0	0	0	0	4.65	2.21	12.40	2.96	13.18	7.35	14.73
50	0	5.43	1.84	15.50	1.84	19.38	9.56	12.40	26.10	9.30
100	4.41	17.91	16.54	31.01	15.81	42.64	27.57	22.48	31.25	37.21
150	8.46	29.46	20.96	31.78	24.26	42.64	30.15	39.53	38.60	43.41
250	17.65	28.68	22.43	32.56	31.99	48.84	31.62	41.86	51.47	51.26

（三）产量和品质的影响

酸沉降对农作物产量的影响，不同作物反应不一。主要农作物对模拟酸雨敏感性反应和产量影响表明，在酸雨 pH3.0 左右时，油菜最敏感，小麦、玉米和大麦等次之，水稻不敏感，烟草和黄麻最不敏感，其敏感性次序为：油菜＞小麦＞玉米＞大麦＞大豆＞水稻＞烟草>黄麻。蔬菜比谷类作物易受酸雨危害，15 种蔬菜试验结果表明，如以 pH3.5 的模拟酸雨为准，则属于敏感性的有 6 种：番茄、芹菜、茄子、瓢白、豇豆和黄瓜，其产量下降 20%以上；属于中等敏感的有 4 种：生菜、瓢白、四季豆和辣椒，其产量下降 10%～20%；属于抗性较强的有 5 种：青椒、甘蓝、菠菜、小白菜和胡萝卜，其产量下降在 10%以下。必须指出，叶菜类的蔬菜由于叶片受酸雨危害出现伤斑或叶片退绿，也会使其质量降低。

水稻产量在 pH 2.8 的模拟酸雨作用下不受影响。小麦呈现出随雨水 pH 的降低而减产幅度增加，pH 2.8 处理大麦和小麦，分别减产 12%和 15%。

模拟酸雨可引起大豆和棉花减产，随着降水酸度的增加，产量呈现出下降的趋势。pH 4.6 和 4.1 处理下，大豆和棉花皮棉量虽有所下降，但与对照差异不显著，$F<0.05$，pH 3.6 处理，棉花减产 9.1%，大豆减产 9.2%。

酸雨还导致蔬菜品质的下降，特别是对叶菜类（小白菜）的品质影响严重。pH 为 2 和 3 处理与对照相比，维生素 C 降低最多达 68%，氨基酸总量分别低 53%和 44%；人体必需的 8 种氨基酸含量分别降低 55%和 50%；对人体起重要作用的碱性氨基酸（赖氨酸、组氨酸和精氨酸）含量则较对照锐减 82%和 58%。根菜类可溶性糖及矿物养分也有不同程度的降低。模拟酸雨降低了蛋白质含量，减少幅度在 26%～118%。蛋白质含量随降水酸度的增加而降低，相关系数 $r=0.87$，相关显著。分析结果表明，模拟酸雨或多或少抑制大豆蛋白质的合成，降低大豆蛋白质含量，影响子粒品质。

第四节　我国典型酸沉降地区及防治对策

酸沉降对生态系统的危害是当前世界重大的环境问题之一。我国是继欧洲和北美洲后在世界上出现的第三大酸雨区。我国酸雨区主要分布在南方，该区大部分属于亚热带季风气候区，受不同经纬度的水热条件及生物因素的影响，分布的土壤有黄棕壤、黄壤、红壤、赤红壤及砖红壤。酸沉降物质不断地进入土壤，引起土壤酸化，可使地上植物受害，严重酸化土壤渗漏水以及酸雨本身进入水生生态系统后也可引起湖泊河流水体酸化。土壤酸化的特征和预测已成为土壤学和环境科学中的重要研究课题。

一、我国典型酸沉降地区的土壤酸化趋势

在欧洲和北美洲，酸沉降物的化学组成中阴离子以 SO_4^{2-} 和 NO_3^- 为主，阳离子的组成主要是 H^+ 和 NH_4^+ 及盐基离子。而在我国的酸性降雨中阴离子以 SO_4^{2-} 为主，可占 70%～90%，阳离子的组成中，南方降雨中盐基离子的数量明显低于北方雨水中的数量，并且南方地带性红黄壤含有大量的铁铝氧化物，土壤不仅带有可变负电荷，而且还带有可变正电荷，吸附阳离子的同时，还吸附阴离子，对酸的输入敏感性明显不同于欧洲和北美洲温带地区的土壤，比其他土壤更为敏感。土壤酸度通常以 H^+ 的形式表现出来，但实际上，这些 H^+ 主要是由铝离子水解而形成的产物，外源 H^+ 的进入会加速铝离子水解。在酸雨淋溶下，土壤盐基离子淋失，盐基饱和度降低，铝离子的释放增加。酸性土壤铝的溶解是酸沉降引起的最显著土壤化学反应之一，且在较低的 pH 范围内，Al^{3+} 与 H^+ 成为可移动的离子。土壤酸化是一个极为复杂的过程，酸中和容量（*ANC*）是反映土壤酸度因素的综合指标，可以确切

地表示土壤的酸化状况。通过计算酸沉降的主要化学成分进入土壤前后的质子负荷平衡，与酸中和容量（*ANC*）相结合，可反映酸沉降加速土壤酸化的进程。

二、典型酸沉降地区的生态系统的影响

酸雨已侵袭了我国大部分地区，形成了以广东、广西、四川盆地和贵州大部分地区为中心的西南华南酸雨区，以长沙为中心的华中酸雨区，以上海为中心的华东沿海酸雨区，以青岛为中心的北方酸雨区，总面积约为 8.06×10^5km，占国土面积的 8.4%。

酸沉降影响整个陆地生态系统。酸沉降下森林生态系统主要表现在对酸沉降输入的承受能力、盐基离子淋溶强度、土壤中铝和有毒重金属的活化程度及对生物体生存环境的影响等方面。酸雨可直接杀伤树叶，造成植物营养器官功能衰退，破坏植物细胞组织等，并引起森林冠层中 Ca^{2+}、Mg^{2+}、K^+ 和 NO_3^- 等营养物质大量淋失。土壤中脱钙过程和 pH 下降恶化了土壤中动物与微生物的生存环境，阻止了许多土壤生物的繁殖，细菌、真菌及其土壤生物量和种类的变化，导致土体内许多潜在化学变化与生物变化同时发生，分解有机质供给植物养分的细菌数量大量减少，耐酸的真菌可能繁殖，藻类（固氮）、土壤生物（如蚯蚓、蚂蚁等）数量大量下降。土壤内物种数量和密度的变化还对土壤潜在影响可能使有机质分解和微生物固氮能力下降，土壤结构与通气性受到破坏。

三、我国对酸沉降地区的防治对策

我国酸雨成因主要是燃煤排放的大量二氧化硫，是典型的硫酸型酸雨。我国煤含硫量低于 1%的低硫煤只占 20%，2/3 分布在秦岭以北。在秦岭以南，含硫量大于 4%的特高硫煤约占 3/4。全国平均每吨原煤排放二氧化硫约 30kg。我国是燃煤大国，防治酸雨的主要控制对象是二氧化硫，根据可持续发展的战略思想，提出下列对策：①强化环境管理，确定酸雨控制区，严格实行二氧化硫排放总量控制，削减二氧化硫排放量。②因地制宜选择适用清洁煤炭能源技术，如洗选煤、循环流化床燃烧脱硫和烟气脱硫等技术。③大力发展煤炭替代能源，包括加速开发水电、积极发展核能和开发利用新能源如太阳能和风能等。④在煤炭能源尚不能完全解决脱硫的情况下和基于酸雨不分国界，有远距离输送问题的现实条件下，在我国酸雨分布区还应该尽量选用抗酸性强的农作物和树种，减少农、林业的损失。多种绿肥，施有机肥，在酸化土壤地区还可施石灰，提高土壤缓冲能力，缓解土壤酸化进程。

◆ 思考题

1. 什么是酸沉降？酸沉降方式有哪几种？
2. 致酸物质的来源有哪些？如何防除？
3. 土壤的组成与土壤缓冲能力有何关系？
4. 酸雨对土壤的生态环境有何影响？
5. 酸沉降对生物的生长、代谢和品质有何影响？

◆ 主要参考文献

陈志远，刘志荣著．1997．中国酸雨研究［M］．北京：中国环境科学出版社．

冯宗炜，曹洪法，周修萍著．1999. 酸沉降对生态环境的影响及生态恢复［M］．北京：中国环境科学出版社．

郭景恒，张晓山，汤鸿霄．2003. 酸沉降对地表生态系统的影响 1. 土壤中铝的活化与迁移［J］．土壤，(2)：89－94，112.

郭景辉．1995. 土壤污染与防治［M］．北京：科学出版社．

郝吉明，谢绍东，段雷，等．1995. 酸沉降临界负荷及其应用（清华大学学术专著）［M］．北京：清华大学出版社．

梁伟，顾建宁，张纪伍．1993. 应用灰色系统理论预测土壤酸化趋势［J］．农村生态环境（2)：38－41.

廖伯寒，戴照化．1991. 土壤对酸沉降的缓冲能力与土壤矿物的风化特征［J］．环境科学学报，11（4）．

聂呈荣，黎华寿，李梅．2003. 模拟酸雨对花生土壤微生物的影响［J］．花生学报，32（增刊)：352－355.

仇荣亮，杨平．1998. 南方土壤酸沉降敏感性研究-模拟酸雨条件下土壤矿物风化特征［J］．中山大学学报，37（4)：89－93.

仇荣亮，张云霓．莫大伦．1998. 南方土壤酸沉降敏感性研究 Ⅵ 固相组成与酸缓冲性能［J］．环境科学学报，18（5)：517－521.

王代长，蒋新，卞永荣，等．2002. 酸沉降下加速土壤酸化的影响因素［J］．土壤与环境，11（2)：152－157.

吴箐，仇荣亮．1998. 南方土壤酸沉降敏感性研究Ⅲ-Si 的释放与缓冲作用［J］．中国环境科学，18（4)：302－305.

许中坚，李克斌，刘广深，等．2002. 通径系数法分析中国酸雨中主要离子与 pH 值的关系［J］．湘潭矿业学院学报，17（2)：44－48.

云峰编著．1993. 酸雨、大气污染与植物［M］．北京：中国环境科学出版社．

张光华，等著．1989. 酸雨［M］．北京：中国环境科学出版社．

张萍华，申秀英，许晓路．2004. 模拟酸雨对中药基质土壤微生物的影响［J］．农业环境科学学报，23（2)：281－283.

周修萍，江静蓉，梁伟，等．1988. 模拟酸雨对南方五种土壤理化性质的影响［J］．环境科学（3)：6－12.

周修萍，秦文娟．1992. 华南三省（区）土壤对酸雨的敏感性及其分区［J］．环境科学学报，12（1)：78－83.

REUSS J O. 1987. Chemical processes governing soil and water acidification［M］. Nature，329（3)：27.

第九章　污染土壤环境质量监测与评价

本章提要　本章主要介绍污染土壤的监测原则和程序，污染土壤的评价方法，包括现状评价和影响评价，并对环境影响预测进行简单介绍。

环境质量是环境科学中一个重要的概念，是环境系统客观存在的一种本质属性，是能够定性和定量加以描述的环境系统所处的状态，具体包括环境的优劣程度以及环境对生物的生存繁衍和社会发展的适宜程度。

土壤环境质量是指土壤环境（或土壤生态系统）的组成、结构、功能以及所处状态的综合体现与定性、定量的表述。它包括在自然环境因素影响下的自然过程及其所形成的土壤环境的组成、结构、功能特性、环境地球化学背景值与元素背景值、环境容量、自我调节功能与抗逆性能等相对稳定而仍在不断变化中的环境基本属性，以及在人类活动影响下的土壤环境污染和土壤生态状态的变化。其中人类活动的影响是土壤环境质量变化的主要标志，是影响现代土壤环境质量变化与发展的最积极而活跃的因素。

土壤环境质量监测是土壤环境质量评价的基础，目的是准确、及时并全面地反映土壤环境质量现状及发展趋势，为土壤环境管理、污染源控制和环境规划等方面提供科学依据。

土壤环境质量评价是指在研究土壤环境质量变化规律的基础上，按一定的原则、标准和方法，对土壤污染程度进行评定，或是对土壤对人类健康适宜程度进行评定，目的是提高和改善土壤环境质量，并提出控制和减缓土壤环境不利变化的对策和措施。

第一节　污染土壤环境质量监测

一、污染土壤环境质量监测的分类

污染土壤环境质量监测主要按其监测目的进行分类，可以分为常规监测、特例监测和科研监测 3 种类型。

（一）常规监测

常规监测（又称例行监测或监视性监测），是指对与污染土壤环境质量有关的项目进行定期或不定期的监测，可以用于确定污染土壤环境质量现状、监视污染土壤环境质量变化、评价污染土壤环境质量调控措施的效果、衡量土壤环境保护工作进展等方面。这是污染土壤环境质量监测工作中量最大、面最广的一种监测类型。

（二）特例监测

特例监测（又称特定目的监测或应急监测）根据特定目的一般又可分为以下4种类型。

1. 污染事故监测　污染事故监测是在发生污染事故时进行应急监测，以确定污染物的种类、浓度，污染物的危及范围以及污染程度，为控制污染物和改良被污染的土壤提供依据。

2. 仲裁监测　仲裁监测主要针对污染事故纠纷和环境法执行过程中所产生的矛盾进行监测。这种监测主要由国家指定的具有权威的部门进行，以提供具有法律效力的分析数据，供执法部门和司法部门仲裁。

3. 考核验证监测　这种监测包括人员考核、方法验证和污染治理项目完成时的验收监测。

4. 咨询服务监测　这种监测主要是指为政府部门、科研机构和生产单位所提供的服务性监测。咨询服务监测需要按特定要求进行。

（三）科研监测

科研监测（又称研究性监测），是指针对特定目的科学研究而进行的高层次监测，根据研究目的不同，监测项目也有所区别。

污染土壤环境质量监测有时也可以按照监测项目和监测频率进行分类。一般情况下可以把监测项目分成常规项目、特定项目和选测项目，监测频次与其相应。

常规项目：原则上为《土壤环境质量标准》中所要求控制的污染物。

特定项目：是指《土壤环境质量标准》中未要求控制的污染物，但根据当地环境污染状况，确认在土壤中积累较多、对环境危害较大、影响范围广、毒性较强的污染物，或者污染事故对土壤环境造成严重不良影响的物质，具体项目由各地自行确定。

选测项目：一般包括新纳入的在土壤中积累较少的污染物、由于环境污染导致土壤性状发生改变的土壤性状指标以及生态环境指标等，由各地自行选择测定。

监测频次原则上按表9-1执行，常规项目可按当地实际适当降低监测频次，但不可低于每5年1次，选测项目可按当地实际适当提高监测频次。

表9-1　土壤环境监测项目与监测频次

项目类别		监测项目	监测频次
常规项目	基本项目	pH、阳离子交换量	每3年1次 农田在夏收或秋收后采样
	重点项目	镉、铬、汞、砷、铅、铜、锌、镍 六六六、滴滴涕	
特定项目（污染事故）		特征项目	及时采样，根据污染物变化趋势决定监测频次
选测项目	影响产量项目	全盐量、硼、氟、氮、磷、钾等	每3年监测1次 农田在夏收或秋收后采样
	污水灌溉项目	氰化物、六价铬、挥发酚、烷基汞、苯并（a）芘、有机质、硫化物、石油类等	
	POP与高毒类农药	苯、挥发性卤代烃、有机磷农药、PCB、PAH等	
	其他项目	结合态铝（酸雨区）、硒、钒、氧化稀土总量、钼、铁、锰、镁、钙、钠、铝、硅、放射性比活度等	

二、污染土壤环境质量监测的程序

污染土壤环境质量监测的程序包括：现场调查→监测计划设计→优化布点→样品采集→样品处理与保存→分析测试→数据处理等。

现场调查是对监测地区的土壤类型、自然环境条件、周围环境以及人类活动等情况进行现场调查，目的是对监测地区的生态环境和可能引起土壤环境质量变化的因素有一个感性的了解，为进一步制定监测计划和布置采样点提供参考依据。

监测计划设计主要是根据现场调查的结果和监测目的设计一个科学的监测计划，重点是监测项目的确定和监测频次的设计。

优化布点是在调查研究的基础上，根据监测计划，在监测区域内科学布设一定数量的采样单元和采样点。为了减少土壤空间分布不均一性的影响，在一个采样单元内，应在不同方位上进行多点采样，并且均匀混合成为具有代表性的土壤样品。

样品采集应根据布点情况严格按照土壤样品采集技术规范进行。用于土壤环境质量监测的土壤样品，根据监测目的的不同可以分成以下几种情况，并且每种情况有其自身的要求。

（一）一般污染土壤样品的采集

采集污染土壤样品应该充分考虑到污染物的来源、污染物在土壤中可能存在的迁移转化特性以及土壤的自身特性，在划定的采样单元中进行多点采样。例如，对于大气污染物引起的土壤污染，采样点布设应以污染源为中心，根据当地的风向、风速及污染强度系数等选择在某一方位或某几个方位上进行。在近污染源处采样点间距要小，在远离污染源处采样点间距可以大些；对照点应该设在远离污染源，不受污染影响的地方。对于由城市污水或被污染的河水灌溉农田引起的土壤污染，采样点应根据灌溉水流的路径和距离加以考虑。对由使用肥料、农药等农事活动引起的土壤面源污染，应该根据监测地域的面积、地形以及土壤的变异程度，按照多点均匀布点的原则，采集具有代表性的土壤表层混合样品和土壤剖面样品。

土壤表层混合样品的采集方法，可以参考表 9-2 进行。

表 9-2 表层土壤样品的采样方法

方法名称	适用范围	具体方法
双对角线采样法	适用于面积较小、地势平坦的污水灌溉或受污染河水灌溉的地块	自该地块的二角同时向对角作直线并将形成的对角线三等分，以每等份的中央点作为采样点
蛇形采样法	适宜于面积较大、地势不很平坦、土壤理化性质不够均匀的旱田土壤、水田土壤	根据面积大小确定采样点数，一般为 10～25 点
棋盘式采样法	适用于中等面积、地势平坦、地形完整开阔、但是土壤理化性质较不均匀的农田土壤	根据代表面积，采样点数较多，一般在 20 个以上
系统采样法	适用于田间试验地、进行科学研究、对土壤污染进行系统评价等地块的采样	采样点数依地块大小而定，一般要求以 20m×20m 划定采样网格进行采样，采样点数目较多

（二）土壤背景值样品的采集

采集土壤背景值样品时，应该首先确定采样单元。采样单元的划分应根据研究目的、研究范围及实际工作所具有的条件等综合因素确定。我国各省、自治区土壤背景值研究中，采样单元往往以土壤类型和成土母质类型为主。

采样时应该注意采样点不能设在水土流失严重或表层土壤被破坏的地方，采样点应该远离铁路和公路，并选择土壤类型特征明显的地点挖掘土壤剖面。对耕地土壤，还应该了解作物种植及肥料、农药使用情况，选择不施或少施肥料、农药的地块作为采样点，以尽量减少人为活动的影响。

每个采样点均需挖掘土壤剖面进行采样，一般常将土壤剖面分成A、B和C3层，过渡层一般不采样。对于B层发育不完整的土壤，只采集A层和C层土壤样品。

通常，采样点的数目与所研究地区范围的大小、研究任务所设定的精密度等因素有关。在全国土壤背景值调查研究中，为使布点更合理，采样点数往往依据统计学原则确定，即在所选定的置信水平下，与所测项目测定值的标准差、要求达到的精度相关。每个采样单元采样点位数可按下式计算。

$$N=\frac{t^2\times S^2}{D^2} \tag{9-1}$$

式中，N 为采样点数；t 为在设定的自由度和概率时的 t 值（当置信水平 95%时，t 取值 1.96）；S^2 为样品相对标准差［它可以由全距 R 按式 $S^2=(R/4)^2$ 求得］；D 为允许偏差（若抽样精度不低于 80%，D 取值 0.2）。

（三）城市土壤样品的采集

城市土壤是城市生态的重要组成部分。虽然城市土壤不用于农业生产，但其环境质量对城市生态系统影响极大。城区内大部分土壤被道路和建筑物覆盖，只有小部分土壤栽植草木。城市土壤样品的采集对象主要是指栽植草木的土壤，由于其复杂性分两层采样，上层（0～30cm）可能是回填土或受人为影响大的部分，另一层（30～60cm）为人为影响较小部分。两层分别取样监测。

城市土壤监测点以网距 2 000m 的网格布设为主，功能区布点为辅，每个网格设一个采样点。专项研究和调查的采样点可适当加密。

（四）污染事故监测土壤样品的采样

污染事故不可预料，接到报告后应立即组织采样。现场调查和观察，取证土壤被污染时间，根据污染物及其对土壤的影响确定监测项目，尤其是污染事故的特征污染物，应作为取样的重点。据污染物的颜色、印渍和气味，结合考虑地势、风向等因素初步界定污染事故对土壤的污染范围。

如果是固体污染物抛洒污染型，打扫后采集表层 5cm 土样，采样点数不少于 3 个。

如果是液体倾翻污染型，污染物向低洼处流动的同时向深度方向渗透并向两侧横向扩散，每个点分层采样，事故发生点样品点较密，采样深度较深，离事故发生点相对远处样品点较疏，采样深度较浅。采样点不少于 5 个。

如果是爆炸污染型，以放射性同心圆方式布点，采样点不少于 5 个，爆炸中心采分层样，周围采表层土（0～20cm）样。

事故土壤监测要设定 2～3 个背景对照点，各点（层）取 1kg 土样装入样品袋。有腐蚀性或要测定挥发性化合物，用广口瓶装样。含易分解有机物的待测定样品，采集后置于低温（冰箱）中，直至运送、移交到分析室。

（五）土壤样品的保存和测定

土壤样品的处理与保存是对采集的样品进行测试前的一些必要处理。土壤样品的处理包括风干、磨碎和过筛等一系列过程。样品的保存是对处理过的样品进行封存，以备必要时核查。

土壤样品的测定是指对处理好的土壤样品进行污染物含量和存在形态等方面的检测。具体检测项目包括金属、非金属和其他一些污染物质的含量和存在形态，检测方法根据检测项目确定。表 9-3 是土壤样品中某些污染物的监测分析方法及方法来源。

表 9-3　土壤常规监测项目及分析方法

监测项目	监测仪器	监测方法	方法来源
镉	原子吸收光谱仪	石墨炉原子吸收分光光度法	GB/T 17141—1997
	原子吸收光谱仪	KI - MIBK 萃取原子吸收分光光度法	GB/T 17140—1997
汞	测汞仪	冷原子吸收法	GB/T 17136—1997
砷	分光光度计	二乙基二硫代氨基甲酸银分光光度法	GB/T 17134—1997
	分光光度计	硼氢化钾-硝酸银分光光度法	GB/T 17135—1997
铜	原子吸收光谱仪	火焰原子吸收分光光度法	GB/T 17138—1997
铅	原子吸收光谱仪	石墨炉原子吸收分光光度法	GB/T 17141—1997
	原子吸收光谱仪	KI - MIBK 萃取原子吸收分光光度法	GB/T 17140—1997
铬	原子吸收光谱仪	火焰原子吸收分光光度法	GB/T 17137—1997
锌	原子吸收光谱仪	火焰原子吸收分光光度法	GB/T 17138—1997
镍	原子吸收光谱仪	火焰原子吸收分光光度法	GB/T 17139—1997
六六六和滴滴涕	气相色谱仪	电子捕获气相色谱法	GB/T 14550—1993
六种多环芳烃	液相色谱仪	高效液相色谱法	GB 13198—91
稀土总量	分光光度计	对马尿酸偶氮氯膦分光光度法	GB 6262—86
pH	pH 计	森林土壤 pH 测定	GB 7859—87
阳离子交换量	滴定仪	乙酸铵法	①

①来自中国科学院南京土壤研究所编《土壤理化分析》，1978，上海科学技术出版社。

第二节　污染土壤环境质量评价的原则、程序和评价标准

一、污染土壤环境质量评价的原则和程序

（一）污染土壤环境质量评价的原则

土壤环境质量评价虽然可以分为土壤环境质量现状评价和土壤环境影响评价两大类，但是遵循的原则是一致的。在评价中具体应该遵循的原则有以下几条。

1. 整体性原则　在环境系统中，土壤与水、空气、岩石和生物之间，以及土壤子系统内部，都不断地进行着物质与能量的交换。可以说，土壤是万物生长和立足的重要基础，也是人类生存、发展、工作和生活的重要场所。在土壤环境质量评价时不仅要分别对各环境要素进行预测，更要注重分析其综合效应。

2. 相关性原则　土壤生态系统是一个相对复杂的网络系统，各个不同层次间存在着千丝万缕的联系。在进行土壤环境质量评价时，不但要注意各个独立因素的作用，更要注意各

个要素之间的相互关系。

3. 主导性原则 在土壤环境影响评价中，建设项目和区域经济发展过程中可能引起一系列土壤环境问题，如果将所有的环境问题放在一起讨论，将对进一步评价带来很大麻烦。为了使评价结果更符合实际，必须抓住建设项目与区域经济发展中引起的主要土壤环境问题。

4. 动态性原则 土壤环境影响是一个不断变化的动态过程，所以在进行土壤环境影响评价时，既要考虑到阶段性影响，又要注意环境影响的叠加性和累积性，既要考虑到环境影响的短期性和长期性，又要考虑到环境影响的可逆性和不可逆性。

5. 随机性原则 人类生态系统是一个复杂多变的随机系统，建设项目与投产过程中可能产生随机事件（自然的和人为的），可能会造成出乎意料的严重环境后果。为了避免严重公害事件的产生，需视具体情况，增加新的评价内容。

（二）污染土壤环境质量评价的程序

土壤环境质量评价，包括现状评价和影响评价，往往根据不同的评价目的，选取不同的评价方式。当进行一个省或一个地区的土壤环境质量普查时，可以选择现状评价的方式。当评价一个大的拟建工程对土壤可能产生的影响时，不但要做现状评价的工作，而且要做影响评价工作。只有在了解现状的基础上，才能做好影响评价工作。常规的土壤环境质量评价程序，可以按图 9-1 所示进行。

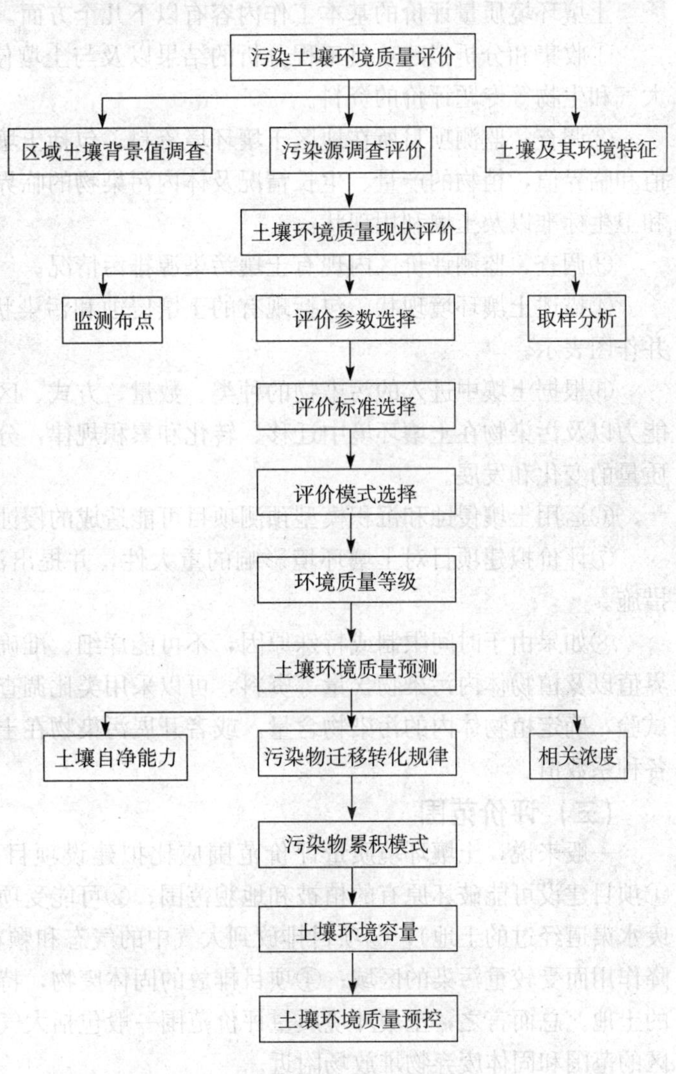

图 9-1 污染土壤环境质量评价程序

二、污染土壤环境质量评价等级的划分和工作内容

（一）评价等级划分

我国土壤环境质量评价尚无推荐的行业标准，往往根据判断环境影响重大性的原则确定

评价等级和要求。具体应遵循的依据有以下几个方面：①项目占地面积、地形条件和土壤类型，可能会被破坏的植被种类、面积以及对当地生态系统影响的程度；②侵入土壤的污染物的主要种类、数量，对土壤和植物的毒性及其在土壤中降解的难易程度，以及受影响的土壤面积；③土壤能容纳侵入的各种污染物的能力，以及现有的环境容量；④项目所在地的土壤环境功能区划要求。

（二）评价内容

土壤环境质量评价的基本工作内容有以下几个方面。

①收集和分析拟建项目工程分析的结果以及与土壤侵蚀和污染有关的地表水、地下水、大气和生物等专题评价的资料。

②调查、监测项目所在地区土壤环境资料，包括土壤类型、形态，土壤中污染物的背景值和临界值，植物的产量、生长情况及体内污染物的临界值，土壤中有关污染物的环境标准和卫生标准以及土壤利用现状。

③调查、监测评价区内现有土壤污染源排污情况。

④描述土壤环境现状，包括现有的土壤侵蚀和污染状况，可采用环境指数法加以归纳，并作图表示。

⑤根据土壤中进入的污染物的种类、数量、方式、区域环境特点、土壤理化特性、净化能力以及污染物在土壤环境中迁移、转化和累积规律，分析污染物累积趋势，预测土壤环境质量的变化和发展。

⑥运用土壤侵蚀和沉积模型预测项目可能造成的侵蚀和沉积。

⑦评价拟建项目对土壤环境影响的重大性，并提出消除和减轻负面影响的对策及监测措施。

⑧如果由于时间限制或特殊原因，不可能详细、准确地收集到评价区土壤的背景值和临界值以及植物体内污染物含量等资料，可以采用类比调查。必要时应做盆栽、小区乃至田间试验，确定植物体内的污染物含量。或者开展污染物在土壤中累积过程的模拟试验，以确定各种系数值。

（三）评价范围

一般来说，土壤环境质量评价范围应比拟建设项目占地面积大，应考虑的因素包括：①项目建设可能破坏原有的植被和地貌范围；②可能受项目排放的废水污染的区域（如排放废水渠道经过的土地）；③项目排放到大气中的气态和颗粒态有毒污染物由于干沉降或湿沉降作用而受较重污染的区域；④项目排放的固体废物，特别是危险性废物堆放和填埋场周围的土地。总而言之，土壤环境质量评价范围一般包括大气环境质量评价范围、地面水及其灌区的范围和固体废弃物堆放场附近。

三、污染土壤环境质量标准

土壤环境质量标准是为了保护土壤环境质量、保障农业生产和维护人类健康所做的规定，是环境政策的目标，是评价土壤环境质量和防止土壤污染的依据。国内外制定土壤环境质量标准大体上有两种技术路线：地球化学法和生态效应法。

地球化学法是应用统计学方法，根据土壤中元素地球化学容量状况、分布特征来推断土壤环境质量基准的方法。例如，英国环境部暂定的园艺土壤中铅的最大容许浓度（500mg/kg）是按表层土壤含铅平均值（X）75mg/kg、标准差（S）388mg/kg 制定的。

生态效应法又可以分为下面几种：①建立土壤-植物-动物-人的系统，应用食品卫生标准推算土壤中污染物的最大容许浓度；②将作物产量减少 10%时的土壤污染物浓度作为最大容许浓度；③当土壤微生物减少或土壤微生物降低到一定数量时，土壤重金属浓度作为最大容许浓度；④把地表水、地下水未产生次生污染时的土壤污染物临界浓度，作为最大容许浓度；⑤将土壤-植物体系、土壤-微生物体系、土壤-人体系作为整体考虑，选择各自体系的最低值制定最大容许浓度。

一般说来，应用地球化学法得出的数值，属于土壤背景值范围。生态效应法得出的结果，由于污染物在土壤中已经积累，所以数值往往大于背景值。

在国际上，已有很多国家制定了土壤中有害物质的最大容许浓度（表 9-4）。

表 9-4 一些国家、地区土壤中有害物质（重金属）最大容许浓度或最高容许量

	美国（kg/hm²）土壤 *CEC*（cmol/kg）			英国（mg/kg）	加拿大安大略（mg/kg）	法国（mg/kg）	意大利（mg/kg）	日本（mg/kg）	苏格兰（mg/kg）	欧洲联盟（mg/kg）
	<5	5～15	>15							
As				10	14			15	12	
Cd	5	10	20	3.5	1.6	2	3	1	1.6	1～3
Cu	140	280	560	140～280	100	100	100	125	80	100
Pb	560	1 120	2 240	550	60	100	100		90	50～300
Cr				600	120	150	50		120	
Hg				1	0.5	1	2		0.4	1～1.5

注：1kg/hm² ≈ 0.5mg/kg。

我国也早就认识到制定土壤环境质量标准的重要性和必要性，于 1996 年 3 月 1 日开始实施的《土壤环境质量标准》（GB 15618—1995），根据土壤应用功能和保护目标，将其分为Ⅰ、Ⅱ和Ⅲ类。Ⅰ类主要适用于国家自然保护区、集中式生活饮用水源地、茶园、牧场和其他保护地区的土壤，土质应基本保持自然背景水平；Ⅱ类主要适用于一般农田、蔬菜地、茶园、牧场等土壤，土质基本上对植物和环境不造成污染、危害；Ⅲ类主要适用于林地土壤及污染物容量较大的高背景值土壤和矿场附近的农田（蔬菜地除外）土壤，土质基本上对植物和环境不造成污染及危害。这 3 类土壤对应不同的标准。Ⅰ类土壤执行一级标准，为保护区域自然生态、维持自然背景的土壤环境质量的限制值；Ⅱ类土壤执行二级标准，为保障农业生产、维护人体健康的土壤限制值；Ⅲ类土壤执行三级标准，为保障农林业生产和植物正常生长的土壤临界值（表 9-5）。但是，本标准仅对土壤中镉、汞、铬、锌、砷、铜、铅、镍、六六六和滴滴涕共 10 项指标做了规定，对其他重金属和难降解危险性化合物未做规定。

由于我国土壤环境质量标准中规定标准值的污染物项目少，给土壤环境质量评价工作带来了很多困难，所以在目前的土壤环境质量评价工作中一般还经常选用区域土壤背景值、土壤本底值、区域性土壤污染物自然含量及土壤对照点含量作为评价标准。例如，我国不同地区和不同利用土壤，应用土壤背景值加上 2 倍标准差的上限的方法，制定了多种土壤环境质量标准。表 9-6 和表 9-7 分别为蔬菜土壤和绿色食品基地的土壤环境质量标准。

表 9-5 土壤环境质量标准（GB 15618—1995）（mg/kg）

项目 \ 土壤pH		一级	二级			三级
		自然背景	<6.5	6.5～7.5	>7.5	>6.5
镉	≤	0.20	0.30	0.30	0.60	1.0
汞	≤	0.15	0.30	0.50	1.0	1.5
砷 水田	≤	15	30	25	20	30
旱地	≤	15	40	30	25	40
铜 农田等	≤	35	50	100	100	400
果园	≤	—	150	200	200	400
铅	≤	35	250	300	350	500
铬 水田	≤	90	250	300	350	400
旱地	≤	90	150	200	250	300
锌	≤	100	200	250	300	500
镍	≤	40	40	50	60	200
六六六	≤	0.05		0.50		1.0
滴滴涕	≤	0.05		0.50		1.0

注：1. 重金属（铬主要是三价）和砷均按单质量计，适用于阳离子交换量>5cmol（+）/kg 的土壤；若≤5cmol（+）/kg，其标准值为表内数值的半数。2. 六六六为四种异构体总量，滴滴涕为四种衍生物总量。3. 水旱轮作地的土壤环境质量标准，砷采用水田值，铬采用旱地值。

表 9-6 蔬菜土壤质量分级标准

级别	蔬菜基地	生态影响	区别	铜	锌	铅	镉	铬	砷	汞	镍	六六六	滴滴涕
				mg/kg								μg/kg	
1	优良	正常	背景区≤	40	100	35	0.3	85	13	0.2	40	100	100
2	可	基本正常	安全区≤	70	200	70	0.6	170	20	0.4	70	400	400
3	大面积不宜	敏感蔬菜影响	警戒区≤	100	300	400	1.0	300	25	1.0	100	1 000	1 000
4	不宜	影响较重	不宜区>	100	300	400	1.0	300	25	1.0	100	1 000	1 000

表 9-7 绿色食品和有机农业生产土壤质量标准（mg/kg）（部分）

	汞		镉		铅		砷		铬		铜
	绿色食品	有机食品	绿色食品	有机食品	绿色食品	有机食品	绿色食品	有机食品	绿色食品	有机食品	有机食品
黑土	0.081	0.037	0.134	0.078	42.46	26.7	17.18	10.2	80.1	77.4	20.8
黑钙土	0.058	0.026	0.263	0.110	34.34	19.6	19.26	9.8	99.5	52.2	22.1
潮土	0.151	0.047	0.233	0.103	37.7	21.9	15.78	9.7	98.06	66.8	24.1
水稻土	0.551	0.183	0.377	0.142	66.64	34.4	22.38	10.0	127.3	65.8	25.3
红壤	0.180	0.078	0.194	0.065	54.66	29.1	39.34	13.6	150.4	62.6	24.4
黄壤	0.213	0.102	0.185	0.080	56.34	29.4	32.68	12.4	108.1	55.5	21.4
褐土	0.124	0.040	0.241	0.100	35.08	21.3	20.28	11.6	98.38	64.8	24.3

（续）

	汞		镉		铅		砷		铬		铜
	绿色食品	有机食品	绿色食品	有机食品	绿色食品	有机食品	绿色食品	有机食品	绿色食品	有机食品	有机食品
棕壤	0.148	0.053	0.207	0.092	44.98	25.1	23.5	10.8	131.2	64.5	22.4
黄棕壤	0.214	0.071	0.281	0.105	53.4	29.2	24.22	11.8	118.4	66.9	23.4
砖红壤	0.098	0.040	0.272	0.058	63.14	28.7	17.18	6.70	233.4	64.6	20.0
栗钙土	0.077	0.027	0.186	0.069	43.08	21.2	21.8	10.8	101.7	54.0	18.9
草甸土	0.119	0.039	0.176	0.084	40.52	22.4	20.1	8.80	89.1	51.1	19.8
盐土	0.143	0.041	0.248	0.100	43.8	23.0	22.42	10.6	105.2	62.7	23.3
紫色土	0.144	0.047	0.227	0.094	49.14	27.7	18.58	9.40	115.8	64.8	26.3

注：1. 绿色食品生产土壤以 0～20cm 表土。2. 绿色食品生产土壤，六六六和滴滴涕皆为≤0.1mg/kg；有机食品生产土壤中，六六六、滴滴涕和有机磷均不得检出。3. 资料引自中国绿色食品发展中心，绿色食品标准，1995；国家环境保护局，有机（天然）食品生产和加工技术规范，1995。

根据土壤环境质量标准，环境评价工作者可客观地评价土壤的污染状况，合理地划分土壤环境质量功能分区，有效地利用土壤资源。但是不同地区土壤的理化性质不同，外源污染物的种类和形态不同，污染物在土壤中的形态转化以及迁移过程可能不同，对植物的毒性就不会相同。

一般来讲，影响土壤中污染物形态转化、迁移以及对植物毒性的因素很多，概括起来包括：①土壤的 pH。土壤的酸碱性可以影响土壤中污染物的存在形态，进而影响土壤中污染物的相对活性。例如，在酸性土壤中，镉、汞、镍和锌等金属离子的活性较强，生态危险较大；在碱性土壤中上述金属离子的活性较小。②土壤的氧化还原电位（E_h）。土壤的氧化还原状况可以直接影响一些重金属元素的价态变化，进而影响一些重金属元素的生物毒性。例如，在还原条件下，六价铬可以被还原为三价铬，减轻铬对植物的危害。③土壤的阳离子交换量（*CEC*）。一般说来，土壤的阳离子交换量反映了土壤的环境容量和净化能力，土壤的阳离子交换量越高，土壤中污染物的生态危险可能越小。④外源污染物的种类和形态。污染物种类和进入土壤的化学形态的不同，其进入土壤后所发生的转化过程可能不同，对生物的危害程度就会不同。例如，粉尘态重金属和水溶态重金属的活性不同，水溶态重金属进入土壤后的生物危险要比粉尘态重金属进入土壤后的生态风险大。⑤植物种类。不同植物种类基因型不同，对污染物吸收的难易程度也不同，因此同一种污染物，在相同含量时可能对不同植物的危害程度不同。

由此看来，不同植物对不同土壤中污染物的反应与土壤中污染物全量的关系并不一定显著，而很可能与土壤中污染物的有效浓度密切相关。这方面，西南农业大学提出的土壤中污染物毒性临界值的概念，为土壤环境质量评价标准的制定提供了很好的方向。

第三节　污染土壤环境质量现状评价

土壤环境质量现状评价的目的是了解一个地区土壤环境现时污染水平，为保护土壤，制定土壤保护规划和地方土壤保护法规提供科学根据；为拟建工程进行土壤环境影响评价提供土壤背景资料，提高土壤环境影响预测的可信度；为提出拟建工程对土壤环境污染的措施服务，使拟建工程对土壤的污染控制在评价标准允许的范围内。

土壤是一种位于陆地表层的具有一定肥力和能支持植物生长的疏松层，它是人类环境的重要组成要素，是为人类提供食物的生产资料，是人类社会最基本、最重要和不可替代的自然资源。土壤与水、大气、生物等环境要素之间，以及土壤内部系统之间都不断地进行着物质与能量的交换，这是土壤环境发生与发展，并随外界条件发生改变而演变的主要原因。土壤还具有吸收和储存各种物质的能力，但是土壤的纳污和自净能力是有一定限度的，当进入土壤的污染物超过其临界值时，土壤不仅会向环境输出污染物，使其他环境要素受到污染，而且土壤的组成、结构及功能均会发生改变，最终可导致土壤资源的枯竭与破坏。同时，土壤还具有生产植物产品的功能，但是植物产品的数量和质量主要为土壤环境质量所决定。土壤环境的这些特点决定了土壤环境质量评价的重要性和复杂性。

一、污染土壤环境质量现状评价因子和评价标准的选择

(一) 评价因子的选择

评价因子的选取是否合理得当，关系到评价结论的科学性和可靠程度。应根据土壤污染物的类型和评价的目的要求来选择评价因子。

土壤中的污染指标归纳起来主要有以下几种：①有机污染物，其中数量较大，毒性较强的是化学农药，主要可分为有机氯和有机磷农药两大类。有机氯农药主要包括滴滴涕、六六六、艾氏剂和狄氏剂等。有机磷农药主要包括马拉硫磷、对硫磷和敌敌畏等。此外还有酚、苯并（a）芘、油类及其他有机化合物。②重金属及其他无机污染物，如镉、汞、铬、铅、砷和氰等。③土壤中 pH、全氮量、硝态氮量及全磷量。④有害微生物，如肠道细菌、肠寄生虫卵、破伤风菌和结核菌等。⑤放射性元素，如^{317}Cs、^{90}Sr。

在进行某一区域土壤质量评价时，可根据污染源调查情况和评价目的，从上述土壤污染指标中选择适当数量既有代表性又切实可行的污染指标作为评价因子。此外，还应选择一些参考因子，可选择对土壤污染物积累、迁移和转化影响较大的理化指标，如土壤有机质含量、土壤的黏粒含量、土壤的氧化还原电位、土壤的阳离子交换量、土壤中可溶性盐种类和含量、土壤中黏土矿物的种类和含量等。

(二) 评价标准的选择

大气污染和水污染可以直接进入人体，危害健康；土壤中的污染物则不然，其通过食物链，主要是通过粮食、蔬菜、水果、奶、蛋和肉进入人体。土壤和人体之间的物质平衡关系比较复杂，制定土壤污染物的环境质量标准难度很大，从而限制了土壤环境质量标准的制定工作的开展。因此，目前国外只有少数国家（德国、英国、芬兰、瑞典、丹麦、挪威、独联体、日本和美国）给出了几项重金属、非金属和放射性元素的土壤污染标准。重金属有汞、镉、铬、铅、锌、铜、镍、锰、钴、钼和钒。非金属毒物有砷、硒和硼。放射性元素有铯、铀。

我国 1995 年发布、1996 年实施的《土壤环境质量标准》（GB 15618—1995）（表 9-5）是现行的土壤环境质量评价标准。也有一些行业标准可以作为区域和局部的参考执行标准。例如，农业部颁布的《中华人民共和国绿色食品执行标准（草案）》中，提出的《绿色食品土壤质量标准》等（表 9-6 和表 9-7）。

我国土壤环境质量标准中规定标准值的污染物项目少，给土壤环境质量评价工作带来了一定的困难。对《土壤环境质量标准》中未列入的污染指标，多选用具有不同含义的土壤环境背景值作为评价标准，常见的有如下几种。

1. 以区域土壤环境背景值作为标准　区域土壤背景值是指一定区域内，远离工矿、城镇和铁路（公路和铁路），无明显"三废"污染，也无群众反映有过"三废"影响的土壤中有毒物质在某一保证率下的含量。其计算式为

$$C_{0i}=\overline{C}_i \pm S \tag{9-2}$$

$$S=\sqrt{\frac{\sum_{i=1}^{n}(C_{ij}-\overline{C}_i)^2}{N-1}} \tag{9-3}$$

上述两式中，C_{0i}为区域土壤中第 i 种有毒物质的背景值；C_{ij}为区域土壤第 j 个样品中第 i 种有毒物质的实测值；$\overline{C}_i$为区域土壤中第 i 种有毒物质实测值的平均值；S 为标准差；N 为统计样品数。

2. 以土壤本底值为评价标准　土壤本底值是指未受人为污染的土壤的某一物质的平均含量。在开发大潮的今天，真正意义上的土壤本底值是很难找到的。

3. 以区域性土壤自然含量为评价标准　区域性土壤的自然含量，是指在清水灌溉区内，选用与污水灌溉区的自然条件、耕作栽培措施大致相同，土壤类型相同，土壤中有毒物质在一定保证率下的含量。其计算公式为

$$C_{0i}=C_i \pm 2S \tag{9-4}$$

式中符号意义同式（9-2）。

4. 以土壤对照点含量为评价标准　土壤对照点一般选在与污染区的自然条件、土壤类型和利用方式大致相同，而又未受污染的地区内。对照点可选一个或几个，以对照点的有毒物质平均含量作为评价标准。

5. 以土壤和作物中污染物的相关含量作为评价标准　土壤中某种污染物的含量和作物中该种污染物积累量之间有一定的相关关系。农牧业产品和食品的卫生标准和污染分级是可以制定的。以这种卫生标准和污染分级推断土壤中该种污染物的相关含量和污染分级，把这种相关含量作为评价标准。这种方法是通过食物链把土壤中的污染物与人体健康联系起来制定评价标准的，它反映了土壤污染物危害人类健康的实际途径，是一种好方法，但是目前此项研究还有待今后发展。

上述不同含义的背景值，从不同侧面反映了未受污染的土壤环境质量，在具体选用时，应根据评价地区土壤的实际情况、评价要求、评价范围和评价时间等因素等确定。

二、污染土壤环境质量现状值的计算及检验

（一）环境质量现状值的计算

通过对土壤样品的化验分析，得到若干个测定值，用同一项目的各个测定值的算术平均值加减一个标准差表示该项目的土壤现状值（背景值）。它不仅包括土壤内某物质的平均含量，同时还包括该物质在一定保证率下的含量范围。土壤环境质量中某一物质的现状值（背景值）的表达式为：

$$X_i = \overline{X}_i \pm S_i \tag{9-5}$$

$$S_i = \sqrt{\frac{1}{N-1}\sum_{j=1}^{N}(X_{ij} - \overline{X}_i)^2} \tag{9-6}$$

式中，X_i 为土壤中 i 物质的现状值（背景值）；$\overline{X}_i$ 为土壤中 i 物质的平均含量；S_i 为土壤中 i 物质的标准差；N 为统计样品数；X_{ij} 为第 j 个样品中 i 物质的实测含量。

（二）环境质量现状值的统计数据检验

为减少误差，对样品的各个分析数据应做必要的检验，以保证土壤现状值（背景值）的真实性。常用的方法有下述几种。

1. 标准差检验 实测值超过算术平均值加 3 倍标准差的应舍弃，不参加现状值（背景值）的统计。

2. 4*d* 法检验 一组 4 个以上的实测值，其中一个偏离平均值较远，视为可疑值。该值不参加平均值计算，由余下的监测值求出平均值。该值与此平均值的差值大于 4 倍的平均偏差时，则该值弃去不用。

3. 上下层比较 某物质在表土层中的含量与底土中含量的比值大于 1 时，认为此样品已受污染，应予剔除。

4. 相关分析法 选定一种没有污染的元素为参比元素，求出这种元素与其他元素的相关系数和回归方程，建立 95%的置信带，落在置信带之外的样品，可认为含量异常，应予剔除。

5. 富集系数检验 在风干过程中，有些元素会淋失，有些元素会富集，所以表土中重金属含量高于母质或底土，不一定都是污染造成的。因此，需要由一种稳定的元素作为内参比元素，进行富集系数检验。

土壤中的元素的富集系数可根据 Mcheal 公式计算，即

$$富集系数 = \frac{土壤中某元素含量/土壤中\ TiO_2\ 含量}{母质中某元素含量/母质中\ TiO_2\ 含量} \tag{9-7}$$

富集系数＞1，表示该元素有外来污染，应将该土样弃去。

上述检验方法可根据测试目选取 1～2 种即可。

三、污染土壤环境质量现状评价的方法

国内外使用的土壤环境质量评价的方法很多，但是大体上可以分为以下几类：决定论评价法、经济论评价法、模糊数学评价法和运筹学评价法，每一类方法中又可以分成许多种不同的方法。具体地说，专家评价法（决定论评价法的一种），是以评价者的主观判断为基础的一种评价方法，通常以分数或指数等作为评价的尺度进行衡量。经济分析法，主要是考虑环境质量的经济价值，以事先拟定好的某一环境质量综合经济指标来评价不同的对象，常用的有有两类方法，一类是用于一些特定的环境情况的综合指标（如土壤资源的经济评价等），另一类是费用-效益分析法。模糊数学评价法主要是根据某种评价因素的隶属度，来处理由于不确定性造成的难以确切表达的模糊问题。运筹学方法主要是利用数学模型对于多因素的变量进行定量动态评价。

目前，用于污染土壤环境质量现状评价的方法仍然以污染指数法为主，通过计算污染因

子的污染指数进行评价，在具体评价中根据具体情况又可以分为单因子评价和多因子评价两种。

（一）单因子评价

土壤环境质量单因子评价通常采用的方法是分指数法，也有采用根据土壤和作物系统污染物累积的相关数量来计算的污染指数法。该种方法可以确定出主要的污染物质及危害程度，同时也是多因子综合评价的基础。

1. 分指数法 此法逐一计算土壤中各主要污染物的污染分指数，以确定污染程度。土壤污染分指数计算式为

$$P_i = C_i / C_{0i} \tag{9-8}$$

式中，P_i 为土壤中 i 污染物的污染分指数，为无量纲的量；C_i 为土壤中 i 污染物实测含量；C_{0i}为 i 污染物的评价标准。

上述模式计算简单，物理意义清楚，得到了广泛应用。$P_i<1$，表示未污染；$P_i>1$，表示受到不同程度的污染，P_i 越大，污染越严重。

2. 根据土壤和作物中污染物积累的相关含量来计算的土壤污染指数法 即根据土壤和作物对污染物积累的相关数量，以确定污染等级和划分污染指数范围，然后再根据不同的方法计算污染指数。

该种方法的应用，首先应确定污染等级划分的起始值（表 9-6 和表 9-8）。土壤污染显著积累起始值是指土壤中污染物含量恰好超过评价标准的数值，以 X_a 表示；土壤轻度污染起始值是指土壤污染超过一定限度，使作物体内污染物质含量相应增加，以致作物开始受污染危害时土壤中该物质的含量，以 X_c 表示；土壤重度污染起始值是指土壤污染物大量积累，作物受到严重污染，以致作物体内的某污染物含量达到食品卫生标准时的土壤中该物质含量，以 X_p 表示。

表 9-8 我国土壤中一些重金属指标的建议值（mg/kg）

级别	汞	镉	铅	砷
1	0.10	0.15	30	15
2	0.20	0.30	60	20
3	0.50	0.50	100	27
4	1.00	1.00	300~500	30

注：1 级为背景值（理想水平）；2 级为基准值（可接受水平）；3 级为警戒值（可忍受水平）；4 级为临界值（超标水平）

若土壤污染物含量的实测值（C_i）小于或等于土壤累积起始值（X_{ai}），这时为非污染，即污染指数 $P_i \leqslant 1$。

$$P_i = C_i / X_{ai} \quad (C_i \leqslant X_{ai}) \tag{9-9}$$

若土壤中污染物含量 $C_i > X_{ai}$，但小于作物中污染物含量显著增加相对应的土壤污染物含量（X_{ci}），则属轻度污染，即 $1<P_i<2$。

$$P_i = 1 + \frac{C_i - X_{ai}}{X_{ci} - X_{ai}} \quad (X_{ai} < C_i \leqslant X_{ci}) \tag{9-10}$$

若土壤污染物含量 $C_i > X_{ci}$ 但小于污染临界值（X_{pi}）（如土壤环境质量标准），则属中

度污染，即 $2<P_i<3$。

$$P_i = 2 + \frac{C_i - X_{ci}}{X_{pi} - X_{ci}} \qquad (X_{ci} < C_i \leqslant X_{pi}) \tag{9-11}$$

若土壤污染物含量 $C_i>X_{pi}$，属重度污染，即 $P_i>3$。

$$P_i = 3 + \frac{C_i - X_{pi}}{X_{pi} - X_{ci}} \qquad (C_i > X_{pi}) \tag{9-12}$$

除上述两种方法外，农业部环境保护科研监测所在评价农田环境质量时，采用如下的四级评价方法（单因子评价）。

0 级（无污染）：$P_i=C_{i土}/X_{ai土}<1$　（$X_{ai土}$为污染物的土壤积累起始值），即土壤中 i 污染物实测值小于它的土壤积累起始值。

1 级（轻度污染，污染物在土壤中有积累）：$P_i=C_{i土}/X_{ai土}\geqslant1$。但是，$C_{i粮(菜)}<X_{ai粮(菜)}$

2 级（中度污染，土壤受到明显污染，或污染物在农产品食用部分中开始有积累）：$P_i=C_{i粮(菜)}/X_{ai粮(菜)}\geqslant1$（$X_{ai粮(菜)}$为污染物的粮菜起始值），但是，$C_{i粮(菜)}<$（食品卫生标准）$_i$。

3 级（重度污染，土壤受到重度污染，污染物在粮菜等农产品中的含量超过食品卫生标准，或者污染物明显影响农作物生长发育，或导致减产 10%以上）：$P_i=C_{i粮(菜)}/$（食品卫生标准）$_i\geqslant1$

这种评价方法的优点在于，把土壤监测与粮菜监测结合起来对农田环境质量的进行评价和分级，在定量上有更充分的根据。

3. 应用背景值及标准偏差评价法　该方法应用区域土壤环境背景值（X）95%置信度的范围（$X\pm2S$）来评价。

若土壤某元素监测值 $X_I<X-2S$，则该元素缺乏或属于低背景土壤。

若土壤某元素监测值在 $X\pm2S$，则该元素含量正常。

若土壤某元素监测值 $X_I>X+2S$，则土壤已受该元素污染，或属于高背景土壤。

（二）多因子评价

在实际情况中，常出现多种污染物同时污染某一地区土壤的现象，单因子评价难以表示它们的整体污染水平，因此需要一种同时考虑土壤中多种污染物综合污染水平的多因子评价方法。

为确定土壤环境总体质量，多因子评价一般采用污染综合指数进行评价。

1. 以土壤中各污染物指数叠加作为土壤污染综合指数　该土壤污染综合指数计算模式为

$$P = \sum_{i=1}^{n} P_i = \sum_{i=1}^{n} \frac{C_i}{S_i} \tag{9-13}$$

式中，P 为土壤污染综合指数；P_i为土壤中 i 污染物的污染指数；n 为土壤中参与评价的污染物种类数。

这种模式计算简便，但是它对各种污染物的作用是等量齐观的，没有强调严重超标的污染物在土壤总体质量中的作用。

根据综合污染物指数的大小，可把土壤环境质量进行分级，以表征污染的程度。北京西郊的土壤环境质量评价中曾用过此法，并根据综合指数（P）的数值把土壤环境质量分为 4 级，见表 9-9。

表 9-9　北京西郊土壤质量分级表

级别	土壤污染综合指数	主要区域
Ⅰ清洁	<0.2	广大清水灌溉区
Ⅱ微污染	0.2～0.5	北灰水灌区、莲花河系污灌区外 47.5km²
Ⅲ轻污染	0.5～1	莲花河灌区附近土壤 18km²
Ⅳ中度污染	>1	莲花河上游主河道两侧污灌区 1.5km²

2. 内梅罗综合污染指数　内梅罗（N. L. Nemerow）综合污染指数计算式为

$$P_{\mathrm{N}}=\sqrt{\frac{1}{2}\left[\left(\frac{1}{n}\sum_{i=1}^{n}P_i\right)^2+\left(\frac{C_i}{C_{0i}}\right)^2_{\max}\right]} \quad (9-14)$$

式中，$(C_i/C_{0i})^2_{\max}$为土壤中各污染物污染指数的最大值的平方；其他符号含义同前。

此方法强调了最大污染指数，与其他方法相比，其综合指数虽然常常偏高，但是突出了污染较重的污染物的作用（表 9-10）。

表 9-10　土壤内梅罗污染指数评价标准

等级	内梅罗污染指数	污染等级
Ⅰ	$P_{\mathrm{N}}\leqslant 0.7$	清洁（安全）
Ⅱ	$0.7<P_{\mathrm{N}}\leqslant 1.0$	尚清洁（警戒限）
Ⅲ	$1.0<P_{\mathrm{N}}\leqslant 2.0$	轻度污染
Ⅳ	$2.0<P_{\mathrm{N}}\leqslant 3.0$	中度污染
Ⅴ	$P_{\mathrm{N}}>3.0$	重污染

3. 均方根综合污染指数　均方根综合污染指数计算式为

$$P=\sqrt{\frac{1}{n}\sum_{i=1}^{n}P_i^2} \quad (9-15)$$

该种方法考虑了平均分指数的对评价结果的影响。

4. 加权综合污染指数　加权综合污染指数计算式为：

$$P=\sum_{i=1}^{n}P_iW_i \quad (9-16)$$

式中，W_i为 i 污染物的权重；其他符号含义同前。

加权综合污染指数反映了各种污染物对土壤环境质量不同的作用，这种不同的作用充分体现在权重上。

四、污染土壤环境质量分级

土壤环境质量的分级，就是对定量的综合质量指数赋予环境质量的实际含义，一般采用如下的几种分级方法。

1. 根据综合质量指数（P）划分质量等级　一般 $P\leqslant 1$ 为未受污染；$P\geqslant 1$ 为已污染，P 值越大，土壤污染越严重。可根据 P 变化的幅度，结合作物受害程度和污染物累积状况，进一步划分轻度污染、中度污染和重度污染等级。

2. 根据土壤和作物中污染物积累的相关数量划分质量等级 这种分级仅表示土壤中各个污染物的污染程度，还不能表示土壤总的质量状况。

3. 根据系统分级法划分质量等级 首先根据土壤污染物含量和作物生长的相关关系以及作物中污染物的积累与超标情况，对各污染物浓度进行分级，然后将污染物浓度转换为污染指数，再将污染指数加权综合为土壤质量指数，据此划分土壤质量的级别。建立土壤污染物积累和土壤容量模式，计算不同年限污染物的积累数量，预测土壤污染发展趋势。

第四节 污染土壤环境质量影响预测

污染土壤环境影响预测的主要任务，是根据建设和实施项目所在地区的土壤环境现状，对建设和实施项目可能带来的污染物在土壤中迁移与积累，应用预测模型进行预测，判断未来土壤环境质量状况和变化趋势。

一、废（污）水灌溉土壤影响预测

当利用拟议项目排放各种污染物的废（污）水灌溉时，污染物在土层中被土壤吸附，被微生物分解和被植物吸收，同时还可能发生一系列化学变化；此外，地表径流及渗透也将之迁移。土壤灌溉几年后，污染物 i 在土壤中的累积残留量 W_i（mg/kg）有式（9-17）的关系。

$$W_i = \Phi_i + X_i K_i \frac{1-K_i{}^n}{1-K_i} \tag{9-17}$$

式中，Φ_i 为灌溉前污染物 i 在土壤中的背景值（mg/kg）；X_i 为单位质量被灌溉土壤每年接纳该污染物的量（mg/kg）；K_i 为污染物 i 在被灌溉土壤中的年残留率；n 为污水灌溉年限。式中的 X_i 由下式求得。

$$X_i = (Q/M)C_i \tag{9-18}$$

式中，Q 为每年污水灌溉水量（m^3/hm^2）；M 为单位面积地耕作层土壤质量（kg/hm^2）；C_i 为灌溉水中 i 污染物的浓度（mg/L）。

根据北京西郊实地调查结果，$K_{酚} = 0.6\%$；$K_{氰} = 0.9\%$；$K_{镉} = 0.82\%$；$\Phi_{酚} = 0.038$mg/kg；$\Phi_{氰} = 0.05$mg/kg。

二、土壤中农药残留量预测

农药输入土壤后，在各种因素作用下，会产生降解或转化，其最终残留量可以按下式计算。

$$R = Ce^{-kt} \tag{9-19}$$

式中，R 为农药残留量（mg/kg）；C 为农药施用量；k 为降解常数；t 为时间；e 为自然对数的底。

从式（9-19）可以看出，连续施用农药，如果农药能不断降解，土壤中的农药累积量有所增加，但达到一定值以后便趋于平衡。

假定1次施用农药，土壤中农药的浓度为C_0，一年后的残留量为C，则农药残留率（f）可以用下式表示。

$$f = C/C_0 \tag{9-20}$$

如果每年1次，连续施用，则数年后农药在土壤中的残留总量为

$$R_n = (1 + f + f^2 + f^3 + f^4 + \cdots + f^{n+1})C_0 \tag{9-21}$$

式中，R_n为残留总量（mg/kg）；f为残留率（%）；C_0为一次施用农药在土壤中的浓度（mg/kg）；n为连续施用年数。

当$n \to \infty$时，则

$$R_n = C_0/(1 - f) \tag{9-22}$$

R_n为农药在土壤中达到平衡时的残留量。

三、土壤中常见污染物残留量预测

（一）预测模型

土壤污染物在土壤中年残留量（年累积量）计算模型为

$$W = K(B + R) \tag{9-23}$$

式中，W为污染物在土壤中年残留量（mg/kg）；B为区域土壤背景值（mg/kg）；R为土壤污染物对单位土壤的年输入量（mg/kg）；K为土壤污染物残留率（年累积率，%）。

若污染年限为n，每年的K和R不变，则污染物在土壤中n年内的累积量为

$$W_n = BK^n + RK\frac{1 - K^n}{1 - K} \tag{9-24}$$

从式（9-23）和式（9-24）可知，年残留率（K）对污染物在土壤中年残留率的影响很大，而K的大小因土壤特性而异。

年残留率的推求一般是通过盆栽试验进行的。在盆中加入某区域土壤m kg，厚度为20cm左右，先测定出土壤中试验污染物的背景值，然后向土壤中加入该污染物n mg，其输入量为n/m（mg/kg）。栽上作物，以淋灌模拟天然降雨，灌溉用水及施用的肥料均不应含该污染物，倘若含有，需测定其含量，计算在输入量当中。经过1年时间，抽样测定土壤中该污染物的残留含量（实测值减背景值求得），该区域土壤的年残留率按下式计算：

$$K = \frac{残留含量(mg/kg)}{年输入量(mg/kg)} \times 100\% \tag{9-25}$$

（二）预测实例

根据式（9-23），只需掌握5个参数中的4个，进行平衡计算，即可求得任何一未知项。下面列举几个应用实例。

1. 重金属残留量的计算　计算某污灌区灌溉20年来土壤中镉的累积残留量，假设土壤中镉的背景值为0.19mg/kg，年残留率（K）为0.9，年输入土壤中的镉为630g/hm²。

设每公顷耕作土层重2 250t，将上述数据代入（9-24）中，得

$$W_{20} = 0.19 \times 0.9^{20} + \frac{0.63 \times 10^6}{2.25 \times 10^6} \times 0.9 \times \frac{1 - 0.9^{20}}{1 - 0.9}$$

$$= 2.236 \text{（mg/kg）}$$

2. 有机污染物残留量的计算　若土壤中石油类污染物背景值为250mg/kg，年残留率为

0.7，年输入量为100mg/kg，试计算石油类污染物在土壤中20年来的累积残留量。

将上述数据代入式（9-24）中，得

$$W_{20}=250\times0.7^{20}+100\times0.7\frac{1-0.7^{20}}{1-0.7}=233.5\ (\text{mg/kg})$$

根据式（9-24）及有关调查资料和土壤环境质量标准，还可以计算土壤污染物达到土壤环境质量标准时所需的污染年限，也可以求出污水灌溉的安全污水浓度和施用污泥中污染物的最高容许浓度。

3. 施用污泥中重金属的最高容许浓度计算 将式（9-24）稍加改变，可计算施用污泥中重金属的最高容许浓度，计算式为

$$W=BK^n+\frac{XM}{G}\cdot K\frac{1-K^n}{1-K} \tag{9-26}$$

$$X=\frac{W-BK^n}{(M/G)\cdot K\dfrac{1-K^n}{1-K}} \tag{9-27}$$

式中，W为土壤中污染物残留总量（累积总量，mg/kg）；B为土壤中污染物的背景值（mg/kg）；X为污泥中污染物最高容许含量（mg/kg）；G为耕作层单位土壤质量（kg/hm^2）；M为污泥每年施用量（kg/hm^2）；K为污染物年残留率；n为污泥施用年限。

四、土壤环境容量的计算

土壤中污染物的含量，在未超过一定浓度之前，不会在作物体内产生明显的积累，也不会危害作物生长。超过一定浓度之后，就有可能生产出超过食品卫生标准的农产品，或使作物减产。因此，土壤容纳污染物的量是有限的。一般将土壤在环境质量标准的约束下所能容纳污染物的最大数量，称为土壤环境容量。其计算公式为

$$Q=(C_0-B)\times2\ 250 \tag{9-28}$$

式中，Q为土壤环境容量（g/hm^2）；C_0为土壤环境标准值（g/t，土壤）；B为区域土壤背景值（g/t，土壤）；2 250为每公顷土地的表土质量（t/hm^2）。

从式（9-28）可知，在一定区域的土壤特性和环境条件下（B的数值是一定的），土壤环境容量（Q）的大小取决于土壤环境质量标准的大小。土壤环境质量标准大，土壤环境容量也大；标准严，则容量小。因此，制定土壤环境质量标准是极为重要的。

上述各式中，土壤环境质量背景值是通过土壤背景值调查获得的；土壤污染物年输入量（R）可以通过土壤污染物调查获得。

第五节 污染土壤环境质量影响评价

影响是一件事物对其他事物所发生的作用，环境影响则强调人类活动对环境产生的作用和环境对人类的反作用。

对土壤环境产生的影响可以是有害的，也可以是有利的；可以是长期的，也可以是短期的；可以是潜在的，也可以是现实的。通常按影响的来源可以分成原发性影响和继发性影响。原发性影响是人类行动的直接结果，如农药的农田施用就会直接引起土壤的污染。原发

性污染一般比较容易分析和确定。继发性影响往往是原发性影响诱发的结果，是一种间接的影响，如农田的工业占用，使原来的农作物和绿色植被消失是原发性影响。随后，工厂和居民区的发展，人口的增加，可能会造成对大气和水质的影响，这就成为继发性接影响。在生物（土壤）环境中，继发性影响特别重要。

在土壤环境影响评价工作中，开发行动或建设项目的土壤环境影响评价是从预防性环境保护目的出发，依据建设项目的特征与开发区域土壤环境条件，通过监测了解情况，识别各种污染和破坏因素对土壤可能产生的影响；预测影响的范围、程度及变化趋势，然后评价影响的含义和重大性；提出避免、消除和减轻土壤侵蚀与污染的对策，为行动方案的优化提供依据。

一、环境影响的识别与监测调查

（一）开发项目对土壤环境影响的识别

1. 对土壤环境有重大影响的人类活动　土壤系统是在漫长的地球演变过程中形成的，它受自然和人类行动的双重影响，特别是近百年来人类的影响是巨大的。

(1) *全球气候变暖和人工改变局部地区小气候*　人工降雨、改变风向、农田灌溉补水和排水等对土壤的影响是有利的；而气温升高、使土壤曝晒和风蚀影响加大则是不利的。

(2) *改变植被和生物分布状况*　合理控制土地上动植物种群，松土犁田增加土壤中的氧，施加粪便和各种有机肥，休耕和有控制去除有害的昆虫和杂草等的影响是有利的；过度放牧和种植减少土壤有机物含量，施用化学农药杀虫、除草，用含有有害污染物的废水灌溉则产生不利影响。

(3) *改变地形*　土地平整并重铺植被，营造梯田，在裸土上覆盖或铺砌植被等的影响是有利的；湿地排水和开矿及地下水过量开采引起地面沉积和加速土壤侵蚀，以及开山、挖地生产建筑材料的影响是不利的。

(4) *改变成土母质*　在土壤中加入水产和食品加工厂的贝壳粉、动物骨骸，清水冲洗盐渍土等的影响是有利的；将含有有害元素矿石和碱性粉煤灰混入土壤，农业收割带走的矿物养分超过补给量等则有不利影响。

(5) *改变土壤自然演化的时间*　通过水流的沉积作用将上游的肥沃母质带到下游，对下游的土壤是有利的；过度放牧和种植作物会快速移走成土母质中的矿物营养，造成土壤退化，将土壤埋于固体废弃物之下则其影响是不利的。

在考虑土壤影响时，必须与地区的地质信息联系起来。

2. 各种建设项目对土壤环境的影响　多种建设项目会对土壤和地质环境造成破坏性影响，而这些影响又能反过来影响项目功能的正常发挥，主要影响如下。

①地下水过量开采，油或天然气资源开采或者是露天、地下采掘等活动，都会造成当地的地面沉降。

②大型工程施工需要大量的建筑材料，供应这些材料的地区由于砂、石开采会引起地表水的水力条件和土壤的侵蚀模式的改变。

③工程施工一般会引起施工区域的侵蚀或提高当地土壤侵蚀程度。为了防止或减轻侵蚀，需要采取建泥沙沉积池、种植速生的树种和植被等措施。沉积池内的淤泥应返回原来的

土地上。

④在一些地貌特别的地区，土方过量或不适当开挖，会引起滑坡、塌方。例如有人在陡坡的台地上建设厂房极易造成滑坡。

⑤在地震频发地区建核电厂、化工厂、废物处理设施和大型的油品与溶剂储槽，可能会在地震时造成大面积的土壤污染灾害。在这些项目选址、建设和运行阶段，必须考虑其影响大小。

⑥露天采矿时，表土被剥离并被移别处，在矿山服务期满后应恢复原来的地形，否则会造成大面积水土流失和风蚀。

⑦沿海岸线建防波堤以控制侵蚀和飘移，会改变沿岸土壤环境条件。

⑧与军事训练相关的项目，例如在坦克驾驶训练时会造成土壤过度压实，不利于植被恢复，会使土壤遭受侵蚀和排水模式变坏。

⑨可能产生局地酸雨的项目，例如，燃烧高含硫煤的发电厂，会对土壤的化学组分造成影响，并对地下水造成潜在影响。

⑩那些把选址地土壤和地貌作为选址条件的项目，如城市废物和污泥填埋场，河、港的疏浚淤泥堆放场等项目，会造成场地及周围土壤及地下水污染。

⑪沿海岸区域开发的项目可能增加海岸线侵蚀，也可能因海岸线侵蚀而影响项目本身。这类项目包括海边空地开发和与此相关联的后续发展项目、与港口和船舶锚地设施相关的项目以及与港口和码头发展有关的项目。

⑫单一蓄洪或多目标拦蓄水资源（蓄洪、供水、发电等）等项目的建设和运行期，对土壤和地质环境会造成两大影响；泥沙沉积和蓄水后库区底下的地下水层、土壤和地貌等的变化。

⑬在合同承包或租用的土地上种植庄稼或放牧，往往缺少对土壤的保养，造成土壤化学性质改变和侵蚀程度加大。

⑭大型管道工程在施工中用重型设备会将土壤压结实，降低土壤透气性和渗水性，使植物不易生长，造成强的地表径流和侵蚀作用。施工机械还使土壤颗粒破碎和除去表面植被，使土壤易被水流侵蚀。土壤侵蚀的速度与坡度、土质的易侵蚀性、植被恢复的时间以及降雨强度有关。在管沟中特别容易侵蚀，因为回填土一般较松散，管沟会成为天然的排水沟，管沟上的堆土会不断沉降，在表层形成一个径流的天然渠道。管道施工造成土壤侵蚀的后果有两方面，其一是表土肥分的流失，其二是受纳地表径流的河水中悬浮物质含量的提高和底泥沉积量增加。迅速恢复植被是最有效缓解侵蚀的措施。

（二）土壤环境和污染源的监测调查与评价

1. 土壤环境调查 土壤调查资料可从有关管理、研究和行业信息中心以及图书馆和情报所收集，内容包括：①自然环境特征，如气象、地貌、水文和植被等资料；②土壤及其特性，包括成土母质（成土母岩和成土母质类型）、土壤类型（土类名称、面积及分布规律）、土壤组成（有机质、氮、磷、钾及主要微量元素含量）、土壤特性（土壤质地、结构、pH、E_h、土壤代换量及盐基饱和度等）；③土地利用状况，包括城镇、工矿、交通用地面积，农、林、牧、副、渔业用地面积及其分布；④水土侵蚀类型、面积及分布和侵蚀模数等；⑤土壤环境背景资料，可查阅《中国土壤元素背景值》；⑥当地植物种类、分布及生长情况。

2. 土壤环境监测

（1）监测内容　土壤环境监测的内容与土壤环境调查的内容相同。

（2）监测布点　土壤环境监测布点，原则上应因时、因地而定。一般情况下，应考虑下列原则。

①为了保证工作精度，应合理确定监测布点的密度及均匀性。对一级评价和二级评价，因为需要制作污染影响评价图，所以多采用网络布点法；对三级评价，可按要求散点布设。

②在受排放污水影响而导致土壤污染的地段，应注意污染物散播的方式与途径。其布点方法通常是沿着纳污河两侧，并按水流方向呈带状布点，布点密度自排污口起由密渐稀。

③在受大气污染物沉降而导致土壤污染的地段，则应以高架点源为中心，沿四周各方位呈放射状布点。布点密度自中心起由密渐稀。此外，应考虑在主导风向一侧，适当增加监测距离和布点数量。

④在由固体废物堆场引起的土壤污染地段，其布点方法应以堆场为中心，按地表径流和地下水流方向呈放射状向外布设。布点密度也是近密远稀。地下水流上游布点较疏，下游布点较密。

（3）植物监测调查　植物监测调查，主要是观察研究自然植物和作物等在评价区内不同土壤环境条件下，各生育期的生长状况及产量、质量变化。植物样品应在土壤样点处多点采取，采样的部位可分别为根、茎、叶、花、果以及混合样。

3. 土壤侵蚀和污染源调查

（1）土壤侵蚀源　主要是调查现有的各种认为破坏植被和地貌造成土壤侵蚀的活动。

（2）工业污染源　重点是调查通过“三废”排放进入土壤的污染物种类、途径和数量。

（3）农业污染源　重点是调查化肥、农药、污泥和垃圾肥料的来源、成分及施用量（包括自身所含污染物）。

（4）污水灌溉　主要调查污水来源、污水灌溉量、主要污染物种类和浓度、灌溉面积及灌溉年限。

4. 土壤环境现状描述和评价　通过上述监测调查，可以对土壤环境现状定性描述，说明评价区域土壤的背景和临界状况。当资料和数据充分时可以用土壤指数法对土壤状况定量地评价。

（1）评价因子的确定　评价土壤的因子，一般是根据监测调查掌握的土壤中现有污染物和拟建项目将要排放的主要污染物，按毒性大小与排放量多少进行筛选确定。筛选方法通常采用等标污染负荷比法。

（2）评价　用指数法评价土壤环境现状，具体方法见本章第三节。

二、土壤环境影响评价

（一）评价拟建项目对土壤影响的重大性和可接受性

1. 将影响预测的结果与法规和标准进行比较

（1）由拟建项目造成的土壤侵蚀或水土流失是否明显违反了国家的有关法规　例如，建设矿山造成水土流失十分严重，但水土保持方案不足以显著防治土壤流失，则该项目的负面影响是重大的，在环境保护方面是不可行的。

（2）将影响预测值加上背景值后与土壤标准做比较　例如，一个拟建化工厂排放有毒废水使土壤中的重金属含量超过土壤环境质量标准，则可判断该废水的影响是重大的。

（3）用分级型土壤指数对土壤的实测值与预测拟建项目影响后算得的两指数值进行比较　如果土质级别降低，例如，基线值为轻度污染，受影响后为中度污染，则表明该项目的影响是重大的；如果仍维持轻度污染，则表示影响不显著。

2. 与历史上已有污染源和（或）土壤侵蚀源进行比较　请专家判断拟建项目所造成新的污染和提高侵蚀程度的影响的重大性。例如，土壤专家一般认为在现有的土壤侵蚀条件下，如果一个大型工程的兴建将使侵蚀率每年的提高值不大于 $11t/hm^2$，则是允许的。但在做这类判断时，必须考虑区域内多个项目的累积效应。

3. 拟建项目环境可行性的确定　根据土壤环境影响预测与影响重大性的分析，指出工程在建设过程和投产后可能遭到污染或破坏的土壤面积和经济损失状况。通过费用效益分析和环境整体性考虑，判断土壤环境影响的可接受性，由此确定拟建项目的环境可行性。

（二）避免、消除和减轻负面影响的对策

1. 提出拟建工程应采用的控制土壤污染源的措施

①工业建设项目应首先通过清洁生产或废物最少化措施减少或消除废水、废气和废渣的排放量，同时在生产中不用或少用在土壤中易积累的化学原料。其次是采取排污管终端治理方法，控制废水和废气中污染物的含量，保证不造成土壤的重金属和持久性的危险有机化学品（如多环芳烃、有机氯和石油类等）的积累。

②危险性废物堆放场地和城市垃圾等固体废弃物填埋场应有严格的隔水层设计、施工，确保工程质量，使渗漏液影响减至最小。同时做好渗漏液收集和处理工程，防止土壤和地下水污染。

③在施工中开挖出的弃土应堆置在安全的场地上，防止侵蚀和流失。如果弃土中含污染物，应防止流失、污染下层土壤和附近河流。在工程完工后，这些弃土应尽可能地返回原地。

④加强土壤与作物或植物的监测和管理，在建设项目周围地区促进森林和植被的生长。

2. 方案选址　任何开发行动或拟建项目必须有多个选址方案，应从整体布局上进行比较，从中选择出对土壤环境的负面影响较小的方案。

◆ 思考题

1. 土壤环境监测有哪些特点？土壤环境质量监测应遵循的原则是什么？
2. 土壤环境质量的评价的原则和评价内容是什么？
3. 我国的土壤环境质量标准与绿色食品土壤环境质量标准有何区别？
4. 土壤环境质量评价方法可以分为哪几类？常用的评价方法是什么？
5. 土壤环境影响预测包括哪些内容？
6. 人类的哪些活动对土壤环境会造成影响？如何避免或减轻负面影响？

◆ 主要参考文献

国家环境保护局主持，中国环境监测总站主编 . 1993. 中国土壤元素背景值 [M] . 北京：中国环境科学出版社 .

汪雅谷，张四荣．2000．无污染蔬菜生产的理论与实践［M］．北京：中国农业出版社．
奚旦立，孙裕生，刘秀英．2003．环境监测［M］．北京：高等教育出版社．
夏家淇．1994．土壤环境质量标准详解［M］．北京：中国农业出版社．
杨景辉．1995．土壤污染与防治［M］．北京：科学出版社．
叶文虎，栾胜基．2000．环境质量评价学［M］．北京：高等教育出版社．
张从．2003．环境评价教程［M］．北京：中国环境科学出版社．

第十章　污染土壤修复技术

本章提要　本章根据国内外污染土壤修复技术发展的趋势，介绍当前国内外污染土壤修复技术的主要类型、基本原理、技术要点及其应用实例，并扼要说明污染土壤修复技术选择的主要原则。本章将污染土壤的主要修复技术归纳为物理修复技术、化学修复技术、植物修复技术和生物修复技术等 4 大类。

污染土壤修复的目的在于降低土壤中污染物的含量、固定土壤污染物、将土壤污染物转化成毒性较低或无毒的物质或阻断土壤污染物在生态系统中的转移途径，从而减小土壤污染物对环境、人体或其他生物体的危害。欧美等发达国家对污染土壤的修复技术做了大量的研究，建立了适合于各种常见有机污染物和无机污染物污染的土壤的修复方法，并已不同程度地应用于污染土壤修复的实践中。我国在污染土壤修复技术方面的研究从 20 世纪 70 年代就已经开始，当时以农业修复措施的研究为主。随着时间的推移，其他修复技术的研究（如化学修复和物理修复技术等）也逐渐展开。到了 20 世纪末期，污染土壤的植物修复技术研究在我国也迅速开展起来。总体而言，虽然我国在土壤修复技术研究方面取得了可喜的进展，但在修复技术研究的广泛性和深度方面与发达国家还有一定的差距，特别在工程修复方面的差距还比较大。本章将简要介绍污染土壤的主要修复技术。

第一节　污染土壤修复技术分类

从不同的角度出发，可以对污染土壤的修复技术进行不同的分类，常见的是按修复位置分类和按操作原理分类。

一、按修复位置分类

污染土壤的治理技术可以根据其位置变化与否分为原位修复技术（in-situ technology）和异位修复技术（ex-situ technology，又称易位或非原位修复技术）。原位修复指对未挖掘的土壤进行治理的过程，对土壤扰动少。这是目前欧洲最广泛采用的技术。异位修复指对挖掘后的土壤进行的处理过程。异位治理又包括原地（on site）处理和异地（off site）处理两种。所谓原地处理，指在污染场地上对挖掘出的土壤进行处理的过程。异地处理指将挖掘出的土壤运至另一地点进行处理的过程。原位处理对土壤结构和肥力的破坏较小，需要进一步处理和弃置的残余物少，但对处理过程产生的废气和废水的控制比较困难。异位处理的优点是对处理过程的条件的控制较好，与污染物的接触较好，容易控制处理过程产生的废气和废物的排放；缺点是在处理之前需要挖土和运输，会影响处理过的土壤的再使用，费用一般较高。

二、按操作原理分类

修复技术还可以依其操作原理而分类。不同的学者的分类很不相同。Ian Martin 等（1996）将修复技术分为生物修复技术、化学修复技术、物理修复技术、固定化技术和热处理技术等。这些类别之间的界线通常是模糊的，有些是互相交叉的。这些技术的大部分都包括原位和异位处理方式。例如，玻璃化技术既可以依其过程中的高温和熔融被归为热处理技术，又可以依其对重金属的物理固定而被归为固定技术。Iskandar 等（1997）、Adriano（1997）将治理技术分为 3 大类：物理修复技术、化学修复技术和生物修复技术。由于物理修复技术和化学修复技术之间的界线通常不明显，故也常将物理修复技术和化学修复技术合在一起，称为物理化学修复技术。

经过修复的污染土壤，有的可被再利用，有的则不能被再利用。能够使土壤保持生产力并被持续利用的修复技术，称为可持续性修复技术。经处理后固定了污染物，但使土壤丧失生产力的修复技术，称为非持续性修复技术。

在本章中，将污染土壤修复技术分为物理修复技术（physical remediation）、化学修复技术（chemical remediation）、生物修复技术（bioremediation）和植物修复技术（phytoremediation）4 类。物理修复技术包括土壤蒸气提取技术、固化/稳定化技术、玻璃化技术、热处理技术、电动力学修复技术、稀释和覆土等。化学修复技术包括土壤淋洗技术、原位化学氧化技术、化学脱卤技术、溶剂提取技术和农业改良措施等。植物修复技术包括植物提取作用、根际降解作用、植物降解作用、植物稳定化作用和植物挥发作用等。生物修复技术包括泥浆相生物反应器、生物堆制法、土地耕作法、翻动条垛法、生物通气法和生物注气法等。

第二节 污染土壤修复技术分述

一、物理修复技术

（一）土壤蒸气提取技术

土壤蒸气提取技术（soil vapor extraction，SVE）是一种通过布置在不饱和土壤层中的提取井，利用真空向土壤导入空气，空气流经土壤时，挥发性和半挥发性有机物随空气进入真空井而排出土壤，土壤中的污染物含量因而降低的技术。土壤蒸气提取技术有时也被称为真空提取技术（vacuum extraction），属于一种原位处理技术，但在必要时，也可以用于异位修复。该技术适合于挥发性有机物和一些半挥发性有机物污染土壤的修复，也可以用于促进原位生物修复过程。

在基本的土壤蒸气提取设计中，要在污染土壤中设置垂直或竖直井（通常采用 PVC 管）。水平井特别适合于污染深度较浅的土壤（小于 3m）或地下水位较高的地方。真空泵用于从污染土壤中缓慢地抽取空气。真空泵安置在地面上，与一个气水分离器和废物处理系统（off-gas treatment system）连接在一起。从土壤空隙中抽取的空气携带了挥发性污染物的蒸气。由于土壤空隙中挥发性污染物分压的不断降低，原来溶解于土壤溶液中或被土壤颗粒吸附的污染物持续地挥发出来以维持空隙中污染物的平衡（图 10-1）。

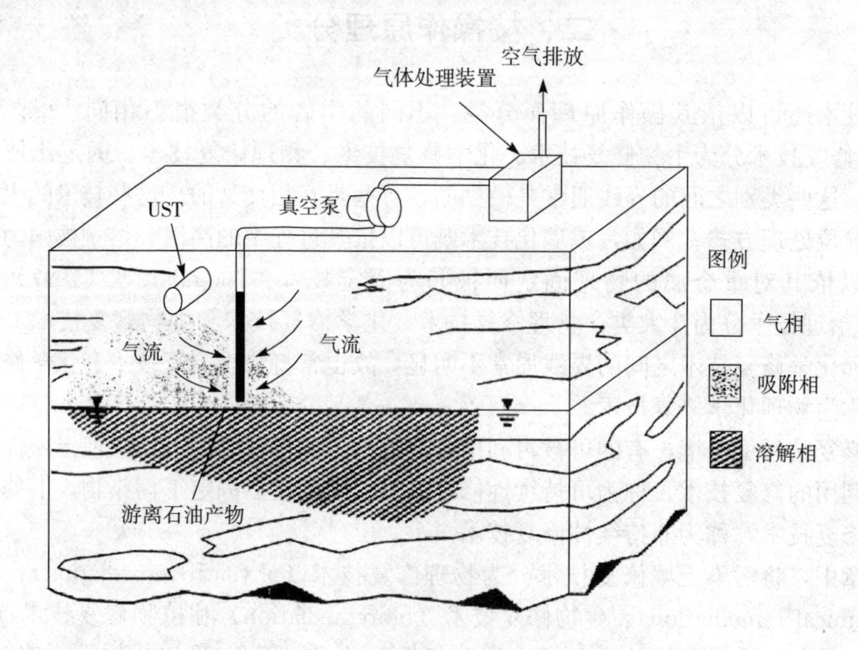

图 10-1　土壤蒸气提取系统示意图
（引自 Soil Vapor Extraction，USEPA）

土壤蒸气提取技术的特点是：可操作性强、设备简单、容易安装；对处理地点的破坏很小；处理时间较短，在理想的条件下，通常 6 个月到 2 年即可；可以与其他技术结合使用；可以处理固定建筑物下的污染土壤。该技术的缺点是：很难达到 90%以上的去除率；在低渗透土壤和有层理的土壤上有效性不确定；只能处理不饱和带的土壤，要处理饱和带土壤和地下水，还需要其他技术。欧美国家处理每吨土壤的费用为 5～50 英镑。

土壤蒸气提取技术能否用于具体污染点的修复及其修复效果取决于两方面的因素：土壤的渗透性和有机污染物的挥发性。

土壤的渗透性与质地、裂隙、层理、地下水位和含水量都有关系。细质地的土壤（黏质土和粉砂土）的渗透性较低，而粗质地土壤的渗透性较高。土壤蒸气提取技术用在砾质土和砂质土上效果较好，用在黏质土和壤质黏土上的效果不好，用在粉砂土和壤土上的效果中等。裂隙多的土壤的渗透性较高。有水平层理的土壤会使蒸气侧向流动，从而降低蒸气提取效率。土壤蒸气提取技术一般不适合于地下水位高于 0.9m 的土壤。地下水位太高，可能淹没部分污染土壤和提取井，致使气体不能流动。这一点对于水平提取井而言尤为重要。当真空提取时，地下水位还可能上升。因此地下水位最好在地表 3m 以下。当地下水位在 0.9～3m 之间时，需要采取空间控制措施。高的土壤含水量会降低土壤的渗透性，从而影响蒸气提取技术的效果。有机质含量高的土壤对挥发性有机物的吸附很强，不适于使用土壤蒸气提取技术。有机化合物的挥发性可以用蒸气压、沸点和亨利常数来衡量。土壤蒸气提取技术适合于那些蒸气压高于 66.7Pa（0.5mmHg）或沸点低于 250～300℃或亨利常数大于 1.013×10^7Pa（100atm）压的有机化合物。

土壤蒸气提取技术可以与其他技术结合使用，去除效果更好。空气注入技术（air sparging）也是一种原位处理技术，它包括了将空气注入亚表层饱和带土壤、气流向不饱和带流动时移走亚表层污染物的过程。在空气注入过程中，气泡穿过饱和带及不饱和带，相当于一个可以去除污染物的剥离器。当空气注入法与蒸气提取法一起使用时，气泡将蒸气态的污染物带进蒸气提取系统而被去除，提高了污染物去除效率。生物通气技术（bioventilating）可提高土著细菌的活性，促进有机物的原位生物降解。当挥发性有机物经过生物活性高的土壤时，挥发性有机物的降解被促进。生物通气可以用丁处理所有可以被好气降解的有机组分，它对于石油产品污染的修复特别有效。生物通气技术最经常被用于中等分子质量的石油产品的降解。石油的轻产品（如汽油）容易挥发，可以被蒸气提取技术去除。气动压裂技术（pneumatic fracturing）是一种在不利的土壤条件下，增强原位修复效果的技术。气动压裂技术向表层以下注入压缩空气，使渗透性低的土层出现裂缝，促进空气的流动，从而提高蒸气提取的效果。

在美国的密歇根州，曾采用蒸气提取技术处理一个面积为 47hm^2 的挥发性有机物污染的土壤。这些挥发性有机物包括氯甲撑（methylene chloride）、氯仿、1，2-二氯乙烷和 1，1，1-三氯乙烷。土壤质地从细砂土到粗砂土。水力传导度在 7×10^{-5}～4×10^{-4}m/s。修复过程从 1988 年 3 月开始到 1999 年 9 月结束。大约 18 000kg 的挥发性有机物被提取出来。处理费用大约是 30 英镑/m^3。

（二）固化/稳定化技术

固化/稳定化技术（solidification/stabilization）是指通过物理的或化学的作用以固定土壤污染物的一组技术。固化技术（solidification）指向土壤添加黏结剂而引起石块状固体形成的过程。固化过程中污染物与黏结剂之间不一定发生化学作用，但有可能伴生土壤与黏接剂之间的化学作用。将低渗透性物质包被在污染土壤外面，以减少污染物暴露于淋溶作用的表面积从而限制污染物迁移的技术称为包囊作用（encapsulation），也属于固化技术范畴。在细颗粒废物表面的包囊作用称为微包囊作用（microencapsulation），而大块废物表面的包囊作用称为大包囊作用（macroencapsulation）。稳定化技术（stabilization）指通过化学物质与污染物之间的化学反应使污染物转化为不溶态的技术。稳定化技术不一定会改善土壤的物理性质。在实践上，商业的固化技术包括了某种程度的稳定化作用，而稳定化技术也包括了某种程度的固化作用。两者有时候是不容易区分的。

固化/稳定化技术采用的黏结剂主要是水泥、石灰和热塑塑料等，也包括一些专利的添加剂。水泥可以和其他黏结剂［如飞灰、溶解的硅酸盐、亲有机物的黏粒（organophilic clay）和活性炭等］共同使用。有的学者又基于黏接剂的不同，将固化/稳定化技术分为水泥和混合水泥（pozzolan）固化/稳定化技术、石灰固化/稳定化技术和玻璃化固化/稳定化技术 3 类。

固化/稳定化技术可以用于处理大量的无机污染物，也可用于部分有机污染物。固化/稳定化技术的优点是：可以同时处理被多种污染物污染的土壤，设备简单，费用较低。但它也有一些缺点，最主要的问题在于它不破坏、不减少土壤中的污染物，而仅仅是限制污染物对环境的有效性。随着时间的推移，被固定的污染物有可能重新释放出来，对环境造成危害，因此它的长期有效性受到质疑。

固化/稳定化技术可以原位处理也可以异位处理土壤。进行原位处理时，可以用钻孔装置和注射装置，将修复物质注入土壤。而后用大型搅拌装置进行混合。处理后的土壤留在原地，其上可以用清洁土壤覆盖。有机污染物不易固化和稳定化，所以原位固化/稳定化技术不适合于有机污染的土壤。美国在20世纪70年代对一个占地为7hm^{2}的曾作为污水池的土壤进行了处理。该土壤铅含量为300～2 200mg/kg，挥发性有机化合物（VOC）含量为0～150mg/kg，半挥发性化合物含量为12～534mg/kg，多氯联苯（PCB）含量为1～54mg/kg。挖出的土壤先过75mm筛以除去粗颗粒，然后将土壤装入移动的混合装置之中（图10-2）。所采用的黏结剂是波特兰水泥和一种专利的黏结剂。土壤：水泥＝1：1，专利黏结剂：土壤＝1：10。处理过的土壤被归还原地。水泥固化技术对那些阴离子和形成可溶的氢氧化物的金属（如Hg）是无效的。水泥水化时会使土壤的温度升高，有可能造成汞和挥发性有机物的挥发。

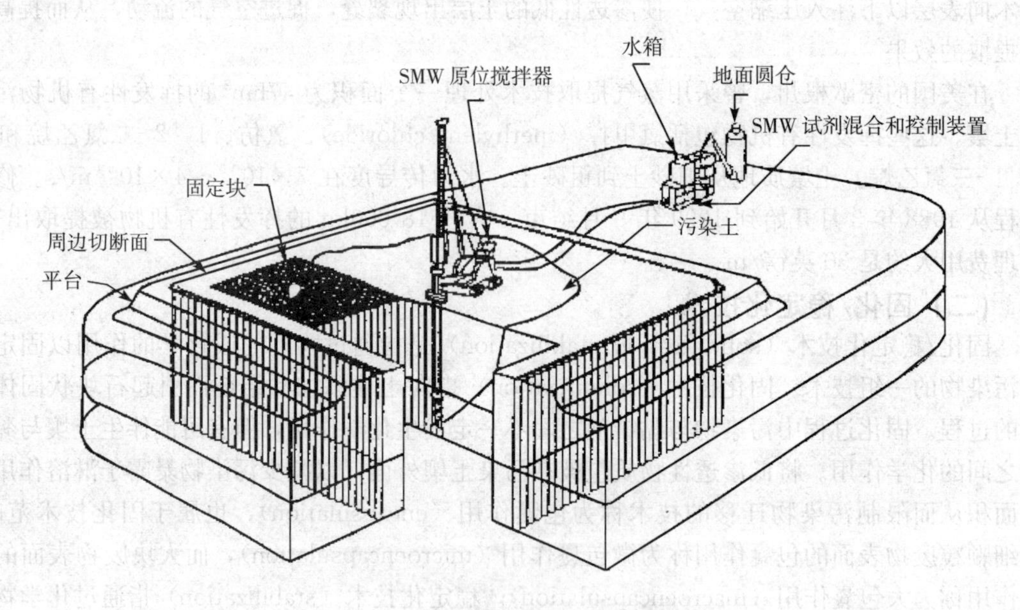

图10-2　原位固化过程示意图

（引自 Pierzynski G. M.，1997）

异位固化/稳定化技术指将污染土壤挖掘出来与黏结剂混合，使污染物固化的技术。处理后的土壤可以回填或运往别处进行填埋处理。许多物质都可以作为异位固化/稳定化技术的黏结剂，如水泥、火山灰、沥青和各种多聚物等。其中，水泥及其相关的硅酸盐产品是最常用的黏结剂。异位固化/稳定化技术主要用于无机污染的土壤。水泥异位固化/稳定化技术曾被用于处理加拿大安大略一个沿湖的多氯联苯污染的土壤。该地表层土壤多氯联苯含量达到50～700mg/kg。处理时使用了两类黏接物质，10%的波特兰水泥（Portland cement）与90%的土壤混合，12%的窑烧水泥灰加3%的波特兰水泥与85%的土壤混合。黏接剂和土壤在中心混合器中被混合，然后转移到弃置场所（图10-3）。该弃置场距地下水位2m，计算表明堆放处理后的土壤以后地下水中多氯联苯的可能浓度低于设计的目标浓度。处理成本是92英镑/m^3。

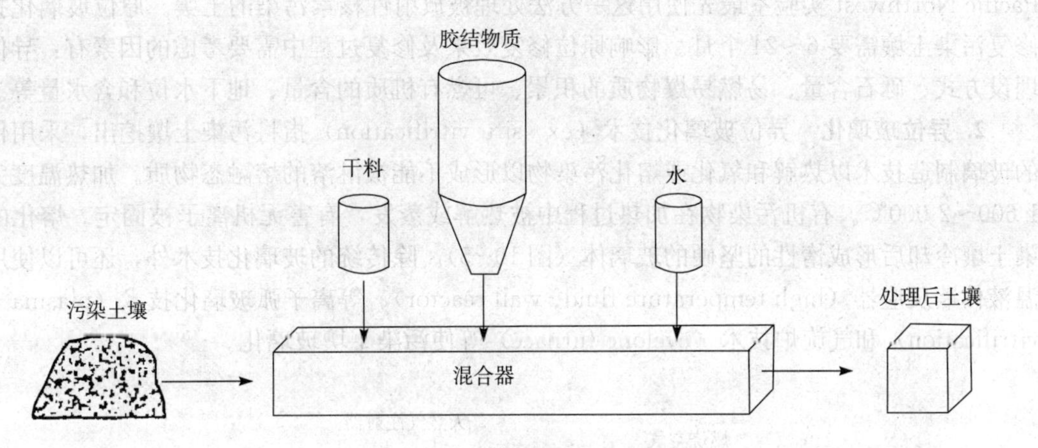

图 10-3　异位固化过程示意图

（引自 Pierzynski G. M.，1997）

（三）玻璃化技术

玻璃化技术（vitrification）指使用高温熔融污染土壤使其形成玻璃体或固结成团的技术。从广义上说，玻璃化技术属于固化技术范畴。玻璃化技术既适合于原位处理，也适合于异位处理。土壤熔融后，污染物被固结于稳定的玻璃体中，不再对其他环境产生污染，但土壤也完全丧失生产力。玻璃化作用对砷、铅、硒和氯化物的固定效率比其他无机污染物低。玻璃化技术处理费用较高，欧美国家每吨土壤的处理费用为 300～500 美元。玻璃化处理将使土壤彻底丧失生产力，一般适用污染特别严重的土壤。

1. 原位玻璃化　原位玻璃化技术（in-situ vitrification，ISV）指将电流经电极直接通入污染土壤，使土壤产生 1 600～2 000℃的高温而熔融。现场电极大多为正方形排列，间距约 0.5m，插入土壤深度 0.3～1.5m，玻璃化深度约 6m。经过原位玻璃化处理后，无机金属被结合在玻璃体中，有机污染物可以通过挥发而被去除。处理过程产生的水蒸气、挥发性有机物和挥发性金属，必须设置排气管道加以收集并进一步处理（图 10-4）。美国的 Battelle

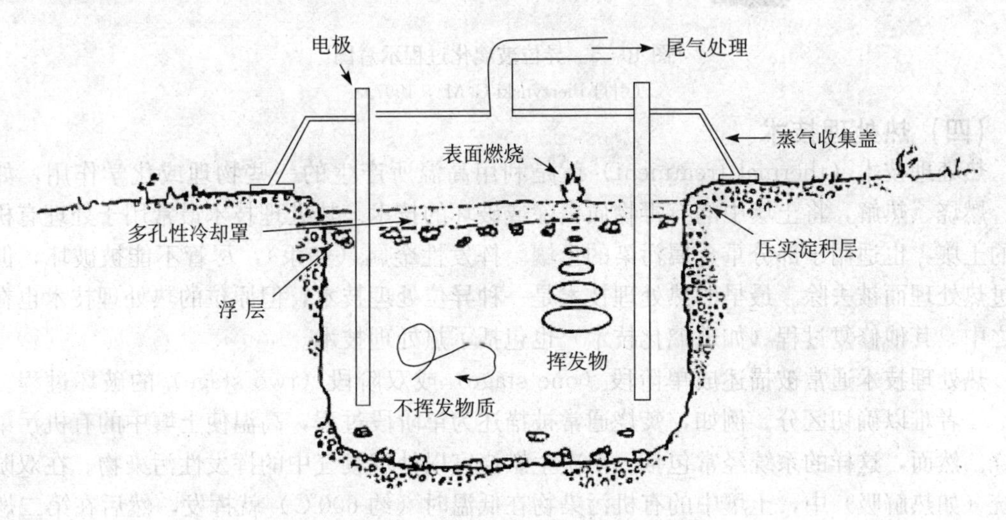

图 10-4　原位玻璃化过程示意图

（引自 Iskandar 等，1997）

Pacific Northwest 实验室最先使用这一方法处理被放射性核素污染的土壤。原位玻璃化技术修复污染土壤需要6～24个月。影响原位修复效果及修复过程中需要考虑的因素有：导体的埋设方式、砾石含量、易燃易爆物质的积累、可燃有机质的含量、地下水位和含水量等。

2. 异位玻璃化 异位玻璃化技术（ex-situ vitrification）指将污染土壤挖出，采用传统的玻璃制造技术以热解和氧化或熔化污染物以形成不能被淋溶的熔融态物质。加热温度大为1 600～2 000℃。有机污染物在加热过程中被热解或蒸发，有害无机离子被固定。熔化的污染土壤冷却后形成惰性的坚硬的玻璃体（图10-5）。除传统的玻璃化技术外，还可以使用高温液体墙反应器（high temperature fluid-wall reactor）、等离子弧玻璃化技术（plasma-arc vitrification）和气旋炉技术（cyclone furnace）等使污染土壤玻璃化。

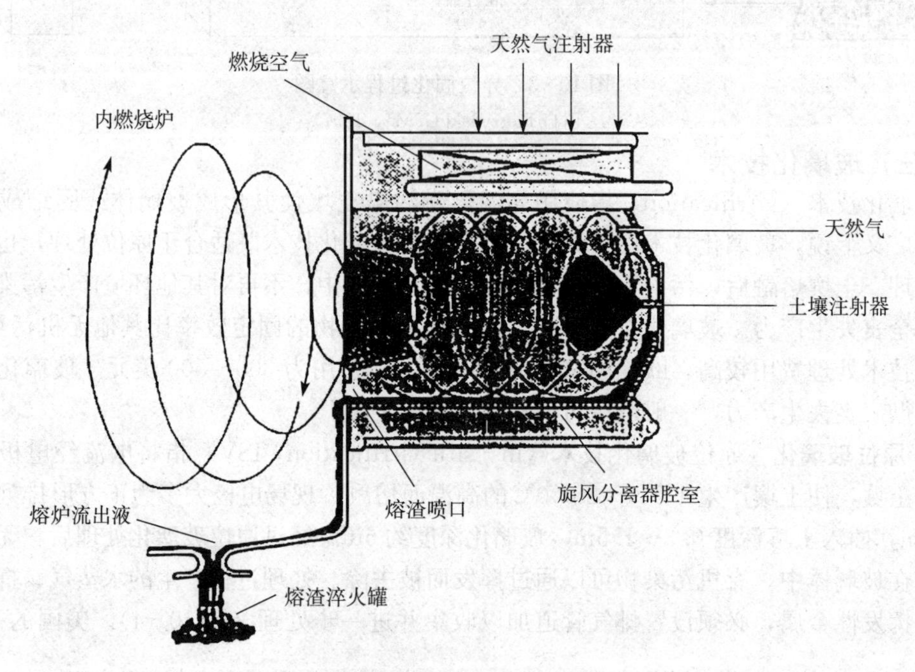

图10-5 异位玻璃化过程示意图

（引自 Pierzynski G. M.，1997）

（四）热处理技术

热处理技术（thermal treatment）就是利用高温所产生的一些物理或化学作用，如挥发、燃烧、热解，将土壤中的有毒物质去除或破坏的技术。热处理技术最常用于处理有机污染的土壤，也适用于部分重金属污染的土壤。挥发性金属（如汞），尽管不能被破坏，但可通过热处理而被去除。最早的热处理技术是一种异位处理技术，但原位的热处理技术也在发展之中。其他修复过程（如玻璃化技术）也包括了热处理技术。

热处理技术通常被描述成单阶段（one stage）或双阶段（two stage）的破坏过程。然而，二者难以确切区分。例如，焚烧通常被描述为单阶段过程，高温使土壤中的有机污染物燃烧。然而，这样的系统经常包括一个次生燃烧室以处理废气中的挥发性污染物。在双阶段系统（如热解吸）中，土壤中的有机污染物在低温时（约600℃）就挥发，然后在第二燃烧室中燃烧。一些挥发性的无机污染物（特别是汞）可以通过热解吸技术而被去除。焚烧（incineration）指那些产生炉渣或炉灰等残余物的过程。热解吸（thermal desorption）产生的残余物依然是土状的。热处理技术对大多数无机污染物是不适用的。

热处理技术使用的热源有多种，如加热的空气、明火、可以直接或间接与土壤接触的热传导液体。在美国，处理有机污染物的热处理系统非常普遍，有些是固定的，有些是可移动的。在荷兰也建立了热处理中心。在英国，热处理工厂被用于处理石油烃污染的土壤。美国对移动式热处理工厂的地点有一些要求：要有 1～2hm^2 的土地安置处理厂和相关设备、存放待处理的土壤和处理残余物以及其他支持设施（如分析实验室），交通方便，水、电和必要的燃油有保证。热处理技术的主要缺点是：黏粒含量高的土壤处理困难，处理含水量高的土壤耗电多。

1. 热解吸技术 热解吸技术包括两个过程：污染物通过挥发作用从土壤转移到蒸气中；以浓缩污染物或高温破坏污染物的方式处理第一阶段产生的废气中的污染物。使土壤污染物转移到蒸气相所需的温度取决于土壤类型和污染物存在的物理状态，通常为 150～540℃。

典型的热解吸包括预处理、解吸、固相后处理（solid post - treatment）和气体后处理（gas post - treatment）等过程。预处理过程包括过筛、脱水、中性化和混合等步骤。中性化的目的是降低待处理土壤的酸性，减少酸性废气的产生。热解吸技术适用的污染物有挥发性和半挥发有机污染物、卤化或非卤化有机污染物、多环芳烃、重金属、氰化物和炸药等，不适合于多氯联苯、二噁英、呋喃、农药、石棉、非金属和腐蚀性物质。热解吸技术在泥炭土上不适用。

热解吸技术处理紧密团聚的土块时比较困难，因为土块中心的温度总低于表面的温度。待处理土壤中存在挥发性金属时会引起废气污染控制的困难。有机质含量高的土壤处理也比较困难，因为反应器中污染物的浓度必须低于爆炸极限。高 pH 的土壤会腐蚀处理系统的内部。

在 1992—1993 年间，热解吸技术曾被用于处理美国密歇根州一个被氯代脂肪族化合物、多环芳烃和重金属污染的土壤。该土壤锰的含量高达 100g/kg。先将污染土壤挖掘、过筛、脱水。土壤在热反应器（245～260℃）中处理 90min，处理后的土壤用水冷却，然后堆置于堆放场。排出的废气先通过纤维筛过滤，然后通过冷凝器以除去水蒸气和有机污染物。处理后的 MBOCA 浓度低于 1.6mg/kg。处理费用是 130～230 镑/t。

2. 焚烧 在高温条件下（800～2 500℃），通过热氧化作用破坏污染物的异位热处理技术称为焚烧技术。典型的焚烧系统包括预处理、一个单阶段或二阶段的燃烧室、固体和气体的后处理系统。可以处理土壤的焚烧器有：直接点火和间接点火的 Kelin 燃烧器、液体化床式燃烧器和远红外燃烧器。其中，Kelin 燃烧器是最常见的。焚烧的效率取决于燃烧室的 3 个主要因素：温度、废物在燃烧室中的滞留时间和废物的紊流混合程度。大多数有机污染物的热破坏温度为 1 100～1 200℃。固体废物的滞留时间为 30～90min，液体废物的滞留时间为 0.2～2s。紊流混合十分重要，因为它使废物、燃料和燃气充分混合。焚烧后的土壤要按照废物处置要求进行处置。

焚烧技术适用的污染物包括挥发和半挥发有机污染物、卤化或非卤化有机污染物、多环芳烃、多氯联苯、二噁英、呋喃、农药、氰化物、炸药、石棉和腐蚀性物质等，不适用于非金属和重金属。所有土壤类型都可以采用焚烧技术处理。

（五）电动力学修复技术

向土壤施加直流电场，在电解、电迁移、扩散、电渗透和电泳等作用的共同作用下，使土壤溶液中的离子向电极附近富集而被去除的技术，称为电动力学技术（electrokinetic technology）。

所谓电迁移，就是指离子和离子型络合物在外加直流电场的作用下向相反电极的移动。电迁移的效率主要取决于孔隙水的电传导性和在土壤中传导的途径的长度，对土壤的液体通透性的依赖性较小。电迁移不取决于孔隙大小，既适用于粗质地土壤，也适用于细质地土壤。当湿润的土壤中含有高度溶解的离子化的无机组分时，会发生电迁移现象。电动力学技术是去除土壤中这些离子化污染物的有效办法，因为该技术对透性很低的土壤也具有修复能力。

当施加一个直流电场于充满液体的多孔介质时，液体就产生相对于静止的带电固体表面的移动，即电渗透。当表面带负电荷时（大多数土壤都带负电荷），液体移向阴极（图 10-6）。这一过程在饱和的、细质地的土壤上进行得很好，溶解的中性分子很容易地随电渗流而移动，因此可以利用电渗透作用去除土壤中非离子化的污染物。往阳极注入清洁液体或清洁水，可以改善污染物的去除效率。影响土壤中污染物电渗透移动的因素是：土壤水中离子和带电颗粒的移动性和水化作用、离子浓度、介电常数（取决于孔隙中有机和无机颗粒的数量）和温度。

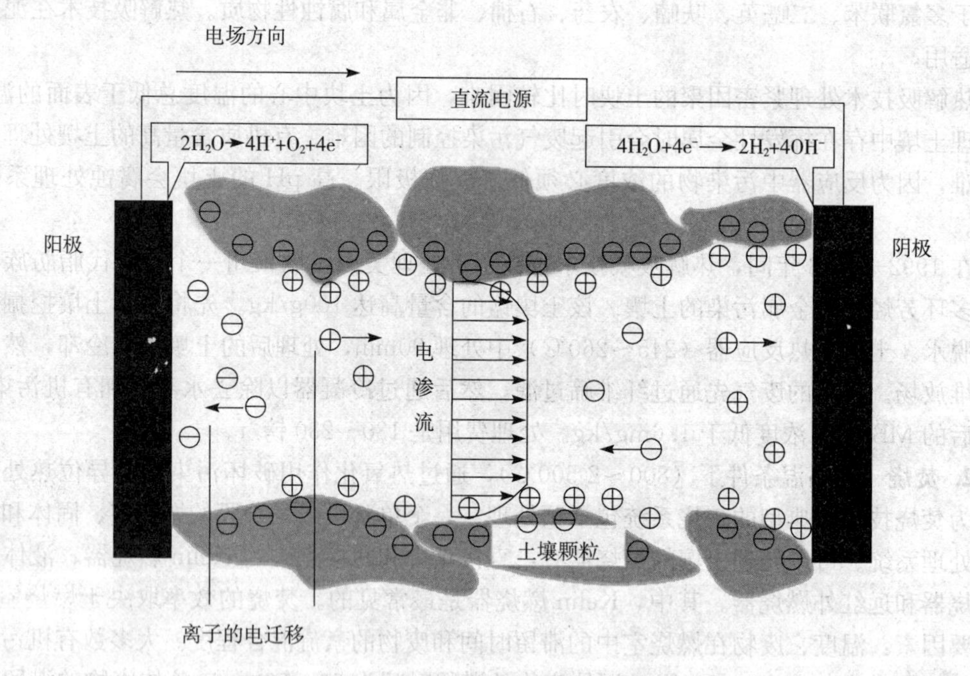

图 10-6 离子的电渗作用和电迁移作用示意图

所谓电泳，就是指带电粒子或胶体在电场的作用下的移动，结合在可移动粒子上的污染物也随之移动。在电动力学过程中最重要的发生在电极的电子迁移作用是水的水解作用。

$$H_2O \longrightarrow 2H^+ + 1/2O_2\ (g) + 2e^- \qquad \text{阴极反应}$$

$$2H_2O + 2e^- \longrightarrow 2OH^- + H_2\ (g) \qquad \text{阳极反应}$$

电极反应在阴极和阳极分别产生大量的 H^+ 和 OH^-。在电场作用下，H^+ 和 OH^- 又以电迁移、电渗透、扩散、对流等方式分别向阴极和阳极移动，在二者相遇的区域产生 pH 突变。重金属离子在电场的作用下向阴极方向移动，在土柱中的某一点与向阳极移动的 OH^-

相遇，形成重金属沉淀。该过程不利于重金属的去除，因此必须控制阴极区的 pH，通常可以通过添加酸来消除电极反应产生的 OH^-。

富集于电极附近的污染物，可以通过沉淀/共沉淀、泵出、电镀或离子交换等方法去除。

电极是电动力学修复中最重要的设备。适合于实验室研究的电极材料包括石墨、白金、黄金和银。但在田间试验中，可以使用一些由较便宜的材料制成的电极，如钛电极、不锈钢电极和塑料电极等。可以直接将电极插入湿润的土体中，也可以将电极插入一个电解质溶液中，由电解质溶液直接与污染土壤或通过膜与土壤接触。美国国家环保署（1998）推荐使用单阴极多阳极体系，即在一个阴极的四周安放多个阳极，以提高修复效率。较大的电流和较高的电压梯度会促进污染物的迁移，一般采用的电流是 10～100mA/cm^2，电压梯度是 0.5V/cm。

电动力学技术可以影响的污染物包括：重金属、放射性核素、有毒阴离子（硝酸盐、硫酸盐）、稠的、非水相的液体（DNAPL）、氰化物、石油烃（柴油、汽油、煤油、润滑油）、炸药、有机离子与离子混合污染物、卤代烃、非卤化污染物和多环芳香烃。但最适合电动力学技术处理的污染物是金属污染物。

由于对于砂质污染土壤而言，已经有几种有效的修复技术，所以电动力学修复技术主要是针对低渗透性的、黏质的土壤。适合于应用电动力学修复技术的土壤应具有如下特征：水力传导度较低、污染物水溶性较高、水中的离子化物质浓度较低。黏质土在正常条件下，离子的迁移很弱，但在电场或水压的作用下得到增强。电动力学技术对低透性土壤（如高岭土等）中的砷、镉、铬、钴、汞、镍、锰、钼、锌和铅的去除效率可以达到 85%～95%。但并非所有黏质土的去除效率都很高。对阳离子交换量高、缓冲容量高的黏质土而言，去除效率就会下降。要在这些土壤上达到较好的去除效率，必须使用较高的电流密度、较长的修复时间、较大的能耗和较高的费用。

可以添加增强溶液以提高络合物的溶解度，或改善重金属污染物的电迁移特性。例如为了处理土壤中难溶的汞化合物，Cox 等（1996）在阴极区加入 I_2－KI 溶液，使难溶的汞化合物转化为 HgI_4^{2-} 络离子并向阳极移动，结果土壤中 99%以上的汞被去除。但增强溶液的使用必须十分小心，以避免引入次生污染，因电化学反应而形成废物或副产物，反而加剧原有的污染。如果电渗透流速度太低，可以用清洁剂或清洁水冲洗电极。此外，还可以在电极表面包一层离子交换材料，以吸引污染物并抑制污染物沉淀。

对大多数土壤而言，在获得较好的费用效益的前提下，最合适的电极之间的距离是 3～6m。欧美国家电动力学技术处理土壤的费用为 50～120 美元/m^3。影响原位电动力学修复过程费用的主要因素是：土壤性质、污染深度、电极和处理带设置的费用、处理时间、劳力和电费。

电动力学修复技术的主要优点是：①适用于任何地点，因为土壤处理仅发生在两个电极之间；②可以在不挖掘的条件下处理土壤；③最适合于黏质土，因为黏质土带有负的表面电荷，水力传导度低；④对饱和及不饱和的土壤都潜在有效；⑤可以处理有机污染物和无机污染物；⑥可以从非均质的介质中去除污染物；⑦费用效益之比较好。

但该技术也有一些局限：①污染物的溶解度高度依赖于土壤 pH；②要添加增强溶液；③当加高电压时，土壤温度会升高，过程的效率降低；④如果土壤含碳酸盐、岩石、石砾，去除效率会显著降低。

（六）稀释和覆土

将污染物含量低的清洁土壤混合于污染土壤，以降低污染土壤污染物的含量，称为稀释（dilution）作用。稀释作用可以降低土壤污染物含量，因而可能降低作物对土壤污染物的吸收，减小土壤污染物通过农作物进入食物链的风险。在田间，可以通过将深层土壤犁翻上来与表层土壤混合，也可以通过客入清洁土壤而实现稀释。

覆土（covering with clean soil）也是客土的一种方式，即在污染土壤上覆盖一层清洁土壤，以避免污染土层中的污染物进入食物链。清洁土层的厚度要足够，以使植物根系不会延伸到污染土层，否则有可能因为促进了植物的生长、增强了植物根系的吸收能力反而增加植物对土壤污染物的吸收。另一种与覆土相似的改良方法就是换土，即去除污染表土，换上清洁土壤。

稀释和覆土措施的优点是技术比较简单，操作容易。但缺点是不能去除土壤污染物，没有彻底排除土壤污染物的潜在危害；只能抑制土壤污染物对食物链的影响，并不能减少土壤污染物对地下水等其他环境部分的危害。这些措施的费用取决于当地的交通状况、清洁土壤的来源和劳动力成本等。

二、化学修复技术

（一）土壤淋洗技术

土壤淋洗技术（soil flushing 或 washing）是指在淋洗剂（水或酸或碱溶液、螯合剂、还原剂、络合剂以及表面活化剂溶液）的作用下，将土壤污染物从土壤颗粒去除的一种修复技术。淋洗技术包括原位淋洗技术和异位淋洗技术两种。

1. 原位淋洗技术　原位淋洗技术（in-situ soil flushing）是指在田间直接将淋洗剂加入污染土壤，经过必要的混合，使土壤污染物溶解进入淋洗溶液，而后使淋洗溶液往下渗透或水平排出，最后将含有污染物的淋洗溶液收集、再处理的技术。原位淋洗技术是为数不多的可以从土壤中去除重金属的技术之一。影响原位淋洗技术有效性的重要因素是土壤的性质，其中最重要的是土壤质地和阳离子交换量。原位淋洗技术适合于粗质地的、渗透性较强的土壤。一般地说，原位淋洗技术最适合于砂粒和砾石占50%以上的、阳离子交换量（*CEC*）低于10cmol/kg的土壤。在这些土壤上，容易达到预期目标，淋洗速度快，成本低。质地黏重的、阳离子交换量高的土壤对多数污染物的吸持较强烈，淋洗技术的去除效果较差，难以达到预期目标，成本高。原位淋洗技术既适用于无机污染物，也适用于有机污染物。但迄今为止采用原位淋洗技术处理重金属污染土壤的例子较少，大多数应用例子涉及有机污染的土壤。

淋洗剂对于促进污染物从土壤的解吸并溶入溶液是不可缺少的。淋洗剂应该是高效的、廉价的、二次污染风险小的。常用的淋洗剂有水和化学溶液。单独用水可以去除某些水溶性很高的污染物，如有机污染物和六价铬。化学溶液的作用机理包括调节土壤pH、络合重金属污染物、从土壤吸附表面置换有毒离子以及改变土壤表面和污染物的表面性质从而促进溶解等方面。溶液通常包括稀的酸、碱、螯合剂、还原剂、络合剂以及表面活化剂溶液等。酸和络合剂溶液有利于土壤重金属的溶解，因而对重金属污染的土壤淋洗效果较好。碱性溶液的应用较少，它对于石油污染土壤的处理可能效果较好。表面活性剂可以改进憎水有机化合物的亲水性，提高其水溶性和生物可利用性。表面活性剂适用于石油烃和卤代芳香烃类物质污染的土壤。常用的表面活性剂有：阳离子型表面活性剂、阴离子型表面活性剂、非离子型表面活性剂和生物表面活性剂等。

采用原位淋洗技术时，应考虑土壤污染物可能产生的环境负面效应并加以控制。由于可能造成对地下水的二次污染，因此，最好是在水文学上土壤与地下水相对隔离的地区进行。原位淋洗技术操作系统主要由 3 个部分组成：淋洗剂加入设备、下层淋出液收集系统和淋出液处理系统。土壤淋洗液的加入方式包括漫灌、喷洒、沟、渠、井浸渗等。淋出液收集-处理系统一般包括屏障、收集沟和恢复井。含有污染物的淋出污水必须进行必要的处置。如果要使处理过的土壤返回原地，就要对处理过的土壤做进一步处理。例如，对于用酸性溶液处理过的土壤，要添加碱性溶液以中和土壤中多余的酸。原位淋洗技术的缺点是在去除土壤污染物的同时，也去除了部分土壤养分离子，还可能破坏土壤的结构，影响土壤微生物的活性，从而影响土壤整体的质量。如果操作不慎，还可能对地下水造成二次污染。

1987—1988 年间，在荷兰曾采用该技术对一个镉污染土壤进行了处理。他们用 0.001mol/L HCl 对 6 000m^2 的土地上大约 30 000m^3 的砂质土壤进行了处理。经过处理，土壤镉浓度从原来的 20mg/kg 以上降低到 1mg/kg 以下。处理费用大约 50 英镑/m^3。

2. 异位淋洗技术（土壤清洗技术，soil washing）　异位淋洗技术是指将污染土壤挖掘出来，用水或其他化学溶液进行清洗使污染物从土壤分离开来的一种化学处理技术。土壤性质严重影响该技术的应用效果。质地较轻的土壤适合于本技术，黏重的土壤处理起来比较困难。一般认为，黏粒含量超过 30%～50%的土壤就不宜采用本技术。有机质含量高的土壤处理起来也很困难，因为很难将污染物分离出来。土壤清洗技术适用于各种污染物，如重金属、放射性核素、有机污染物等。憎水的有机污染物难以溶解到清洗水相中。清洗液可以是水，也可以是各种化学溶液（如酸和碱的溶液、络合剂溶液和表面活性剂溶液等）。酸溶液通过降低土壤 pH 而促进重金属的溶解。络合剂溶液则通过形成稳定的金属络合物而促进重金属的溶解。碱性溶液和表面活性剂溶液可以去除土壤的有机污染物（如石油烃化合物）。土壤淋洗已经成为一个广泛采用的、修复效率较高的重金属和有机污染物污染土壤的修复技术。

土壤清洗技术大都起源于矿物加工工业。在矿物加工工业中，人们可以从低品位的杂矿中分离有价值的矿物。最新的加工方法可以从含量低于 0.5%的原材料中提取金属。典型的土壤清洗系统包括如下几个步骤：①用水将土壤分散并制成浆状；②用高压水龙头冲洗土壤；③用过筛或沉降的方法将不同粒径的颗粒分离；④利用密度、表面化学或磁敏感性等方面的差异进一步将污染物浓缩在更小的体积内；⑤利用过滤或絮凝的方法使土壤颗粒脱水。在实践中，人们将污染土壤挖掘起来，在土壤处理厂中进行清洗。清洗土壤用的土壤处理厂有两类：移动式土壤处理厂和固定式土壤处理厂。

移动式土壤处理厂的优点是设备小，可以随地移动，但由于移动性大，较难控制处理过程产生的二次污染（如对地下水的渗透污染和对大气的污染）。处理的第一个步骤是过筛，分离出不必处理的粗的组分。然后，土壤被送往混合桶，淋洗水和其他清洗剂被添加到桶中，进行化学反应。必要时可以提高温度以促进有机污染物的氧化分解。化学反应结束后，开始淋洗土壤。在干燥筛的帮助下将水和土壤分离。如果清洗后的土壤符合有关标准，就可以回填到地里。淋洗污水含有污染物和细土壤颗粒，进入沉积桶（池），必要时还可以加入酵母和柠檬酸，以对污染物进行氧化、还原或水解降解。与此同时，非降解物质（如重金属）被酵母吸附。此后，所有固体物质在石灰浆的作用下被沉淀。经过处理后的清洗水可以回到淋洗过程循环使用。最后，高度污染的残余物应该以恰当的方式处置（如填埋和焚烧）。

固定式土壤淋洗厂厂址固定，有利于控制处理过程污染物的排放。所有污染点的污染土壤都必须运往固定式土壤淋洗厂进行处理。处理不同类型污染土壤的程序有所不同，固定式土壤淋洗厂的处理程序比较复杂。下面是德国一个土壤修复中心固定式土壤清洗厂的处理例子。处理过程的干处理阶段包括两个磁性分离器和一个滚动栅栏（rolling bar），以分离铁磁性金属和直径大于40mm的石块。随后在清洗桶中进行第一步的湿释放处理（wet liberation），以将污染物从土壤粗颗粒上解离出来。借助于振动筛，将最初净化的直径4～40mm的石砾和粗颗粒分离出来。更小的颗粒被送进水旋流器，进行进一步的颗粒分离。上升流分离器可以将密度较小的物质（如木片）分离出来。然后，土壤悬液进入清洗厂的中心部位，研磨清洗单元，在此污染物从土壤颗粒表面被解离出来。为了提高清洗效率，可以添加一些化学试剂，如酸、碱、过氧化氢、表面活性剂等。利用水旋流器和上升流分离器可以将污染物和残余土壤细颗粒与干净的土壤颗粒分离开来。干净的土壤颗粒（粒径在0.063～4mm）经过脱水后即可回用。清洗每吨土壤的成本为100～160英镑。

已经有不少成功的修复例子。例如，美国的新泽西州，曾对19 000t重金属严重污染的土壤和污泥进行了异位清洗处理。处理前铜、铬、镍的含量均超过10 000mg/kg，处理后土壤中镍的平均浓度是25mg/kg，铜的平均浓度是110mg/kg，铬是73mg/kg。

（二）原位化学氧化技术

原位化学氧化技术（in-situ chemical oxidation）主要是通过混入土壤的氧化剂与污染物发生氧化反应，使污染物降解成为低含量、低移动性产物的技术。在污染区的不同深度钻井，然后通过泵将氧化剂注入土壤。进入土壤的氧化剂可以从另一个井抽提出来。含有氧化剂的废液可以重复使用。原位化学氧化修复技术适用于被油类、有机溶剂、多环芳烃、农药以及非水溶性氯化物所污染的土壤。常用的氧化剂是K_2MnO_4、H_2O_2和臭氧（O_3），溶解氧有时也可以作为氧化剂。在田间最常用的是Fenton试剂，是一种加入铁催化剂的H_2O_2氧化剂。加入催化剂，可以提高氧化能力，提高氧化反应速率。进入土壤的氧化剂的分散是氧化技术的关键环节。传统的分散方法包括竖直井、水平井、过滤装置和处理栅栏等。土壤深层混合和液压破裂等方法也能够对氧化剂进行分散。

原位化学氧化技术可以用于处理水、沉积物和土壤。从粉砂质到黏质的土壤都适合采用原位化学氧化技术。该技术已经被用于处理挥发性和半挥发性有机污染物污染的土壤。对于遭受高浓度有机污染物污染的土壤，这是一种很有前景的修复技术。

1997年，在美国的阿拉巴马州，曾采用原位化学氧化修复技术对一个受到高密度非液相液体（DNAPL）污染的黏质土壤进行处理。污染土壤中，三氯乙烯、二氯乙烯、氯甲撑、苯、甲苯、乙基苯和二甲苯含量高达31%。大量污染物出现在2.4m（8ft）或更深处。地下水位变化在7.5～9m（25～30ft）之间。在污染地上建立了3个不同深度的注入井。采用具有专利的Geo-Cleanse注入技术以注入过氧化氢（H_2O_2）、少量硫酸亚铁和酸溶液。化学氧化过程持续了120d。处理后的土壤的有机污染物含量显著降低。三氯乙烯的含量从原来的高达1 760mg/kg降低到检测限以下。污染物没有明显地向周围土壤和地下水转移。

(三) 化学脱卤技术

化学脱卤技术（chemical dehalogenation）又称气相还原技术（gas-phase reduction），是一种异位化学修复技术。处理过程使用特殊还原剂，有时还使用高温和还原条件使卤化有机污染物还原，结合了热处理和化学作用。使用化学试剂进行脱卤作用的一个例子是 APEG 过程。

热脱卤作用在高于 850℃的温度下进行，包括了卤化物在氢气中的气相还原作用。氯化烃，如多氯联苯和二噁英在燃烧室中被还原成氯化氢和甲烷。土壤和沉积物通常先在热解吸单元中预处理以使污染物挥发，然后由循环气流将挥发气体带入还原室进行还原。

化学脱卤技术适用于挥发和半挥发有机污染物、卤化有机污染物、多氯联苯、二噁英和呋喃等，不适用于非卤化有机污染物和重金属、炸药、石棉、氰化物和腐蚀性物质。化学脱卤技术对多种氯化烃有效。脱卤过程使用的化学试剂可能有毒，必须仔细清除。脱卤过程可能会形成易爆的气体。

典型的化学脱卤技术工厂所需的设备包括：筛子、研磨器、混合器、土壤存储容器、脱卤反应器、脱水和干燥设备、试剂处理设备。气相还原系统还需要热解吸单元、废气燃烧器和气体洗涤器等。

在美国的纽约州，曾采用化学脱卤技术加热处理技术对一个多氯联苯污染的土壤进行处理。土壤中多氯联苯的含量为 0.18～1 026mg/kg。一般来说，污染延伸到 15～30cm 的土层。多氯联苯超过 10mg/kg 的土壤被挖掘起来，放在一个厌氧的、装有碱性的聚乙二醇试剂的处理器中进行处理。土壤先用作为脱卤试剂载体的油进行预处理。土壤先被预加热至 100～315℃以挥发水分和挥发性有机污染物，并促进脱卤反应。在主反应室中，温度大约达到 600℃，低分子有机污染物开始发生热裂解作用。在燃烧阶段，温度达到 650～815℃，可将任何残留的有机物分解。典型的处理单元每小时可以处理 9～13.5t 土壤。处理后的土壤中多氯联苯含量降低到 0.043mg/kg，但土壤的物理性质、化学性质和生物学性质也遭到彻底破坏。

(四) 溶剂提取技术

溶剂提取技术（solvent extraction）是一种异位修复技术。在该过程中，污染物转移进入有机溶剂或超临界液体（SCF），而后溶剂被分离以进一步处理或弃置。

溶剂提取技术使用的是非水溶剂，因此不同于一般的化学提取和土壤淋洗。处理之前首先准备土壤，包括挖掘和过筛。过筛的土壤可能要在提取之前与溶剂混合，制成浆状。是否预先混合取决于具体处理过程。溶剂提取技术不取决于溶剂和土壤之间的化学平衡，而取决于污染物从土壤表面转移进入溶剂的速率。被溶剂提取出的有机物连同溶剂一起从提取器中被分离出来，进入分离器进行进一步分离。在分离器中由于温度或压力的改变，有机污染物从溶剂中分离出来。溶剂进入提取器中循环使用，浓缩的污染物被收集起来进一步处理，或被弃置。干净的土壤经过滤和干化，可以进一步使用或弃置。干燥阶段产生的蒸气应该收集、冷凝，进一步处理。典型的有机溶剂包括一些专利溶剂，如三乙基胺。溶剂提取技术适用于挥发和半挥发有机污染物、卤化有机污染物、非卤化有机污染物、多环芳烃、多氯联苯、二噁英、呋喃、农药和炸药等，不适合于氰化物、非金属和重金属、腐蚀性物质和石棉等。黏质土和泥炭土不宜采用该技术。

在含水量高的污染土壤上使用非水溶剂，可能会导致部分土壤区域与溶剂的不充分接触。在这种情况下，要对土壤进行干燥，从而提高成本。使用二氧化碳超临界液体要求干燥的土壤，此法对小分子质量的有机污染物最为有效。研究表明，多氯联苯的去除取决于土壤有机质含量和含水量。高有机物含量会降低 DDT 的提取效率，因为 DDT 强烈地被有机物吸附。处理后会有少量的溶剂残留在土壤中，因此溶剂的选择十分重要。最适合于处理的土壤是黏粒含量低于 15%，其水分含量低于 20%。

在美国加利福尼亚北部的一个岛上，曾采用此法对多氯联苯含量高达 17～640mg/kg 的污染土壤进行处理。该处理系统采用了批量溶剂提取过程（batch solvent extraction process），使用的溶剂是专利溶剂，以分离土壤的有机污染物。整个提取系统由 5 个提取罐、1 个微过滤单元、1 个溶剂纯化站、1 个清洁容积存储罐和 1 个真空抽提系统组成。处理每吨土壤需要 4L 溶剂。处理后的土壤中多氯联苯的含量降到大约 2mg/kg。

(五) 农业改良措施

农业改良措施（agricultural remediation）指采用一般农业生产上可操作的技术措施，以达到降低土壤重金属有效性、抑制土壤重金属向农作物迁移的技术。农业改良措施包括施用改良物料和调节土壤氧化还原状况等方面。施用改良物料指直接向污染土壤施用改良物质以改变土壤污染物的形态，降低其有效性和移动性。改良物料有石灰等无机材料、有机物和还原物质（如硫酸亚铁）。施用改良物料虽然不能去除土壤中的污染物，但能在一定时期内不同程度地固定土壤污染物，抑制其危害性。此技术方法简便，取材容易，费用低廉，为在现阶段广大农村控制土壤污染物对食物链和周围环境产生污染的一种实用的技术。

1. 中性化技术 中性化技术（neutralization）指利用中性化材料（如石灰和钙镁磷肥等）提高酸性土壤 pH 以降低重金属移动性和有效性的技术。中性化技术在酸性土壤的改良方面的应用有悠久的历史，在重金属污染的酸性土壤的治理方面也已有十分广泛的应用。该法属于原位处理方法，其主要优点是：费用低、取材方便、见效快、可接受性和可操作性都比较好。最大缺点是不能从污染土壤中去除污染物，而且其效果可能有一定时间性。需要注意的是，并非所有酸性土壤上的污染物的有效性都随 pH 的升高而降低。以金属污染物为例，铜、铅、锌、镍、镉等元素的有效性随 pH 的升高而降低，而部分元素的可溶性和生物有效性随 pH 的升高而升高，如砷。如图 10-7 所示，中性化作用使土壤 pH 升高，而土壤

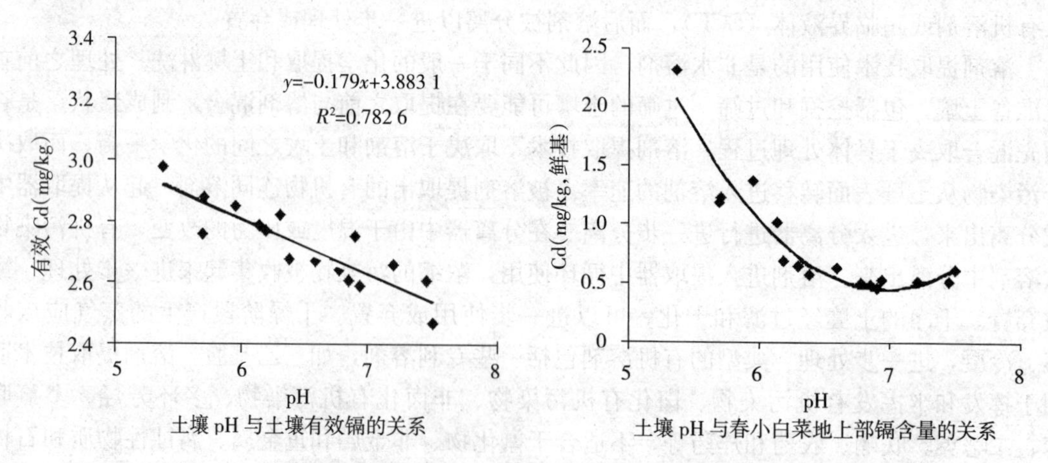

图 10-7 土壤 pH 的改变对土壤有效镉和春小白菜地上部镉含量的影响

（引自陈晓婷，2001）

pH升高使土壤有效镉降低，从而降低了春小白菜地上部镉含量的降低。由于中性化技术通常要求将土壤pH提高到中性附近，所以有可能对土壤质量带来负面影响，如土壤结构劣化、板结，降低部分土壤养分的有效性，加速有机质的分解，影响部分作物的正常生长及其品质等。另外，中性化技术在酸性土壤的长期效应也有待于进一步验证。

中性化作用的本质在于通过提高酸性土壤的pH，促使一些金属污染物产生沉淀，降低有效性。因此中性化作用属于沉淀作用的一种，但沉淀作用还包括中性化作用以外的作用。土壤中的重金属除因pH的升高而产生沉淀以外，还可能与其他物质形成沉淀，例如与钙、镁产生共沉淀，与磷酸根、碳酸根形成沉淀，与土壤硫离子（S^{2-}）形成硫化物沉淀。在实践上也可以利用这些沉淀作用以抑制土壤重金属的有效性。在利用沉淀作用降低土壤重金属的有效性时，要慎重使用在不含土壤的溶液中得到的pH-溶解度数据，因为在土壤中，由于受到溶液中的其他离子、矿物表面和有机配位体等的影响，重金属的溶解度状况会发生很大的变化。Czupyrna等报道了应用不溶性淀粉黄原酸盐（insoluble starch xanthate，ISX）沉淀重金属。黄原酸盐沉淀比硫化物或氢氧化物处理更有优势。黄原酸盐的溶解度几乎不随pH的变化而变化。在螯合剂存在的条件下，黄原酸盐也能很好地起作用。黄原酸盐处理的缺点是这种物质在常温下会分解，从而失去其功能。黄原酸盐是以淀粉黄原酸盐的形式存在的。实验室中已经用黄原酸盐对污泥和废水的处理效果进行了研究。这一技术可以作为重金属污染土壤原位处理方法之一。然而，还需要进一步研究这种溶液在土壤上的使用方法，以使其在常温下免遭分解并得到最佳效果。

中性化技术和沉淀作用也属于稳定化作用（stabilization）范畴。

2. 有机改良物料 有机改良物料（organic amendment）包括各种有机物料，如植物秸秆、各种有机肥、泥炭（或腐殖酸）和活性炭等。进入土壤的有机物分解后，大部分以固相有机物（solid organic matter）的形式存在，有小部分以溶解态有机物（dissolved organic matter）的形式存在。土壤有机质的这两种形态对重金属的有效性有截然不同的影响，前者主要以吸附固定重金属、降低其有效性为主，而后者则以促进重金属溶解、提高有效性为主。有机物料的作用机理包括直接作用和间接作用两方面。直接作用指通过与重金属的配合作用而改变土壤重金属的形态，从而改变其生物有效性；间接作用指通过改变土壤的其他化学条件（如pH、E_h、微生物活性等）而改变土壤重金属的形态和生物有效性。必须指出的是，有机物料绝对不是在任何情况下都能抑制土壤重金属的有效性。有机物料对土壤重金属形态及有效性的影响十分复杂，其最终效果不仅取决于有机物本身的性质，还取决于金属离子的状况（如金属本性、浓度、形态等）、土壤理化性状（质地、酸度、氧化还原状况等）、作物的种类及生长状况。有机物料可能抑制土壤重金属的有效性，也可能提高土壤重金属的有效性。有机物料对土壤重金属形态及有效性的影响还随时间而变，对比较容易分解的有机物料更是如此。因此，有机物料作为土壤重金属污染的改良剂，具有较大的不确定性，应用时必须根据具体条件灵活处理。有机物料的某些分解产物还可能对植物具有营养作用生物刺激作用，从而间接影响土壤重金属的生物有效性。有机物料由于被普遍认为是改良土壤肥力、提高作物品质的材料，同时其费用低廉，来源方便，因此具有很好的可接受性和可操作性。

有机-中性化技术是指将有机改良与中性化技术结合在一起的酸性重金属污染土壤治理技术。有机-中性化技术可能克服有机改良和中性化技术单独使用时所具有的不足，取长补短，既能迅速抑制土壤重金属的有效性，又减少中性化技术对土壤肥力可能产生的负面影响，取材方便，费用低廉，可望达到抑污、培肥双重效果，适合于大面积的、污染程度不是很严重的酸性重金属污染土壤的治理。该技术如果与植物修复相结合，将会有更好的效果。

3. 无机改良物料 除了石灰和钙镁磷肥等中性化材料以外，还可以使用其他无机改良物料（inorganic amendment）以降低土壤重金属的有效性，抑制作物对土壤重金属的吸收。常用的无机改良物料包括石灰、钙镁磷肥、沸石、磷肥、膨润土、褐藻土、铁锰氧化物、钢渣、粉煤灰和风化煤等。不同无机改良物料的作用机理也不同。如前所述，石灰和钙镁磷肥主要通过提高酸性土壤的 pH 而降低酸性土壤重金属的活性与生物有效性。钢渣和粉煤灰对土壤重金属形态和有效性的影响在很大程度上也是通过提高土壤 pH 而实现的。沸石、膨润土和褐藻土等主要通过对重金属的吸附固定而降低土壤重金属的活性和生物有效性。铁锰氧化物直接作为重金属污染土壤的改良剂的报道较少，但也有一些研究表明，铁锰氧化物在改良重金属污染土壤方面可能具有一定的潜力。无机改良物料的作用机理往往是多重的，可能同时包括中性化机制和吸附固定机制。无机改良物料与有机改良物料一样，也具有费用低廉、取材方便、可接受性和可操作性较好的优点。但大部分无机材料的改良效果比较有限，用量比较高。另一个问题是其本身可能含有较高的污染物。例如，钢渣、粉煤灰和风化煤等本身重金属的含量常常较高，如果大量施用，势必导致新的土壤污染。因此，当考虑采用上述材料时，除了应该针对目的地的污染状况检验其可行性以外，还应严格按照有关废物农用的污染物限量规定，不使用超标的废物。要在确保不对土壤造成新的污染的前提下才能使用。

4. 氧化还原技术 有些重金属元素（如 As、Cr、Hg 等）本身会发生氧化态和还原态的转变，不同的氧化态有不同的溶解性以及不同的生物有效性和毒性。有些重金属虽然本身不具有氧化还原状态的变化，但在不同的氧化还原环境中，其溶解性和生物有效性不同。因此，在农业上可以利用这种性质，调控土壤重金属的有效性。土壤中 Cr^{3+} 绝大部分以固态存在，有效性很低，而 Cr^{6+} 则大部分溶解于土壤溶液中，有效性较高，毒性也较高。因此对铬而言，促进还原过程的发展，可以减少毒性较强的 Cr^{6+} 的比例，抑制土壤铬的有效性。土壤砷常以＋5 价或＋3 价存在，在氧化条件下，以砷酸盐占优势。从氧化条件转变为还原条件时，亚砷酸逐渐增多，对作物的毒性增强。因此促进氧化过程的发展，可以促使 As^{3+} 向毒性和溶解度更小的 As^{5+} 转化，从而减轻砷害。还原条件下土壤中所产生的硫化物，有可能使多种重金属（如 Cu^{2+}、Cd^{2+}、Pb^{2+} 和 Zn^{2+} 等）形成难溶性的硫化物，从而降低其有效性。土壤氧化还原状态的控制，一般可以通过水分管理来实现。一般认为，镉污染土壤可以采用淹水种稻的方法抑制其有效性，而且在种稻期间应尽可能避免落干和烤田。铜污染土壤也可以采用淹水种稻的方式抑制其的有效性。但对于土壤有机质含量高的土壤，如果淹水期间土壤 pH 升得过高，可能会使有效铜反而升高，因此要十分注意，不可笼统对待。使用有机物料，也可以在一定程度上影响土壤的氧化还原状况，但效果有限。

三、植物修复技术

植物修复技术指利用植物及其根际微生物对土壤污染物的吸收、挥发、转化、降解和固定的作用而去除土壤中污染物的修复技术。广义的植物修复技术不仅包括了污染环境土壤的植物修复，还包括了污水植物净化和植物对空气的净化。植物修复属于生物修复的一部分。生物修复包括植物修复和微生物修复。植物修复这一术语大约出现于1991年。总体而言，植物修复技术具有如下优点：①用植物提取、植物降解、根际降解和植物挥发等作用，可以将污染物从土壤中去除，永久解决土壤污染问题。②植物修复不仅对修复场地的破坏小，对环境的扰动小，而且还具有绿化环境的作用。③植物修复一般会提高土壤的肥力，而一般的物理修复和化学修复或多或少会损害土壤肥力，有的甚至使土壤永久丧失肥力。④植物修复成本低，超富集植物所累积的重金属还可以回收，可能带来一定的经济效益。⑤操作简单，便于推广应用。

由于植物修复技术具有上述优点，因此被认为是一种绿色的修复技术，引起人们的极大关注，是污染土壤修复技术中发展最快的领域。污染土壤的植物修复机理包括植物提取作用（phytoextraction）、根际降解作用（rhizodegradation）、植物降解作用（phytodegradation）、植物稳定化作用（phytostabilization）和植物挥发作用（phytovolatilization）。

（一）植物提取作用

植物提取就是指通过植物根系吸收污染物并将污染物富集于植物体内，而后将植物体收获、集中处置。适于采用植物提取技术的污染物包括：金属（Ag、Cd、Co、Cr、Cu、Hg、Mo、Ni、Pb、Zn、As和Se）、放射性核素（^{90}Sr、^{137}Cs、^{239}Pu、^{238}U和^{234}U）、非金属（B）。植物提取修复也可能适用于有机污染物，但尚未得到很好的检验。虽然各种植物都可能或多或少地吸收土壤中的重金属，但作为植物提取修复用的植物必须对土壤的一种或几种重金属具有特别强的吸收能力，即所谓超富集植物（也称超累积植物，hyperaccumulator）。金属超富集植物最早发现于20世纪40年代后期。但直到1977年，才由Brooks等提出超富集植物这一概念。对于大多数金属（Cu、Pb、Ni、Co和Se）而言，超富集植物叶片或地上部（干物质）金属含量的临界值是1 000mg/kg，但镉超富集植物叶片或地上部（干物质）镉的临界含量仅为100mg/kg。到1998年为止，世界上共发现金属超富集植物430余种，其中镍超富集植物最多，达317种，铜超富集植物有37种，钴超富集植物有28种，铅超富集植物有14种，镉超富集植物仅1种。其中部分超富集植物可以同时富集多种金属。我国在超富集植物的研究方面也取得了可喜的进展，相继报道了在国内发现的砷超富集植物蜈蚣草（陈同斌等，2003）、锌超积累植物东南景天（杨肖娥等，2002）和锰超富集植物商陆（薛生国等，2003）。

植物提取土壤重金属的效率取决于植物本身的富集能力、植物可收获部分的生物量以及土壤条件（如土壤质地、土壤酸度、土壤肥力、金属种类及形态等）。超富集植物通常生长缓慢，生物量低，根系浅。因此尽管植物体内金属含量可以很高，但从土壤中吸收走的金属总量却未必高，这影响了植物提取修复的效率。1991—1993年间，英国洛桑试验站的McGrath等人在重金属污染土壤上进行了植物提取修复的田间试验。其结果表明，在含锌444mg/kg的土壤上种植遏蓝菜属的 *Thlaspi caerulescens*，可以从土壤中吸收锌30.1 kg/hm^2，吸收镉0.143kg/hm^2。假定每季植物都能吸收等量的金属，则要将该土壤的锌降低到背景值（40mg/kg），要种植 *Thlaspi caerulescens* 18次。但在同一块土地上，每季植物吸收的金属量不可能是相同的，而应该是递减的，因为随着土壤金属总量的降低，其有效性也降低。因此为了达到预期的净化目标，实际需要种植的次数必定更多。所以寻找超富集植物资源，通过常规育种和转基因育种筛选优良的超富集植物，就成为植物提取修复的关键环节。优良的超富集植物，不仅体内重金属含量要高，生物量也要高，抗逆、抗病虫害能力要强。

通过转基因技术培育新的超富集植物也许是今后植物提取修复技术的重要突破点。

下列因素限制植物提取技术的修复效率和应用：①目前发现的超富集植物所能积累的元素大多较单一，而土壤污染通常是多元素的复合污染。②超富集植物生长缓慢，生物量低，而且生长周期长，因此从土壤中提取的污染物的总量有限。③目前发现的超富集植物几乎都是野生植物，人们对其农艺性状、病虫害防治、育种潜力以及生理学等方面的了解有限，难以优化栽培和培育。④超富集植物的根系比较浅，只能吸收浅层土壤中的污染物，对较深层土壤中的污染物则无能为力。

也可以通过土壤增强措施来提高超富集植物的富集效率。这些增强措施包括降低土壤pH、调节土壤氧化还原电位和施用络合剂等。

基于上述原因，有人认为植物提取修复技术主要适用于表层污染的、污染程度不太严重的土壤。就目前情况看，将植物提取修复技术作为一种修饰性修复技术可能更合理，即将植物提取修复与物理-化学技术配合使用，这样既能加快修复的速度，又能减少修复过程对土壤的负面影响。

(二) 根际降解作用

1. 根际降解作用的概念 根际降解就是指土壤中的有机污染物通过根际微生物的活动而被降解的过程。根际降解作用是一个植物辅助并促进的降解过程，是一种原位生物降解作用。植物根际是由植物根系和土壤微生物之间相互作用而形成的独特的、距离根仅几毫米到几厘米的圈带。根际中聚集了大量的细菌、真菌等微生物和土壤动物，在数量上远远高于非根际土壤。根际土壤中微生物的生命活动也明显强于非根际土壤。根际中既有好氧环境，也有厌氧环境。植物在其生长过程中会产生根际分泌物。根系分泌物可以增加根际微生物群落并提高微生物的活性，从而促进有机污染物的降解。根系分泌物的降解会导致根际有机污染物的共同代谢。植物根系会通过增强土壤通气性和调节土壤水分条件而影响土壤条件，从而创造更有利于微生物的生物降解作用的环境。

2. 根际降解作用的优点和缺点

(1) *根际降解作用的优点* 污染物在原地被分解；与其他植物修复技术相比，植物降解过程中污染物进入大气的可能性较小，二次污染的可能性较小；有可能将污染物完全分解、彻底矿化；建立和维护费用比其他措施低。

(2) *根际降解作用的缺点* 分布广泛的根系的发育需要较长的时间；土壤物理的或水分的障碍可能限制根系的深度；在污染物降解的初期，根际的降解速度高于非根际土壤，但根际和非根际土壤中的最后降解速度或程度可能是相似的；植物可能吸收许多尚未被研究的污染物；为了避免微生物与植物争夺养分，植物需要额外的施肥；根际分泌物可能会刺激那些不降解污染物的微生物活性，从而影响降解微生物的活性；植物来源的有机质，而不是污染物，也可以作为微生物的碳源，这样可能会降低污染物的生物降解量。

3. 根际降解作用的过程 从机理来说，根际降解包括如下几个过程。

(1) *好氧代谢* 大多数植物生长在水分不饱和的好氧条件下。在好氧条件下，有机污染物会作为电子受体而被持续矿化分解。

(2) *厌氧代谢* 部分植物生长在厌氧条件下（如水稻），即使生长在好氧条件下的植物，其根际也可能在部分时间内因积水而处于厌氧环境（如灌溉和降雨的时候）；即使在非积水时期，根际的局部区域也可能由于微域条件而处于厌氧条件。厌氧微生物对环境中难降解的有机物（如多氯联苯滴滴涕等）有较强的降解能力。一些有机污染物（如苯）可以在厌氧条件下完全被矿化。

(3) *腐殖质化作用*　有毒有机污染物可以通过腐殖质化作用转变为惰性物质而固定下来，达到脱毒的目的。研究结果证实，根际微生物加强了根际中多环芳烃与富里酸和胡敏酸之间的联系，降低了多环芳烃的生物有效性。腐殖质化被认为是总石油烃（TPH）最主要的降解机理。

4. 根际降解作用的对象　根际降解可以对下列污染物产生作用。

(1) *总石油烃（TPH）*　原油、柴油、重油和其他石油产品污染的土壤，植物降解修复技术可以使其总石油烃降低到对植物无影响的含量以下。

(2) *多环芳烃（PAH）*　研究表明，植被覆盖可加速多环芳烃类化合物的降解。

(3) *BTEX（苯、甲苯、乙苯和二甲苯）*　杨树根际土壤中含有较多的能够分解苯、甲苯、乙苯和二甲苯的细菌。

(4) *农药*　研究发现，根际土壤加速了阿特拉津的降解速度、硝苯硫磷脂和二嗪农的矿化速度，加速了2，4-D、2，4，5-T的降解速度。

(5) *含氯溶剂*　在植被覆盖的土壤中，四氯二苯乙烷（TCE）的矿化速度高于非植被覆盖的土壤；根际生物降解作用可能促进四氯二苯乙烷（TCE）和三氯乙酸（TCA）的消失。

(6) *五氯苯酚（PCP）*　在栽种植物条件下，五氯苯酚的矿化速度较高。

(7) *多氯联苯（PCB）*　特定植物根的淋溶液中发现的化合物（如类黄酮和香豆素）刺激了多氯联苯降解细菌的生长。

(8) *表面活性剂*　在根际微生物作用下，线状烷基苯磺酸盐（LAS）和线状乙醇乙氧基盐（LAE）的矿质化速度较高。

根际降解研究首先在农业土壤中的农药生物降解中进行，一些田间研究也已经开展。根际降解可以考虑作为其他修复措施之后的修饰手段或在最后处理步骤进行。

（三）植物降解作用

植物降解作用（又称植物转化作用）指被吸收的污染物通过植物体内代谢过程而降解的过程，或污染物在植物产生的化合物（如酶）的作用下在植物体外降解的过程。其主要机理是植物吸收和代谢。

要使植物降解发生在植物体内，化合物首先要被吸收到植物体内。研究表明，70多种有机化合物可以被88种植物吸收。已经有人建立了可以被吸收的化合物和相应的植物种类的数据库。化合物的吸收取决于其憎水性、溶解性和极性。中等疏水的化合物（$\lg K_{ow}=0.5\sim3.0$）最容易被吸收并在植物体内运转；溶解度很高的化合物不容易被根系吸收并在体内运转；疏水性很强的化合物可以被根表面结合，但难以在体内运转。植物对有机化合物的吸收还取决于植物的种类、污染物存在的年限以及土壤的物理和化学特征。很难对某一种化合物下一个确切的结论。

各种化合物都可能在植物体内进行代谢，包括除草剂阿特拉津、含氯溶剂四氯二苯乙烷和三硝基甲苯。其他可被代谢的化合物包括杀虫剂、杀真菌剂、增塑剂和多氯联苯。植物体内有机污染物降解的主要机理包括羟基化作用和酶氧化降解过程等。

植物降解作用的优点是植物降解有可能出现在其他生物降解无法进行的土壤条件中。其缺点是：可能形成有毒的中间产物或降解产物；很难测定植物体内产生的代谢产物，因此污染物的植物降解也难以被确认。

植物降解的主要对象是有机污染物。一般地说，lg K_{ow} 为 0.5～3.0 的有机污染物可以在植物体内被降解。植物降解作用适合于含氯溶剂（TCE）、除草剂（阿特拉津和苯达松）、杀虫剂（有机磷农药）、火药（TNT）等有机污染物。

（四）植物稳定化作用

1. 植物稳定化作用的概念及原理 植物稳定化作用指通过根系的吸收和富集、根系表面的吸附或植物根圈的沉淀作用而产生的稳定化作用；或利用植物或植物根系保护污染物使其不因风、侵蚀、淋溶以及土壤分散而迁移的稳定化作用。

植物稳定化作用通过根际微生物活动、根际化学反应和（或）土壤性质或污染物的化学变化而起作用。根系分泌物或根系活动产生的二氧化碳会改变土壤 pH，植物固定作用可以改变金属的溶解度和移动性或影响金属与有机化合物的结合，受植物影响的土壤环境可以将金属从溶解状态变为不溶解状态。植物稳定化作用可以通过吸附、沉淀、络合或金属价态的变化而实现。结合于植物木质素之上的有机污染物可以通过植物木质化作用（phytolignification）而被植物固定。在严重污染的土壤上种植抗性强的植物可减弱土壤的侵蚀，防止污染物向下淋溶或往四周扩散。这种固定作用常被用于废弃矿山的植被重建和复垦。

2. 植物稳定化作用的优点 不需要移动土壤，费用低，对土壤的破坏小，植被恢复还可以促进生态系统的重建，不要求对有害物质或生物体进行处置。

3. 植物稳定化作用的缺点 植物稳定化作用存在如下缺点。①污染物依然留在原处，可能要长期保护植被和土壤以防止污染物的再释放和淋洗。②植被维护可能需要大量的施肥或土壤改良。③要避免植物对金属的吸收并将金属转移到地上部。④根际分泌物、污染物和土壤改良物质必须得到监测，以避免因提高土壤重金属溶解度和淋溶性而增加污染风险。⑤植物稳定化作用不太适合作为最终修复措施，而适合作为一个临时措施。

4. 植物稳定化作用的研究进展 有机污染物的植物稳定化作用的研究还不多见。关于土壤重金属的植物稳定化作用的研究较多。植物可能对土壤的砷、镉、铬、铜、汞、铅和锌等金属起固定作用。草本植物和木本植物都可以用于植物稳定化作用。剪股颖属植物已用于酸性采矿废物中的铅和锌，也用于铜矿废物；红色羊茅草用于石灰性采矿废物中的铅和锌。植物稳定化作用特别适合于质地黏重或有机质含量高的土壤。植物稳定化作用可以在其他措施之后进行。一些金属浓度很高的点上的土壤应该挖去，采用其他技术进行处理或填埋。土壤改良剂也可以同时使用以促进土壤重金属的植物稳定化作用。

5. 植物稳定化作用的应用 下面是一些典型的植物稳定化作用的例子。

①采用潜在有效的植物恢复了受采矿影响的土地。例如，英国在金属污染的采矿废物上已经成功地建立了稳定的植被。

②一个超级地点的大面积的镉、锌污染土壤上，已经研究建立了金属忍耐性高的草本植物的植物稳定化作用。在另一个超级地点上，已经进行了杨树稳定化作用的小区试验。

③在一个重金属污染的土壤中，已经采用植物进行物理固定，以减少污染物的移动。

（五）植物挥发作用

植物挥发作用指污染物被植物吸收后，在植物体内代谢和运转，然后以污染物或改变了的污染物形态向大气释放的过程。在植物体内，植物挥发过程可能与植物提取和植物降解过程同时进行并互相关联。植物挥发作用对某些金属污染的土壤有修复效果。目前研究最多的是汞和硒的植物挥发作用。砷也可能产生植物挥发作用。某些有机污染物（如一些含氯溶剂）也可能产生植物挥发作用。

在土壤中，Hg^{2+}在厌氧细菌的作用下可以转化为毒性很强的甲基汞。一些细菌可以将甲基汞和离子态汞转化成毒性小得多的可挥发的单质汞，这是降低汞毒性的生物途径之一。研究证明，将细菌体内对汞的抗性基因导入拟南芥属等植物之中，植物就可能将吸收的汞化合物还原为单质汞，从而挥发。许多植物可从土壤中吸收硒并将其转化成可挥发状态（二甲基硒和二甲基二硒）。根际细菌不仅能促进植物对硒的吸收，还能提高硒的挥发率。现已经发现，海藻可以将 $(CH_3)_2AsO_2$ 挥发出体外，但在高等植物中尚未见砷挥发的报道。

目前已经发现的可以产生植物挥发的植物有：杨树（含氯溶剂）、紫云英（TCE）、黑刺槐（TCE）、印度芥（硒）、芥属杂草（汞）。

植物挥发作用的优点是：污染物可以被转化成为毒性较低的形态，如单质汞和二甲基硒；向大气释放的污染物或代谢物可能会遇到更有效的降解过程而进一步降解，如光降解作用。植物挥发作用的缺点是：污染物或有害代谢物可能积累在植物体内，随后可能被转移到其他器官中（如果实）；污染物或有害代谢物可能被释放到大气中。

这一方法的适用范围很小，并且有一定的二次污染风险，因此它的应用受到限制。

四、生物修复技术

（一）概述

污染土壤的生物修复指利用天然存在的或特别培养的微生物将土壤中有毒污染物转化为无毒物质的处理技术。生物修复技术取决于生物过程或因生物而发生的过程，如降解、转化、吸附、富集或溶解。大部分生物修复技术主要取决于生物降解，以生物降解来破坏土壤污染物。污染物的分解程度取决于它的化学组成、所涉及的微生物和土壤介质的主要物理化学条件。

简单地说，生物降解就是指化合物在生物的作用下分解成为更小的化学单元的过程。因此，生物降解最适合于有机污染物。好氧降解和厌氧降解都可能存在，有些化合物在好氧条件下的降解产物与厌氧条件下的降解产物有所不同。好氧条件下有机物降解的最终产物就是包括二氧化碳和水的简单化合物。这也被称为终极生物降解。然而，可以被接受的生物降解是指将污染物分解为无毒的产物。

在文献中，生物修复有时又被称为生物处理（biological treatment）。生物技术对污染土壤的修复能力主要取决于污染物种类和土壤类型。现有的生物修复技术只限于处理易分解的污染物：单环芳香烃、简单脂肪烃和比较简单的多环芳烃。然而，随着技术的发展，可处理的有机污染物也将更复杂。生物修复最初用于有机污染物的治理，近年来也开始扩展到无机污染物的治理。

1. 生物修复技术的分类　根据修复过程中人工干预的程度，生物修复技术可以分为自然生物修复和人工生物修复。

（1）自然生物修复　自然生物修复指完全在自然条件下进行的生物修复过程。在自然生物修复过程中不进行任何工程辅助措施，也不对生态系统进行调控，靠土著微生物发挥作用。自然生物修复要求被修复土壤具有适合微生物活动的条件（如微生物必要的营养物、电子受体和一定的缓冲能力等），否则将影响修复速度和修复效果。

（2）人工生物修复　当在自然条件下，生物降解速度很低或不能发生时，可以通过补充营养盐、电子受体、改善其他限制因子或微生物菌体等方式，促进生物修复，即人工生物修复。人工生物修复技术依其修复位置情况，又可以分为原位生物修复和异位生物修复两类。

①原位生物修复：这种方式不人为挖掘、移动污染土壤，直接在原污染位向污染部位提供氧气、营养物或接种，以达到降解污染物的目的。原位生物修复可以辅以工程措施。原位生物修复技术形式包括生物通气法（bioventilating）、生物注气法（biosparging）和土地耕作法（land farming）等。

②异位生物修复：这种方式人为挖掘污染土壤，并将污染土壤转移到其他地点或反应器内进行修复。异位生物修复更容易控制，技术难度较低，但成本较高。异位生物修复包括生物反应器型（bioreactor）和处理床型（treatment bed）两类。处理床技术包括异位土地耕作、生物堆制法（biopile）和翻动条垛法（windrow turning）等。反应器技术主要指泥浆相生物降解技术（slurry phase biodegradation）等。

2. 生物修复技术的特点

（1）生物修复技术的优点　与物理的或化学的修复技术相比，生物修复技术具有如下优点。

①可使有机污染物分解为二氧化碳和水，永久清除污染物，二次污染风险小。

②处理形式多样，可以就地处理。

③原位生物修复对土壤性质的破坏小，甚至不破坏或可以提高土壤肥力。

④降解过程迅速，费用较低。据估计，生物修复技术所需的费用只是物理、化学修复技术的30%～50%。

（2）生物修复技术的缺点　生物修复技术也有其不足之处，主要包括下述各方面。

①只能对可以发生生物降解的污染物进行修复。但有些污染物根本不会发生生物降解而不宜采用生物修复技术。这就是生物修复技术的局限性。

②有些污染物的生物降解产物的毒性和移动性比母体化合物更强，因此可能导致新的环境风险。

③其他污染物（如重金属）可能对生物修复过程产生抑制作用。

④修复过程的技术含量较高，修复之前的可处理性研究和方案的可行性评价的费用较高。

⑤修复过程的监测要求较高，除了化学监测外，还要进行微生物监测。

（二）生物修复技术分述

1. 泥浆相生物反应器

（1）泥浆相生物反应器概述　溶解在水相中的有机污染物容易被微生物利用，而吸附在固体颗粒表面的有机污染物不容易被利用。因此，将污染土壤制成浆状更有利于污染物的生物降解。泥浆相处理在泥浆相生物反应器（slurry phase bioreactor）中进行。泥浆相物生反应器可以是专用的泥浆反应器，也可以是一般的经过防渗处理的池塘。挖出的土壤加水制成泥浆，然后与降解微生物和营养物质在反应器中混合。添加适当的表面活性剂或分散剂可以促进吸附的有机污染物的解离，从而促进降解。降解微生物可以是原来就存在于土壤的微生物，也可以是接种的微生物。要严格控制条件以利于泥浆中有机污染物的降解。处理后的泥浆经脱水处理。脱出的水要进一步处理，以除去其中的污染物，然后可以被循环使用。

（2）泥浆相生物反应器的工艺 泥浆相生物反应器的处理过程主要包括以下步骤。

①对土壤进行预处理，以除去其中的橡胶、石块和金属物品等。土壤颗粒一般应小于4mm以便制成泥浆。

②将原料与水混合，制成泥浆（含水量一般在20%～50%）。

③在反应器中对泥浆进行机械搅拌，保证污染物和微生物的密切接触。

④补充无机养分、有机养分和氧，并调节pH。有些泥浆系统还使用氧化剂（如过氧化氢），使有机污染物更容易被降解。

⑤在处理开始时或在处理过程中多次添加微生物，以维持最佳生物浓度。

⑥处理结束后将泥浆脱水，并进一步处理残余的液态废物。

（3）泥浆相生物反应器的特点 与固相修复系统相比，泥浆生物反应器的主要优点在于：促进有机污染物的溶解，增加微生物与污染物的接触。加快生物降解速度。例如，菲在固相修复系统修复32d的效果只相当于泥浆反应器8d的修复效果。泥浆相处理的缺点是能耗较大，过程较复杂，因而成本较高；处理过程彻底破坏土壤结构，对土壤肥力有显著影响。泥浆相处理技术适用于挥发和半挥发有机污染物、卤化或非卤化有机污染物、多环芳烃、二噁英、农药及炸药等。泥炭土不适于采用本技术。

在1992—1993年，美国的得克萨斯州，曾采用该技术处理了一个被多环芳烃、多氯联苯、苯和氯乙烯污染的土壤。共处理了大约3.0×10^5t土壤和污泥，每吨土壤的处理费用大约是60英镑。处理系统包括：通气（泵）系统、液态氧供应系统、化学物质供应系统（供应氮、磷等营养物质和调节酸碱度的石灰水）、清淤和混合设备及生物反应器。经过11个月的处理以后，苯浓度从608mg/kg降低到6mg/kg，氯乙烯浓度从314mg/kg降低到16mg/kg。

2. 生物堆制法 生物堆制法（biopile）又称为静态堆制法（static pile）。这是一种基于处理床技术的异位生物处理过程，通过使土堆内的条件最优化而促进污染物的生物降解。挖出的污染土壤被堆成长条形的静态堆（没有机械的翻动）。添加必要的养分和水分于污染土堆中，必要时加入适量表面活性剂。必要时可以在土堆中布设通气管网以导入水分、养分和空气。管网可以安放在土堆底部、中部或上部。最大堆高可以达到4m，但随堆高的增加，通气和温度的控制会越加困难。土堆上还可以安装有喷淋营养物的管道。处理床底部应铺设防渗垫层以防止从床中流出的渗滤液往地下渗漏，而将渗滤液回灌于预制床的土层上。如果会产生有害的挥发性气体，在土堆上还应该有废气收集和处理设施。温度对生物降解速率有影响，因此季节性的气候变化可能降低或提高降解速率。将土堆封闭在温室状的结构中或对进入土堆的空气或水进行加热，可以控制堆温。通气土堆技术适用于挥发性和半挥发性的、非卤化的、有机污染物和多环芳烃污染土壤的修复。黏质土和泥炭土不适宜采用此法。通气土堆法的优点在于对土壤的结构和肥力有利，可以限制污染物的扩散，减少污染范围。其缺点是费用高，处理过程中的挥发性气体可能对环境有不利影响。

加拿大魁北克省曾采用此法对有机污染的土壤进行示范性处理。污染点为黏质土，土壤中矿物油和油脂浓度为14 000mg/kg。约500m^3的污染土壤被转移到一个沥青台上。定期添加养分。由于土壤质地较黏，所以混入泥炭和木屑以改善通透性和结构。经常加入水分以保持14%的含水量。冬天用电加热器以保持温度（20℃左右）。处理费用大约为每立方土壤3

英镑。34 周的处理以后，72%以上的石油烃被降解，添加泥炭和木屑显著提高了降解率。

3. 土地耕作法 土地耕作法（land farming）又称为土地施用（land application），包括原位和异位两种类型。原位土地耕作法指通过耕翻污染土壤（但不挖掘和搬运土壤），补充氧和营养物质以提高土壤微生物的活性，促进污染物的生物降解。在耕翻土壤时，可以施入石灰、肥料等物质，质地太黏重的土壤可以适当加入一些沙子以增加孔隙度，尽量为微生物降解提供一个良好的环境。土地耕作法氧的补充靠空气扩散。土地耕作法简单易行，成本也不高。主要问题是污染物可能发生迁移。原位土地耕作法适合于污染深度不大的表层土壤的处理。

异位土地耕作法指将污染土壤挖掘搬运到另一个地点，将污染土壤均匀撒到土地表面，通过耕作方式使污染土壤与表层土壤混合，从而促进污染物生物降解的方法。必要时可以加入营养物质。异位土地耕作需要根据土壤的通气状况反复进行耕翻作业。用于异位土地耕作的土地，要求土质均匀，土面平整，有排水沟或其他控制渗漏和地表径流的设施。可以根据需要对土壤 pH、湿度、养分含量等进行调节，并要进行监测。异位土地耕作法适合于污染深度较大的污染土壤的处理。

土地耕作法的有效性取决于以下 3 类因素：土壤特征、有机物组分的特征和气候条件。要使土壤氧气的进入、养分的分布和水分含量维持在合适的范围内，就必须考虑土壤质地。黏质土和泥炭土不适宜采土地耕作法。土地耕作法可以用于挥发性、半挥发性、卤化和非卤化有机污染物、多环芳烃、杀虫剂等污染土壤的处理。典型的土地耕作场地都是不覆盖、对气候因素开放的，降雨使土壤的水分超过必需的水分含量，而干旱又使土壤水分低于所需的最小含水量。寒冷的季节不适于土地耕作的进行，如要进行可以对场地进行覆盖。温暖的地区一年四季都可以进行土地耕作修复。

土地耕作法可以有效地降低在地下储油罐附近发现的几乎所有的石油组分。在土地耕作的通气时期内（如耕翻），较轻的、挥发性强的组分（如汽油）主要通过蒸发作用而去除，只有小部分通过微生物分解。考虑到大气环境质量的限制，可能有必要对有机物的挥发进行控制。对于那些以中等分子质量化合物为主的石油产品（如柴油和煤油），生物降解就比蒸发作用更重要。更重的石油产品（如加热用的燃油和润滑油）在土地耕作期间不会蒸发，其降解主要依靠微生物的作用。重的石油组分的降解需要更长的时间。

土地耕作法的优点是：设计和设施相对简单，处理时间较短（在合适的条件下，通常需要 6 个月到 2 年），费用不高（处理每吨污染土壤需 30～60 美元），对生物降解速度小的有机组分有效。土地耕作法的缺点是：很难达到 95%以上的降解率，很难降解到 0.1mg/kg 以下，当污染物浓度过高时效果不佳（如石油烃浓度超过 50 000mg/kg 时），当重金属浓度超过 2 500mg/kg 时会抑制微生物生长，挥发性组分会直接挥发出来而不是被降解，需要较大的土地面积进行处理，处理过程产生的尘埃和蒸气可能会引发大气污染问题，如果淋溶比较强烈的话需要进行下垫处理。

在德国莱茵河附近的一个炼油厂污染的土壤曾采用此法进行了修复。该污染点上石油烃污染深度达 6m。地表 2m 内的石油烃浓度在 10 000～30 000mg/kg 的污染土壤被挖掘出来，铺在一个高密度聚乙烯下垫面上，形成一个长 45m、宽 8m、厚 0.6m 的处理床。处理床上覆盖聚乙烯以保持土堆的温度和湿度。34 周以后，土壤中石油烃的浓度从 12 980mg/kg 降低至 1 273mg/kg（降低了 90%以上）。

4. 翻动条垛法 翻动条垛法（windrow turning）是一种基于处理床技术的异位生物处

理方法。将污染土壤与膨松剂混合以改善结构和通气状况，堆成条垛。条垛可以堆在地面上，也可以堆在固定设施上。垛高1～2m。条垛地面要铺设防渗底垫，以防止渗漏液对土壤的污染。通常往土垛中添加一些物质，如木片、树皮或堆肥，以改善垛内的排水和孔隙状况。可以设置排水管道以收集渗漏水并控制垛内土壤达最佳含水量。用机械进行翻堆，翻堆可以促进均匀性，为微生物活动提供新鲜表面，促进排水，改善通气状况，从而促进生物降解。翻动条垛法可以用于挥发性、半挥发性、卤化和非卤化有机污染物、多环芳烃等污染土壤的处理。在美国的俄勒冈州，曾采用此法处理被炸药（包括 TNT）污染的土壤。在1992年5～11月，共处理了大约240m^3 的污染土壤，土壤的质地从细砂土到壤质砂土。挖出的污染土壤先被过筛，然后与添加物混合。混合物中污染土壤占30%、牛粪占21%、紫云英占18%、锯屑占18%、马铃薯占10%、鸡粪占3%。每周翻堆3～7次，水分含量为30%～40%，pH5～9。40d以后，TNT浓度从原来的1 600mg/kg降低至4mg/kg。同时还比较了通气垛与非通气垛的处理效果。尽管通气垛的温度较高，但非通气垛对污染物的去除效果却比较好。

5. 生物通气法　生物通气法（bioventilating）是一种利用微生物降解吸附在不饱和土层的土壤上的有机污染物的原位修复技术。生物通气法通过将氧气流导入不饱和土层中，增强土著细菌的活性，促进土壤中有机污染物的自然降解。在生物通气过程中，氧气通过垂直的空气注入井而进入不饱和层。具体措施是向不饱和层打通气井，用真空泵使井内形成负压，让空气进入预定区域，促进空气的流通。与此同时，还可以通过渗透作用或通过水分通道向不饱和层补充营养物质。处理过程中最好在处理地面上加一层不透气覆盖物，以避免空气从地面进入，影响内部的气体流动（图10-8）。生物通气如发生在土壤内部的不饱和层中，可以通过人为降低地下水位的方法扩大处理范围。据报道，生物通气法最大的处理深度达到了30m。生物通气主要促进燃油污染物的降解，也可以通过土壤的生物活化作用促使挥发性有机物以蒸气的形式缓慢挥发。

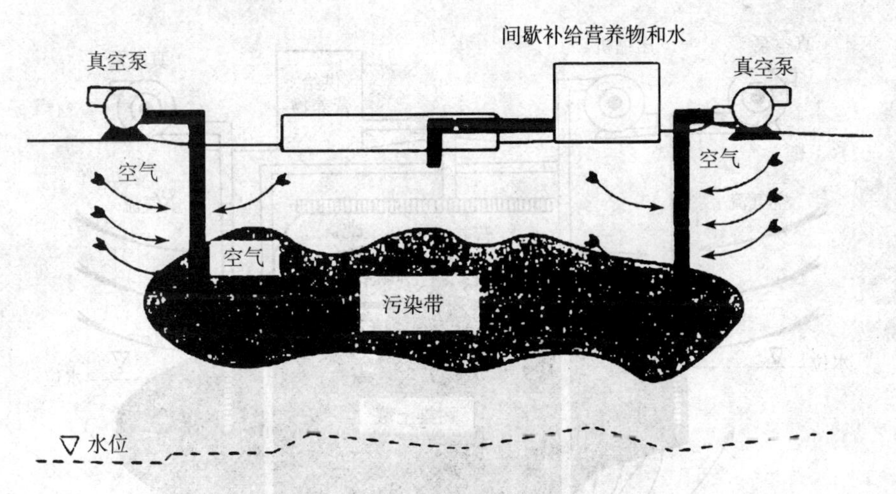

图10-8　生物通气法修复不饱和层污染

（引自沈德中，2002）

生物通气的目的在于产生最大化的好氧降解。操作过程中空气的流速比较低，目的在于限制污染物的挥发作用。生物降解和挥发作用之间的最佳平衡取决于污染物的种类、地点条件和处理时间。但无论如何，收集从土壤挥发出来的空气是必要的。收集装置通常包括气水分离器和一个气体处理系统（如活性炭、生物滤器、催化氧化装置等）。大多数不饱和土壤对气体的传导性大于对水的传导性，但原位处理究竟能在多大程度上对亚表层污染物起作用依然有疑问。营养物通常以液体加入，它可能与通入的气体争夺孔隙。生物通气法的效果对于土壤含水量的依赖很强。对饱和带土壤的处理首先必须降低地下水位。

生物通气系统通常用于那些蒸气挥发速度低于蒸气提取系统要求的污染物。生物通气可以处理所有可好氧生物降解的化合物。然而事实表明，生物通气最适合于那些中等分子质量的石油污染物，如柴油和喷气燃料。分子质量小的化合物（如汽油）趋向于迅速挥发并可以通过更快的蒸气提取法去除。生物通气法不太适合于对分子质量更大的化合物（如润滑油），因为这些化合物的降解时间很长，生物通气不是一种有效的选择。

美国犹他州的一个空军基地，曾采用生物通气法处理被喷气燃油污染的 5 000m^3 的土壤，其石油烃含量高达 10 000mg/kg。处理从 1988 年开始，到 1990 年结束。首先进行蒸气提取，而后进行生物通气。在实施生物通气修复时，设立了 4 个深约 16m、直径约 0.2m 的井。土壤的含水量控制在 9%～12%，并添加必要的养分。在生物通气的部分地面上盖上了塑料覆盖物以防止废气的散发。处理后土壤石油烃的含量降低到 6mg/kg，总费用约 60 万美元。

6. 生物注气法 生物注气法（biosparging）又称为空气注气法（air sparging），是一种原位修复技术，指通过空气注气井将空气压入饱和层中，使挥发性污染物随气流进入不饱和层进行生物降解，同时也促进饱和层的生物降解。在生物注气过程中，气泡以水平的或垂直的方式穿过饱和层和不饱和层，形成一个地下的剥离器（图 10-9），将溶解态的或吸附态的烃类化合物变成蒸气而转移。空气注气井通常间歇运行，在生物降解期大量供应氧气，而在停滞期通气量最小。当生物注气法与蒸气提取法联合使用时，气泡携带蒸气相污染物进入蒸气提取系统而被除去。生物注气法适用于被挥发性有机污染物和燃油污染土壤的处理。空气注气法更适合于处理被小分子有机物污染的土壤，对大分子有机物污染的土壤较不适用。

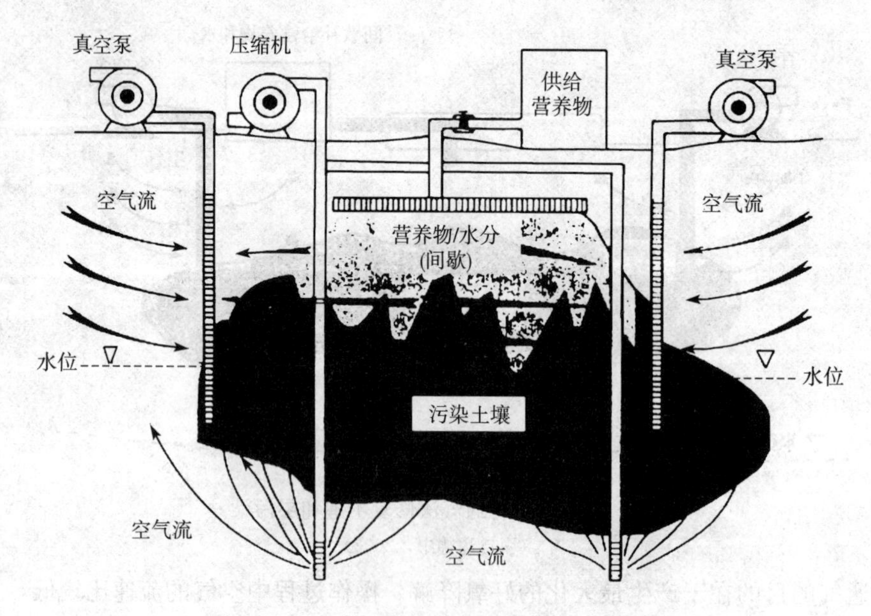

图 10-9 生物注气法修复土壤和地下水污染
（引自沈德中，2002）

第三节　污染土壤修复技术选择的原则

在选择污染土壤修复技术时，必须考虑修复目的、社会经济状况和修复技术的可行性等方面。就修复目的而言，有的修复是为了使污染土壤能够再安全地被农业利用，而有的修复则只是为了限制土壤污染物对其他环境组分（如水体和大气等）的污染，而不考虑修复后能否再被农业利用。不同的修复目的选用的修复技术可以不同。就社会经济状况而言，有的修复工作可以在充足的修复经费支持下进行，此时可以选择的修复技术就比较多；有的修复工作只能在有限的经费支持下进行，这时候可供选择的修复技术就很有限。土壤是一个高度复杂的体系，任何修复方案都必须根据当地的实际情况制定，不可完全照搬其他国家、其他地区或其他土壤的修复方案。在选择修复技术和制定修复方案时必须遵循下述 3 个原则。

一、耕地资源保护原则

中国地少人多，耕地资源短缺，保护有限的耕地资源是头等大事。在进行修复技术的选择时，应尽可能地选用对土壤肥力负面影响小的技术，如植物修复技术、生物修复技术、有机-中性化技术、电动力学技术、稀释、客土和冲洗技术等。有些技术治理后使土壤完全丧失生产力，如玻璃化技术、热处理技术、固化技术等，只能在污染十分严重，迫不得已的情况下采用。

二、可行性原则

修复技术的可行性主要体现在两个方面，一是经济方面的可行性，二是效应方面的可行性。所谓经济方面的可行性，即指成本不能太高，现阶段能够承受，可以推广。一些发达国家目前可以实施的成本较高的技术，在我国现阶段也许难以实施。所谓效应方面的可行性，即指修复后能达到预期目标，见效快。一些需要很长周期的修复技术，必须在土地能够长期闲置的情况下才能实施。

三、因地制宜原则

土壤污染物的去除或钝化（immobilization）是一个复杂的过程。要达到预期的目标，又要避免对土壤本身和周边环境的不利影响，对实施过程的准确性要求就比较高。不能简单地搬用国外的或者国内不同条件下同类污染处理的方式。在确定修复方案之前，必须对污染土壤做详细的调查研究，明确污染物种类、污染程度、污染范围、土壤性质、地下水位和气候条件等。在此基础上制定初步方案。一般应对初步方案进行小区预备研究。根据预备研究的结果，调整修复方案，再实施面上修复。

◆ 思考题

1. 污染土壤的修复技术可以分为哪几类？

2. 重金属污染土壤可以选择的修复技术有哪几种？各有什么特点？

3. 有机污染土壤可以选择的修复技术有哪几种？各有什么特点？

4. 什么是原位修复技术？什么是异位修复技术？上述修复技术中，哪些属于原位修复技术？哪些属于异位修复技术？

5. 上述修复技术对土壤肥力有何影响？哪些技术实施后会彻底破坏土壤肥力？

6. 不少技术都可以同时属于不同的类别（如同时属于化学修复技术和物理修复技术）。请列出可以同时属于不同类别的修复技术。

◆ 主要参考文献

陈同斌，等 . 2002. 砷超富集植物蜈蚣草及其对砷的富集特征［J］. 科学通报，40（3）：207 - 210.

沈德中 . 2002. 污染环境的生物修复［M］. 北京：化学工业出版社 .

薛生国，陈英旭，等 . 2003. 中国首次发现的锰超积累植物——商陆［J］. 生态学报，23（5）：935 - 937.

杨肖娥，龙新宪，等 . 2002. 东南景天（*Sedum alfredii*）——种新的锌超积累植物［J］. 科学通报，47（13）：1003 - 1006.

张从，夏立江 . 2000. 污染土壤生物修复技术［M］. 北京：中国环境科学出版社 .

周东美，邓昌芬 . 2003. 重金属污染土壤的电动修复技术研究进展［J］. 农业环境科学学报，22（4）：505 - 508.

周启星，宋玉芳 . 2004. 污染土壤修复原理与方法［M］. 北京：科学出版社 .

IAN MARTIN，PAUL BARDOS. 1995. A review of full-scale treatment technologies for the remediation of contaminated soil［M］. EPP Publication.

ISKANDAR I K，D C ADRIANO. 1997. Remediation of soils with metals［M］. Northwood：Science Reviews.

U. S. Environmental Protection Agency. Introduction to phytoremediation. http：//www. epa. gov.

第十一章　工矿区污染土壤的合理利用与复垦

本章提要　本章主要介绍我国工矿区土壤破坏及污染状况，矿区土壤土地复垦与生态重建的重要意义，国内外工矿区土地复垦与生态重建方面的研究现状及进展。我国土地复垦的原则及当前工矿区土地复垦采用的一些模式，污染土壤利用的原则及不同污染程度土壤的土地利用方式。

第一节　工矿区土壤污染破坏状况

一、工矿区的概念

工矿区是工程建设区、工厂和矿区的总称，是指国土范围内修筑公路、铁路、水利工程、开办矿山、电力、化工、石油等工业企业以及采石、取石、挖砂等建设活动的场地。

工矿区按行业特征可分为：采矿系统（煤炭开采业、铁矿山、铝土矿、石膏矿、金矿、铜矿、石棉矿、锡矿等，采矿系统可根据开采方式分为露天开采和地下开采两大类）、交通运输业（现有的和正在修建的铁路、公路、码头、海港、大型汽车站、火车站和飞机场等）、电力系统（火力发电厂和变电站等）、冶金系统（钢铁联合企业、特殊钢厂、炼铁厂、其他金属工业企业和炼焦厂等）、化工系统（硫酸厂、烧碱厂、纯碱厂、磷肥厂、橡胶厂、造纸厂、有机化工厂、农药厂和化肥厂等）、建材系统（水泥厂、陶瓷厂、石料厂、挖砂场、石灰场、砖瓦窑等）、水电工程（水库、水电站和输水工程）、城市建设及其他系统（市政建设、居民区建设、风景旅游区开发、名胜古迹恢复重建等）。

二、工矿区土壤破坏的特征及污染状况

随着科学技术快速发展，人类各种生活、生产及工程建设活动规模空前扩大，但在人类活动的影响下，自然平衡受到严重破坏。其中对生态环境破坏程度和强度最大的是采矿业。据世界有关组织统计，按重量计，矿物原料在各种工业原料中占75%～80%；90%的工业品和17%的日用品是用矿物资源生产出来的。在采矿业中又以采煤业所占比例最大，对地表和生态环境产生的影响、破坏的程度也最大、最强烈。

工矿区对地表的破坏首先是大面积地破坏地形地貌，植被消失，然后水土流失加剧、河

道淤塞、地表水与地下水紊乱、土地沙化、盐碱化、环境污染等相继而来，滑坡、泥石流等地质灾害频繁发生。同时，还引发了一系列社会问题，如大规模的民居损坏、村庄搬迁、农民失业以及难以处理的矿山企业与地方的矛盾，给社会增添了不安定的因素。因此，工矿区矿产资源开发及工程建设活动引发的土地破坏问题，已不单纯是一个生态环境问题，而是关系到国家、民族经济发展和人类生存的根本性问题。

（一）造成地面塌陷、开裂、变形等灾害

造成地面塌陷的原因，一是地下矿体被采空后遗留大片采空区，因失去支撑力而引起地面塌陷，如开采石油、天然气、抽汲卤水及开采固体矿产均可引起大面积的地面沉陷，其中，煤矿开采造成的地面沉陷规模及危害最突出。井下开采每万吨原煤造成的沉陷地，少的 $0.033hm^2$，多的达 $0.533hm^2$，平均 $0.2\sim0.33hm^2$。据不完全统计，到 2005 年底，全国采煤塌陷面积累计已超过 $7.0\times10^5hm^2$，其中耕地占 30%，并且以每年 $2\times10^4hm^2$ 的速度持续增加。土地塌陷造成极大的经济损失，若以每年塌陷 $2\times10^4hm^2$、15 万元/hm^2 损失计，年直接经济损失在 30 亿元以上。

造成地面塌陷的第二个原因是岩溶地区，因采矿疏干流水或采矿时造成矿坑冒水或充水，从而引起岩溶塌陷。例如，湖南恩口矿塌陷 5 800 多处，范围 $20km^2$。投资上亿元的湘东铁矿，井下冒水或充水后地面塌陷，田舍毁坏，铁路改线，终因损失巨大而被迫下马，致使井下投资 700 万元的巷道全部废弃。

此外，开采地下水资源也会引起岩溶塌陷。我国开发水资源引起的岩溶塌陷比较严重的有 20 多个城市和地区。从全国总体看，南方远严重于北方。

土地塌陷后所造成的影响和危害十分严重。例如，山东兖州矿区兴隆庄煤矿至 2001 年就因采煤塌陷造成 6 个村庄 6 000 余农民失去可耕土地。淮北矿务局自 1958 年建矿至 1985 年底，因地面塌陷已搬迁村庄、工厂和学校 124 处，平均每年 4.6 处。各矿区在征地、拆迁安置问题上，矛盾日益尖锐，普遍存在着工农关系紧张，影响社会安定和建设进度的情况。

（二）采矿挖损、压占大片土地

采矿过程中挖损、固体废弃物堆放，破坏、压占大片土地。据不完全统计，露天煤矿每开采 1×10^4t 煤要挖损土地约 $0.1hm^2$，外排土场压占土地为挖损土地量的 1.5～2.0 倍，露天矿正常生产时每采 1×10^4t 煤排土场平均压占 $0.16hm^2$ 土地。中国露天铁矿每开采 1×10^4t 矿石挖损土地约 $0.009\,3hm^2$，排放废弃石 1.5×10^4t，压占地 $0.008\,7hm^2$。1993 年，我国金属矿山堆存的尾矿已达到 4.0×10^9t 以上，2000 年后每年产生的选矿尾矿达到 6×10^8t 以上。据不完全统计，1993 年底尾矿累计堆存直接破坏和占用耕地达 $1.7\times10^4\sim2.3\times10^4hm^2$，而且每年以 $200\sim300hm^2$ 的速度递增，2000 年后达到每年 $340hm^2$，尾矿废石破坏土地和堆存占地达到 $1.87\times10^4\sim2.47\times10^4hm^2$。

（三）采矿引起土壤污染、土壤质量严重退化等问题

矿产开采和利用中产生大量粉尘和有毒物质，这些物质沉积于地表或通过各种途径进入土壤，破坏土壤的结构和性质，间接破坏土地资源。

矿山生产要排出大量水，如矿坑排水、洗矿选矿水、矿渣矸石堆受雨淋滤后溶解了矿物质的污水以及矿区其他工业废水等，大部分未经处理，排放后直接或间接污染地表水、地下水和周围农田、土地，再进一步污染农作物，恶化生态环境。

采矿往往把周围的植被砍伐殆尽，使其丧失了水土保持功能，造成水土流失、岩石裸

露、荒漠化。例如，在祁连山区，20世纪80年代以后大量采矿，最严重的是淘金，几百处矿点大都采用剥离覆层法开采，毁坏了植被，破坏了该区水源涵养环境，使祁连山向河西走廊沙漠绿洲输送的水源减少，绿洲因缺水而荒漠化。

矿山长期排水，附近的地表水和浅层地下水被疏干，恶化生态环境，影响植物生长，有的矿区甚至形成土地石化和沙化，采矿造成的缺水地区也在不断增加。

渤海湾沿岸的许多地区因过量抽取地下水导致海水入侵，并造成沿岸土地次生盐渍化。

（四）诱发滑坡、崩塌、泥石流灾害

几乎所有矿山都会遭受到不同程度的滑坡、崩塌、泥石流灾害的危害，尤其是露天矿山。其主要原因，一是矿渣堆放不合理，如直接堆放在沟谷中或顺山坡堆放，或超负荷堆放，引起滑坡、崩塌、泥石流；二是开采造成顶板下沉变形，致使上部岩体发生下沉、开裂变形，诱发滑坡、崩塌；三是露天开采使边坡改变原有的天然平衡状态，引起滑坡、崩塌。

第二节　工矿区土地复垦与生态重建的现状及研究进展

我国《环境保护法》规定：各级政府应加强对农业环境的保护，防治土壤污染、土地沙化、盐渍化、贫瘠化、地面沉降和防治植被破坏、水土流失、水源枯竭、种源灭绝以及其他生态失调现象的发生和发展，推广植物病虫害的综合防治，合理使用化肥、农药及植物生长激素。

土地复垦规定：因开采矿产资源、烧制砖瓦、燃煤发电等生产建设活动，造成土地破坏的，应按“谁破坏、谁复垦”的原则，采取整治措施，使其恢复到可供利用的状态。国家鼓励建设单位优先使用复垦后土地，用于农、林、牧、渔业生产的，减免农业税。

一、土地复垦与生态重建的概念

（一）土地复垦的概念

1988年10月21日，国务院发布了《土地复垦规定》，对土地复垦定义为：“土地复垦，是指对在生产建设过程中，因挖损、塌陷、压占等造成破坏的土地，采取整治措施，使其恢复到可供利用状态的活动。”

土地复垦的对象主要是被生产建设破坏的土地，复垦目标是使其恢复到可供利用的程度，这是土地复垦不同于其他土地开发利用的两个基本特征。因此，它不同于开垦处女地的“农垦”或“垦荒”，同时它也不强求将被破坏的土地必须恢复到原来的用途或状态。

（二）生态重建的概念

美国生态重建学会1994年将生态重建（恢复）定义为：将人类所破坏的生态系统恢复成具有生物多样性和动态平衡的本地生态系统。其实质是将人为破坏的区域环境恢复或重建成一个与当地自然界相和谐的生态系统。

在我国，矿区生态重建尚无确切的概念。白中科在对矿区生态系统特点及演替模式分析的基础上提出：矿区生态重建是指对采矿引发的结构缺损、功能失调的极度退化的生态系统，借助人工支持和诱导，对其组成、结构和功能进行超前计划、规划、安排和调控，同时对逐渐逼近最终目标中可能出现的各种问题，进行跟踪评估并匹配相应的技术经济措施，最

终重建一个符合代际（间）需求和价值取向的可持续的生态系统。

从这一概念可归纳出矿区生态重建的特点为：①矿区生态重建对策是超前的、主动的，而不是在采矿出现问题之后的被动的、后患治理措施；②矿区生态重建追求的目标是重建一个社会-经济-自然整体协调的、可持续的支持系统。

（三）土地复垦与生态重建的相互关系

①土地复垦是生态重建的前提和基础，生态重建是土地复垦的延伸或延续。

②土地复垦是一项极其综合的技术，除技术外必需涉及矿山管理和社会、经济等方面，只有将矿区的土地复垦纳入更大的系统——矿区的生态重建中，土地复垦的目标、目的才会更明确，复垦的效益才会更好。

因此，土地复垦与生态重建二者之间是相互联系、不可分割的，两者之间存在着既相对独立、又统一的辩证关系。

二、工矿区土地复垦与生态重建的意义

（一）土地复垦是实现耕地总量动态平衡、缓解人地矛盾的重要途径

我国人口多，耕地少，土地资源缺乏。珍惜和合理利用每寸土地，切实保护耕地，是我国的基本国策。根据《国土资源公报》，2008 年，全国耕地面积仅为 $1.22\times10^{8}hm^{2}$，人均耕地只有 $0.091\ 3hm^{2}$，仅为世界平均水平的 40%，土地的重负几乎达到极限。我国一方面人地矛盾相当突出，另一方面又有大量土地被破坏废弃。我国因采矿而直接破坏的森林面积累计已达 $1.06\times10^{6}hm^{2}$，破坏草地面积 $2.63\times10^{5}hm^{2}$。据估算，2008 年我国各种人为因素造成破坏废弃的土地约 $1.333\times10^{7}hm^{2}$，占耕地总面积的 10%以上，其中仅采矿破坏的土地面积就达 $6.0\times10^{6}hm^{2}$。这些被破坏的土地在破坏前 70%为基本农田，土壤肥沃，集中连片，水、电、路等基础条件较好。如能按照“因地制宜，综合整治，宜耕则耕，宜林则林，宜渔则渔，宜草则草”的原则进行复垦利用，则可产生巨大的社会效益和经济效益。约有 60%以上的废弃地可以复垦为耕地，即可以复垦增加耕地 $3.6\times10^{6}hm^{2}$ 左右，每年可新增加粮食 2.7×10^{10} kg；30%可以复垦为其他农用地，即可复垦增加其他农用地 $1.8\times10^{6}hm^{2}$ 左右，可新增产值 405 亿元；10%可以复垦为建设用地，即可复垦增加建设用地 $6.0\times10^{5}hm^{2}$，可满足我国 4～5 年的建设需要。按每公顷 150 万元的价格进行有偿出让，国家财政还可收取出让金 9 000 亿元。

（二）土地复垦可以改善生态环境

工矿企业破坏土地，压占农田、菜地，毁坏森林植被，污染土地，同时引进技术也会引起许多生态环境问题。生态环境恶化表现为土地荒芜，房屋倒塌，路桥断裂，平原变成丘陵地貌，农田大面积积水变为沼泽、湖泊或引起盐渍内涝，呈现一片荒衰景象。采矿行业剥离的废石和煤矸石、发电厂的粉煤灰、冶炼金属产生的废渣等堆积压占土地，粉尘飞扬，有害气体逸出，有毒液体渗流都使周围环境受到污染破坏；在山区产生山体坍塌、滑坡和泥石流更造成猝不及防的灾害；水土流失、地下水枯竭及污染等造成对环境的长远影响，严重影响人们的生活、生产和身心健康。伴随着大面积土地破坏，使村庄迁移，不断发生移民问题，既破坏了生态环境又破坏了社会环境。而土地复垦既整治了土地，避免村庄远距离迁移，又改善了生态环境和社会环境。

(三) 土地复垦可以促进社会安定团结

矿山和企业占用和破坏的土地多为良田沃土、耕地或菜地，使矿区农民人均耕地面积不断减少。因少地、无地农民增加，农业生产受到严重影响，加重了国家负担，影响了矿区人民生活，并使企业在征地、拆迁安置等问题上同农民的矛盾日益加剧，影响矿山和企业生产的正常进行和发展，成为社会不安定因素。耕地面积的锐减使采煤塌陷区内农民吃粮成为一大难题。综上所述，土地的大面积破坏是影响社会安定团结的因素，因而开展土地复垦工作使废弃土地获得新生，可以促进社会的安定团结。

(四) 开展土地复垦可减轻企业的经济负担

过去被破坏的土地，只考虑给予农民经济赔偿，或由国家征用并安排群众的生产和生活。由于土地越来越少，征地费用越来越高，这就增加了企业的生产成本和经济负担，并成为影响企业经济效益的一大因素。例如，辽宁省抚顺矿务局在抚顺市近郊采煤，开采特厚煤层塌陷深度 20m，所破坏的均为菜地，每征 $1hm^2$ 费用高达 142.5 万元，因企业无力承受，只得每年每公顷赔偿菜田损失费 4.95 万元，严重增加企业负担。后经唐山煤矿研究分院调研分析，中国土地学会土地复垦分会论证，每公顷塌陷地只需投资 37.5 万元即可复垦为菜地，并明确复垦后以地换地不再征地。抚顺矿区若将塌陷土地 $475.13hm^2$ 都进行高标准复垦，将创效益近 5 亿元。此例说明，进行土地复垦能减轻企业的经济负担。

三、工矿区土地复垦与生态重建的现状及研究进展

(一) 我国土地复垦概况

土地复垦在我国始于 20 世纪 50 年代末 60 年代初，多年来，在中央和地方各级政府的领导下，土地复垦已取得一定成效。全国土地复垦率已由《土地复垦规定》实施前的 2%上升到约 12%。安徽淮北市作为全国最早的土地复垦示范区之一，土地复垦率超过了 50%。全国已累计复垦利用矿业废弃土地约 $7.3\times10^5hm^2$，复垦后的土地 70%作为耕地或其他农用地，30%作为非农业建设用地或其他用途。通过土地复垦，增加了耕地面积，缓解了人地矛盾，改善了生态环境，实现了土地资源可持续利用，促进了国民经济和社会协调发展。由于各级政府的高度重视和广大土地复垦者长期不懈的努力，我国土地复垦工作得到了加强，为下一步开展大规模的土地复垦活动创造了良好条件。我国土地复垦的成就主要表现在以下几个方面。

1. 土地复垦法律、法规和有关技术标准不断健全和完善　1988 年国务院正式颁布实施了《土地复垦规定》，从此，土地复垦工作纳入法制管理轨道。继《土地复垦规定》颁布实施后，在修订的《中华人民共和国土地管理法》、《中华人民共和国矿产资源法》、《中华人民共和国环境保护法》和制定的《中华人民共和国煤炭法》、《中华人民共和国铁路法》等法律中都有土地复垦方面的规定。据不完全统计，20 世纪 80 年代以来，全国人大常务委员会、国务院、国家计委、国家经委、水利部、财政部、煤炭部、冶金部、环保局、土地局等有关部门先后制定了与矿区土地复垦、水土保持、环境保护有关的法律、法规和规章 30 余部。《国民经济和社会发展第十一个五年规划纲要》和党中央、国务院有关文件也明确提出，“要推进废弃土地复垦”。各级人民政府也积极推进矿山环境立法，制定矿山环境保护规划，建立土地复垦保证金制度，开展矿山环境治理示范工程，产生了许多实用的土地复垦技术。

《全国土地利用总体规划纲要（2006—2020 年）》提出，在规划期末的 2020 年以前，我国将推动六大土地整理复垦工程，其中包括重点煤炭基地土地复垦工程。《全国土地利用总体规划纲要（2006—2020 年）》提出，积极开展工矿废弃地复垦；加快闭坑矿山、采煤塌陷、挖损压占等废弃土地的复垦，立足优先农业利用，鼓励多用途使用和改善生态环境，合理安排复垦土地的利用方向、规模和时序；组织实施土地复垦重大工程，到 2010 年和 2020 年，通过工矿废弃地复垦补充耕地 $1.7\times10^5hm^2$ 和 $4.6\times10^5hm^2$。

2. 土地复垦的有关政策逐渐配套 一是制定了“谁破坏，谁复垦”、“谁复垦，谁受益”的原则和减免有关农业税等鼓励土地复垦的政策。二是初步建立了土地复垦资金渠道。1997 年，国家做出明确规定，生产或建设过程中破坏的土地，其复垦所需资金列入生产成本或建设项目总投资。有些地方借鉴国外的做法，建立并施行了土地复垦保证金制度。

3. 在全国建立了一批各种不同类型的土地复垦试点和示范区 从 1989 年起，在全国先后建立了包括煤炭、冶金、化工、石油、有色金属等矿山开采，燃煤发电、烧制砖瓦，兴修水利、修建公路、铁路，农村旧宅基地、废弃坑、塘等 20 多个不同类型的土地复垦试点。从 1995 年起，在全国建立了每年由中央财政投资为引导，地方财政配套，农村集体投入为主体的 22 个综合治理、综合利用、发展生态农业的土地复垦示范区（点），复垦土地面积达 8 000hm^2，到 1999 年中央财政和地方财政已分别投资 5 500 多万元。2004 年，首批通过了国土资源部验收的 18 个矿山环境治理项目，其中有煤矿区塌陷治理项目 5 个、闭坑煤矿区水污染治理项目 1 个、露天矿生态环境恢复项目 3 个、岩溶塌陷治理项目 2 个、矿山环境综合治理项目 4 个、石煤自燃治理项目 1 个。项目验收结果表明，由于中央和地方配套资金的相互支持，90％的项目超额完成设计工程量，18 个项目工程质量均达到预期要求，全部验收合格。昔日因采矿破坏的矿山环境，通过治理有的重新披上绿装，有的造改成鱼塘，有的恢复成耕地，取得了明显的社会、经济和环境效益，深受矿区百姓和当地政府的欢迎。

4. 土地复垦技术研究、学术交流也有了发展 一是制定并颁布了《土地复垦标准》，冶金行业颁布了《土地复垦初步设计的内容及编写规定》、《土地复垦规划设计的内容及深度规定》。二是组织编写了土地复垦教材，在一些高等院校开设了土地复垦专业或举办土地复垦培训班。三是有一批科研成果和规划设计项目得到推广应用。四是积极开展国内、国际土地复垦学术交流和技术合作。

5. 明确了土地复垦管理体制 根据有关法律、法规，国土资源部负责统一管理、监督检查全国的土地复垦工作，地方各级人民政府土地行政主管部门负责本行政区域的土地复垦管理工作，有关行业部门按照各自的职责各负其责。有的地方还专门成立了土地复垦队或土地复垦公司，具体从事土地复垦各项业务工作。我国的土地复垦工作虽然有了很大进展，但由于起步晚，待复垦土地面积大，复垦任务还很重；发展速度与世界其他国家相比，还有一定差距，复垦率和复垦标准还较低；土地复垦法律、法规及政策还有待进一步完善；土地复垦科学技术研究和推广应用还应进一步加强。

（二）我国在土地复垦方面的重点研究领域及新进展

我国在矿区土地复垦与生态重建方面重点研究领域及进展，主要有以下方面。

1. 煤矿沉陷地复垦工程技术研究 多年来，我国地下采煤量占到煤炭总量的 95％以上。采煤沉陷地是我国矿区目前破坏最为广泛、影响最为严重的土地，特别是东部黄淮平原的塌陷地，沉陷深，规模大而集中。我国对这种典型破坏土地研究的侧重点是：挖深垫浅、充填复垦、疏排法、生态工程复垦等工程治理措施。新近推出的生态工程复垦技术，就是将土地复垦工程技术与生态工程技术结合起来，综合运用生物学、生态学、经济学、环境科学、农业科学、系统工程学的理论，运用生态系统的物种共生和物质循环的再生等原理，结合系统工程方法，为破坏的土地所设计的多层次利用工艺技术。此项技术已在淮北、淮南、平顶山塌陷区产生巨大的经济、环境与社会效益。

2. 固体废弃物处理及复垦绿化技术研究　煤矸石是我国工业排放量最大的固体废弃物。在煤矸石的综合处置方面，煤炭科学研究总院唐山分院、西安分院及杭州环保研究所等进行了发电、建材、矸石肥料、地基处理及井下采空区充填等综合利用研究，研究水平与国际水平相当。但其利用率低，到1995年才增长到排放量的23.5%，而大量的未能综合利用、长期压占地表的煤矸石只有通过复垦绿化来减轻对环境的污染。在此方面，以山西农业大学、中国矿业大学为代表的研究机构，已研究筛选出适宜干旱、半干旱区煤矸石山的植物品种以及矸石山整形技术、加速风化熟化技术、直接种植、穴状带土球种植和黄土薄层覆盖种植技术等矸石山复垦绿化种植技术。

3. 露天矿排土场植被重建及土壤培肥、土地生产力恢复技术研究　虽然我国露天矿废弃地植被恢复研究时间不长，但进展较快。目前，不同区域、不同性质的露天矿基本上都筛选出了适宜当地气候条件的草、灌木、乔木复垦品种，以及根据立地条件（光照、温度、水分、养分和坡向等）确定的合理配置模式和栽培技术。

在土壤培肥和土地生产力恢复技术研究方面，所采用的绿肥牧草改良、平衡施肥以及接种根瘤菌的改良方法廉价且很有成效，其土壤肥力在3～5年内可接近当地绝大部分农田的土壤肥力，其生产力可高于原土地的生产力。

4. 露天矿排土场稳定性及泥石流防治技术研究　在土地复垦与生态重建中最为重要的基础性工程是废弃物的稳定化工艺。一是地表景观稳定，二是矿山废弃物的稳定。其中废弃物堆积场的边坡稳定尤其重要，因为它的破坏除导致景观破坏外，还会导致环境污染和生物群落的破坏。

在这方面，我国研究侧重点是：排土场地表径流观测、排土场渗流场模拟试验、排土场地基承载力计算、排土场堆置合理参数的确定、高台阶排土场稳定性综合分析以及排土场滑坡、泥石流形成机理；以及如何改善排土工艺，尽可能增加排土场堆置高度和岩土空间容量，减少占地面积和环境污染。

5. 人为加速土壤侵蚀控制技术研究　因工矿、交通建设引起的水土流失问题已成为现代土壤侵蚀过程中非常突出的问题，尤其是在黄土高原露天矿。故矿区人为加速土壤侵蚀控制技术研究是近年来最活跃的研究领域之一。中国科学院水土保持研究所等研究机构对神府-东胜矿区一期和二期工程环境效益进行了全面考察，从宏观角度对矿区人为水土流失、河道淤积与洪灾、土地资源动态及利用演变、水气资源破坏及污染、植被动态变化等重大问题进行了评价、预测和决策研究。水利部黄河水利委员会对神府-东胜矿区的马家塔露天煤矿、武家塔露天煤矿和家岭、秃天煤矿进行了水土保持方案的规划和设计。山西农业大学对平朔矿区安太堡露天煤矿进行了水土保持方案的规划和设计。一些学者还从微观角度初步研究了坡度、容重、地表物质组成、坡位和水土流失及植被重建的关系，并提出了沉陷侵蚀等概念。

但是，由于国情及技术、经济条件限制，目前侵蚀控制技术在我国还是以传统的方法为主，预计矿区人为加速土壤侵蚀控制技术研究将是 21 世纪初矿区环境综合整治中发展最快的研究领域之一。

6. 矿山废水处理、循环利用的技术研究 据估计，目前全国一年大致缺水 5.0×10^{10}～$1.0\times10^{11}m^3$。就煤炭行业而言，全国有 70%的矿区缺水，其中 40%矿区严重缺水。然而，每年全国煤矿区采矿外排矿井水约 2.2×10^9t，选煤外排煤泥水 2.8×10^7t，外排其他工业废水 3×10^7t。这些废水 60%左右有悬浮物污染，30%左右是高矿化度、高硬度的矿井水。

因传统化学处理方法的建造和维护运行费较高，中国科学院应用生态研究所在霍林河露天煤矿采用林-灌-草多种生态结构的污水慢速渗滤土地处理系统，实现了污水闭路循环利用。

7. 微生物技术和地理信息技术在矿区土地复垦中的应用研究 微生物具有迅速熟化土壤、固定空气中的氮素、参与养分转化、促进作物吸收养分、分泌激素刺激作物根系发育、改进土壤结构、减轻重金属毒害及提高植物的抗逆性等功能。利用微生物的分解特性，采用菌根技术快速熟化和改良土壤，恢复土壤微生物的活性，在矿区土地复垦中受到越来越多的重视。应用微生物技术改良基质、加速植被恢复，将是改善矿区生态环境和培肥基质的一个重要途径。

基于大型露天矿土地复垦工作中涉及的数据类型多、信息量大、数据属性及拓扑关系复杂、信息时空变化大的特点，地理信息系统（GIS）逐渐应用到矿区的土地复垦管理中。今后一段时间地理信息系统与虚拟现实技术将会成为我国土地复垦与生态重建研究的重要内容之一。

目前，我国矿区土地复垦方面研究明显不足领域是：①土地复垦理论体系研究落后于实践；②土地复垦管理研究滞后于土地复垦技术研究；③土地复垦研究手段落后，缺乏计算机信息系统指导下的动态规划设计，更谈不上切实可行的组织措施和资金保证。故土地复垦研究手段与国际水平相比明显落后。

（三）国外在土地复垦方面重点研究领域及先进技术

国外在矿区土地复垦与生态重建方面重点研究领域及先进技术主要有以下几方面。

1. 矿山复垦土壤的侵蚀控制研究 复垦土壤是人造新土，地表极易被风或雨水侵蚀，因此复垦土壤的侵蚀控制是土地复垦，特别是露天矿土地复垦成败的关键之一。国外以露天采矿为主的国家，都将建立稳定的地表、控制土壤侵蚀作为矿区土地复垦中首要研究的领域，且重点集中在坡度、坡形、坡比变化与控制侵蚀的关系，以及控制地表侵蚀的覆盖材料和不同植被控制侵蚀方法的选择等。

国外在这方面不仅技术先进，而且已实现侵蚀控制产品的产业化。几种主要技术与产品有侵蚀被（erosion blanket）、过滤墙（多用聚丙烯等化学材料编织而成）、混凝土构筑物、三维软材料构筑物等。侵蚀被的主要作用是通过人造合成材料铺设在地表阻止土壤流失、保持种子，加速种子萌芽，迅速建立植被以长期地防止侵蚀。过滤墙仅让径流水通过，而侵蚀的岩土被挡在规定的范围内。混凝土构筑物和三维软材料构筑物多用于沟渠的边坡（边壁）防护。

2. 矿山复垦土壤的熟化培肥研究 复垦土地往往缺少熟化的表土或土壤贫瘠，造成土地生产力极低。故有些国家对复垦土地要求将原剥离的表土覆盖在复垦的地表以提高复垦地的土壤肥力，但此项工程要求将原表土剥离专门堆放，并在其上种草防止风蚀、水蚀，等排土场建造期末再进行二次倒土，转移到排土场表面。故此项工程管理费用很高。

对有些无土可剥离的地区，要求人工加速风化、熟化或制造人造土。国外最常用的人工加速风化、熟化办法是用城市污泥、河泥、湖泥、生活垃圾、锯木屑等各种有机物质做改良剂，对矿山岩土做表面处理。Daniels 等人发现，用 2∶1 的砂岩与粉砂岩做矿山土表层土，并分别用城市污泥与锯木屑做改良剂，可显著增加矿山土有机质及有效磷含量而不会引发重金属的毒害和抑制植物生长。因为随着淤泥进入土壤，重金属大部分被吸附、固定，余下的部分都以螯合物形式存在，从而消除了毒害的可能。因此，复垦中施污泥解决缺磷是一条可行的方法，同时也解决了城市污泥的出路问题，避免二次污染。

复垦中最经济有效的积累氮素的方法是利用豆科作物的根瘤来共生固氮，通过共生固氮产生的是有机氮，较无机氮稳定，易积累，又可通过微生物矿化转化成无机氮来供应植物。

另外，国外新近推出的生物土（biosoil）和无毒土（x - viro soil）就是典型的人造表土，可作为自然表土的改良剂或直接作为表土使用。

3. 矿山复垦土地的重建植被技术研究 国外大多矿山复垦土地要求林地复原、牧地与干草地复原、草地复原及野生动物生长环境复原。应用较为广泛的植被复原技术是水力播种与覆盖（hydraulic seeding and mulch），它是利用水力喷播机械进行水力播种，在混有种子的溶液中添加肥料和各种纤维覆盖物。此项技术主要用于较难建立植被土地上的植被工程。

干旱、半干旱地区的植被复原一直是土地复垦研究的焦点之一。国外近年来的新进展是：①保持水分恢复植被技术与植物品种优选技术；②保持水分防止侵蚀的地表覆盖技术及地表覆盖材料的优选；③以蓄积水分为目的的特殊地貌构造技术；④新型保水剂的应用。其中，已形成产业化的保水剂是一种有机聚合产品，它能迅速吸收和保持达自身质量几百倍乃至上千倍的水，吸水膨胀后生成凝胶，水分不易离析，能被土壤和植物慢慢吸收，减少了50%以上的灌溉工作并持续好几个季节。含肥保水剂还有缓释养分、提高肥料利用率的功能。

4. 矿山固体废弃物的处理与复垦技术研究 矿山固体废弃物中常常含有重金属、硫和其他有毒、有害元素。因此，矿山固体废弃物的处理与复垦的重点在于减少有害、有毒元素的溶解与迁移。其处理途径有：①在设计生产阶段就制定出不产生或尽量少产生矸石的生产工艺技术；②对少量排放的矸石，进行综合利用，其利用途径与我国相差无几，但利用率可达 50%～80%，远远超过我国水平，并逐渐走向工业固体废弃物集约化、产业化、资源化，这与政府有效的倾斜政策有很大关系；③对堆放在露天的矸石山，采取分层压实、灌石灰乳、覆盖、挖掘隔离等措施防止其自燃；④对不自燃的矸石山或已自燃完毕的矸石山采取传统的复垦技术，即迅速建立植被，以减少侵蚀，吸收有毒有害元素，以及施用石灰中和废石酸性。而新近的复垦技术主要有两个，一是微生物技术，即在矿山固体废弃物中引入微生物，促进植物根瘤菌和菌根的生成，从而促进植物迅速生长，固定废弃物和加速废弃物风化成土。二是矿山尾矿的多层覆盖技术，即在矿山废弃物的上面加 3 层覆盖材料，并在覆盖材料中间加薄滤网以阻止材料的上下混合。这种覆盖技术将使尾矿酸化最小或污染迁移最小。

5. 酸性矿水的湿地处理研究 酸性矿水（acid mine drainage，AMD）pH 大多在 2～4，硫酸根离子含量常达每升数百至数千毫克，重金属离子含量急增，严重损害矿区生态系统。因此，世界许多采矿大国对酸性矿水的处理十分重视，其中，湿地处理是一种最廉价、有效的处理方法。在美国一些矿区，湿地应用于酸性矿水处理，已经全部或部分取代了传统处理法。

用于酸性矿水处理的湿地系统大多为人工湿地，即在采矿区没有湿地的地区按一定的工程设计方法建造湿地，或在原有类似的湿地的区域进行人工改造（平整、筑堤和栽种植被等），使之形成具有进水和出水设施的处理系统。

湿地系统对酸性矿水净化能力的研究主要结果是：它不仅对锰悬浮物、生物需氧量有很好的去除效果，对氮和磷的去除效率也较好。湿地中不同植物对氮的去除率不同，藨草为94%、芦苇为78%，香蒲为28%。一般铁去除率可达80%以上。处理后的pH和锰也有明显改善。加利福尼亚的试验结果是：用湿地可去除99%的铜、97%的锌、99%的铬。湿地对锰的去除作用不太明显。G. A. Brodie（1988）试验表明，湿地法年运行费仅为传统化学法的13%；湿地系统中沿水流方向的无脊椎动物在建造后的6个月内由2种增加至20种。因此，湿地处理不仅有净化酸性矿水的功能，还恢复了矿区动植物生态系统，具有美学方面的价值。

6. 工业区的生态恢复和重建的研究 当今受人为破坏和污染地区的生态恢复和重建已逐渐发展成为生态学领域中的一个分支，即恢复生态学（restoration ecology）。近年来，东欧和北美的生态和环境工作者一直在进行工业污染土地的恢复和重建研究。主要研究的内容包括：人类早期在矿区活动历史及对景观生态的危害；工业污染对湖泊危害历史和程度的测定方法；以地衣监测空气质量，作为改善空气质量的灵敏度指示剂，同时地衣也可对硫酸盐、硫化物和氧化物形式存在的金属沉降物进行监测；工业废弃地采用绿化工程，重金属尾矿区采用恢复植被或设计湿地工程进行恢复，并采取保护生物多样性、保护野生动物措施进行工业废弃地重建；Sudbury工业区重新生长植物后，生态系统的植物群落和土壤的动力学研究；施用石灰恢复酸湖的水生生物群落、工业区酸化和重金属污染土壤的生物群落；城市湖泊—环境危害和恢复的综合体研究；工业排放控制技术和策略的发展；工业土地综合管理和逐步恢复；工业景观下游区的管理；相邻城市的环境规划；从工业区重建到稳定生态系统。

此外，国外土地复垦先进国家大多采用遥感和计算机信息管理系统指导矿区土地复垦工程。例如，波兰在以下方面就采用了这些技术：计划系统；计算机化矸石山管理；矿区土地管理决策中土壤测试的监测数据专家系统；用数字地形模型来模拟露天开采引起的景观变化，并用电子计算机图形和实际的外观图片制成合成照片进行景观变化的预测和评价；遥感和地理信息系统的制图和监控等。而且，国外土地复垦重点研究领域还有复垦规划与复垦效果评价及相关的法规研究；矿山复垦中的水力学与化学问题；开采沉陷及其复垦；土地复垦设备及产品的研制等方面。

第三节 土地复垦的原则及工矿区土地复垦的模式

一、土地复垦的原则与任务

土地复垦是国家法律法规赋予工矿企业、地方集体和个人的职责，是涉及采矿、土地、林业、水利等部门的长远而系统的工程，既属国土整治与开放利用范畴，又是环境保护的主要内容。根据我国《土地复垦规定》、《土地复垦技术标准（试行）》、《土地管理法》及其他有关规定，开展土地复垦应坚持以下原则。

（一）土地复垦的原则

1. “谁破坏，谁复垦”的原则　《土地复垦规定》明确规定，我国的土地复垦实行“谁破坏，谁复垦”的原则。根据这一原则，造成土地破坏的企业和个人无条件承担土地复垦任务。

2. 统一规划原则　土地复垦要充分考虑到各种自然因素、人为因素及各种因素之间的相互关系，权衡利弊，全面规划，合理复垦。各有关行业管理部门在制定土地复垦规划时，应当按照经济合理的原则，根据自然条件以及土地破坏状态，确定复垦后的土地用途。土地复垦应当与生产建设统一规划。复垦后土地利用应符合土地利用总体规划及土地复垦规划。在城市规划区内，符合城市规划。强调服从国家长远利益，宏观利益。

3. 因地制宜原则　由于各矿区破坏土地所处的位置不同，其破坏程度也不尽相同，因此应通过适宜性评价，因地制宜地制定治理方案，确定复垦土地的利用类型，使各矿区破坏土地的治理本着宜农则农、宜林则林、宜牧则牧、宜建设则建设的原则，尽量使破坏土地的恢复利用在投资上节约，在技术上合理，以获得良好的综合效益。

4. 耕地优先原则　耕地是土地资源中的重要部分，保持一定数量的耕地，是人类生存与发展所必需的。面对人口与土地逆向增长的现实，面对日益尖锐的人地矛盾，土地复垦必须贯彻耕地优先的原则。所谓耕地优先，即在经济和技术条件允许的情况下，尽可能将被破坏的土地复垦为耕地，争取实现耕地总量的动态平衡。对破坏严重的土地，应当退耕还林或退耕还渔，以优化农业生产结构，实现农业生态平衡的优化。

5. 生态学与美学原则　土地复垦应当充分利用邻近企业的废弃物充填挖损区、塌陷区和地下采空区；保护土壤、水源和环境质量，保护文化古迹，保护生态，防止水土流失，防止次生污染。复垦后地形地貌与当地自然环境和景观相协调。

6. 经济效益、生态效益和社会效益相统一的原则　采矿废弃地的治理关系到当地的社会、经济发展，同时又关系到当地的生态环境。因此，在治理过程中，要始终坚持社会效益、经济效益和生态效益三者的最大化，达到综合效益最优化目的。

（二）土地复垦的任务

土地是人类赖以生存的基础，是一个国家一个民族可持续发展的必要条件。我国土地破坏的形势是严峻的，进行土地复垦的效益是巨大的。我国土地复垦的任务，一是对新破坏土地及时进行复垦，二是对过去破坏的土地要积极复垦。

二、工矿区土地复垦与生态重建模式

矿区土地复垦作为一个系统工程，涉及7个环节：①开采工艺；②排土工艺；③造地工艺；④整治技术；⑤垦殖技术；⑥管理技术；⑦整体优化。现代化的矿区土地复垦，是完整采矿工艺流程的一个组成部分。要求根据矿区环境，在矿区的整个开发时期，明确矿区复垦的范围和土地利用方向，选择最佳的复垦方案，保证在时空上全面、经济合理地实施各种复垦活动。

矿产资源开采方式主要有两种：露天采矿和井工采矿。露天采矿主要会产生露天的采场和排土场，以及废弃的矿坑和堆放的尾渣。井工采矿则会形成大面积的塌陷区。

（一）露天矿露采场的复垦

露采场的造地工艺主要取决于矿床赋存与地形条件，其次与围岩、表土及当地实际需要有关。

1. 浅采矿场复垦工艺 浅采矿场一般为水平或缓斜赋存，其复垦工艺与矿山开采工艺紧密结合，主要工艺包括下述几个部分。

（1）*采区的合理划分* 在采矿场安排两个或两个以上的采区，每个采区沿矿体走向再划分为若干个采场用于开采块段，第一采区开采时第二采区进行剥离，第一采区剥离时第二采区开采，交替进行，剥离与开采互不干扰，避免二次搬运。

（2）*表土储存* 采区表层肥沃的土壤是土地复垦时进行再种植成功的关键。因此，表土必须妥善就近储存并与底土分别堆放，防止岩石混入使土质恶化。尽可能做到回填保持原有的土壤结构，以利种植。一般情况下，开始剥离的表土在临近采矿场境界外的地方建立临时的表土储存堆场储存。当几个采区交替进行剥离、开采、土地复垦时，也可将一个采区剥离的表土直接铺覆于另一个已回填或部分回填废石的采空区，避免二次搬运。

（3）*回填与覆土* 将开采中形成的废岩土回填至采空区，使采矿与废石回填相互配合，尽量使废岩土在采区内解决，避免往返运输，缩短造地周期。回填后将储存的表土和底土顺序覆盖，恢复原先的地形，经土地平整、配套农田水利设施和防护林网，建成标准农田。

（4）*选择适宜的垦殖技术* 造地以后复垦种植的优劣取决于人为因素，由政策、经济可农业技术等决定，应注意以下几个方面。

①复垦地的培肥熟化：土地复垦后1～2年内，大多数造地土壤还没有完全熟化，土层未与下部水层联通，旱季水分易被干旱季风带走，雨季则水分沿下部岩隙流失，限制了植物的生长发育。大量试验表明，在耕植土上施加有机肥料或农家肥，既能改良土壤理化性状，又能保持水土。先播种草子，固定土壤，再经过雨季的泥沙流入岩隙后，种植些抗旱的作物，使复垦土壤逐步熟化，才能满足农作物生长。

②植物选择：植物种类的选择决定于当地的生态环境。为此，要充分了解复垦区的生态环境，全面分析复垦区土壤的理化性状，参照当地或周围的种植业状况选择对各种限制生长的因素有抵抗力的种类种植。如复垦后当年可种植一些抗旱力强、需肥量少的甘薯、谷子、绿豆等，待土地条件改善后再种植小麦、玉米等作物。在边坡宜种植耐旱、蓄水保土效果好的毛杨、刺槐、结缕草等，可有效阻止风蚀和水蚀，达到护坡的目的。

③种植技术：农林土壤上常规的栽植播种技术对复垦土地的种植不太适宜。复垦土壤只有经过培肥、熟化，在土地条件较好的情况下才能进行农业种植。林业种植则以种子播种法为主，配合栽植技术，根据当地气候条件和植物的生物学特性合理确定播种期、播种量，选择适宜的播种栽植方法。

（5）*提高管理技术* 复垦区的管理技术有别于一般农田、林地管理，不仅要对种植的植物进行管理，更要对复垦的土地、土壤加强管理，勤施肥和耕作，还不能忽略水利、环保等的管理，以防止污染和可能出现的水土流失危害，使复垦后的土地质量得以保持和提高，达到高产稳产的目的。

2. 倾斜或急倾斜矿场的复垦 开采矿体长的倾斜或急倾斜矿场的复垦可采用内排法。其复垦工艺流程是：①将矿体分为若干小矿田，对剥离系数最小的一块矿田进行强化开采，尽快将矿体采出以腾出空间；②将剥离的表土暂时堆存在该矿田周边，再开采另一块矿田并将剥离物填在已腾出空间的采空区上，用其周边堆存的表土覆盖并整平。

3. 山坡露采场造地工艺　对倾斜或急倾斜的坡积矿床，用水力开采或随等高线开挖后，裸露的石坡一般成“石林”状，这类地形的复垦可就地取材修筑梯田，即按等高线堆筑石墙，并尽量与“石林”联结，然后在墙内填尾矿，待尾矿干涸后即成为可供农业或林业用的梯田。

露采场复垦，对于地下水丰富的矿区，为恢复因开采破坏了的含水层，必须在采空区内先回填岩石再覆盖土壤层。用于农业、林业的复垦，在适宜的位置上应设置防洪设施，以免洪水冲毁场地，必要时露采场边坡和安全平台上可用植被保护。用于养鱼、蓄水、做运动场地时，要求矿坑四周围岩无毒无害且无大的破碎带，整体性强，渗水性小，或者是第四纪沉积层，不必采取堵漏、防渗等措施。

（二）露天矿排土场的复垦

在露天开采的矿山中，露采场仅占矿山开采破坏土地的一部分，排土场还占用大量土地。据统计，露天矿排土场破坏土地的面积一般占到全矿总面积的50%以上。因此，恢复和利用排土场是矿山土地复垦的一项重要内容。

根据废石排弃的地点不同，排土场可分为内排土场和外排土场两类。内排土场位于采场境内，利用采空区堆置废石，不需另占土地。内排土场的造地工程一般是结合采矿，边采边造，适用于埋藏深度较浅的水平或缓斜赋存矿层。排土场只有在形成一定容量的宽敞采空区后才能开始堆置废石，因此，在矿山基建时和生产初期所剥离岩石仍然必须排弃到外排土场去。外排土场位于采场境外。当矿藏是急倾斜赋存或埋藏较深时，采凿工程要逐渐向深层发展，更须采用外排土场。

这里主要以联办铝矿为例介绍外排土场（以下简称排土场）的复垦工艺。

1. 排土场址及排放标高选用原则　排土场不仅是排弃固体废弃物的场所，它首先是生态景观和社会经济的一部分。选择排土场的位置、形式和排放标高时，应使其对耕地、景观的破坏最小，从而有利于复垦，并保证排土场长期持续的稳定性。如联办铝矿把夹沟矿区排土场改造在采场邻近的自然冲沟内，不仅可改善当地环境，而且少占耕地，运距短，生产成本低。

2. 改进开采工艺　一体化工艺要求，在编制矿山采掘技术计划时，综合考虑生产供矿和复垦要求。安排采场的开采顺序必须保证剥离超前采矿、经济合理采矿，在此基础上兼顾复垦的工艺特点，合理安排采剥时空顺序，减少土岩混排，有次序地分排土岩，尽可能用可耕植土造地。

如夹沟矿区，1999年计划供矿1.0×10^5t，剥离$2.0\times10^5m^3$，其中黄土$5\times10^4m^3$，岩石$1.5\times10^5m^3$，计划排土场占地面积2.67hm^2（其中荒地2hm^2），复垦土地面积2.33hm^2（需可耕植土18 000m^3）；分别计算每个工作平台的剥离土岩量，根据复垦设计需求的土方量，进行方案优化对比，合理安排平台的时空推进顺序。

3. 改善排土工艺　按照排放工艺要求，排土时应先把采矿区可耕植土及剥离黄土堆置一旁，尽可能减少土岩混排，将大块的废石和有害物料排弃于下部，并逐层平整压实或按设定标高一次性堆垫，再集中堆列耕植土，使土岩的空间分布合理，提高排土场的稳定性。对高台阶排土场，更要精确计算具有稳定性的总边坡角，控制排土场形状，切实做到“下部废石，上部好土”。

在排土过程中，尽量避免在每一个复垦期内使用多个排土场。在特定生产时期堆存部分耕植土作后期复垦使用时，必须投入备用排土场，或在一个排土场内按照造地功用划分为3个区段，依次为：排放岩渣区、耕植土堆存区和已复垦区。

4. 改良造地工艺

（1）基底平整　当排土场达到设计标高以后，要进行基底平整工作。在地形有利的情况下，尽可能采用大面积梯段式平整，以便复垦后有利于机械化耕作，平整场地的设备以利用矿山现有设备为最佳。将凹凸不平的地面填平推齐，反复碾压，保证基底层密实，满足排洪、蓄水的要求。在这个过程中，力求用废石填方，留耕植土以备复地。

（2）耕植土堆置　基底平整以后，便可进行耕植土铺覆工作。按设计的堆置密度将耕植土逐车密集堆放，堆置的密集程度依运输车辆的容积及地形条件和覆土厚度要求确定，做到一次性堆置即可达到要求的铺垫厚度。如联办铝矿各矿区采用相邻土堆肩高（相邻土堆重叠部分的高度）0.5～0.7m的堆置密度，作业成本低，效率高。

（3）覆土后的平整　为使平整后的土壤密度符合标准，堆置后的耕植土最好由人工进行平整。但人工平整效率低，会影响矿山剥离排土进度。联办铝矿根据多年的实践，经反复试验，采用推土机与人工联合平整作业，取得了良好效果。具体做法是：在推土机尾部增加一个可调式松土犁，推土机推平后的土地经松土犁疏松后人工整平，这样可节约大量时间和人工费用，平整后的土壤密度小于$1.5g/cm^3$。

实践证明，作为农业复垦，必须保证0.5～1.0m厚的铺垫土层，造地需要的铺土量一般为4 500～7 500m^3/hm^2。

5. 强化整治技术

（1）梯田整治　从有利于机械化耕作和土壤长期稳定的目的出发，最好将大面积的复垦土地改造成梯田，每一个梯田平台整治成有蓄水能力的反坡，修复田埂，使地面坡度$<3°$，田坎坡度一般控制在55°以下。

由于露天开采工艺的限制，不可能全部用采场上部的0～20cm耕植土复土造地，必须进行人工捡渣，犁地疏松表土层，创造良好的种植条件。

（2）边坡整治　在复垦实践中，边坡地的复垦利用对排土场的整体稳定性至关重要。首先从安全角度出发，确定排土场的边坡角为35°～40°。对高台阶排土场，应削坡开阶，挖鱼鳞坑和水平沟，种植林草。在滑坡危险性大的边坡地带，还需在坡底建造防滑墙、排水沟等工程设施。同时，还需注意采用有效的方法进行排土场和边坡的绿化。

（3）工程整治　建设完好的水利水保工程的目的十分明确，即改善生态环境，保证排土场的稳定，同时建立稳定的水循环系统，为农作物和种植创造良好的蓄水灌溉、泄水条件。

联办铝矿1998年5月委托河南省黄河水利科学研究院编制完成了《夹沟矿区水土保持方案》，对以往矿区开发期间的水利水保工程设施进行了全面总结和增补实施，修整防洪沟，在排土场砌筑防洪坝，完善排土场的泄水系统，生态环境大为改观。张沟矿区也形成了复垦区的防洪系统，工程内容包括拦洪坝、挡水墙、排水渠、跌水和边坡防滑墙等。

（三）地下采矿塌陷地的复垦与生态重建

煤矿塌陷区在井工矿塌陷区中所占比例最大。前文已述，到2005年底，全国采煤塌陷面积累计已超过$7.0\times10^5hm^2$，其中耕地占30%，并且以每年$2\times10^4hm^2$的速度持续增加。采煤塌陷地的出现一方面造成煤矿区的建设和农业用地紧张，人地矛盾加剧；另一方面，土地塌陷引发相应的生态环境问题，如环境严重污染、水土流失、土地盐渍化等，这些问题严重制约了矿区的可持续发展。因此，对采煤塌陷地进行土地复垦是煤矿区实现可持续发展的必由之路。

采矿塌陷地的复垦，首先需要对矿区开采情况与地表塌陷状况做出评估，然后依据塌陷地的破坏特征采用不同的复垦措施及复垦地的利用方式。

1. 采矿塌陷地的破坏特征　采矿塌陷地的破坏特征主要包括3个方面：塌陷状态、塌陷深度和积水状况。

依据塌陷状态可分为稳定塌陷地和不稳定塌陷地。稳定塌陷地是指在目前技术水平下，其下方的可采煤层已全部开采完毕，沉陷状态已稳定，不再发生变化的沉陷土地；反之，称为不稳定塌陷土地。

依据塌陷深度可分为较深塌陷地和较浅塌陷地，两者的界限视具体地形及复垦要求而定。在华东地区，塌陷的最大深度一般为1.5～6m。

依据塌陷地积水状况可分为无积水塌陷地、季节性积水塌陷地和常年积水塌陷地。无积水塌陷地塌陷深度较小，一般在0.1～1m，塌陷深度不到潜水位高度，地表无积水。常年积水塌陷地塌陷较深，多在2.5m以上，常年积水。季节性积水塌陷地的塌陷深度在无积水塌陷地与常年积水塌陷地之间，雨季因积水而成绝产地，雨季过后地下水位下降又会出现返渍返盐现象。

2. 采矿塌陷地复垦技术　采矿塌陷地复垦技术分为两大类：工程技术和生物技术，这里主要指工程技术。采矿塌陷地复垦的工程技术主要有充填式复垦和非充填式复垦。

充填式复垦使用某种填充材料填充塌陷复田。我国常用的充填材料有露天矿剥离物、煤矸石、粉煤灰、城市垃圾和江河湖泥。一般情况下，充填材料上应覆盖一定的土壤以利于植物生长。

非充填式复垦不使用充填材料而是直接采用工程措施和机械复垦，目前常见的方法有：挖深垫浅法、直接利用法、就地平整法和疏干法等。

3. 采矿塌陷地复垦模式　从目前复垦技术水平看，塌陷地的稳沉性特征是无法改造的，因此把稳沉性作为塌陷地破坏特征的代表性特征。

依据采矿塌陷地的破坏特征、复垦措施及复垦地的利用方式，采矿塌陷地的复垦模式可分为以下几种。

(1) 稳定塌陷地充填式农业用地复垦模式　这种模式主要适合于塌陷较浅、无积水或有季节性积水的稳定塌陷地或塌陷深度较大的稳定塌陷地的边坡地带。复垦过程使用一定的充填材料充填恢复地表标高，覆土造田发展农业生产。对有积水的，可先采用疏干法排除。其技术关键是要对填充材料进行有害元素分析并进行一定处理，以防止二次污染发生。如用矸石做填充料，覆土厚度必须在0.5m以上。对含硫高的酸性矸石，覆土厚度应在0.7m以上。用粉煤灰做填充料，覆土厚度一般为0.1～0.5m。利用煤矿塌陷区做储灰场，复垦后的土地可种植各种农作物。

(2) 稳定塌陷地非充填式水产养殖及渔林农综合复垦模式　由于多煤层开采或开采煤层较厚形成的已稳定的、积水较深的塌陷区，复垦时应充分利用塌陷积水优势，发展水产养殖。一般情况下，平原地区塌陷地，深度超过2m的积水区即可辟为养鱼场，对于面积较大的，可直接作为养鱼场。

一些面积较小、局部积水或季节性积水的塌陷区，塌陷区积水面积和积水深度受季节的影响，还受丰水年和干旱年的影响，积水区域既难于种植农作物，又难于进行淡水养殖。对于这种塌陷地可采用挖深垫浅的工程措施，即将塌陷坑底部的积水区域深挖，使其成为能蓄水，兼有蓄洪、浇灌功能的深水鱼塘；把挖出的泥土垫到浅的塌陷区，将起伏不平的地块改造成围绕塌陷盆地的宽条带水平梯田，设置可排洪或灌溉的水利系统，将单一陆生型生态农业改造成为水陆结合型生态农业，使农、菜、果、牧、渔各业并举，提高农业产值。

淮南矿区谢三矿和淮北矿区杜集矿利用塌陷区水面养鱼，3 000～4 500kg/hm^2（每亩200～300kg），其经济效益较原来相应面积的农耕地要高得多。在淮北、淮南、徐州、肥城等矿区，由于水浅不能养鱼，地涝不宜耕种，采用挖深垫浅的治理措施，将较深的沉陷区再挖深，使其适合养鱼、栽藕或其他水产养殖，形成精养鱼塘；用挖出的泥土垫到浅的沉陷区，使其地势抬高成为水田或旱田，建造林带或发展果品业，取得了很好的效益。

大面积深水塌陷地还可用于建立水上公园、水上娱乐城，发展旅游业；也可通过简单平整，修建居民休闲娱乐场所。

（3）*动态塌陷地非充填式因势利导综合开发模式* 这种模式主要适合于动态塌陷地。由于煤炭开采正在进行，地层尚不稳定，地表形态在不断的变化中，不适宜大量投资，应以因势利导的自然利用为主。这就要求依据各类塌陷区的塌陷深度、发展趋势、地貌特征、地质状况等自然特点，因地制宜地综合利用。对不稳定塌陷干旱地，应有针对性地整地还耕，修缮简易水利设施和排灌工程，灵活机动地随机利用，种植季节性农作物或建设可移动蔬菜大棚，避免土地长期闲置。对季节性积水或常年积水不稳定塌陷地，因其水位常变，宜以发展浅水种植为主，也可因势开挖简易鱼塘养鱼放珠，四周垫地种植苏丹草等高产优质牧草以用做鱼禽饲料。对常年深积水不稳定塌陷地，以人放天养形式进行养鱼，亦可实施简易的网箱养鱼或网围养鱼，但不宜建造水上或水下设施。

（4）*稳定塌陷地充填式建设用地复垦模式* 这种模式主要适合于塌陷较浅、有季节性积水或非积水的稳定塌陷地。通过使用充填材料充填恢复地表标高，复垦为基建用地供矿区或城镇生活及生产。对于有积水的可先采用疏干法排除积水。其技术关键是采取合理的充填方式和地基加固处理措施。填充时应分层夯实，分层厚度以0.3～0.5m为宜。如用矸石做填充料，应有覆土，覆土厚度以覆盖矸石能够美化环境即可。

（四）矸石山的复垦

矸石是采煤工业排出的固体废物，也是目前我国排出的工业固体废物中最多的一种。据煤炭部报道，“八五”期间煤炭行业平均年产原煤1.2×10^{9}t，其中矸石1.5×10^8～2×10^{8}t，占煤炭产量的12%～17%。至2007年，矸石的年产量达3.8×10^{8}t，累计堆放量超过5.0×10^{9}t。我国矸石大多疏松堆积，不覆土。矸石的大量堆积，不仅占压土地，影响景观，且易水蚀、风蚀，污染空气、水、土，尤其是矸石自燃时放出SO_2、CO_2等有害气体，并伴有大量烟尘，对矿区大气环境造成严重污染。因此，煤矸石废弃地的复垦，不仅是珍惜和合理利用土地资源的需要，更是环境保护的要求。

1. 矸石山的一般性状

（1）*矸石山物质组成* 矸石主要成分为泥岩、炭质泥岩及粉砂岩，并常混有较多的炭块及黄铁矿结核。物理风化过程较快，除浅色岩石较难风化外，一般矸石山表层均有10cm左右风化层。矸石一般都是较大的石块，经多年风化颗粒变小，大的石块一般为10～5mm，小的沙砾可达0.5～1mm。据胡振琪等的调查，多年风化的矸石山表层0～20cm深度，石块或石砾占70%以上，沙粒以下细粒占20%～30%；越往深部，矸石的粒度增大越明显，在40～60cm深度，石块和石砾可达90%以上。

（2）*矸石山水分、温度状况*　矸石风化物颗粒粗，凋萎系数较低；仍具有一定的蓄水孔隙，可为植物提供一定数量的有效水，能在一定程度上满足植物对水、气的要求，故矸石风化物可做植物生长的介质。

矸石风化物与黄土相比，密度相近，容重较大，总孔隙度较低，表现为田间持水量和有效含水量最大值都较低。矸石风化物毛管孔隙极少，水分易渗透不易蒸发。因此，矸石风化物虽然有效水容纳量小于黄土，但有效水利用率高于黄土，尤其在旱季，可高于黄土2%～5%。

矸石风化物呈黑色，吸热强烈，故地表温度一般会比黄土高4～10℃，高温时，地表可达40～50℃。林大仪等在阳泉矸石山试验区观察到，牧草种子发芽并不困难，当出芽后的幼芽遇到高温，会在很短时间内全部致死。在矸石山上移植径粗3cm的柳树，也因根部热灼致死。由此得知，矸石山上不易生长植物的主要原因不是缺水，而是地表高温。

（3）*矸石山酸碱反应与盐分状况*　矸石自身风化物基本上属中性，影响矸石风化物pH的主要因素来自矸石中混入的硫化物（主要是硫铁矿）。硫化物氧化产生的酸性影响矸石风化物的酸性，严重时可使风化物pH<3。自燃后的矸石其pH也可达到3～4。此种强酸性风化物不能生长植物，故需用石灰、石粉调节。

另外，在矸石自燃、风化过程中，会分解产生部分可溶盐。在降雨量较少、淋溶作用弱的地区，盐分积聚于表层，将导致矸石山全盐量明显升高，影响植物生长甚至会导致植物死亡。

（4）*矸石山养分状况*　矸石风化物由矸石和岩石组成，颗粒粗，物理结构差，尤其是保水、持水、保肥能力差。有机质含量少，速效养分含量缺乏，特别是缺乏植物必需的氮、磷、钾等。由于缺乏速效养分，在矸石山复垦时，应采取促进养分活化的措施，同时要增施适量的肥料。

（5）*矸石山自燃与复垦*　矸石山因含硫铁矿和原煤，常易自燃。但自燃至近地表，因散热较快，地表层一般不自燃。故表层常是黑色矸石碎片，但在10cm下即可见棕、棕黄、褐棕色的未燃完的矸石。此类经煅烧后的矸石，即使暴露在地表也难再崩解。故不能覆土的矸石山，需保留地表黑色矸石风化物，且易复垦种植。如将深层自燃后的矸石灰烬暴露到地面，此类灰烬含盐量很高，熔融岩块更不易风化，不能复垦种植。

2. 矸石山复垦植物种类的选择　选择适宜的复垦植物种类是矿山复垦成功的关键，尤其对于矸石废弃地这样的困难立地条件更是如此。所选植物应具有耐干旱、耐高温灼热、耐贫瘠、耐盐、抗污染、速生、根系发达及改土作用强的特点，并尽可能选择乡土植物种。豆科植物由于其特殊的固氮作用，能较快地适应和改良严酷的立地条件，被认为是矸石山复垦的先锋植物种，如刺槐、合欢、锦鸡儿、胡枝子等。其他植物种如杨树、白榆、火炬树、楝树、臭椿、油松、杜松、云杉、侧柏、沙棘等，也被用于矸石山复垦。

3. 矸石山复垦种植技术　据山东、安徽、东北、山西等各大矿务局的资料，矸石山复垦种植主要是植树，先挖树坑，最好秋挖坑春种植，使坑中矸石风化。种植时坑内最好填入土壤，一般不施肥，最好带土种植。

矸石山种草较少，草一般直播。因幼苗易受地面高温烧灼致死，故不易成活。

不论我国南北方，其共性的复垦技术要求如下。

（1）*水土保持* 矸石山通透性较好，一般降水可渗入地下，不会有严重的水土流失。但如果有外来水源，如矸石山填沟，使集水面增大，会引起滑坡、塌方等地质灾害。故矸石山首先要注意其安全性。矸石山在降雨强度大时会引起面蚀，面蚀较严重时可使高处风化层变粗变薄不利于种植。严重时，会形成浅沟、切沟，从中流出的受污染的水又会影响周围环境。故矸石山的水土保持工作必须结合复垦种植配套水保工程。

（2）*覆土复垦时的厚度选择* 矸石山最好盖土后种植，土层厚宜在 50cm 以上，在盖土较少时（如 10～20cm），植物根系绝大多数分布于土层中。而浅薄土层又没有下面矸石层间的水分供应，故植物易受旱。经试验，一般覆土厚度需在 50cm 以上；如有水源条件，覆土 30cm，亦可种植蔬菜、花卉。

（3）*不覆土复垦时的地面处理* 我国矸石山因缺土源而无法盖土，故复垦种植全靠矸石风化物和少量的客土。大多不盖土的矸石山不宜平整地面，尽量保留地表风化物以便于种植。或可先挖坑，促使矸石风化一段时间再种植，也可挖沟后将风化物集中入沟内种植。总的目的是加厚风化层。

（4）*栽植技术* 矸石山复垦种植大多无灌溉条件，全靠降水和矸石山体所蓄的水分供植物利用，故种植植物种类以及种植数量应根据矸石山可供水量而定。

树木宜移栽，坑种。挖坑移栽，最好能用土壤填坑。无土时，则用细碎的矸石风化物填坑，并以带土移栽的成活率最高。

草本宜直播种植，为不使地面高温灼伤幼苗，可采用薄层覆盖技术（2～5cm 即可使幼苗免遭高温危害，也防止根系只生长在土层中，无法利用下面矸石层间水分的情况），亦可在“植生袋”中育苗后移栽。

（5）*管理技术* 矸石山种植技术已为大家重视，但成活后的管理问题则未引起足够的重视，管理技术主要是灌溉、施肥和病虫害的防治。

现矸石山大多无灌溉，故在此不讨论灌溉问题。

矸石山种植初期无病虫害，但种植时间较长也会发生病虫害，应予治理和重视。

因矸石风化物极粗，速效养分含量少，即便是可自行固氮的豆科植物，也还需要补充养分，故施肥问题是管理中较突出的重要的问题。施肥以氮肥为主，磷肥、钾肥为辅。最好是施有机肥，但目前不可能大量施有机肥，可施用城市污泥。这类符合农用标准的污泥在施入矸石风化物后，不仅可增加风化物的养分和颗粒细度，还可颜色变浅而减少对热量的吸收，从而降低地面高温，更能促进微生物活性。所以污泥是一种综合改良剂，如污泥速效养分不够，可配合部分化学肥料。据模拟试验的结果，以 40～100t/hm^2 为好。如无有机肥，施用化肥也可。但因风化物颗粒较粗，离子代换量（*CEC*）＜10cmol/kg，为一般土壤的 1/4～1/2，所以使用化肥必须控制每次的用量，以免引起盐害。每次用量为一般耕地用量的 1/2。

目前，我国矸石的复垦种植，重点在于恢复植被，改变环境，以追求生态效益和社会效益，逐渐改善矿区居住条件为主。由局部小块的老矸石山风化物上可种果树、作物等的启示，矸石山并不是只能绿化、改善生态，而且是可获得经济效益的土地。

（五）尾矿堆积场污染地的复垦

尾矿主要为炼铁和炼钢鼓风炉排出的矿渣及冶金企业等排放的含金属废弃物，包括金属矿污染物、熔炼后的废弃物、粉末状矿石尾渣。

尾矿堆积场宜用于林业复垦，复垦时要注意以下问题。

1. 防止灰尘飞扬　尾矿场因保水力差，容易引起灰尘飞扬。因此，在进行林业复垦时，应将全部场地划分为多个方坑，在方坑的边缘尽早种植耐旱树种，以降低风速，防止尾灰飞扬。在尾矿堆积场风口处要筑防风堤，堤上种沙棘等植物以保护区内植物。

2. 注意植物配置　选择植物时应考虑乔、灌、草结合，构成高、中、低 3 个层次的植被，如柳树、刺槐、榆树、紫穗槐、沙棘、草木樨和沙打旺等。

3. 采取灌溉措施　尾矿堆积场不易保墒，有条件时尽可能采用喷灌、滴灌。

4. 注意补充植物养分　尾矿堆积场是以粉砂为主的尾矿砂组成的，植物生长必需的氮、磷、钾含量很低，进行绿化时，需补充一定的含肥物质，如城市生活垃圾、采矿区表土等，若来源不多，可采取穴状施入。

5. 对尾灰场的复垦措施　尾矿和粉煤灰堆积形成的尾灰场，其物理性质与粉砂土相似，处在土壤形成的初级阶段，但保水能力很差，可以覆盖土壤对其改良。如土源短缺，采用无覆盖土（纯灰）复垦时，为满足植物生长需要，应解决灌溉用水问题。为了及早利用尾灰场，亦可在其潮湿状态时，向场地喷射含草子、肥料的混合物，加速灰场的熟化。

6. 林业复垦后的植保管理　林业复垦后的植保管理一般要根据各地区的自然环境条件（如气候、土壤和植被情况等）进行相应的管理。要搞好绿化工作，首先必须对绿化植物采取有效的防护措施，以保证它们的正常生长发育。

（六）粉煤灰排泄场的复垦模式

粉煤灰是火力发电厂燃煤后余下的灰分和部分未燃的物质，一般每燃烧 1t 煤就可产生 250～300kg 粉煤灰。我国每年排放粉煤灰 3.0×10^{7}t，在世界上排第 3 位。粉煤灰的化学成分和毒性变化很大，其毒性程度和性质在很大程度上与发电厂使用的煤的性质有关。

此类废弃物中含有铝和镁的有毒浓缩物，煤灰中的硼是影响植物生长的主要因子，需测试有效硼，如有效硼含量超过 10mg/kg，即是中度毒害，含量在 4～10mg/kg 也具有相当的毒性。粉煤灰中可抑制植物生长的其他化学成分有可溶性钠和钾盐，可对植物根渗透作用产生影响，妨碍根对水分和营养物质的吸收。另一个因素是粉煤灰的 pH 较高，为 7.5～10.5 之间，有的可高达 12.0。发电厂的粉煤灰同其他废弃物一样，也缺少氮和磷。

1. 覆土种植　粉煤灰如属含毒类型，则应采取覆土或结合进行大规模改良土壤的措施，尤其是准备将土地用于农业种植时，更应重视这一工作。

（1）栽培作物或用做放牧场　至少应覆土 30cm，为了取得满意的效果，需再覆盖 10cm 施入高比率的磷和氮的土壤，以保证养分供应充足。适宜的土壤替换物是底土、泥炭土和中性煤矿废弃物，更优的替换物是污泥（不含有毒金属并经过加菌淤渣法处理）和酸性煤矿废弃物。

种植草地时，为了增加土壤中的氮素，草种中应包括三叶草。

（2）树木种植　如粉煤灰中有凝固块，打破凝固块这项工作应于树木种植前进行。如分析表明含硼量及含盐量均较高，树木应于填满客土的定植穴中种植，或于粉煤灰表面覆盖后再种植，抗性较强的木本植物中有桤木属、柳属、桦属、槭属、山楂属、金丝桃属、柽柳属、茶子属。松柏属和其他耐酸性土的植物不能耐受此类废弃地的土壤条件。

2. 直接复垦种植或覆薄层覆盖物　在粉煤灰中也有些类型由于硼和可溶性盐类含量低，

pH 接近中性而无毒无害，对这种类型粉煤灰如适当施肥，植物可正常生长，可直接种植，但最初几年最好考虑种植绿肥、牧草，并施入氮、磷肥（N 125kg/hm^2，P_2O_5 125kg/hm^2）。由于粉煤灰为黑色，很容易吸热升温灼烧幼苗，是复垦种植成功与否又一难题，可采用山西农大的薄层覆盖技术（覆 3～5cm 黄土或其他物质）来解决。

第四节　污染土壤利用的原则及工矿区污染土壤的改良利用方法

一、污染土壤利用的原则

1. 坚持依法治理的原则　在严格遵循《土地复垦规定》的前提下，坚持“谁破坏，谁治理”，“谁投资开发，谁使用受益”的原则。

2. 坚持综合治理的原则　根据土壤污染轻重或治理程度因地制宜，多种渠道，多种形式，发展多种经营，处理好综合治理与单项治理的关系。每一个治理区必须按照立体农业模式，实行水、渠、路综合治理，种、养、加工协调发展。

3. 利用后污染物绝不可进入食物链　人是食物链的最高消费者，因此，也是污染的最终受害者。因为人以动植物为食，又居食物链顶端，食物中的毒物可以经过食物链而逐渐富集，使其危害程度增加。例如美国加利福尼亚州的一个湖泊，湖中含有 0.2mg/kg 的滴滴涕，被湖中的藻类吸收后，含量提高缩到 51mg/kg，比水体增加了 255 倍；而吃藻类的鱼又累积，使滴滴涕在小鱼体内的含量再增大 500 倍；以小鱼为食的大鱼，其脂肪中的滴滴涕含量达 2 500mg/kg，比湖水中的浓度高 12 500 倍。

因此，在确定污染土壤的利用种植方式时，必须搞清其污染状况，然后再确定利用方式。利用后污染物绝不可进入食物链

4. 坚持冲天干劲与科学分析精神相结合的原则　处理好科学性、可行性和实用性三者之间关系。

5. 坚持自力更生的原则　调动各个层次的积极性，处理好方方面面利益的关系。

二、工矿区污染土壤的改良利用

为了控制和消除土壤污染，首先要控制和消除土壤污染源，加强对工业“三废”的治理，合理施用化肥和农药。当前，我国在土壤污染治理方法和技术的研究上取得了明显进步，但因诸多因素，其中的一些技术无法大面积推广应用。例如，虽然当前社会流行“生态热”、“环保热”，但将口号转变成真正深入人心的意识仍要国家付出许多努力。同时，人们的生活水平并不富裕，花大量资金去除土壤污染仍是件很难的事。因此对污染土壤当前最易推行的方法还是分别情况采取不同的利用方式，如可针对土壤污染物的种类，种植有较强吸收力的植物，降低有毒物质的含量；或通过生物降解净化土壤（例如蚯蚓能降解农药等）；或施加抑制剂改变污染物质在土壤中的迁移转化方向，减少作物的吸收（例如施用石灰），提高土壤的 pH，促使镉、汞、铜、锌等形成氢氧化物沉淀。此外，还可以通过增施有机肥、改变耕作制度、换土、深翻等手段治理土壤污染。

对污染土壤复垦利用前，必须通过详细的调查测试，弄明白土壤退化的原因、类型、过

程、阶段和程度，尤其找出污染土壤与原地貌土壤有什么不同；并对复垦土壤的母质来源进行详细的分析化验，特别是对植物生长有影响的汞、铬、镉、铅、砷、铜等污染元素与氮、磷、钾、硼、铁、钼等营养元素进行分析；搞清土壤来源及背景值，结合总体规划，再确定其复垦的目标（优质耕地、林地、牧地等）。

（一）重污染区土壤的概念

重污染区土壤包括有机废弃物、无机废弃物、含放射性的废弃物、农药和含金属废弃物，包括金属矿污染物、熔炼后的废弃物、粉末状矿石尾渣污染的土壤。重污染区土壤若不加以治理或改良到可利用标准，是不能利用为耕地与农田的，因为不是植物无法生长，就是会造成植物产品污染。为防止有毒物进入生物链，重污染区只能改变利用方式。

（二）重污染区土壤的改良利用方法

1. 客土、换土和翻土

（1）客土 客土就是向污染土壤加入大量的干净土壤，覆盖在表层或与污染土壤混匀，使污染物含量降低或减少污染物与植物根系的接触，从而达到减轻危害的目的。若客入的土壤与原污染土壤混匀，则应使污染物含量低于临界危害浓度，才能真正起到治理的作用。对浅根作物（如水稻等）和对移动性较差的污染物（如铅），采用覆盖法较好，客入的土壤应尽量选择比较黏重或有机质含量高的土壤，以增加土壤环境容量，减少客土量。用于种草的最少覆盖厚度为 10cm，最适宜的厚度为 20～30cm。如用于种树，覆盖物的厚度需达 2m。覆盖物可用自然土和土壤替换物，但它能使水分通过毛细管作用将底层的有毒金属盐带到表层。因此，在富含金属的基质上种植的地被植物，除非肯定叶片中吸收和累积的金属未达到潜在致毒量，一般不能用于喂养牲畜。

（2）换土 换土就是把污染土壤取走，换入新的干净的土壤。该方法对小面积严重污染且污染物又易扩散难分解的土壤是必需的，以防止扩大污染范围，危害人畜健康。对散落性放射性污染的土壤应迅速剥去其表层。但是对换出的土壤应妥善处理，以防二次污染。

（3）翻土 翻土就是深翻土壤，使聚积在表层的污染物分散到更深的层次，达到稀释的目的。

2. 隔离法 隔离法就是用各种防渗材料，如水泥、黏土、石板和塑料板等，把污染土壤就地与未污染土壤或水体分开，以减少或阻止污染物扩散到其他土壤或水体的做法。该法应用于污染严重、易于扩散且污染物又可在一段时间后分解的情况下，如较大规模事故性农药污染的土壤。

3. 清洗法 清洗法就是用清水或加有某种化学物质的水把污染物从土壤中洗去的方法。若污染物会给水体带来不可忽视的污染，则洗出液应加以集中和处理。加入某些特用的化学物质通常能大大增强清洗效果，如重金属污染的土壤加入适合的络合剂能增强重金属的水溶性。清洗法较适合于轻质土壤，如砂土、砂壤土和轻壤土等。

洪淤则是把带有泥土的洪水淹灌污染土壤，既起清洗的作用，又客入一定量的新土，在有条件的地方不失为一种比较经济有效的方法。

4. 热处理 热处理就是把已经隔离或未隔离的污染土壤加热，使污染物受热分解的方法。该法多用于能够热分解的有机污染，如石油污染。产生热的方法有多种，主要从经济实用方面考虑，例如红外线加热、管道输入水蒸气等。

5. 电化法 美国路易斯安那州立大学研究出一种净化污染土壤的电化法，即在水分饱和的黏土中插入一些电极，通过低强度直流电（1～5mA）。通电后，阳极附近产生的 H^+ 便向土壤毛细管移动，并把污染物释放到毛细管溶液中。水溶液以电渗透的方式移到阳极附近，并被吸到土壤表层，再清除。

该法采用的电极最好是石墨，电极间距和深度根据需要而定。此法可将土壤中铅含量从100mg/kg降至5～10mg/kg，且可回收多种金属。运行费用为每立方米土壤2.6～3.9美元，加上硬件费用为4.6～5.9美元/m^3。

6. 生物措施 生物修复是指以生物为主体，利用生物吸收、降解、转化污染物，治理污染土壤的修复技术。利用生物修复可以将污染物的含量降低到一定水平，或将有毒、有害的污染物转化为无害的物质，包括植被修复、微生物修复和植物-微生物-动物的协同修复。

据研究，蚯蚓能降解土壤中的农药，吸收土壤或污泥中的重金属。

分离和培育对污染物具有较高分解能力的微生物则是一种有应用前景的方法。美国分离出能降解三氯丙酸或三氯丁酸的小球状反硝化细菌；意大利从土壤中分离出某些菌种，其酶系能降解2，4-滴除草剂；日本发现土壤中的红酵母和蛇皮藓菌能有效地降解剧毒性聚氯联苯。

7. 施用抑制剂降低污染物的活性 在某些污染土壤中加入一定的化学物质能有效地降低污染物的水溶性、扩散性和生物有效性，从而降低它们进入植物体、微生物体和水体的能力，减轻对生态环境的危害。

对于重金属污染的土壤施用石灰、高炉灰、矿渣、粉煤灰等碱性物质能提高土壤pH，降低重金属的溶解性，从而有效地降低植物体内的重金属浓度。如施石灰使土壤pH大于6.5时，汞能形成氢氧化物和碳酸盐沉淀，而且钙离子又具拮抗作用，使作物吸汞量明显减少。

（三）重污染区土壤的利用模式

1. 做建筑用地 污染严重的土地若达到建房标准，可以考虑进行工业、房地产开发。例如，常州怡康花园住宅小区是原常州市染料化工厂所在地，该厂在此生产经营的40年内，先后使用过苯酚、苯胺、硝基苯等有毒有害物质，土质对人体极为有害。南京大学王连生教授等受托对该小区进行土地修复，对污染土地采取换土、翻晒、清洗以及埋设地下渗水暗管等方法，使土地污染大大减轻。经鉴定，已达到国家规定的居住区环保标准。

2. 发展用材林 为了防止污染物进入食物链，危害人类健康，对那些污染严重、无法农用的土地，可用来发展用材林。有些植物对土壤中某种或某些污染物具有特别强的吸收能力，也有些植物对某种或某些污染物有很强的抵抗能力。我国地域辽阔，气候环境条件差异大，各地可根据当地的具体情况选用适合本地条件的抗性品种。

3. 种植超富集植物 在污染土壤上也可针对性地种植一些超富集植物，利用它们来降低土壤污染物含量。例如，羊齿类铁角蕨属植物对土壤镉的吸收能力很强，吸收率可达10%（一般植物为1%～2%）。又如香蒲属植物对铅和锌具有强的忍耐和吸收能力，可以用于净化铅、锌矿废水污染的土壤。因植物根系通常含较高含量重金属，割除植物时应尽量连根收走。同时对收获的植物应妥善处理，最好焚烧后回收重金属，从而降低土壤或水体中重金属的含量，实现治理目标。种植超富集植物具有投资和维护成本低、操作简便、不造成二次污染、具有潜在或显在经济效益等优点。

4. 用做绿化林、草地，发展花卉、草皮等产业 对工矿区特别是生活区四周的重污染土壤，可用于绿化，改善环境，或者发展花卉、草皮、苗圃等种植业。表11-1是适宜工矿区防尘和抗有害气体绿化植物的种类。

表11-1　主要的防尘和抗有害气体绿化植物

（引自杨丽芬和李友琥，2001）

防污染种类		绿化植物
防尘		构树、桑树、广玉兰、刺槐、蓝桉、银桦、黄葛榕、槐树、朴树、木槿、梧桐、泡桐、悬铃木、女贞、臭椿、乌桕、桧柏、楝树、夹竹桃、丝棉木、紫薇、沙枣、榆树、侧柏
二氧化硫	抗性强	夹竹桃、日本女贞、厚皮香、海桐、大叶黄杨、广玉兰、山茶、女贞、珊瑚树、栀子、棕榈、冬青、梧桐、青冈、栎、栓皮槭、银杏、刺槐、垂柳、悬铃木、构树、瓜子黄杨、蚊母树、华北卫矛、凤尾兰、白蜡树、沙枣、加拿大白杨、皂荚、臭椿
	抗性较强	樟树、枫香树、桃、苹果、酸樱桃、李、杨树、槐树、合欢、麻栎、丝棉木、山楂、桧柏、白皮松、华山松、云杉、朴树、桑树、玉兰、木槿、泡桐、梓树、罗汉松、楝树、乌桕、榆树、桂花、枣、侧柏
氯气	抗性强	丝棉木、女贞、棕榈、白蜡树、构树、沙枣、侧柏、枣、地锦、大叶黄杨、瓜子黄杨、夹竹桃、广玉兰、海桐、蚊母树、龙柏、青冈、栎、山茶、木槿、凤尾兰、乌桕、玉米、茄子、早熟禾、冬青、辣椒、大豆等
	抗性较强	珊瑚树、梧桐、小叶女贞、泡桐、板栗、臭椿、麻栎、玉兰、朴树、樟树、合欢、罗汉松、榆树、皂荚、刺槐、槐树、银杏、华北卫矛、桧柏、云杉、黄槿、蓝桉、蒲葵、蝴蝶果、黄葛榕、银桦、桂花、楝树、杜鹃、菜豆、黄瓜、葡萄等
氟化氢	抗性强	刺槐、瓜子黄杨、蚊母树、桧柏、合欢、棕榈、构树、山茶、青冈、栎、蒲葵、华北卫矛、白蜡树、沙枣、云杉、侧柏、五叶地锦、接骨木、月季、紫茉莉、常春藤等
	抗性较强	槐树、梧桐、丝棉木、大叶黄杨、山楂、海桐、凤尾兰、杉松、珊瑚树、女贞、臭椿、皂荚、朴树、桑树、龙柏、樟树、玉兰、榆树、泡桐、石榴、垂柳、罗汉松、乌桕、白蜡树、广玉兰、悬铃木、苹果、大麦、樱桃、柑橘、高粱、向日葵、核桃等
氯化氢		瓜子黄杨、大叶黄杨、构树、凤尾兰、无花果、紫藤、臭椿、华北卫矛、榆树、沙枣、柽柳、槐树、刺槐、丝棉木
二氧化氮		桑树、泡桐、石榴、无花果
硫化氢		构树、桑树、无花果、瓜子黄杨、海桐、泡桐、龙柏、女贞、桃、苹果等
二硫化碳		构树、夹竹桃等
臭氧		樟树、银杏、柳杉、日本扁柏、海桐、夹竹桃、栎树、刺槐、冬青、日本女贞、悬铃木、连翘、日本黑松樱花、梨等

一般来说，工程措施和生物措施能去除土壤中的污染物，效果较好。但工程措施费用较高，某些生物措施费工费时，主要用于重污染土壤。其余的治理利用方法不直接去除土壤污染物，主要使它们加速分解，降低活性，减少植物吸收等。

5. 重污染区十壤的农业利用　如重污染区土地确实需作为农用地，污染土壤上覆盖物的厚度也较大，农作物的根系不会下扎到污染土层时，也可恢复为农业用地。但应格外谨慎，为防治污染物随地下水上升，再度产生危害，必须对农产品质量进行分析监控。

（四）中、轻度污染区土壤的利用模式

中、轻度污染区土壤最好以改变耕作制度或改为非农业用地加以利用，条件许可的中度污染土壤也可采取覆土或深埋污染土层加以利用。例如，露天采矿的排土场、井工开采的塌陷区可结合排土、造地将无污染的表土、好土或底土覆在新造地或周围污染土地的表层。

1. 中、轻度污染区土壤的农业利用 在中、轻度污染的土壤上，费用较低的利用方式是与常规农事操作结合起来，通过增施有机肥，控制土壤水分，选择合适形态的化肥和选育抗污染作物品种等农业措施，加以利用。

(1) 控制土壤水分 土壤的氧化还原状况影响污染物的存在状态，通过控制土壤水分可达到降低污染物危害的作用。

据研究，在水稻抽穗到成熟期，无机成分大量向穗部转移，此时减少落干、保持淹水可明显减少水稻子实中镉、锌、铜、铅的含量。在淹水还原状况下，这些金属元素可与 H_2S 形成硫化物沉淀，特别是在氧化还原电位降到－150mV 以下时。但砷与上述金属相反，在还原条件下以亚砷酸的形式存在，增加砷溶出量，加重植物砷污染。因此，砷污染的稻田应增加落干，最好改为旱作。汞在还原状况下可能与甲烷形成甲基汞，增加汞的毒性，也应注意。

(2) 选择合适形态的化肥 由于不同形态的氮、磷、钾化肥对土壤理化性质和根际环境具有不同的影响，某些形态的化肥更有利于降低植物体内污染物的含量。据研究表明，有利于降低作物体内重金属（镉）含量的肥料形态是：①氮肥：$Ca(NO_3)_2 > NH_4HCO_3 > NH_4NO_3$、$CO(NH_2)_2 > (NH_4)_2SO_4$、$NH_4Cl$；②磷肥：钙镁磷肥＞$Ca(H_2PO_4)_2$＞磷矿粉、过磷酸钙；③钾肥：$K_2SO_4 > KCl$。这些肥料的不同形态对土壤重金属的溶解度，特别是在根际土壤中的溶解度具有明显差异。可以利用这种差异，减少重金属对植物体的污染。而且化肥是现代农作物种植业不可缺少的，只要选购合适形态的化肥用于污染土壤便能实现减少污染的目的，比较经济易行。

(3) 选育抗污染作物品种 同一种作物的不同品种或变种对污染物的吸收累积也不相同。国外研究表明，种植于同一污染土壤上的大麦、生菜、玉米、大豆、烟草的不同品种对重金属的吸收具有明显差异。我国华南地区种植的水稻、豆角、油菜的不同品种对镉的吸收积累也有明显差异。因此，可以筛选出在食用部位积累污染物较少的品种，用于进一步选育抗污染品种，或直接种植在中、轻度污染的土壤上，可显著减轻农产品中污染物的含量。对此，应加强这方面的研究工作。

(4) 增施磷肥、硅肥等提高土壤的缓冲能力 增施磷肥、硅肥等也能降低植物体中重金属含量。通过离子间拮抗作用来降低植物对某种污染物的吸收，在某些情况下也是经济有效的。据法国农业科学院波尔多试验站的研究结果，在镉、锌污染的土壤上施用含铁丰富的物质（铁渣、废铁矿）能明显降低植物镉、锌含量。用锌来拮抗镉的试验也有报道，但只适用于含锌水平较低的土壤，否则可能造成锌污染。

(5) 增施有机肥提高土壤环境容量 施用堆肥、厩肥、植物秸秆等有机肥，增加土壤有机质，可增加土壤胶体对重金属和农药的吸附能力。有机质又是还原剂，可促进土壤中的镉形成硫化镉沉淀，促进高价铬变成毒性较低的低价铬。施用有机肥，还能促进微生物和酶系的活性，加速有机污染物的降解。

(6) 种植经济作物 在不同污染程度的土地上均可种植非食用的经济作物，如棉花、麻、桑等。

(7) 作为良种繁育基地 将污染区作为不直接食用的良种（如玉米和水稻等）繁殖基地。据有关资料，作为种子，秋后糙米中含镉量均在 0.1mg/kg 以下，含镉量降低了 90%以上。

2. 中、轻度污染区土壤的非农业利用　由于我国土壤资源匮乏，中、轻度污染土壤能为农业利用的土地尽量进行农业利用，如实在需做他用，也可参考重度污染土壤的利用方式和改良措施。

思考题

1. 工矿区土壤破坏及污染状况如何？
2. 污染土壤利用的原则是什么？
3. 矿区土地复垦及生态重建有何重大意义？
4. 国内外在工矿区土地复垦及生态重建方面的研究现状及进展如何？
5. 工矿区的污染土壤可采用哪些利用方式？
6. 工矿区土地复垦可采用一些什么样的模式？

主要参考文献

白中科．2000．工矿区土地复垦与生态重建［M］．北京：中国农业科技出版社．
高长春．1992．土地利用管理与复垦技术［M］．北京：冶金工业出版社．
国家计划委员会国土司．1989．土地复垦［M］．北京：学苑出版社．
胡振琪．1996．采煤沉陷地的土地资源管理与复垦［M］．北京：煤炭工业出版社．
胡振琪，李鹏波，张光灿．2005．煤矸石山复垦［M］．北京：煤炭工业出版社．
李晋川，白中科．2000．露天煤矿土地复垦与生态重建［M］．北京：科学出版社．
李根福．1991．土地复垦知识［M］．北京：冶金工业出版社．
林成谷．1996．土壤污染与防治［M］．北京：中国农业出版社．
杨丽芬，李友琥．2001．环保工作者实用手册［M］．2版．北京：冶金工业出版社．
曾绍金．2001．矿产、土地与环境［M］．北京：地震出版社．